21 世纪全国高校应用人才培养信息技术类规划教材

汇编语言程序设计

刘丽莉　主　编

北京大学出版社
PEKING UNIVERSITY PRESS

内容简介

汇编语言是计算机专业的专业基础课，也是电子、通信等相关专业的计算机课程。本书介绍 80X86 汇编语言程序设计的方法和技术，共分为两个部分：第一部分为基础知识，介绍 80X86 CPU 的编程结构，汇编语言程序的格式和伪指令，80X86 CPU 的寻址方式和指令系统；第二部分为编程方法，深入讨论分支程序、循环程序、子程序基本程序设计方法，以及以中断为主的 I/O 程序设计，其中包括宏指令、多模块连接技术、汇编语言与高级语言的混合编程、DOS 和 BIOS 提供的常用中断调用，以及文件系统等内容。

本书结构清晰、内容循序渐进、例题多样、讲解详细，配有 DEBUG 下的截图进行说明，并有丰富的习题可供学生练习。本书包含上机实验内容，所有程序都经过运行验证。本书有配套的 PPT 课件可供下载。

本书适用于高等学校以及大、中专学校作为汇编语言程序设计课程的教材（含实验），也可作为其他专业相关课程的教材和参考书。

图书在版编目(CIP)数据

汇编语言程序设计/刘丽莉主编. —北京:北京大学出版社,2010.11
(21 世纪全国高校应用人才培养信息技术类规划教材)
ISBN 978-7-301-17974-1

Ⅰ.①汇… Ⅱ.①刘… Ⅲ.①汇编语言—程序设计—高等学校—教材 Ⅳ.①TP313

中国版本图书馆 CIP 数据核字(2010)第 205622 号

书　　名: 汇编语言程序设计
著作责任者: 刘丽莉　主编
策 划 编 辑: 温丹丹
责 任 编 辑: 温丹丹
标 准 书 号: ISBN 978-7-301-17974-1/TP · 1134
出 版 发 行: 北京大学出版社
地　　址: 北京市海淀区成府路 205 号　100871
电　　话: 邮购部 62752015　发行部 62750672　编辑部 62765126　出版部 62754962
网　　址: http://www.pup.cn
电 子 信 箱: zyjy@pup.cn
印　刷　者: 三河市北燕印装有限公司
发　行　者: 北京大学出版社
经　销　者: 新华书店
787 毫米×1092 毫米　16 开本　20 印张　480 千字
2010 年 11 月第 1 版　2015 年 9 月第 2 次印刷
定　　价: 36.00 元

前　言

汇编语言是面向机器的语言，用汇编语言编写的程序在时间和空间两个方面的效率都很高，汇编语言也是唯一能够利用计算机所有硬件特性并能对其直接控制的语言。在很多需要涉及硬件的开发场合，如实时控制程序、计算机操作系统内核、高级语言的编译程序、硬件驱动程序等，汇编语言更是有着高级语言无法替代的作用。

汇编语言因 CPU 的不同而不同。本书介绍 80X86 CPU 的汇编语言程序设计方法和技术。本书由基础知识（第 1 章至第 4 章）、编程方法（第 5 章至第 8 章）两部分构成。第 1 章对汇编语言做一简单介绍，并简要介绍计算机执行程序的过程，以及计算机的数制和码制。第 2 章为 80X86 CPU 的编程结构，主要介绍有关 CPU 的硬件知识，这是学习 80X86 汇编语言必须了解的。第 3 章以一个简单、完整的程序为例，介绍汇编语言程序的格式、常用伪指令和汇编语言的上机过程，以便在学习时能够尽早地开始上机编程。第 4 章为寻址方式和指令系统，寻址方式是掌握汇编语言的关键之一，汇编语言程序的编写在很大程度上取决于能否灵活而合理地运用寻址方式。第 5 章和第 6 章分别介绍分支程序、循环程序和子程序设计，其中包括多模块连接技术、宏指令和汇编语言与高级语言的混合编程。第 7 章介绍 I/O 和中断程序设计，包括 DOS 和 BIOS 提供的常用中断调用。第 8 章介绍文件系统。

本书的编写希望达到两个目的，一个是通过本书，使学生掌握汇编语言的编程方法、思路和技巧，并对计算机的底层编程有一定认识；另一个是通过对汇编语言的介绍，使学生理解计算机底层运行程序的机制，了解计算机的工作原理，为以后一些课程的学习（如操作系统、微机原理等）打下基础。本书所有内容的安排和讲解也是基于这样两方面的考虑。比如强调 CS 和 IP 寄存器的作用，比如在介绍子程序设计时，除了让学生能够使用 CALL 指令和 RET 指令编写子程序结构的程序，还要通过 CALL 指令和 RET 指令内部执行的操作，让学生明白计算机内部如何能够做到调用子程序，又如何能够从子程序返回主程序，子程序多层嵌套时为什么子程序返回不会乱套等问题。实际上，学完这门课程，学生也会对以前学过的 C 语言的一些概念有更深刻的理解（如指针），也会明白数组等数据结构在计算机内部是如何组织和表示的。

计算机专业是一个实践性很强的专业，汇编语言程序设计课程也是这样，在学习本课程时一定要多动手、多上机编程，这样才能提高编程能力和程序调试能力，才能达到事半功倍的效果。为了便于学习，一些内容的讲解和例题，都有在 DEBUG 下的截图。另外，本书包含上机实验内容，便于教师进行实践教学。

本书力求做到通俗易懂，概念清晰，内容循序渐进，例题多样，习题丰富。书中所有程序都经过上机运行验证。同时，本书有配套的 PPT 课件可供下载。

本书第 1 章、第 6 章由刘丽莉编写，第 2 章、第 3 章和附录由刘晋明编写，第 4 章、第 5 章和第 8 章由吕俊音编写，第 7 章由万春编写。全书由刘丽莉负责统编和定稿。

本书作为教材，广泛吸取了国内众多专家学者的研究成果，编写的主要参考书目附后，在此向各位作者表示谢意！编者虽然对书稿进行了多次修改，但由于水平有限，错误或不当之处敬请读者批评指正。

编　者

2010 年 10 月

目　　录

第 1 章　基础知识

本章教学目标

- 了解汇编语言的特点及应用场合；
- 了解计算机硬件的基本组成以及 CPU 对内存的访问过程；
- 理解计算机执行程序的过程及工作原理；
- 掌握数制与转换；
- 掌握计算机中数和字符的表示。

汇编语言是一个出现很早的语言，在本章中，我们首先介绍汇编语言的特点，以及我们为什么要学习汇编语言；其次，汇编语言不同于高级语言，它是直接在硬件之上工作的编程语言，因此我们要了解计算机的基本结构和工作原理；最后，再介绍汇编语言中经常涉及的数制和码制问题。

1.1　什么是汇编语言

1.1.1　机器语言与汇编语言

计算机最早使用的是机器语言。机器语言的指令都由二进制 0 或 1 编码组成。机器语言是计算机唯一可以直接识别并执行的语言，因此它的执行速度是最快的。由于机器指令的设计和执行跟硬件结构密切相关，因此每一类 CPU 都有自己的机器语言，它只认识自己的机器语言指令，机器语言没有通用性，用机器语言编写的程序也没有通用性，不能移植。

由于机器语言用一系列 0、1 表示所有的信息（指令和数据），因此用机器语言编写程序非常费力且枯燥、繁琐，而且程序不具有可读性，调试、修改都很困难。

机器语言使用一段时间后，编程人员很快就发现了机器语言的缺点，于是汇编语言出现了。汇编指令和机器指令的差别在于指令的表示方法上。汇编指令是机器指令便于记忆的书写格式，它采用容易记忆的符号和标记表示机器语言的指令，使程序具备了一定的可读性，也变得较为容易调试和修改。

例如，机器指令 1000100111011000 表示把寄存器 BX 的内容传送到 AX 中。用汇编语言则表示成 MOV AX，BX。这就容易识别多了。

因为汇编语言跟硬件密切相关，所以用汇编语言编写的程序也没有通用性。

但是，计算机只认识机器语言的指令，用汇编语言和其他高级语言编写的程序（称为源程序），必须用一个翻译程序（称为编译器）将它们翻译成机器语言程序（称为目标程序），计算机才能够执行。

但很快，编程人员又发现用汇编语言编程还是不够方便，于是又出现了高级语言。高级语言使用人们容易理解的符号和单词组成语句，语句间依照规定的语法规则构建程序。由于更接近于自然语言，因此高级语言程序的可读性很好，也容易调试和维护。不同于机器语言和汇编语言，高级语言是独立于机器的程序设计语言，用它编写程序不需了解具体计算机硬件的内部逻辑，程序在不同的 CPU 上运行时基本不用修改，因此程序的可移植性好。

虽然高级语言程序容易编写，但是比起汇编语言的程序来说，其目标程序的效率不高，也就是说，高级语言的目标程序需要占用更大的存储空间、需要运行更长的时间。

1.1.2 汇编语言的特点及应用场合

汇编语言具有以下特点。

(1) 面向机器的低级语言，通常是为特定的计算机或计算机系列专门设计的。

汇编语言的本质和机器语言接近，它只是用容易记忆的形式表示机器语言，因此跟机器语言一样，每一类 CPU 都有自己的汇编语言。

(2) 保持了机器语言的优点，目标代码简短，占用内存少，执行速度快，是高效的程序设计语言。

这是汇编语言的一大优点。在对程序的空间和时间要求很高的场合，一般需要使用汇编语言。下面举例说明。

例 1.1 编程实现 c = a + b，并在屏幕上显示出结果。

C 语言程序如下：

```
#include "stdio.h"
void main( )
{int a,b,c;
       a =1;
       b =2;
       c =a +b;
       printf("c =% d\n",c);
       return 0;
}
```

编译后的目标文件达到 11.2 KB。

完成同样功能的 8086 CPU 的汇编语言程序如下：

```
DATA   SEGMENT
A            DB     ?
B            DB     ?
C            DB     ?
STRING       DB     'C = $'
DATA    ENDS
CODE    SEGMENT
MAIN    PROC FAR
        ASSUME CS:CODE, DS:DATA, ES:DATA
START:
         PUSH    DS
         SUB     AX,AX
         PUSH    AX
         MOV     AX,DATA
         MOV     DS,AX
         MOV     ES,AX
         MOV     A,1
         MOV     B,2
         MOV     AL,A
```

```
        ADD     AL,B
        MOV     C,AL
        LEA     DX,STRING
        MOV     AH,09
        INT     21H
        ADD     C,30H
        MOV     DL,C
        MOV     AH,2
        INT     21H
        MOV     DL,0AH
        INT     21H
        MOV     DL,0DH
        INT     21H
        RET
MAIN    ENDP
CODE    ENDS
        END    START
```

汇编后的目标文件只有 589 字节。

从上面的例子可以看出，高级语言编写的程序（源程序）看起来简短，但翻译成计算机能够执行的机器语言程序（目标程序）却很长，占用内存大，执行速度慢；汇编语言编写的程序（源程序）看起来长，但翻译成计算机能够执行的机器语言程序（目标程序）却很短，占用内存小，执行速度快。

（3）可以有效地访问、控制计算机的各种硬件设备，如磁盘、存储器、CPU、I/O 端口等。

这是汇编语言的另一大优点。汇编语言是能够利用计算机所有硬件特性并能直接控制硬件的唯一语言。因此在很多需要直接控制硬件的应用场合，一般都使用汇编语言，高级语言很难做到这一点。

（4）经常与高级语言配合使用，应用十分广泛。

汇编语言可以独立编写程序进行应用，也可以与高级语言配合使用。

根据以上特点，可以看出汇编语言的应用场合。汇编语言一般用在系统程序、效率代码和 I/O 驱动程序中。例如 70% 左右的系统软件使用或部分使用汇编语言编写；某些快速处理、位处理、访问硬件设备的程序和高级绘图程序等使用汇编语言编写。

1.1.3　汇编语言与高级语言的比较

汇编语言和高级语言各有优缺点。高级语言程序的可读性、可移植性好，编写和调试程序相对容易，编程效率高，但其编译产生的目标程序的效率却不高，也就是说，要占用更大的存储空间、要运行更长的时间。另外，高级语言很难直接对硬件加以控制。因此，在对程序的空间和时间要求很高的场合和在要求直接对硬件控制的场合，一般需要使用汇编语言编程（随着 C 编译器的性能越来越强大，并且 C 语言允许直接访问物理地址，能进行位操作，能实现汇编语言的大部分功能，因此，这些场合有时也用 C 语言编程）。这就是为什么汇编语言虽然是一门古老的语言，但直到现在仍然具有生命力，仍在学习、使用的原因。

1.2 硬 件 基 础

1.2.1 计算机硬件的基本组成

计算机由软件和硬件组成。硬件就是构成计算机各部件的实体，是计算机中看的见、摸的到的部分。硬件是软件运行的基础。

自从1946年出现了世界上第一台计算机以来，计算机科学得到了迅猛的发展，计算机的硬件结构和软件系统都发生了巨大的变化。但是，就其硬件基本组成来说，至今仍未摆脱冯·诺依曼型计算机的设计思想，即计算机的硬件结构是由运算器、控制器、存储器、输入设备和输出设备五大基本部分组成，如图1-1所示。

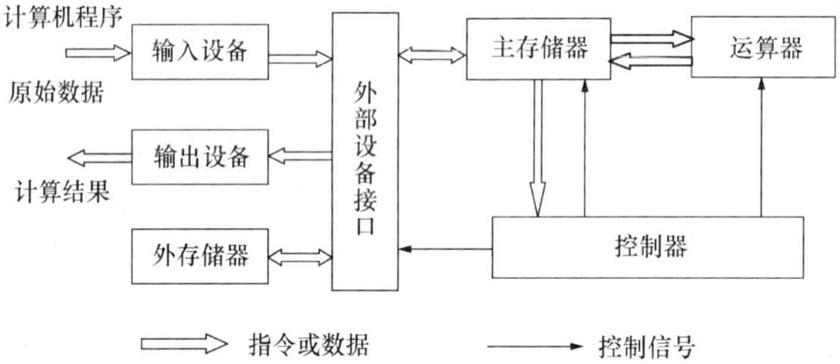

图1-1 计算机的硬件结构

冯·诺依曼型计算机的设计思想还包括计算机中的程序和数据采用二进制表示、存储程序与程序控制两方面。存储程序与程序控制的思想也正是计算机的工作原理，即人们把事先编好的程序和所需要的数据通过输入设备送到内存或外存中保存，这一步称之为存储程序；开始工作时，控制器从内存中逐一读取程序中的指令，并按照每条指令的要求执行所规定的操作，这称之为程序控制。

由于大规模和超大规模集成电路技术的发展，人们已将控制器和运算器集成在一个芯片上，称为中央处理器，在微机中称为微处理器（CPU）。图1-2是一台典型微型计算机的组成框图，它由微处理器、存储器、I/O（输入/输出）设备及其接口组成，各部分通过总线连接在一起，通过总线传送数据、地址和控制信息。

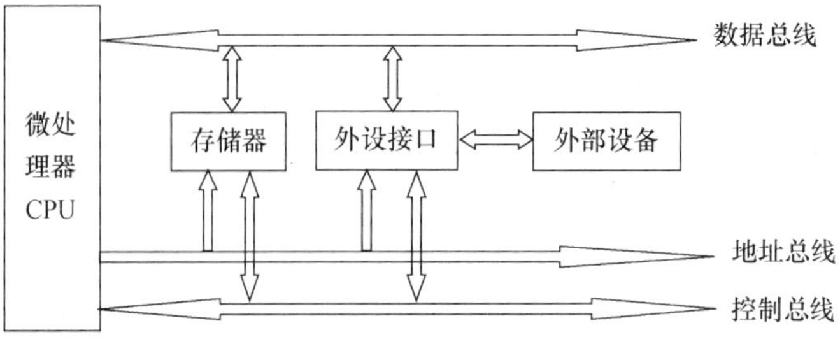

图1-2 微型计算机的组成框图

1.2.2　地址、数据和控制总线

所谓总线实际上就是连接计算机各个功能部件之间或计算机之间的一束公共信息传输线，它是计算机系统中传送信息的公共途径。总线（BUS）由地址总线（AB）、数据总线（DB）和控制总线（CB）组成。

1. 地址总线

地址总线不仅传送内存地址，而且还传送外设的地址。地址总线是单向的，地址都是由 CPU 送出。

CPU 通过地址总线来指定要访问的内存单元或外设的地址。可见，地址总线上能传送多少个不同的信息，CPU 就可以对多少个内存单元或外设进行寻址。

假设一个 CPU 有 1 根地址总线，则和其连接的内存最多只可能有两个单元，一个单元的地址为 0，另一个单元的地址为 1。假设一个 CPU 有 10 根地址总线，则和其连接的内存最多可以有 1024 个单元，其单元地址从 0000000000 到 1111111111。一个 CPU 有 N 根地址总线，则可以说这个 CPU 的地址总线的宽度为 N，这样的 CPU 最多可以寻找 2^N 个内存单元。

2. 数据总线

数据总线进行数据的传送。数据总线是双向的，可以实现双方的数据传送。

CPU 与内存或外设之间的数据传送是通过数据总线来进行的。数据总线的宽度影响 CPU 和外界的数据传送速度。8 位数据总线一次可以传送一个 8 位二进制数据（即一个字节）。

3. 控制总线

控制总线传送控制信号。例如，CPU 通过控制总线向内存发出读、写信号；CPU 通过控制总线向外设发出启停、读、写等命令，来控制外设的操作；外设通过控制总线向 CPU 发出中断请求信号等。显然，控制总线中有些信号是 CPU 发出的，有些信号是发往 CPU 的，控制总线包括这两个方向的信号线。

有多少根控制总线，就意味着 CPU 提供了对外部器件的多少种控制。所以，控制总线的宽度决定了 CPU 对外部器件的控制能力。

1.2.3　CPU 对内存的访问

CPU 是计算机的核心部件。它控制整个计算机的运行并进行运算，要想让一个 CPU 工作，就必须向它提供指令和数据。指令和数据在内存中存放。外存（如硬盘、光盘等）不同于内存，外存上的数据或程序如果不读到内存中，就无法被 CPU 使用。

内存被划分为一个个的存储单元，每个存储单元从 0 开始顺序编号，这就是存储单元的地址。如果一个内存有 1024 个单元，则该内存要有 10 根地址线，来给出这 1024 个单元地址。

内存与 CPU 的连接见图 1-3。

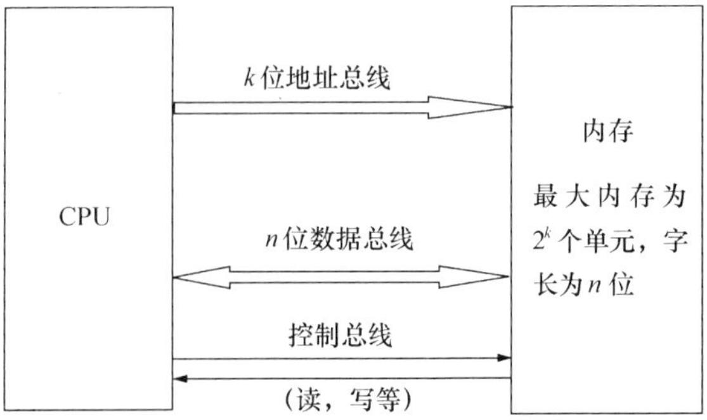

图1-3 内存与CPU的连接

1. 对内存读操作

CPU要对内存读，必须先在地址线上送出内存单元的地址，然后再发出“读”控制信号，这样经过一段时间（内存对地址进行译码选中相应单元，以及从该单元读出数据所需的时间。该时间反映了内存的读速度快慢），就会在数据线上出现所读单元中的数据，CPU就可以取走进行处理了。

2. 对内存写操作

CPU要对内存写，同样必须先在地址线上送出内存单元的地址，同时还要在数据线上送出要写入的数据，然后发出“写”控制信号，这样经过一段时间（内存对地址进行译码选中相应单元，以及把数据线上的数据写入从该单元所需的时间。该时间反映了内存的写速度快慢），就会把数据写入该内存单元中。

说明：在内存或外存中，指令和数据没有任何区别，都是二进制形式。所有信息在计算机中都是以0、1的形式存在。计算机中信息可分为指令和数据两类，指令告诉计算机做什么，数据是计算机处理加工的对象，数据可以是学生的成绩、内存单元的地址，也可以是声音、图像等形式的数据。因此，CPU从内存读出的可能是指令，也可能是数据。后面大家会清楚CPU是如何区分它们的（即在8086 CPU中，寄存器CS：IP指向的是指令，其他都是数据）。

例如，二进制信息1000100111011000，如果把它当数据，就是89D8H（十六进制数据），如果把它当指令，就是指令MOV AX，BX。

1.2.4 内存地址空间

在一台PC主机中，除内存外，还有其他一些存储单元。CPU对外部设备不能直接控制，而是要通过相应的接口卡对这些设备进行控制，这些接口卡插在主机板的扩展插槽上。此外，这些接口卡上还有一些存储单元。

因此，从读写属性上看，内存分为两类：随机存储器（RAM）和只读存储器（ROM）。

而从功能和连接上看，内存又分成以下3种。

1. 随机存储器 RAM

随机存储器 RAM 是内存的主要部分，由主板上的 RAM 和插在扩展槽中的 RAM 两部分组成。

2. 装有 BIOS（Basic Input/Output System，基本 I/O 系统）的 ROM

BIOS 是由主板和各类接口卡（如显卡、网卡等）厂商提供的软件系统，可以通过它利用该硬件设备进行最基本的 I/O。在主板和某些接口卡上插有存储相应 BIOS 的 ROM。例如，主板上的 ROM 中存储着系统 BIOS，显卡上的 ROM 存储着显卡的 BIOS。

3. 接口卡上的 RAM

某些接口卡上还有 RAM，用于暂存数据。典型的是显卡上的 RAM，一般称为显存。显卡随时将显存里的数据显示在显示器上。也就是说，如果我们把想显示的数据写入显存，那么数据就会显示在显示器上。

上面这些物理上独立的存储器，在 CPU 访问它们的时候，是把它们当成一个逻辑上统一的存储器看待的。每个物理上的存储器在这个逻辑存储器中都占有一段单元。例如，彩显的显存空间从 B8000H 开始，单显的显存空间从 B0000H 开始。这样，当我们往 B8000H 开始的显存空间写入数据时，该数据就被显示在显示器上。

内存地址空间的大小受 CPU 地址总线宽度的限制。8086 CPU 的地址总线宽度为 20 根，因此可以定位 2^{20} 个（1 M）内存单元（每个单元存储 1 个字节），也就是说 8086 CPU 的地址空间的大小为 1 MB。

不同计算机系统的内存地址空间的分配情况是不同的，图 1-4 是 8086 PC 的内存地址空间分配的基本情况。

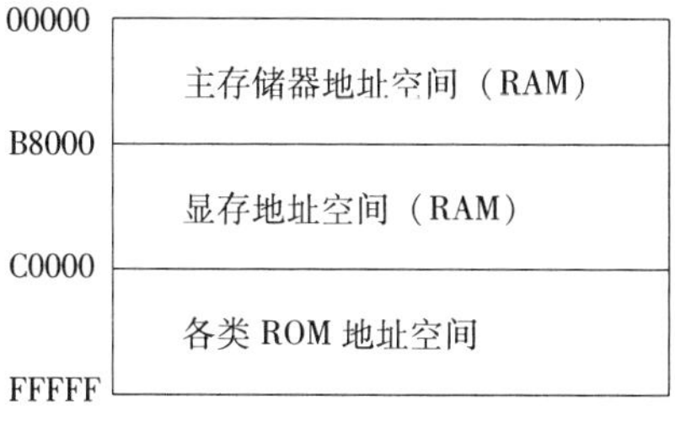

图 1-4　8086 PC 的内存地址空间分配

1.3　计算机执行程序的过程

下面以表 1-1 中的程序为例，说明计算机程序的执行过程，由此可了解到计算机的工作原理。

表 1-1 计算 X + Y 的程序

指令序号	汇编语言指令	指令存储地址	机器指令	指令功能
1	MOV AL, X	2000	A00100	将 X 单元（0001 号）中的内容传送到 AL 寄存器中
2	ADD AL, Y	2003	02060200	将 Y 单元（0002 号）中的内容加到 AL 寄存器中
3	MOV SUM, AL	2007	A20300	把 AL 寄存器中的和传送到 SUM 单元（0003 号）中
4	HLT	200A	F4	停机

首先要输入程序。通过键盘和鼠标这些输入设备，我们把程序送入计算机中。保存程序时，程序将以文件的形式存放在外存上。然后我们对该源程序进行编译，产生目标文件（.EXE 文件），该目标文件也在外存上。当我们在 Windows 下双击这个 .EXE 程序的图标，或 DOS 下在命令行上输入要运行的这个 .EXE 程序的文件名时，操作系统将负责把这个目标程序从外存调到内存（操作系统也是以文件的形式存储在外存上，外存上的程序只有调入到内存后才能执行，那么操作系统又是被谁，又是如何调入到内存并执行的呢？这个问题将在后面的章节中解释），安排在内存的一个合适区域中（如表 1-1 所示，假设程序存放在 2000～200A 这段空间），并把这个区域的首址（2000）送到程序计数器 PC 中。程序计数器 PC 是计算机中很重要的一个寄存器，它始终给出要执行的下一条指令的地址，CPU 就是按照它的指向去取指令执行的。每个计算机的 CPU 中都有这样功能的一个寄存器，但名字可能起的不一样（在 8086 CPU 中，与 PC 寄存器作用相当的是 CS 和 IP 这两个寄存器）。因此，操作系统把这个程序的首址（2000）送到 PC 中，也就是让 CPU 从内存的 2000 单元开始执行程序。

接下来开始程序的执行。

1. 取第一条指令并执行

（1）取指令并分析指令。

第一条指令是一个三字节指令。首先计算机把 PC 的值 2000 送到地址总线上，并发出读信号，这样就从内存的 2000 号单元取出第一条指令的第一个字节（PC 将自动加 1，变成 2001），该字节实际上是本条指令的操作码字段，通过数据总线将它从内存送到 CPU 中，经 CPU 中的指令译码器分析译码后，得知该指令是“传送”指令，要把内存的“某个单元”的内容送到 AL 寄存器，“某个单元”的地址即由指令的第二个和第三个字节构成（存放时高字节放在后面，低字节放在前面，即单元地址为 0001），第二个和第三个字节就是本指令的地址码字段；接着继续重复刚才的过程，按照 PC 的指向到内存 2001 单元取出第二个字节（即 01），PC 的值变成 2002；再从 2002 单元取出本指令的第三个字节（即 00），PC 的值变成 2003，这时，就得到了地址 0001。到此为止，第一条指令取出并分析完毕。

（2）执行指令。

CPU 中的执行部件接收到来自指令译码器的译码信号“取数并传递”后，则转入

“存储器读”。CPU 在地址总线上送出地址 0001 给内存，从地址为 0001 的内存单元取出数据 X，通过数据总线送入 AL 寄存器。此时 AL 的内容为 X。

到此，第一条指令执行完毕。由于 PC 的值为 2003，因此将转到 2003 单元取指令，开始第二条指令。

2. 取第二条指令并执行

（1）取指令并分析。

与第一条指令的情况相似，从内存 2003 开始的单元取出第二条指令的第一个字节操作码，通过数据总线送入 CPU 中，经 CPU 中的指令译码器译码后产生“ADD”信号，再根据从内存 2004、2005、2006 单元取出的指令的后三个字节，得知现在要将内存的 0002 单元的内容加到寄存器 AL 中。因为本指令是四字节指令，占据 4 个内存单元，所以经过 4 次读操作，取出本指令后，指令计数器 PC 的内容加 4，为 2007，指向第三条指令。

（2）执行指令。

CPU 中的执行部件接收到来自指令译码器的译码信号“寄存器内容和存储器内容相加”后，首先在地址总线上送出地址 0002，从地址为 0002 的内存单元取出数据 Y，并送入运算器的一个输入端，然后从 AL 寄存器中取出第一条指令放入的另一个加数 X，送到运算器的另一个输入端，进行加法运算，得到和，存入 AL 寄存器。

到此，第二条指令执行完毕。由于 PC 的值为 2007，因此将转到内存的 2007 单元取指令，开始第三条指令。

第三条指令和第一条指令相似，完成的都是数据传送，但传送方向不同，完成的是存储器的写操作，即将 AL 的内容传送（写）到 SUM 存储单元（0003）中。

第四条指令是停机指令，表明整个程序结束。

通过以上粗略介绍，我们可以对计算机的自动工作原理作如下概括：

计算机的工作过程就是执行预先编制好的程序的过程，而执行程序的过程就是周而复始地完成取指令、分析指令和执行指令的过程。这个过程需要计算机的运算器、存储器以及 I/O 设备在控制器的控制下协同工作（上面的例子中，在程序执行时没有使用 I/O 设备输入数据和输出数据）。计算机到什么地方去取指令执行，取决于 PC 寄存器的值，CPU 就是按照它的指向去取出一条条指令执行，继而完成整个程序所有指令的执行。

1.4　数制与转换

数制也称计数制，是指用一组固定的符号和统一的规则来表示数值的方法。按进位的原则进行计数的方法，称为进位计数制。目前，计算机内所有的信息，如数值、图形、文字、程序等，都用“0”和“1”两个数字组合的二进制数来表示。采用二进制具有以下优势。

（1）电子器件的实现很容易。电路通常有两种稳态：开关的合上与断开、电灯的亮与灭、二极管的导通与截止、高电平与低电平等。

（2）二进制运算简单。二进制的运算法则简单，这样，使得计算机的运算器结构大大简化，控制简单。

（3）便于进行逻辑运算，二进制的 0，1 两种状态，可以代表逻辑运算中的“假”和“真”。

（4）可靠性高。二进制的 0，1 两种状态，在传输和处理时不容易出错。

信息还常用十进制、八进制和十六进制编码，但它们最终要转换成二进制才能被计算机内部存储和加工。

1.4.1 数制

常用的数制有二进制、八进制、十进制和十六进制。我们用括号后加数字下标 2、8、10、16 来分别表示二进制、八进制、十进制和十六进制数字，例如 $(5)_{10}$ 表示十进制数 5；$(10110011)_2$ 表示二进制数 10110011。实际应用中也常用字母后缀 B、O、D、H 分别表示二进制、八进制、十进制和十六进制数字，例如 $(10110011)_2$ 也可表示为 10110011B。

1. 十进制数（Decimal Number）

十进制数是日常生活中使用最广的计数制。组成十进制数的符号有 0，1，2，3，4，5，6，7，8，9 共 10 个符号，我们称这些符号为数码。

在十进制中，每一位有 0～9 共 10 个数码，所以计数的基数为 10，超过 9 就必须用多位数来表示。十进制数的运算遵循加法时：“逢十进一”，减法时：“借一当十”。

十进制数中，数码的位置不同，所表示的值就不相同。如：

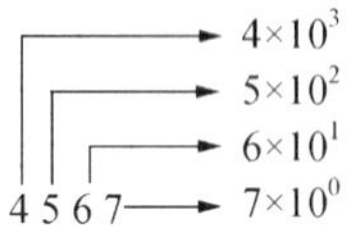

式中，每个对应的数码有一个系数 10^3，10^2，10^1，10^0 与之相对应，这个系数就叫做权或位权。对于十进制整数可表示为：

$N_{10}=a_{n-1}\times10^{n-1}+a_{n-2}\times10^{n-2}+\cdots+a_1\times10^1+a_0\times10^0$

对于十进制小数可表示为：

$N_{10}=a_{-1}\times10^{-1}+a_{-2}\times10^{-2}+\cdots+a_{-m}\times10^{-m}$

对于既包括 n 位整数又包括 m 位小数的十进制数 N_{10}，用通式表示为

$$N_{10}=\sum_{i=-m}^{n-1}a_i\times10^i$$

式中，a_i 为 0～9 中的任意一位数码；10 为进制的基数；10 的 i 次方为第 i 位的权；m，n 为正整数，n 为整数部分的位数，m 为小数部分的位数。

2. 二进制数（Binary Number）

与十进制相似，二进制数也遵循两个规则：仅有两个不同的数码，即 0，1；进/借位规则为：逢二进一，借一当二。

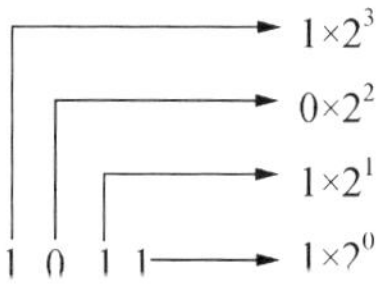

对于任意一个二进制数可表示为：

$$N_2 = \sum_{i=-m}^{n-1} a_i \times 2^i$$

例如：

$(1011.101)_2 = 1 \times 2^3 + 0 \times 2^2 + 1 \times 2^1 + 1 \times 2^0 + 1 \times 2^{-1} + 0 \times 2^{-2} + 1 \times 2^{-3} = (11.625)_{10}$

由于二进制数仅 0，1 两个数码，因此其运算规则比较简单，表 1-2 列出了二进制数进行加法和乘法的规则。

以加法为例，00111010 加 00011011 得 01010101。算式为：

```
  0 0 1 1 1 0 1 0
+ 0 0 0 1 1 0 1 1
-----------------
  0 1 0 1 0 1 0 1
```

二进制数在计算机系统中处理很方便，但当位数较多时，比较难记忆及书写，因此，为了方便阅读和书写，经常使用八进制或十六进制表示二进制数。

表 1-2　加法和乘法规则

加　法	乘　法
0 + 0 = 0	0 × 0 = 0
0 + 1 = 1	0 × 1 = 0
1 + 0 = 1	1 × 0 = 0
1 + 1 = 10	1 × 1 = 1

二进制、八进制、十进制与十六进制的特征对照如表 1-3 所示。

表 1-3　进制规则和表示法小结

进　制	数　码	运算规则	数的表示形式
二	0，1	逢二进一	$(1111)_2$ 或 1111B
八	0，1，2，3，4，5，6，7	逢八进一	$(17)_8$ 或 17O
十	0，1，2，3，4，5，6，7，8，9	逢十进一	$(15)_{10}$ 或 15D
十六	0，1，2，3，4，5，6，7，8，9，A，B，C，D，E，F	逢十六进一	$(F)_{16}$ 或 0FH

1.4.2　数制的转换

数制转换实际上可以归结为任意进制数与十进制数之间的互相转换和二进制与八进制、十六进制数之间的互相转换这两个问题，即：

（1）任意进制数转换为十进制数的方法为按权展开；十进制数转换为任意进制数的方法为除以基数取余（整数部分）和乘以基数取整（小数部分）；

（2）二进制数转换成八进制、十六进制数转换无非就是“三并一”、“四并一”而已，反之就是“一变三”、“一变四”。

下面对不同进制的转换做一详细介绍，阅读过程中请始终记住和印证上面两条原则。

1. 二进制数、十六进制数转换成十进制数

任何进制的数转换成十进制数都是按多项式展开即可，也就是按权展开，只不过不同进制的权值不同而已，例如，

$$(10110110.011)_2=1\times2^7+0\times2^6+1\times2^5+1\times2^4+0\times2^3+1\times2^2+1\times2^1+0\times2^0+0\times2^{-1}+1\times2^{-2}+1\times2^{-3}$$
$$=128+0+32+16+0+4+2+0+0+0.25+0.125=(182.375)_{10}$$

$$(12FA.3)_{16}=1\times16^3+2\times16^2+15\times16^1+10\times16^0+3\times16^{-1}=(4858.1875)_{10}$$

2. 十进制数转换成二进制数

整数部分采用"逐次除 2 取余法"，即整数部分逐次除以 2，取余数，按从下往上顺序排列余数就是结果。例如：$(189)_{10}=(10111101)_2$

```
2 | 189 .........1
     94 .........0
     47 .........1
     23 .........1
     11 .........1
      5 .........1
      2 .........0
      1 .........1
```

小数部分采用"逐次乘 2 取整法"，即逐次将小数部分乘以 2，取结果的整数部分，将整数按从上往下的顺序排列就是结果。例如：$(0.3125)_{10}=(0.0101)_2$

```
  0.3125
      ×2
  ------
  0.6250      整数 0
      ×2
  ------
  1.25        整数 1，用小数部分继续运算
  0.25
    ×2
  ------
  0.50        整数 0
    ×2
  ------
  1.0         整数 1，小数部分已为 0，结束运算
```

对这种转换方法的原理，可以证明如下。

(1) 设要转换的十进制整数为 S，转换成的二进制数可写成 $a_{n-1}\,a_{n-2}\cdots\cdots a_1\,a_0$，则

$$S=a_{n-1}\times2^{n-1}+a_{n-2}\times2^{n-2}+\cdots+a_1\times2^1+a_0\times2^0$$

将上式两边同除以基数 2，为

$$S/2=(a_{n-1}\times2^{n-2}+a_{n-2}\times2^{n-3}+\cdots+a_1\times2^0)+a_0/2$$

显然，括号内为商，而 a_0 为余数。

若余数为 0，表明 $a_0=0$；若余数为 1，表明 $a_0=1$。

继续对商除以基数 2，则可依次判定 $a_1 \cdots\cdots a_{n-1}$ 等各项系数。于是得到上述的转换方法，即将十进制整数除以 2，得到商和余数，余数对应于二进制数低位的数码；继续对商除以 2，直到商等于 0 为止，所得的各个余数就是所求二进制整数的各位数码。

（2）设要转换的十进制小数为 S，转换成的二进制数可写成 $0.a_{-1}a_{-2}\cdots\cdots a_{-m}$，则

$S=a_{-1}\times 2^{-1}+a_{-2}\times 2^{-2}+\cdots+a_{-m}\times 2^{-m}$

将上式两边同乘以基数 2，为

$2S=a_{-1}+(a_{-2}\times 2^{-1}+\cdots+a_{-m}\times 2^{-m+1})$

显然，括号内仍为小数。

若 $a_{-1}=0$，则 $2S$ 仍为小数。

若 $a_{-1}=1$，则 $2S$ 出现整数 1 的部分。

重复上述将小数部分乘以 2 的操作，就能依次判定 $a_{-2}\cdots\cdots a_{-m}$ 等各项系数。于是得到上述的转换方法，即将十进制小数乘以 2，去掉乘积的整数部分，再用 2 乘以余下的纯小数部分，如此继续，直到乘积全部为整数或已满足要求的精度为止。所得的各个整数就是所求二进制小数的各位数码（最先得到的为最高位）。

十进制数转换成八进制数或十六进制数的方法与上述方法类似，只要把 2 改成 8 或 16 即可，即对八进制整数部分采用“逐次除 8 取余法”，小数部分“逐次乘 8 取整法”；对十六进制整数部分采用“逐次除 16 取余法”，小数部分“逐次乘 16 取整法”。

3. 二进制与八进制的相互转换

采用“三位一并法”，即二进制数从小数点往两边（整数往左，小数往右），每 3 位二进制数对应 1 位八进制数，例如：

$(110101100011)_2=(6543)_8$　　　$(10110110)_2=(266)_8$

反之亦然，例如：

$(315)_8=(11001101)_2$　　　$(256)_8=(10101110)_2$

4. 二进制与十六进制的相互转换

类似于二进制与八进制的转换，但采用“四位一并法”。二进制数每 4 位对应 1 位十六进制数，例如：

$(8E6)_{16}=(100011100110)_2$　　　$(100110101101111)_2=(4D6F)_{16}$

1.5　计算机中数和字符的表示

1.5.1　计算机中数的表示

数学中正数与负数是用该数的绝对值加上正、负号来表示。由于计算机中所有信息都是数字化的符号，都只能用 0 和 1 来表示，所以计算机中为了表示正、负数，就把一个数的最高位作为符号位，该位为 0 表示正数，该位为 1 表示负数。这样就可以将符号和数值

一起进行存储和参加运算。

例如，用 8 位二进制表示 +29 和 -29 分别为：00011101 和 10011101，其中第一位为符号位。

在计算机中使用的连同符号一起数值化了的数称为机器数。机器数所表示的真实数值称为真值。例如：

真值 +0010010 的机器数为 00010010，真值 -0010010 的机器数为 10010010。

对于有符号数，有三种表示法：原码、反码、补码。其中最常用的是原码和补码两种。使用原码是为了表示方法直观；使用补码是为了使运算简单，因为使用补码可以使二进制的减法运算转换为加法运算。

计算机中采用补码表示有符号数和进行运算。

若定点整数原码形式为 $x_0\, x_1\, x_2 \cdots\cdots x_n$，则原码表示可定义为：

$$[x]_{原}=\begin{cases}x & 0 \leqslant x < 2^n \\ 2^n - x = 2^n + |x| & -2^n < x \leqslant 0\end{cases}$$

式中 x 表示真值，$[x]_{原}$ 为其原码。

当 x 为正时，$[x]_{原}$与省略了正号的真值在形式上完全一致；当 x 为负时，$[x]_{原}$与真值在表示形式上的区别仅仅是符号为 1。真值 0 在原码表示中可以有两种形式，即 00……0 与 10……0。

若定点整数补码形式为 $x_0\, x_1\, x_2 \cdots\cdots x_n$，则补码表示可定义为：

$$[x]_{补}=\begin{cases}x & 0 \leqslant x < 2^n \\ 2^{n+1} + x = 2^{n+1} - |x| & -2^n < x \leqslant 0\end{cases}$$

式中 x 表示真值，$[x]_{补}$ 为其补码。

在补码表示中，最高位 x_0 表示了该数的正负。若 $x_0=0$，则真值≥0；若 $x_0=1$，则真值<0；这一点与原码一致。正数的补码表示，其尾数（即数值位）在形式上与原码相同；而负数的补码表示，尾数（即数值位）形式上与原码不同，是将原码的尾数（即数值位）取反后加 1 得到。在补码中“0”只有一种表示形式，即 00……0，因此补码比原码（和反码）表示范围大 1，在原码中 -0 的表示形式 10……0 用来表示最小的负数。

若定点整数反码形式为 $x_0\, x_1\, x_2 \cdots\cdots x_n$，则反码表示可定义为：

$$[x]_{反}=\begin{cases}x & 0 \leqslant x < 2^n \\ (2^{n+1}-1)+x & -2^n < x \leqslant 0\end{cases}$$

式中 x 表示真值，$[x]_{反}$ 为其反码。

在形式上反码最高位 x_0 表明数的正负，这点与原码和补码相同，而尾数则为原码各位的反。反码中“0”也有两种表示形式，即 00……0 与 11……1。

根据补码的定义，可以证明补码的加、减法规则为：

补码的加法规则：$[x+y]_{补}=[x]_{补}+[y]_{补}$

补码的减法规则：$[x-y]_{补}=[x]_{补}+[-y]_{补}$

鉴于篇幅，证明略。

在计算机中，原码、反码和补码的转换规则对比见表 1-4。

表 1-4　原码、反码和补码规则

原　码	反　码	补　码
符号位在最高位 “0” 表示正，“1” 表示负 其数值部分用二进制形式表示	正数的反码是原码本身，负数的反码为该数原码除符号位外各位求反	正数的补码是原码本身，负数的补码是该数的反码的最后一位加 1
举例： $(+50)_{10}=(+0110010)_2=(00110010)_{原}$ $(-50)_{10}=(-0110010)_2=(10110010)_{原}$ $(+127)_{10}=(+1111111)_2=(01111111)_{原}$ $(-127)_{10}=(-1111111)_2=(11111111)_{原}$	举例： $(+50)_{10}=(00110010)_{反}$ $(-50)_{10}=(11001101)_{反}$ $(+127)_{10}=(01111111)_{反}$ $(-127)_{10}=(10000000)_{反}$	举例： $(+50)_{10}=(00110010)_{补}$ $(-50)_{10}=(11001110)_{补}$ $(+127)_{10}=(01111111)_{补}$ $(-127)_{10}=(10000001)_{补}$

在计算机中，加减法运算可以统一转化为补码的加法运算，其符号位参与一起运算，结果为补码形式，反码只是求补码过程中的中间运算形式。

计算机进行一次基本运算所能处理的二进制位数称为字长。字长标志着计算精度、计算机速率，因而字长较长的计算机，相对而言具有更强的信息表达和处理能力。

当数的大小超过所用二进制位数的表示范围时，就会发生溢出，从而造成运算错误，用 8 位二进制数表示一个定点数，其补码表示的数的范围为 -128 ～ +127，若用 16 位二进制数表示一个数，则用补码表示数的范围是 -32768 ～ +32767，见表 1-5。

注意： -128 和 -32768 的补码表示。$2^8=256$ 种排列表示了从 -128 到 +127 之间的共 256 个数，$2^{16}=65536$ 种排列表示了从 -32768 到 +32767 之间的共 65536 个数。

表 1-5　8 位和 16 位二进制补码的表数范围

8 位			16 位		
十进制	二进制	十六进制	十进制	二进制	十六进制
+127	01111111	7F	+32767	0111111111111111	7FFF
+126	01111110	7E	+32766	0111111111111110	7FFE
+125	01111101	7D	+32765	0111111111111101	7FFD
⋮	⋮	⋮	⋮	⋮	⋮
+3	00000011	03	+3	0000000000000011	0003
+2	00000010	02	+2	0000000000000010	0002
+1	00000001	01	+1	0000000000000001	0001
0	00000000	00	0	0000000000000000	0000
-1	11111111	FF	-1	1111111111111111	FFFF
-2	11111110	FE	-2	1111111111111110	FFFE
-3	11111101	FD	-3	1111111111111101	FFFD
⋮	⋮	⋮	⋮	⋮	⋮
-126	10000010	82	-32766	1000000000000010	8002
-127	10000001	81	-32767	1000000000000001	8001
-128	10000000	80	-32768	1000000000000000	8000

1.5.2 计算机中字符的表示

所谓编码就是规定用怎样的二进制编码来表示数字、文字和符号。常见的编码主要有BCD码（二－十进制码）、ASCII码、汉字编码、Unicode码（统一码）。下面只介绍汇编语言中常用的BCD码和ASCII码。

1. BCD码

计算机中表示十进制数也只能用0、1的形式。把十进制数的每一位分别写成二进制数形式的编码，称为二－十进制编码或BCD编码。BCD编码方法很多，但常用的是8421编码（又称NBCD码或BCD8421码）：它采用4位二进制数表示1位十进制数，即每一位十进制数用四位二进制表示。这4位二进制数各位权由高到低分别是8、4、2、1。这种编码最简单、自然，且书写方便、直观、易于识别。NBCD码实际上就是二进制数按其自然顺序所对应的十进制数，字母N表示自然顺序（Natural）。

比如，十进制数29的8421码为：00101001。

而十进制数29对应的二进制数为00011101，与上面的BCD码表示是不一样的。

表1-6列出了0～15的BCD码。

表1-6 十进制0～15的BCD码

十进制数	BCD码	十进制数	BCD码
0	0000	8	1000
1	0001	9	1001
2	0010	10	0001 0000
3	0011	11	0001 0001
4	0100	12	0001 0010
5	0101	13	0001 0011
6	0110	14	0001 0100
7	0111	15	0001 0101

例如：将十进制数985转换成BCD码：

$$(9\quad 8\quad 5)_{10} = (1001\quad 1000\quad 0101)_{BCD}$$

又如：将BCD码0111001110000100转换成十进制数：

$$(0111\quad 0011\quad 1000\quad 0100)_{BCD} = (7\quad 3\quad 8\quad 4)_{10}$$

2. ASCII码

西文字符包括字母、数字、符号及特殊控制字符。西文字符编码方式很多，目前国际上广泛使用的是ASCII码（美国标准信息交换码）。ASCII码虽然是美国国家标准，但它已被国际标准化组织（ISO）认定为国际标准。ASCII码已为世界公认，并在世界范围内通用。

ASCII码有标准ASCII码和扩展ASCII码两种，标准ASCII码为七位码，它包含10个阿拉伯数字，52 个英文大小写字母，33 个符号及 33 个控制符，共 128 个字符，一个字符对应一个字节，其最高位始终为 0。

例如：“A” 的 ASCII 码值为 1000001，即十进制的 65；“a” 的 ASCII 码值为 1100001，即十进制的 97；“0” 的 ASCII 码值为 0110000，即十进制的 48。

ASCII 码表见附录 1。

ASCII 扩展字符集是在 ASCII 字符集的基础上，又定义了 128 个字符，取值范围在 128 至 255 之间，充分利用了一个字节所能表达的最大信息。

1.6　习　　题

1.6.1　选择题

1. 下列数中最小的数是（　　）。
   A. $(10100)_2$　　B. $(53)_8$　　C. BCD 码 00101001　　D. $(235)_{16}$
2. 下列 4 个不同进制的数中，数值最大的是（　　）。
   A. 二进制数 1001001　　B. 八进制数 110
   C. 十进制数 71　　D. 十六进制数 4A
3. 下列数据中，可能是八进制数的是（　　）。
   A. 488　　B. 317　　C. 597　　D. 189
4. 二进制数 1001101B 的十进制数表示为（　　）。
   A. 4DH　　B. 95D　　C. 77D　　D. 9AD
5. 十进制数 36.875 转换成二进制数是（　　）。
   A. 110100.01　　B. 100100.111　　C. 100110.11　　D. 100101.101
6. 与十进制数 56 等值的二进制数是（　　）。
   A. 111000　　B. 111001　　C. 101111　　D. 110110
7. 十进制小数转换成十六进制数可采用（　　）。
   A. 除基数（10）取余法　　B. 除基数（16）取余法
   C. 乘基数（10）取整法　　D. 乘基数（16）取整法
8. 已知 X = 34，Y = −68，用补码运算 X + Y =（　　）。
   A. 11010001　　B. 00011101　　C. 10010110　　D. 11011110
9. 补码减法运算是指操作数用补码表示，（　　）。
   A. 符号位单独处理
   B. 连同符号位一起相加
   C. 将减数变为机器负数然后连同符号位相加
   D. 将被减数变为机器负数补码，然后相加
10. 计算机中采用补码可将减法转换为加法运算，运算结果仍为（　　）。
    A. 原码　　B. 负数的补码　　C. 正数的补码　　D. 补码
11. 用十六位二进制补码表示一个带符号数，最小数为（　　）。
    A. −0　　B. −32767　　C. −32768　　D. −65536

12. 用 BCD 码表示一位十进制数，需要（　　）二进制位。

A. 1 位　　B. 2 位　　C. 3 位　　D. 4 位

13. 已知 $x=76$，则 $[x]_{补}=$（　　）。

A. 76H　　B. 4CH　　C. 0B4H　　D. 34H

14. 若 $[x]_{补}=11010011$，则 x 的十进制数真值是（　　）。

A. 173　　B. −45　　C. 65　　D. 63

15. 用 ASCII 码（7 位）表示字符 5 和 A，为（　　）。

A. 1100101 和 1101010　　B. 0100011 和 0110101

C. 1000101 和 1101010　　D. 0110101 和 1000001

16. 在计算机机内部，一切信息的存取、处理和传送都是以（　　）形式进行的。

A. BCD 码　　B. ASCII 码　　C. 十六进制编码　　D. 二进制编码

17. 下面关于基本 ASCII 码字符集的叙述中，错误的是（　　）。

A. ASCII 码字符集中字符的代码值小于 128

B. ASCII 码字符集中的部分字符是不可打印（显示）的

C. 对同一英文字母，小写字母的 ASCII 代码值比大写字母的值大 26

D. ASCII 码字符集中部分字符无法使用 PC 键盘输入

18. 通常我们所说的 32 位机，是指这种计算机的 CPU（　　）。

A. 由 32 个运算器组成　　B. 能够同时处理 32 位二进制数

C. 包含 32 个寄存器　　D. 一共有 32 个运算器和控制器

1.6.2 问答题

1. 汇编语言有什么优缺点？它一般应用在什么场合？
2. 冯·诺依曼计算机的设计思想是什么？
3. 什么是数据总线、地址总线和控制总线？
4. 说明 CPU 对内存读、写操作的过程。
5. 指令和数据表面上有什么不同吗？计算机怎么知道哪些是数据，哪些是指令？
6. 说明计算机执行程序的过程。
7. 计算机为什么采用二进制？
8. 假设采用五进制，请将十进制数 60 转换为对应的五进制数；将五进制数 124 转换为十进制数。
9. 请将下列十进制数转换成二进制：

　25　　25.3125

10. 请将下列二进制数转换成十进制：

　$(101001001)_2$　　$(100110.101)_2$

11. 将二进制数 $(10100101.01011101)_2$ 转换成八进制数和十六进制数。
12. 求十进制数 15 和 −15 的原码、反码和补码（设字长为 8 位）。
13. 写出下列二进制数的原码、反码和补码（设字长为 8 位）：

　$(0110111)_2$　　$(-1111100)_2$

14. 求下列十进制数的 BCD 码：

    37　　58　　465

15. 求下列 BCD 码对应的十进制数：

    0101001001101000　　01011001

16. 查出下列字符的 ASCII 码：

    A　Z　a　z　1　9　空格符　回车符

第2章　8086 CPU的编程结构

本章教学目标

- 掌握8086 CPU的寄存器，主要涉及通用寄存器、段寄存器和控制寄存器的结构特点和用途；
- 掌握8086 CPU的存储器分段管理方法和寻址方式；
- 了解8086计算机的工作过程，即系统加电和程序的装入执行的过程；
- 了解8086 CPU的三种工作模式。

本章将首先简要介绍80X86系列微处理器，然后说明8086 CPU的编程结构，包括CPU的内部结构，寄存器的使用；CPU对存储器的管理；I/O端口的访问；8086计算机的工作过程，从系统加电到程序的装入执行；最后，介绍CPU的三种工作模式。

随着大规模集成电路技术的发展，运算器和控制器被集成在一块芯片上，称为中央处理器（Central Process Unit，CPU），在微机中简称微处理器（Microprocessor）。1971年，Intel推出了全球第一个4位微处理器Intel 4004；随后又推出了8位微处理器8080；1978年，Intel推出了第三代16位微处理器8086。此后，Intel陆续推出了80286、80386、Pentium等80X86系列微处理器。表2-1简要介绍Intel推出的80X86系列不同型号的微处理器。

表2-1　80X86微处理器概况

型号		发布时间	字长（位）	数据总线（位）	地址总线（位）	寻址空间（B）	运行频率	特点
16位CPU	8086	1978.6	16	16	20	1 M	4.77 MHz	X86系列的开始
	8088	1979.6	16	8	20	1 M	4.77 MHz	与外设的兼容性更好
	80286	1983	16	16	24	16 M	6～20 MHz	引入保护模式
32位CPU	80386	1986	32	32	32	4 G	16～33 MHz	引入虚拟8086模式
	80486	1989	32	32	32	4 G	32～120 MHz	集成8 KB缓存
准64位CPU	Pentium	1993.3	32	64	32	4G	60～266MHz	8 KB数据缓存/8 KB指令缓存，超级流水线技术
	Pentium Pro	1995.11	32	64	36	64G	160～233 MHz	两级缓存L1（8 KB数据/8 KB指令）和L2（256 KB），14级流水线结构
	Pentium MMX	1997.1	32	64	36	64G	166～300 MHz	增加MMX指令集，用于处理图像和声音
	Pentium Ⅱ	1997.5	32	64	36	64G	233～450 MHz	集成Pro和MMX的优势，两级缓存L1（16 KB数据/16 KB指令）和L2（256 KB）
	Pentium Ⅲ	1999.2	32	64	36	64G	450 MHz～1.4 GHz	增加SSE指令集，两级缓存L1（16 KB数据/16 KB指令）和L2（512 KB），10级流水线
	Pentium Ⅳ	2000.11	32	64	36	64G	1.3GHz～2.0 GHz	MMX/SSE/SSE2指令，用于Internet、3D和多媒体处理，20级流水线

由于普通单核心处理器的频率到一定的阶段就难于提升，性能没有质的飞跃，从 2005 年开始，Intel 陆续推出多核心微处理器 Pentium D、Core 2 系列等 CPU，在一个 CPU 芯片内集成两颗及以上的微处理器核心，使得微处理器的性能得到进一步的提高。

2001 年，Intel 推出真正的 64 位 CPU Itanium 系列，采用新的 IA-64 架构，显式并行指令计算（EPIC）技术，不同于前面所介绍的 X86 架构，主要运用在超级计算机上。

2.1　8086 CPU 的内部结构

8086 CPU 由执行单元 EU 和总线接口单元 BIU 两者组成，由内部总线联系在一起，如图 2-1 所示。CPU 主要实现算术逻辑操作以及在 CPU、存储器和 I/O 之间的数据传送和相应的控制。

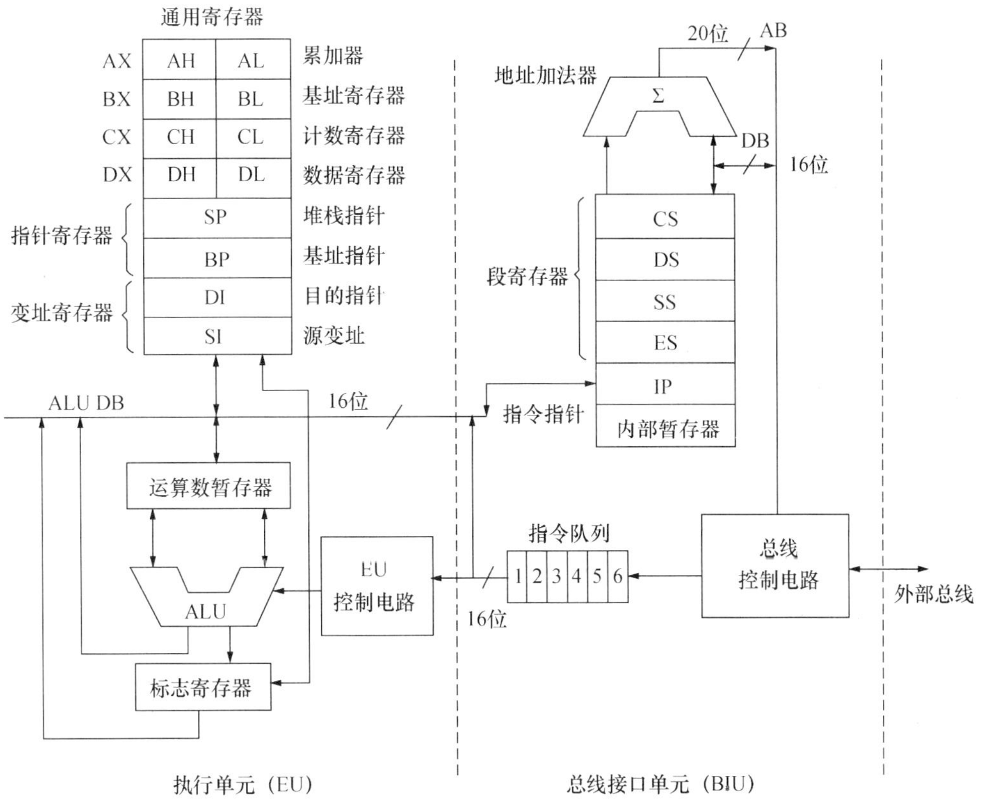

图 2-1　CPU 内部结构图

执行单元 EU 的功能是执行所有的算术和逻辑运算。执行单元主要包含 4 个通用寄存器、指针寄存器、变址寄存器和标志寄存器，以及算术逻辑运算单元。

总线接口单元 BIU 的功能则是负责所有的控制工作，即负责生成存储器物理地址，到存储器单元中取出指令，译码，再根据译码的结果发出取数、执行、存数等控制指令。总线接口单元主要包含 4 个段寄存器和指令指针寄存器 IP，以及地址加法器。

专业的描述过于抽象，不好理解，我们可以把 CPU 的工作原理做个简单的比喻，例如，酒店的厨师（CPU），他根据菜谱（指令）来做菜肴，按照烹调做法的要求（译码结果）使用某种炊具如铁锅或高压锅或平底板锅（某个内部寄存器），进行煎、炸、蒸、煮、炝、烤等加工（算术逻辑运算），再将做好的菜肴选用一种容器盛好（某个寄存器或存储器单元），由服务员（I/O 设备）送出去。

2.2 8086 CPU 的内部寄存器

在上一节我们已经了解到 8086 CPU 有不少的内部寄存器。这些寄存器都是 16 位的，可以分为可见的寄存器和不可见寄存器。不可见寄存器是系统专用的，而我们在编写汇编语言程序时只能访问可见的寄存器。这些可见的寄存器分成通用寄存器、段寄存器和控制寄存器三类，一共只有 14 个。汇编语言的编程总是离不开这些寄存器，我们需要好好掌握这些寄存器，就好像厨师烹调总是离不开炊具，一个好的厨师必须了解不同的炊具的区别和用法一样。

2.2.1 通用寄存器

图 2-1 的左上方列举出了 8086 CPU 的通用寄存器，这里先进行简要的分类介绍，在后面的章节中会有深入的接触。

首先，介绍 4 个最特别的寄存器 AX、BX、CX、DX，之所以称为特别是因为这 4 个寄存器都可以分为两个独立的 8 位寄存器使用，不仅可以以字（16 位）的形式访问，还可以以字节（8 位）的形式访问。

- AX 可以分为 AH 和 AL；
- BX 可以分为 BH 和 BL；
- CX 可以分为 CH 和 CL；
- DX 可以分为 DH 和 DL。

这 4 个寄存器都是通用寄存器，但还有各自的专用目的。

- AX（Accumulator）作为累加器，它是算术运算的主要寄存器。在乘、除等指令中被指定用来存放操作数。其次，是所有的 I/O 指令都使用这个寄存器与外部设备传送数据。
- BX（Base）作为基址寄存器，在计算存储器的地址时经常使用。
- CX（Count）作为计数寄存器，用来保存计数值，在移位指令、循环指令 loop 和字符串处理指令中作为隐含的计数器。
- DX（Data）作为数据寄存器，一般在作双字运算时和 AX 一起使用。此外，在 I/O 操作时，当端口号大于 256 时，需用 DX 存放 I/O 的端口地址。

接下来介绍的寄存器都是只能以字（16 位）的方式进行访问。

BP、SP、DI、SI 经常在存储器寻址时，提供偏移地址（关于寻址方式，将在第 4 章详细介绍）。BP、SP 属于指针寄存器，DI、SI 属于变址寄存器，有自动增减功能。

- BP（Base Pointer）称为基址指针寄存器，在堆栈单元的访问时与堆栈段寄存器 SS 一起使用。
- SP（Stack Pointer）称为堆栈指针寄存器，用来指示堆栈段的栈顶偏移地址。
- SI（Source Index）称为源变址寄存器。
- DI（Destination Index）称为目的变址寄存器。SI、DI 一般与数据段寄存器 DS 一起使用，用来确定数据段某个单元。另外，在字符串处理指令中，SI 和 DS 一起指示源字符串的物理地址，DI 和 ES 一起指示目的字符串的物理地址。

2.2.2 段寄存器

8086 CPU 中有 4 个 16 位的段寄存器，分别是：

- CS（Code Segment）称为代码段寄存器，指示代码段的段基地址；
- DS（Data Segment）称为数据段寄存器，指示数据段的段基地址；
- SS（Stack Segment）称为堆栈段寄存器，指示堆栈段的段基地址；
- ES（Extra Segment）称为附加段寄存器（也称扩展段寄存器），指示附加段的段基地址。

这几个段寄存器属于专门的寄存器，不能与通用寄存器一样使用，只能用于保存段基地址。

想一想，为什么需要专门的寄存器来指示段基地址（首地址）呢？

2.2.3 控制寄存器

前面已经介绍了 12 个寄存器，还有两个属于控制寄存器，分别是 IP 和 FLAGS 寄存器。

IP（Instruction Pointer）称为指令指针寄存器，用来保存代码段的偏移地址。在程序运行时，它始终指向下一条指令的首地址，它与段寄存器 CS 联用确定下一条指令的物理地址。IP 寄存器用来控制指令序列的执行流程。它就是相当于 1.3 节讲过的 PC 寄存器的作用，只不过在 8086 中，名字为 IP 而已。

FLAGS 称为标志寄存器，又称为程序状态寄存器（Program Status Word，PSW），用来保存条件码标志、控制标志和系统标志，由 CPU 根据运行结果进行更新。如图 2-2 所示，寄存器的每一位代表不同的意义。

15	14	13	12	11	10	9	8	7	6	5	4	3	2	1	0
				OF	DF	IF	TF	SF	ZF		AF		PF		CF

图 2-2　8086 标志寄存器

- CF（Carry Flag）称为进位位，记录运算时从最高有效位产生的进位值，进位时置 1，否则置 0。
- PF（Parity Flag）称为奇偶位，记录操作数中 1 的个数，当 1 的个数为偶数时置 1，否则置 0。
- AF（Auxiliary carry Flag）称为辅助进位位，记录运算时低半字节到高半字节的进位，有进位置 1，否则置 0。
- ZF（Zero Flag）称为零标志位，运算结果为 0 时 ZF 置 1，否则置 0。
- SF（Sign Flag）称为符号标志位，运算结果为负时置 1，否则置 0。
- TF（Trap Flag）称为陷阱标志位，用于调试时的单步操作，TF 为 1 时，程序单步运行。
- IF（Interrupt Flag）称为中断标志位，当 IF 为 1 时，允许 CPU 响应可屏蔽中断，否则关闭中断。
- DF（Direction Flag）称为方向标志位，字符串操作时用于控制字符串存储地址的方向，为 1 时地址递减，为 0 时地址递增。

- OF（Over Flag）称为溢出标志位，运算中如果操作数超出机器能表示的范围为溢出，将 OF 置 1，否则置 0。

图 2-3 所示的是某条指令执行完之后，CPU 各寄存器的当前值，以十六进制表示。

图 2-3　8086 CPU 寄存器运行的状态

第二行最后的一些字符表示的是标志寄存器的当前值，其意义如表 2-2 所示。

表 2-2　标志位的符号表示

标志位	标志为 1	标志为 0
OF　溢出标志（是/否）	OV	NV
DF　方向标志（增/减）	DN	UP
IF　中断标志（允许/关闭）	EI	DI
SF　符号标志（负/正）	NG	PL
ZF　零标志（是/否）	ZR	NZ
AF　辅助进位标志（是/否）	AC	NA
PF　奇偶标志（偶/奇）	PE	PO
CF　进位标志（是/否）	CY	NC

2.3　8086 CPU 的存储器管理

为了正确地存取信息，存储器的每个字节单元都必须有唯一的存储器地址，称为物理地址或绝对地址，从 0 开始编号，依次递增。在机器里，地址也是用二进制数来表示的，当然它是无符号整数，书写格式一般使用十六进制数形式。8086 的地址总线为 20 位，能访问 2^{20} 个字节单元，即 1 M 个字节单元，物理地址范围为 00000H ～ FFFFFH。

一个存储单元只能存储 8 比特，多个字节的数据如何存储到存储器呢？8086 对存储器的存取按照“高高低低”的原则顺序保存，如图 2-4 所示。如一个字占用两个字节的存储单元，即高位字节保存到高位地址，低位字节保存到低位地址，字单元的地址采用低地址表示。

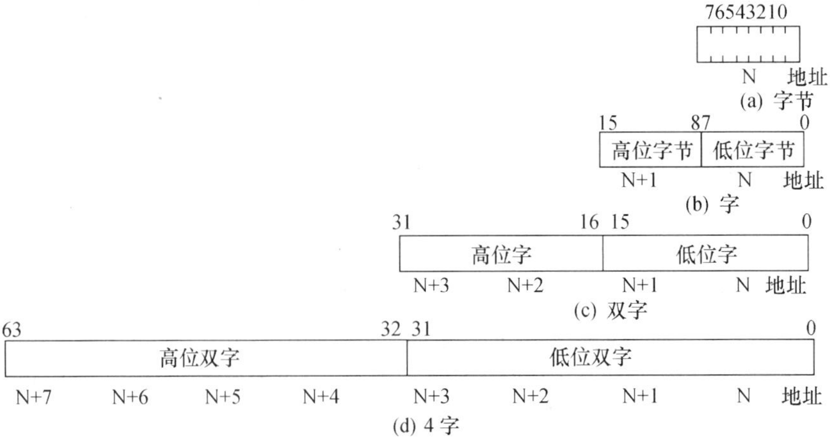

图 2-4　数据类型与存储格式

例 2.1　在 10000H 开始存储单元开始依次存放的字节是 12H，34H，56H，78H，如图 2-5 所示。分别以字节、字和双字访问存储单元，其结果如何？

分析：

（1）以字节访问单元其结果为：

10000H 字单元的内容为 12H；

10001H 字单元的内容为 34H；

10002H 字单元的内容为 56H；

10003H 字单元的内容为 78H。

10000H	12H
10001H	34H
10002H	56H
10003H	78H
10004H	…

图 2-5　各单元存储情况

（2）以字形式访问单元其结果为：

10000H 字单元的内容为 3412H；

10001H 字单元的内容为 5634H；

10002H 字单元的内容为 7856H。

（3）以双字访问单元其结果为：

10000H 双字单元的内容为 78563412H。

注意：机器默认是以偶地址访问存储器的，如果要访问奇地址的字单元，例如读出 10001H 字单元的内容 5634H，则需要访问两次存储器。

存储器有个特性：当写入新的数据时，原有的数据会丢失，而其他操作都不会改变其内容。如果从某个单元取出其内容，则该单元仍然保存着原来的内容不变，可以重复取出。这个特性可以形象地称为“喜新厌旧”。正是由于存储器有这个特性，所以在删除敏感的数据时，需要不断地往存储器单元写入随机数才能达到真正消除原有数据的目的。

2.3.1　存储器的分段管理

在介绍存储器的分段管理之前，我们先来看看生活当中的一个例子。某所大学有 40 个专业，每个专业有 2 个班级，每个班级 30 人，学制 4 年，则其在校生人数总共有 9600 人。学校是如何管理这么多学生的呢？通常的做法是给每个学生一个学号，学号的编排规则为化整为零，逐步细化：年级用 4 位数来表示，如 2009 级；专业用 2 位数来表示，如 01 为数学专业；班级用 1 位数来表示，如 1 班；班级学生用 2 位数表示，如 07 号，那么，每个学生都有唯一的一个学号，例如，200901107 表示 2009 级数学专业 1 班的 07 号学生张三。

如果要在全校范围内查找这名学生，则必需用完整的学号才能唯一确定；如果是在 2009 级的所有学生中查找这名学生，既然已经限定了年级，那么用 01107 查找就可以确定了；如果是他的班主任找这名学生，只要用 07 号就可以了。

相对于 8086 CPU 来说，1 M 的地址空间不好管理，因为其内部的寄存器都是 16 位的（而地址为 20 位），所能表达的地址范围为 64 K（0～65535），1 M 太大了。与前面的例子相似，采用化整为零的方法，可以将 1 M 的地址范围划分成一段一段的，访问存储器单元时，先定位在某个段，再按照段内偏移地址就可以找到对应的单元。

段的划分是有讲究的，由于 8086 CPU 的寄存器都是 16 位的，能表示的地址范围在

64 KB以内，所以段的最大空间不能超过 64 KB；其次，段的大小是根据需要将地址连续的一组内存定义为一段，如 2 KB 或 4 KB，如图 2-6 所示。

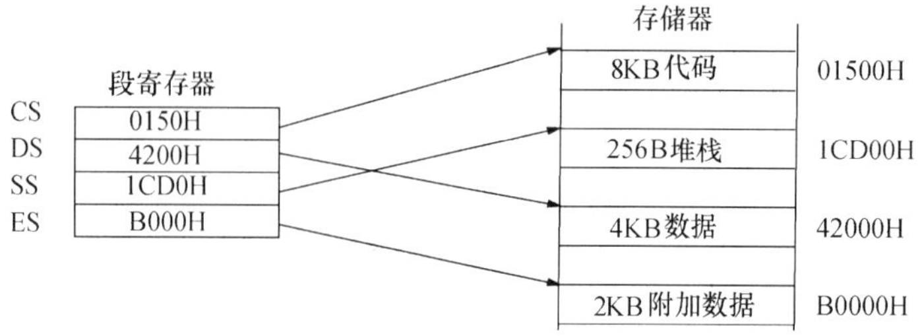

图 2-6 存储器分段管理

8086 CPU 有 4 个专门存放段基地址的寄存器，代码段 CS、数据段 DS、堆栈段 SS、附加段 ES，每个段寄存器可以确定一个段的起始地址，而这些段各有各的用途。

（1）代码段 CS 指向存放当前所运行程序的段地址。

（2）数据段 DS 指向存放当前运行程序所用数据的段地址，另外数据段还作为串操作的源数据存放区。

（3）堆栈段 SS 指向堆栈存放区域的段地址，堆栈是一种数据结构，因此专门开辟一个存储区，以“后进先出”的方式来访问，SS 指向堆栈的段基地址，SP 指向栈顶的段内地址（偏移地址），即 SS：SP 指向堆栈的栈顶单元地址（即堆栈的高地址）。压入堆栈的数据从高地址向低地址存放。

（4）附加段 ES 指向附加数据存放区域的段地址，即一个辅助的数据区，串操作指令的目的操作数存放区。编写程序时，应该按照上述规范来存放程序的代码和数据。

存储器的分段管理具有如下优点：

- 允许程序在存储器内重定位；
- 有利于程序和数据的分离。

2.3.2 CPU 对存储器的寻址

1 M 的存储器单元的物理地址是 20 位的，8086 的内部寄存器都是 16 位的，如何能访问 1 M 字节的单元呢？前面刚刚介绍过，一个内存单元地址要用段基地址和偏移地址两个逻辑地址来描述，这样就需要有两个寄存器来分别提供段基地址和段内偏移地址。

下面介绍如何将两个 16 位的数据变换成一个 20 位的数据，生成 20 位的物理地址。

$$物理地址 = 段基地址 \times 16 + 偏移地址$$

在 CPU 内部有个地址加法器，如图 2-7 所示。两个 16 位的数据其中一个是段基地址，另一个是偏移地址。通过数据总线送入地址加法器，加法器将段基地址左移 4 位（即乘以 16），再加上偏移地址，输出 20 位的物理地址，送到地址总线，传送到存储器，这样就可以选中某个存储单元。如图 2-8 所示。

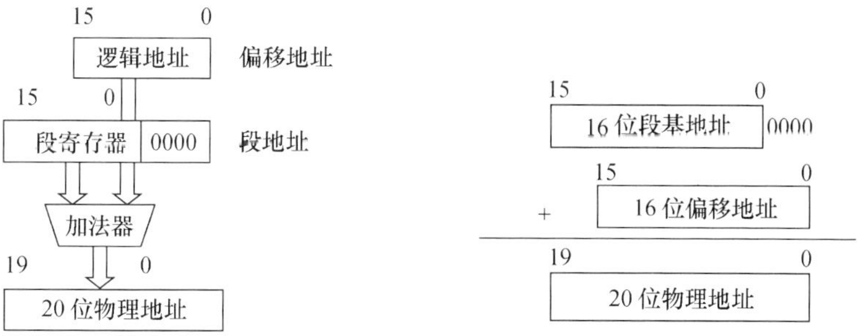

(a) 物理地址形成过程　　(b) 物理地址计算方法

图 2-7　物理地址的形成与计算过程

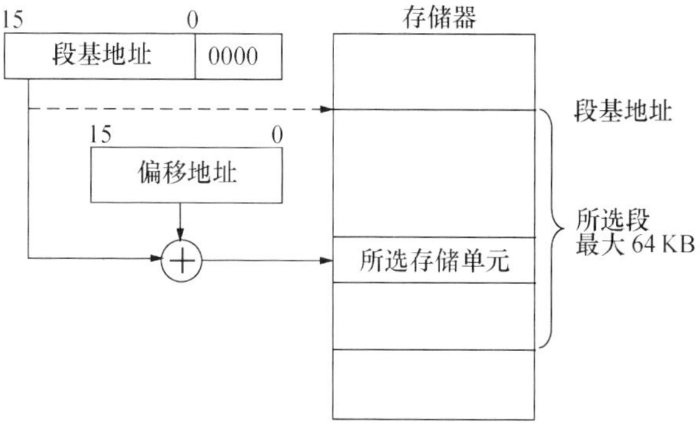

图 2-8　存储器寻址

例 2.2　给定段基地址 05BEH，偏移地址 0023H，物理地址等于多少？

分析：

段地址：05BEH
0000，0101，1011，1110B
偏移地址：0023H
0000，0000，0010，0011B
→
0000，0101，1011，1110，0000B
+　0000，0000，0010，0011B
0000，0101，1100，0000，0011B
→
物理地址：05C03H
0000，0101，1100，0000，0011B

通常以 16 进制来表示：

段地址：05BEH
偏移地址：0023H
→
05BE0H
+ 0023H
05C03H
→
物理地址：05C03H

例 2.3　给定段基地址为 0001H，段的大小为 100H，其物理地址范围是多少？

分析：段的大小为 100H，说明偏移地址为 0000H ～00FFH，根据物理地址的计算公式，有

起始地址 = 0001H × 16 + 0000H = 00010H + 0000H = 00010H

结束地址 = 0001H × 16 + 00FFH = 00010H + 00FFH = 0010FH

所以，物理地址范围为00010H～0010FH。

通常用逻辑地址的形式“段基地址：偏移地址”来描述内存单元地址，上例中的起始地址和结束地址也可以写成0001H：0000H和0001H：00FFH的形式。

例2.4 分别计算给定存储单元的物理地址：（1）2000H：1000H （2）2100H：0000H （3）1200H：F000H。

分析：

（1）2000H×16+1000H=20000H+1000H=21000H

（2）2100H×16+0000H=21000H+0000H=21000H

（3）1200H×16+F000H=12000H+F000H=21000H

是不是有些发现？这三个单元的物理地址都是一样的。是的，CPU可以通过不同的段基地址和偏移地址计算出同一个物理地址。

例2.5 给定一单元20000H，若想要偏移地址寻址访问到此单元，对段基地址有什么要求？在什么范围？

分析：根据物理地址=段基地址×16+偏移地址，偏移地址是16位的，其寻址范围为0000H～FFFFH，这里要用偏移地址寻址访问特定单元20000H，则其范围为0000H～FFF0H（最后一位必定为0），在此范围内要访问20000H单元，对段基地址是有限定范围的。

(20000H-0000H)÷16=20000H 20000H÷16=2000H

(20000H-FFF0H)÷16=10010H 10010H÷16=1001H

因此，段基地址的只有在1001H～2000H，才可能访问到该单元。

通过上述的几个例子说明了物理地址由段基地址和偏移地址合成，但是，段基地址和偏移地址的提供并不是任意寄存器随意组合的，段寄存器和存放偏移地址的寄存器之间有默认的组合关系，如表2-3所示。

表2-3 8086 CPU段寄存器和提供偏移地址的寄存器的组合

段寄存器	偏移地址	主要用途
CS	IP	指令寻址
SS	SP或BP	堆栈寻址
DS	BX、DI，SI或一个16位数	数据寻址
ES	DI（用于串指令）	数据（串）寻址

在这种默认组合的情况下，对相应段的访问程序不必指明组合关系，如使用BX访问存储器单元时，默认是访问数据段，使用的段寄存器是DS。但是，如果使用非默认的组合关系，则必需使用段跨越前缀加以说明，这在后面的章节会说明。

2.4 外部设备（端口）

计算机运行时需要的程序和数据及所产生的结果要通过I/O设备与人交互，或者需要保存在大容量的外存储器中，因此外部设备（简称外设）是计算机不可缺少的重要组成部分，对外设进行驱动或访问是汇编语言的重要应用领域之一。

外部设备一般分成两类：一类为字符设备，另一类为大容量存储设备。常见的字符设备有键盘、显示器、打印机、串口等，这些设备与 CPU 进行交互时都是使用 ASCII 码进行通信的，例如，在显示器上显示“1”，CPU 传递给显示器的字符是“1”的 ASCII 码 31H；在键盘敲击“a”键，CPU 接受到的是其 ASCII 码 61H。大容量存储设备包括软磁盘、硬磁盘、磁带和光盘等，磁盘操作系统 DOS 提供了一组 DOS 磁盘存取功能，可以很方便地使用这种功能调用从磁盘上读写文件，关于文件操作部分的内容将在第 8 章详细描述。

外设与主机的信息交换是通过外设接口进行的，每个接口中都有一组寄存器，用来存放要交换的数据、状态和命令信息。

（1）数据寄存器，用来存放外设与计算机之间传送的数据，这种寄存器起缓冲器的作用。

（2）状态寄存器，用来保存外设或接口的状态信息，以便 CPU 在必要时测试外设状态，了解外设的工作情况。如打印机用“忙/闲位”来标志当前是否在打印，是否还能接受新的打印任务。

（3）命令寄存器，CPU 对外设的控制命令是通过此寄存器送给外部设备，如果要启动打印任务，则往该寄存器写入命令字。

根据外设工作的复杂程度，不同的外设接口中含有的寄存器个数有所不同。为了能区分这些寄存器并且便于主机访问，系统给每个接口中的寄存器赋予一个“端口地址”或称做“端口号”，由这些端口地址组成了“I/O 地址空间”。在 8086 CPU 以及之后 IBM PC 系列机中，I/O 地址总线宽度都是 16 位的，所以允许最大的 I/O 寻址空间为 64 KB。由于 I/O地址空间是独立编址的，不同于存储器的访问方式，因此系统需要提供独立的访问外设指令，CPU 与外设的信息传送方式有直接、查询、中断、DMA 等，将在第 7 章详细描述。

通常在应用程序中通过调用 DOS（Disk Operating System）或主板 BIOS（Base Input/Output System）的中断来实现对外设的访问，以便降低程序设计的复杂程度，缩短开发周期。BIOS 和 DOS 功能调用都是系统提供的例行子程序，通过中断的方式转入所需要的子程序去执行，执行完返回原来的程序继续执行。两者的区别在于：BIOS 存放在只读存储器 ROM 中，层次比 DOS 更低，更接近硬件，每个语句完成对设备的直接命令或信息传送。DOS 功能调用是在开机时由磁盘装入存储器，它的例行程序可以一次或多次调用 BIOS，层次比 BIOS 高，功能更强。

2.5　8086 PC 的工作过程

对于 8086 PC 来说，其存储器系统 1 MB 的空间分为两部分，00000H ～ BFFFFH 由 RAM 占用，大小共768 KB；C0000H ～ FFFFFH 由 ROM 占用，大小共256 KB。其中的一部分空间属于保留区，不能作为其他的用途，如 00000H ～003FFH 共 1024 个字节用于存放 256 种中断向量，FE000H 开始的 8 KB ROM 中安装 BIOS 例行程序，FFFF0H ～ FFFFFH 这 16 个字节单元用于存放转移指令跳转到引导程序。8086 PC 的存储器系统空间的分配如图 2-9 所示。

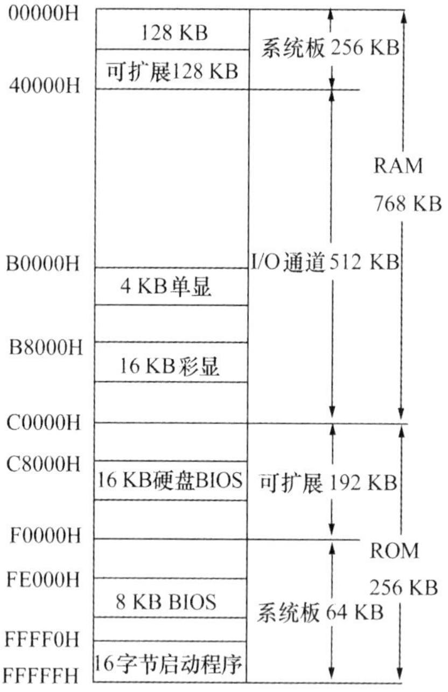

图 2-9　8086 PC 的存储器系统的空间分配

当 CPU 启动后，处理器内部的各寄存器和标志寄存器的内容自动设置为：

CS	FFFFH	DS	0000H
SS	0000H	ES	0000H
IP	0000H	FLAGS	0000H（禁止中断）

指令队列清空

因 CS = FFFFH，IP = 0000，所以 8086 将从地址 FFFF0H 开始执行指令。故 8086 引导程序的入口地址在 FFFF0H。

正常的 PC DOS 启动过程如下：

（1）CPU 执行在 FFFF0H 存放的一条跳转指令，转去执行 BIOS 的引导程序，即开机自检程序（Power-On Self Test，POST），检测和初始化所必需的设备；

（2）BIOS 按照预先设定的启动设备顺序（Boot Device Sequence）查找启动设备，当找到有启动设备时，说明检测正常；

（3）检测正常后从启动设备的主引导记录（Master Boot Record，MBR）即系统盘 0 面 0 道 1 扇区读入 Boot 引导程序到内存的 07C00H 处；

（4）CPU 转入执行 Boot 程序，从系统盘读入 IBM BIO. COM 和 IBM DOS. COM 两个隐含文件；

（5）CPU 执行 IBM BIO. COM 和 IBM DOS. COM 两个隐含文件，然后将 COMMAND. COM 装入内存；

（6）DOS 启动成功，CPU 的控制权交给 COMMAND 命令解释器。

当 DOS 启动成功后，用户可以输入所要执行的命令，比如，cd、dir、clr 等，这些命令由命令解释器 COMMAND 执行，如果用户要执行一个程序，则输入该程序的可执行文件名即可。

执行用户程序时过程如下：

（1）由 COMMAND 根据文件名找到可执行文件，然后将这个可执行文件从外存加载到内存；

（2）设置 CS：IP 指向程序入口；

（3）CPU 控制权交给用户程序；

（4）用户程序执行完后，返回 DOS，COMMAND 再次掌握 CPU 控制权。

当输入一个外部命令或通过 EXEC 子功能（系统功能调用 INT 21H 的子功能 4BH）加载一子程序时，COMMAND 确定当时内存可用空间的最低端作为程序段起点。在程序所占内存空间的前 256 个字节中，系统会为程序创建程序段前缀（Program Segment Prefix，PSP）数据区，DOS 要利用 PSP 来和被加载程序进行通信；PSP 内有程序返回、程序文件名等信息，可以通过研究 PSP 定位文件名信息，进而获取文件名。图 2-10 简要地展示了这个加载过程。

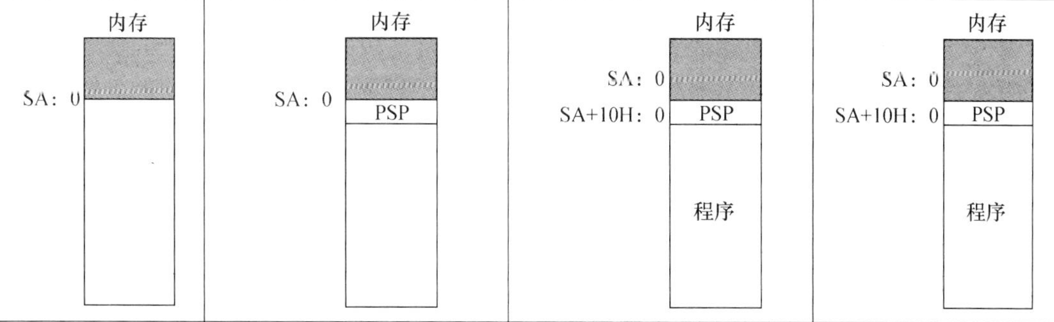

第 1 步	第 2 步	第 3 步	第 4 步
找到一起始地址为 SA：0 的容量足够的内存空间，段地址以 SA 表示	在这段内存区的前部创建一个程序段前缀（PSP），长度 256（100H）个字节，它是 DOS 在加载外部命令或应用程序（.EXE 或 .COM 文件）时，在加载的程序段前面设置的一个固定长度的信息区	在 PSP 后面，装入程序，程序的地址设为 SA＋10H：0。虽然 PSP 和程序物理地址连续，但 DOS 一般将 PSP 和程序划分到不同的段： PSP 区：SA：0 程序区：SA＋10H：0	初始化相关的寄存器，CPU 控制权由 COMMAND 转交给程序。 程序运行完之后，再将 CPU 的控制权交给 COMMAND

图 2-10　可执行文件的加载过程

由于可执行文件 .COM 和 .EXE 文件的结构不同，它们在加载的实际过程及装入内存的方式是不同的。DOS 对 .EXE 文件的长度没有约束，可以占用全部用户程序空间。加载 .EXE 文件后，各寄存器的初值设置如下：

（1）CS 指向代码段的段基地址；

（2）IP 指向代码段入口时第一条指令的偏移地址；

（3）DS 和 ES 指向 PSP 的段基地址；

（4）如果使用堆栈的话，SS 指向堆栈段的段基地址，SP 指向堆栈栈顶的偏移地址；

（5）BX，CX 是加载程序的字节长度，BX 为高字，CX 为低字。

特别说明的是 .EXE 文件的源程序中不应设置初始的 CS 和 IP 值，而应该使用 END 伪指令来说明启动点，加载时 CS：IP 寄存器会自动指向程序中第 1 条可执行指令处。

.COM 文件长度的最大限度 64 KB，整个 .COM 程序必须在 1 个物理段（64 KB）内，堆栈 SP 指向该段的段尾。程序段前缀占用的 256 个字节空间（00H～FFH），减去程序段前缀和堆栈的空间，余下的空间才是 .COM 程序可以使用的空间。加载 .COM 文件后，各寄存器的初值设置如下：

（1）CS，DS，ES 和 SS 指向 PSP 的段基地址；

（2）IP 固定为 100H，从 CS：100H 处开始执行用户程序；

（3）SP 为 FFFEH，并在栈顶处压入一全 0 字；

（4）BX，CX 是 COM 文件的字节长度，BX 为高字，CX 为低字。

由于 DOS 给 DS、ES 等所赋的初值不等于用户程序数据段、附加段的段基地址，因此用户程序开始处必须对所用的段寄存器 DS、ES 等进行初始赋值。

下面对在 DOS 操作系统中，程序的运行过程进行较为完整的描述，这部分内容不作要求。

在 DOS 系统中，COMMAND. COM 程序是一切用户进程的祖先，父进程建立一个子进程时往往需要向子进程提供一些命令参数。进程 PSP 的后 128B 域就是用来接纳这些参数，以供进程分析使用。PSP（程序段前缀）字域意义简表中的 PSP + 80 ~ FFH 域注释是按 COMMAND. COM 作为父进程来加载用户程序（作为子进程）的情况来说明的，经验丰富的程序员会通过使用 PSP + 80H 处开始的命令行参数，使编制的程序更灵活，功能更丰富。父进程建立一个子进程并把系统控制权交给子进程。

子进程运行结束后也应把系统控制权还回父进程，这需要事先保护父进程的现场，那么需要保护父进程的哪些现场信息呢？在子进程的 PSP 中又是如何保存这些信息呢？

（1）首先要保护的是返回地址，即父进程调用 EXEC 系统功能（INT 21H）时的下一条指令的地址。这由 EXEC 系统功能将返回地址保存在所建进程的 PSP + 0AH 的双字域中（即程序结束地址域）。程序结束时，将以它恢复中断向量表的 INT 22H 向量，最终以此向量设置 CS：IP 而正确返回父进程。

（2）应该保护父进程的 Ctrl + Break（Ctrl + C）中止处理程序的入口地址和严重错误处理程序的入口地址。因为子进程可能修改 INT 23H 和 INT 24H 中断向量，使之指向自己的中止处理程序入口和严重错误处理程序入口。进入子进程之前，原有的 INT 23H，INT 24H 两个中断向量的值复制到所建进程 PSP + 0EH 双字域和 PSP + 12H 双字域中。子进程结束时，也是使用 PSP 中这两个字域中的值来恢复中断向量表中的 INT 23H，INT 24H 两个中断向量。

（3）应该保护父进程已打开的文件。子进程继承父进程已打开的文件，子进程可以关闭自己所打开的文件，不能关闭这些父进程已打开的文件。DOS 的文件管理机制已使父进程所打开的文件妥善得到保护。

（4）保护父进程的 PSP 段址。PSP 段址是进程的唯一标识，DOS 只支持进程的串行执行，因此，DOS 维护着一个系统“当前 PSP”字单元，它应保存着当前正在运行进程的 PSP 段址，DOS 有关内存分配、文件操作的系统功能都是针对“当前 PSP”而言的。父进程 PSP 段址被写入所建子进程 PSP + 16H 的字域中予以保存；然后将子进程 PSP 段址写入系统“当前 PSP”中。于是，子进程成为系统当前进程，可使用一切系统资源。当子进程结束运行时，DOS 都要从子进程的 PSP 中取出所保存的父进程 PSP 段址，并将其写入系统“当前 PSP”中。于是子进程运行结束后，父进程成为系统当前进程。

（5）保护父进程的堆栈指针，以便返回父进程时恢复进程中断前的现场。每个进程的堆栈和栈指针 SS：SP 保存在该进程 PSP + 2EH 的双字域中。当子进程结束时，只要先由子进程 PSP + 16H 字域中得到父进程 PSP 段址，就可以找到父进程的 PSP，再从父进程的 PSP + 2EH 双字域中取出父进程堆栈指针，以它恢复父进程堆栈和恢复父进程的现场信息。PSP 的字域意义如表 2-4 所示。

表 2-4 程序段前缀 PSP 字域意义简表

偏移（十六进制）	类型	内容
00 ~ 01	指令	程序结束（Program Terminate），这两个字节总为 CD20，即 INT 20H 的指令代码
02 ~ 03	字	内存顶部（Top of Memory），程序内存空间顶部位置的段址，对于低端有 640KB RAM 的机器，此域值常是 A000H

（续表）

偏移（十六进制）	类型	内容
04	字节	保留（总为 00H）
05 ~ 09	指令	与 CP/M 兼容的系统调用入口（CP/M-like Service Call），此域第一字节是 CALL 指令的操作码 9AH；后两个字分别是段内偏移量和段地址，它们形成的过程入口物理地址为 0000C0H。而在中断向量表的 000C0 ~ 000C4 的 5 字节域中，存放的不是 30H 号中断向量，而是一条 转至 INT 21H 例程入口之一的一条远转移指令。若程序发出对 PSP + 05H 的近调用，就可实现对 INT 21H 的调用。这是 DOS 为与 CP/M 兼容而保留下来的一种系统调用方式
0A ~ 0D	双字	程序结束地址（Terminate Address）；运行结束时程序接受控制的默认地址。即返回父进程时，父进程继续运行的地址
0E ~ 11	双字	Ctrl + Break 出口（Ctrl + Break Exit），Ctrl + Break 键（或 Ctrl + C 键）按下而中止程序运行时，程序接受控制的默认地址，即父进程 INT 23H 例程的入口
12 ~ 15	双字	严重错误出口（Critical Error Exit），程序运行出现严重错误时，程序接受控制的默认地址，即父进程 INT 24H 例程的入口
16 ~ 17	字	父进程的 PSP（PSP of Parent），此域存放父进程程序段前缀的段址，即父进程的进程标识（PID）
18 ~ 2B	字节表	进程文件句柄表（File Handle Alias Table），此 20 个字节域常称为任务文件表（JFT），每个字节为一个表项，表项的序号即是句柄号，表项的内容为此打开文件的系统文件表（SFT）表项序号
2C ~ 2D	字	环境块地址（Environment Address），此域存放进程环境块的段地址
2E ~ 31	双字	进程堆栈指针（Stack Pointer），每当程序发出 DOS 系统功能调用时，INT 21H 例程把已压入 FLAGS、返回地址和 AX ~ ES 等 9 个寄存器内容后的用户堆栈的指针 SS：SP 的值保存在此域中。这是 DOS 操作系统打算通过切换“当前 PSP”，终止一个进程后再恢复另一进程运行所做的准备。但是 DOS 仍不支持并发进程。实现有条件的 DOS 重入，使用的是 DOS 内部的保存用户堆栈指针的“当前栈帧指针”单元，它的作用仅限于恢复父进程堆栈
32 ~ 33	字	进程文件句柄表大小（Size of the Handle Alias Table），默认值 0014H（20），可重新设置
34 ~ 37	双字	进程文件句柄表地址（Address of the Handle Alias Table），默认值为本 PSP 段址：0018H，可重新设置
38 ~ 3B	双字	共享前的 PSP（SHARE’ Sprevious PSP），在 MS-DOS 3.3 版之前，此双字域为 -1：-1，后来的版本下每当使用 SHARE. EXE 共享程序时，此双字域被设置成指向父进程 PSP 的指针
3C ~ 4F		此 20 个字节保留未用（DOS 5.0 下，40 ~ 41H 处的 1 个字登记有程序所需的最低 DOS 版本号，默认值是 5.0）
50 ~ 52	指令	与 UNIX 兼容的系统调用发送器（UNIX-Like Dispatcher），此三字节为 CD，21，CB，即 INT 21H 和 RET 两条指令的代码。程序可把此域看成一个函数，通过函数调用来实现 DOS 系统调用，这是与 UNIX 兼容的系统调用方式
53 ~ 5B		此 9 个字节保留未用

（续表）

偏　移（十六进制）	类　型	内　容
5C～6B		文件控制块 1（File Control Block1）
6C～7B		文件控制块 2（File Control Block2） 这两个格式化的但未打开的 FCB，分别用于装载此程序时命令行中（程序名之后）的第一、二个文件名参数，当 FCB1 打开时可能将 FCB2 覆盖
7C～7F		保留
80～FF		命令尾部（Command Tail），或磁盘传输区（Disk Transter Area，DTA），当在系统提示符下，以命令行加载此程序（程序名视作外部命令名）时，COMMAND. COM 将命令行中跟随程序名之后的参数字符串（以回车符 CR 为结束符）存于此 128B 域中，以供程序运行时分析使用，此域第一字节为参数字符串的字节长度（不包括 CR），从第二字节开始是参数字符串的原样拷贝。当程序运行时以 FCB 方式进行文件操作时，此域是默认的磁盘传输区（DTA），除非事先调用 1AH 号系统功能另行指定一个 DTA

2.6　80X86 CPU 的工作模式

IBM PC 机的存储器采用分段管理的方法。存储器采用分段管理后，一个内存单元的逻辑地址要用段基地址和偏移量来描述，表示为段基地址：偏移量，其段基地址和偏移量的限定、物理地址的形成要视 CPU 工作模式决定。80X86 CPU 有 3 种工作模式：实模式 RM（Real-address Mode）、保护模式 PM（Protected Mode）和虚拟 86 模式。

2.6.1　实模式

实模式下允许的最大寻址空间为 1 MB。8086 的地址总线宽度为 20 位，其最大寻址空间正好是 1 MB。8086 之后的 CPU 如果工作在实模式下，只能访问前 1 MB 的存储器空间。实模式其实是为 8086/8088 而设计的工作模式，它主要解决 16 位字长的机器如何生成 20 位地址的问题，而解决的办法就是采用存储器地址分段管理的方法。

前面介绍的存储单元地址形成方式就是实模式下的存储器寻址方式。

计算机在启动时，自动进入实模式，所以 8086 之后的 CPU 如 80386、Pentium 等在这时候就相当于一个速度超快的 8086。

DOS 操作系统运行在实模式下。对于 1 MB 的地址空间，DOS 系统是这样规划的：系统硬件使用的存储器地址被安排在高端，从 A0000H 开始的 384 KB 中，其中有用于显示的显示缓冲区和 BIOS 的地址空间。而在内存低端，安排了中断向量表（00000H～003FFH）和 BIOS 数据区（00400H～004FFH）；剩下从 00500H 开始到 A0000H 总共不到 640 KB 的内存是操作系统和应用程序所能够使用的。由于 DOS 操作系统占用一部分内存，最后剩下 600 KB 左右的内存供给应用程序使用。如果系统中有内存驻留程序存在，那么应用程序序还要和这些程序共同分享这段内存空间。

2.6.2 保护模式

保护模式是一种 80286 系列及之后的 x86 兼容 CPU 的工作模式。保护模式有一些新的特色，设计用来增强多任务和系统稳定度，如内存保护、分页系统，以及硬件支援的虚拟内存。自从 80286 引入保护模式，处理器增加新的工作模式，先前的 8086/8088 的模式被正式命名为实模式。

保护模式的出现，究其原因有三种：首先，实模式下允许的最大寻址空间为 1 MB，很多场合不够用；其次，80286、80386 的后继机型提供更多的地址空间，超出实模式所能允许的寻址范围，需要有新的寻址方式；再者，保护模式能支持多任务、内存分段分页管理和特权级保护等功能。Windows 和 Linux 等操作系统都需要在保护模式下运行。

1. 段寄存器

在保护模式下，段寄存器的意义与实模式下的段寄存器完全不同，它不直接表示段基地址，而是存放段选择符（即一个索引）。由段选择符从全局描述表中找到段描述符，从段描述符取得段基地址，再和偏移地址相加，得到存储单元的物理地址。图 2-11 为保护模式下存储器寻址的示意图。

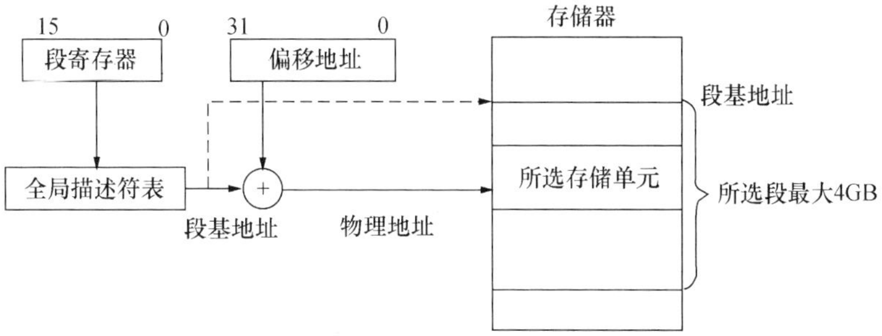

图 2-11　保护模式下存储器寻址示意图

保护模式的寻址与实模式的区别在于：偏移地址是 32 位的，最大段长从 64 KB 扩大到 4GB。表 2-5 列出了 32 位段寄存器和偏移地址的默认组合关系。

表 2-5　80386 及其后继机型默认 32 位段基地址和寄存器偏移地址寻址默认组合

段	偏　移	主要用途
CS	EIP	指令寻址
SS	ESP 或 EBP	堆栈寻址
DS	EAX、EBX、ECX、EDX、EDI ESI、一个 8 位数或一个 32 位数	数据寻址
ES	EDI（用于串指令）	串指令寻址
FS	无默认	一般寻址
GS	无默认	一般寻址

2. 段描述符

段描述符用来描述段的大小、段在存储器的位置及其控制和状态信息，由基地址、界限、访问权和附加字段四部分组成。

（1）基地址（BASE）部分用来指定段的起始地址；

（2）界限（LIMIT）部分存放着该段的段长度；

（3）访问权（ACCESS RIGHTS）部分用来说明该段在系统中的功能，并给出访问该段的一些控制信息；

（4）附加字段部分在386及其后继机型中存在，它用来表示该段的一些属性。

系统按选择器的内容（选择器存放在段寄存器中，但它不能直接表示段基地址），根据指定的途径可以找到所选段对应的描述符，从而可以根据其给出的基地址和界限值，确定所要找的存储单元所在的段，再加上逻辑地址中指定的偏移地址，就可以找到相应的存储单元。

3. 分页管理

保护模式下，内存管理在分段管理的基础上增加了分页管理机制。页的大小固定为4 KB，页与页之间不能重叠。如果启用分页管理机制，那么每个段由若干页组成，这些页在物理地址上并不一定是连续的。分页管理的好处在于，它把每个活动任务当前必需的少量页面装入内存，而不必将整个段都调入内存；其次，可以把零零碎碎的内存碎片利用起来，提高了内存的使用效率。

2.6.3 虚拟8086模式

从80386开始还支持虚拟8086模式，它实际上是为了在保护模式下执行8086程序而设置的一种工作方式。该模式下存储器寻址类似于8086，可以运行DOS及其应用程序。

虽然80386处理器的实模式可以运行8086的程序，但独占CPU的资源，结果只是运行速度快一点。如果在保护模式的多任务环境下运行这些程序时，它们中的很多指令如段寻址方式、中断处理和I/O操作指令在保护模式下属于特权指令，受保护机制的约束而不能执行。而重写这些程序的代价是巨大的，折中的方法是以任务形式在保护模式上执行8086程序，这就是虚拟8086模式。对于8086代码中有相当一部分指令在保护模式下属于特权指令的问题，虚拟8086管理程序采用模拟的方法来完成这些指令。这样MS-DOS应用程序在Windows操作系统中就可以运行了。

2.7 习　　题

2.7.1 选择题

1. 请将左边的词汇和右边的说明联系起来

（1）CPU　　（　）　A. 总线接口部件，实现执行部件所得要的所有总线操作。

(2) 存储器　(　)　B. 指示下一条要执行指令的偏移地址。
(3) EU　(　)　C. 保存各逻辑段的起始地址的寄存器。PC 有 4 个段寄存器 CS，DS，SS，ES。
(4) BIU　(　)　D. 取指令、分析并控制指令执行的部件。
(5) 堆栈　(　)　E. 唯一代表存储器空间中的每个字节单元的地址。
(6) IP　(　)　F. 保存当前栈顶地址的寄存器。
(7) SP　(　)　G. 存储程序、数据信息的记忆装置，PC 有 RAM 和 ROM 两种。
(8) 段寄存器　(　)　H. 后进先出方式工作的存储空间。
(9) 物理地址　(　)　I. 告诉 CPU 要执行的操作，在程序运行时执行。
(10) 指令　(　)　J. 执行部件，由算术逻辑单元（ALU）和寄存器等组成。

2. 下列寄存器组中在段内寻址时可以提供偏移地址的寄存器组是（　　）。
A. AX、BX、CX、DX　　B. BX、BP、SI、DI
C. SP、IP、BP、DX　　D. CS、DS、ES、SS

3. 在 8086/8088 系统中，约定用于形成堆栈段数据物理地址的寄存器有（　　）。
A. SS，SP，BP　　B. SS，SP，BX
C. DS，BX，BP　　D. DS，SP，BP

4. 标志寄存器中属于控制标志位的是（　　）。
A. DF，OF，SF　　B. DF，IF，TF
C. OF，CF，PF　　D. AF，OF，SF

5. 在程序运行过程中，确定下一条指令的物理地址的计算表达式是（　　）。
A. DS * 16 + SI　　B. ES * 16 + DI　　C. CS * 16 + IP　　D. SS * 16 + SP

6. 当使用 BP 作编程地址时，此时使用的是（　　）段。
A. CS　　B. DS　　C. ES　　D. SS

7. 指令 MOV AX，[BP + 220H] 的源操作数的隐含段为（　　）。
A. 数据段　　B. 堆栈段　　C. 代码段　　D. 附加段

8. 程序计数器 PC 的内容是（　　）。
A. 指令　　B. 数据　　C. 指令地址　　D. 数据地址

9. 现行数据段位于存储器 B0000H 到 B0FFFH 字节单元，则段寄存器 DS 的内容及该段长度（字节数）分别为（　　）。
A. B000H，1000H　　B. 0000H，0FFFH
C. B000H，0FFFH　　D. B000H，00FFH

10. 存储器物理地址形成规则是（　　）。
A. 段地址 + 偏移量　　B. 段地址左移 4 位 + 偏移量
C. 段地址 × 16H + 偏移量　　D. 段地址 × 10 + 偏移量

11. CPU 与存储器之间的信息交换使用的是（　　）。
A. 逻辑地址　　B. 有效地址　　C. 物理地址　　D. 相对地址

2.7.2 问答题

1. 8086 CPU 主要由哪几部分组成?

2. 8086 CPU 有哪些寄存器? 各寄存器的主要作用是什么?

3. CPU 的寻址能力为 8 KB，那么它的地址总线的宽度为多少?

4. 1 KB 的存储器有多少个存储单元?

5. 指令中的逻辑地址由哪两部分构成?

6. 以下为用段基址：偏移量形式表示的内存地址，试计算它们的物理地址。

（1）12F8：0100　（2）1A2F：0103　（3）1A3F：0003　（4）1A3F：A1FF

7. 自 12FA：0000 开始的内存单元中存放以下数据（用十六进制形式表示）：

03　06 11　A3 13　01

试分别写出 12FA：0002 的字节型数据、字型数据及双字型数据的值。

8. 内存中某单元的物理地址是 19318H，段基地址为 1916H，则段内偏移地址为多少? 若段内偏移地址为 2228H，则段基地址为多少?

9. 在实模式环境中，一个段最长不能超过多少字节?

10. 实模式可寻址的内存范围是多少?

11. 简述标志寄存器中条件标志和控制标志的用途，求 62AC + 1234H. 并根据结果设置条件标志。

12. 将十六进制数 2AE0H 与下列各数相加给出结果及各条件标志位的状态（字长为 16 位）。

（1）69FCH　（2）33B6H　（3）FF01H　（4）8D01H

13. 一个存储单元的物理地址、段地址、偏移地址三者之间有何关系?

14. 8086 CPU 经加电复位后，执行第一条指令的地址是什么?

2.8 上机实验

——DEBUG 的使用

DEBUG 是 DOS 系统自带的动态调试程序。DEBUG 的主要功能有显示和修改寄存器及内存单元的内容，按指定地址启动并运行程序，设置断点，反汇编被调试程序等。接下来我们将陆续介绍 DEBUG 的各个命令的使用。

2.8.1 预备知识

要进入 DEBUG 程序，先单击【开始】菜单，选择【运行】输入 cmd，进入 DOS 环境，如图 2-12 所示。在 DOS 提示符后面输入 DEBUG 命令并回车确认，将进入 DEBUG 操作界面，如图 2-13 所示，此时可以通过按键 ALT + ENTER 键切换成全屏显示，再次按 ALT + ENTER 键可退出全屏。

图 2-12　运行界面

图 2-13　进入 DEBUG

进入 DEBUG，在 - 后打入问号“?”，可显示 DEBUG 的所有命令及其格式。如图 2-14所示。

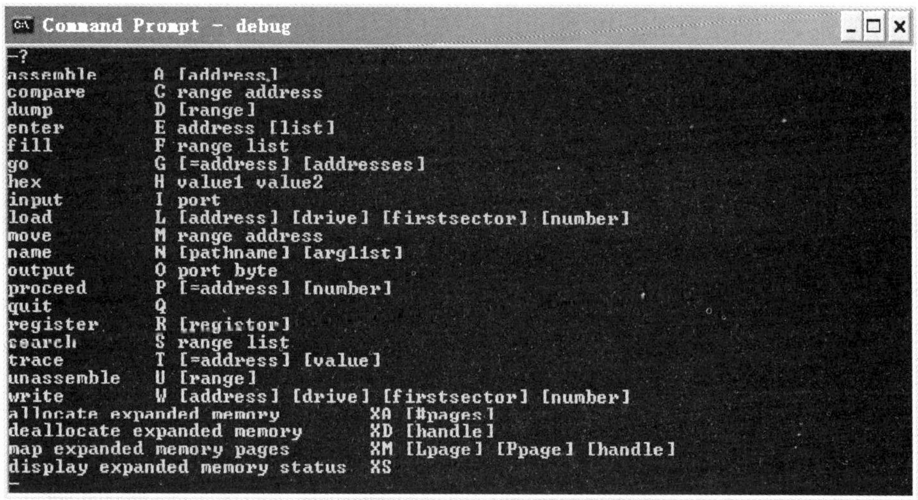

图 2-14　DEBUG 命令及其格式

下面介绍一些常用的 DEBUG 命令。

(1) 检查和修改寄存器内容的命令 R。

指令格式：

① - R [寄存器名]

② - RF

说明：格式①可用于检查和修改指定寄存器的内容。若不修改其内容，可按回车键，若需要修改其内容，可以输入 1 ～4 位十六进制数，再按回车键。DEBUG 中所显示的数据均为十六进制数，且省去了后面的 H 标志。若省略寄存器名，则显示所有寄存器的内容和全部标志位的状态，以及现行 CS：IP 所指的机器指令代码和反汇编符号，此后省略都用“[ ]”表示。

格式②可用于显示标志和修改标志位状态。若不需要修改任一标志位，可按回车键；若需要修改一个或多个标志位，可输入其相反的值。各标志位之间可以无空格且与顺序无关，修改后按回车键。标志名和状态符号的对照关系见表 2-2。

例如：输入 R 命令（不区分大小写）显示所有寄存器以及修改 AX 的值为 1000H，过程如图 2-15 所示。

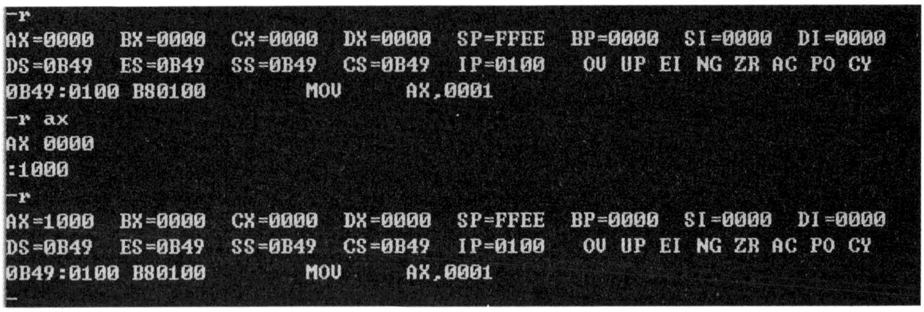

```
-r
AX=0000  BX=0000  CX=0000  DX=0000  SP=FFEE  BP=0000  SI=0000  DI=0000
DS=0B49  ES=0B49  SS=0B49  CS=0B49  IP=0100   OV UP EI NG ZR AC PO CY
0B49:0100 B80100        MOV     AX,0001
-r ax
AX 0000
:1000
-r
AX=1000  BX=0000  CX=0000  DX=0000  SP=FFEE  BP=0000  SI=0000  DI=0000
DS=0B49  ES=0B49  SS=0B49  CS=0B49  IP=0100   OV UP EI NG ZR AC PO CY
0B49:0100 B80100        MOV     AX,0001
-
```

图 2-15　DEBUG 中 R 命令的使用

输入 RF 命令，结果如图 2-16 所示。

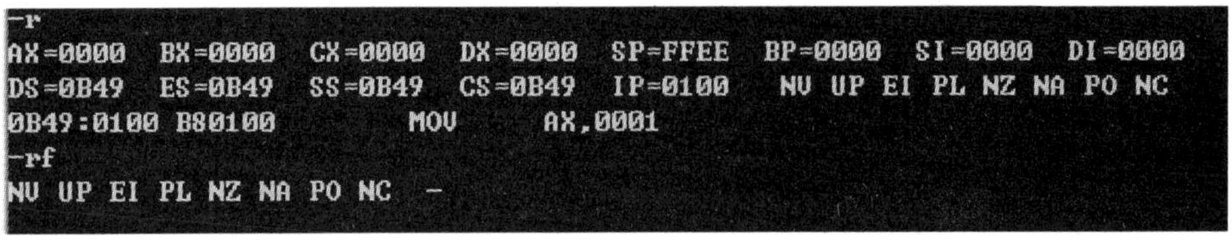

```
-r
AX=0000  BX=0000  CX=0000  DX=0000  SP=FFEE  BP=0000  SI=0000  DI=0000
DS=0B49  ES=0B49  SS=0B49  CS=0B49  IP=0100   NV UP EI PL NZ NA PO NC
0B49:0100 B80100        MOV     AX,0001
-rf
NV UP EI PL NZ NA PO NC  -
```

图 2-16　DEBUG 中 RF 命令的使用

若现在要修改标志位，可在光标处输入并回车。如修改为溢出，则输入 OV，再次显示标志位，如图 2-17 所示。

```
-rf
NV UP EI NG ZR AC PO CY  -ov
-rf
OV UP EI NG ZR AC PO CY  -
```

图 2-17　修改溢出位标志

（2）显示内存单元内容的命令 D。

指令格式：

① －D [地址]

② －D 范围

说明：地址格式为“段基址：偏移地址”两个部分组成，也可以只指出段内偏移地址，而此时的段基址在 DS 中。

格式①是从指定地址开始，显示 128 个字节的内容，每一行的左边显示段内偏移地址，接着显示 16 个单元的内容，最右边区域则显示这一行的 16 个单元所对应的 ASCII 码。若不指定地址，则显示当前数据段，偏移地址从 0000H 开始的 128 个字节的内容。

格式②将显示指定地址范围内的内存单元，这里所说的范围有两种形式：

形式 1：起始地址 结束地址

形式 2：起始地址 L 长度

例如：－D DS：1000；将显示 1000H 开始的 128 个字节的内容

－D 1000；效果同上

－D DS：1000　1020；将显示数据段偏移地址为 1000H 到 1020H 的内容

－D DS：1000　L21；效果同上

（3）修改内存单元内容的命令 E。

指令格式：

① －E 地址

② －E 地址 内容表

说明：格式①可以连续地逐个修改内存单元的内容。当屏幕上显示指定单元的地址和内容之后，输入新值，并按空格键，可以接着修改下一个存储单元的内容，若某一个单元的内容不需要修改，则可直接按空格键，继续修改下一个单元，若要结束修改，则按回车键结束。

格式②用给定的内容表去代替所指定的内存单元的内容。

例如：－E DS：0110 ‘CLOSE’；将 7 个字符填入 DS：0110 到 0116 的 7 个存储单元。

（4）输入汇编指令的命令 A。

指令格式：－A [地址]

说明：从指定地址开始输入汇编指令，把它们汇编成机器码相继存放在指定地址开始的存储器中。

例如：－A；从当前地址开始输入汇编指令

－0C86：0100　MOV AX，2000；输入指令

－3C86：0103　MOV BX，3000；输入下一条指令

－0C86：0106；退出输入时，直接敲入回车键即可

上述过程如图 2-18 所示。

（5）退出 DEBUG 命令 Q。

指令格式：－Q

说明：退出 DEBUG 程序。

（6）反汇编命令 U。

指令格式：

① －U [地址]

② －U 地址范围

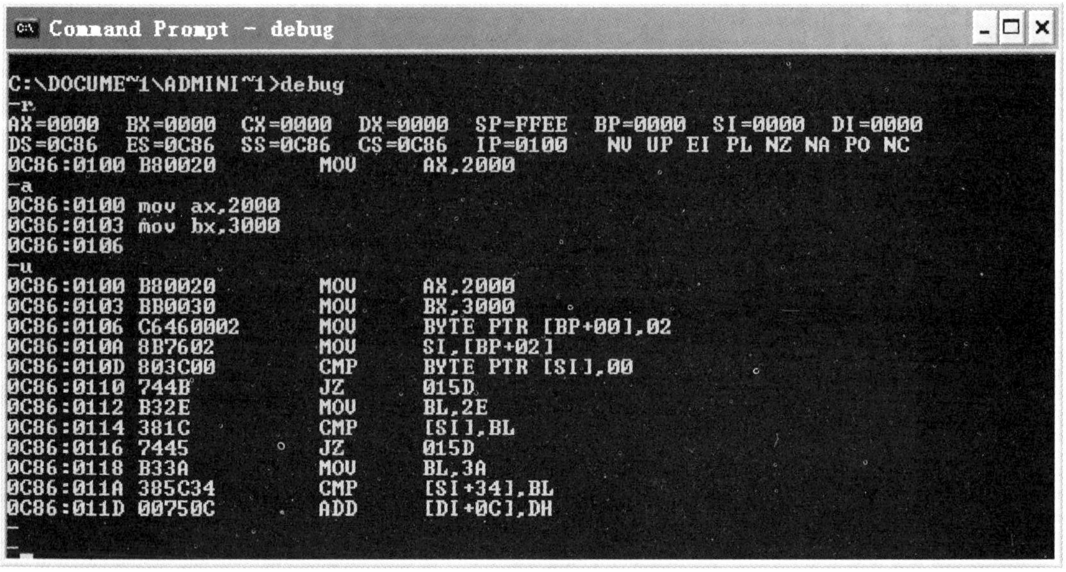

图 2-18　A 命令和 U 命令

说明：指令格式①是从指定的地址开始，反汇编 32 个字节。若略去指定地址，则以上一个 U 命令反汇编的最后一条指令地址的下一条指令地址作为起始地址；若之前没有用过 U 命令，则以由 DEBUG 初始化的段寄存器的值作为段地址，以 100 作为地址偏移量。

指令格式②可以对指定范围的内存单元进行反汇编，范围可以由起始地址、结束地址或起始地址及长度来指定。

例如：-U　04BA：100　0108；反汇编起始地址 04BA：100，结束地址 04BA：0108

-U　04BA：0100　L9；与上面一句等效

(7) 设置断点命令 G。

指令格式：

① -G [断点地址]

② -G [=起始地址] [断点地址]

说明：该命令可以在程序运行时设置起始地址和后面的断点地址。指令格式①程序从当前 IP 所指向的指令开始执行，当程序执行到断点地址时，就停下来，并显示 CPU 各寄存器的内容和标志位的状态，以及下一条待执行的指令。若省略断点地址，则连续执行整个程序。

指令格式②程序从指定的起始地址开始执行，运行到断点地址停下来，并显示 CPU 各寄存器的内容和标志位的状态，以及下一条待执行的指令。

例如：-G 001A；执行从当前 CS：IP 至 001A 的指令

-G =0010　001A；执行从起始地址 CS：0010 到 CS：001A 的指令

(8) 追踪（单步执行）命令 T。

指令格式：

① -T [=地址]

② -T [=地址] [值]

说明：指令格式①可以在指令执行到指定地址时停下，若略去地址，则当前 CS：IP 开始执行追踪。每一次 T 命令都执行一条指令。

指令格式②可对多条指令进行追踪，即在执行了由值所指定的若干条指令之后，停止执行并显示各寄存器的内容和各标志位，还指出下一条待执行的指令。

例如：-T；单步执行当前指令

-T=0C；追踪执行到 0C 单元所指的指令，显示当前寄存器的值和下一条指令

-T=0C 3；追踪执行到 0C 单元所指的指令，显示当前寄存器的值和下一条指令，接着以单步方式再执行 2 条指令

2.8.2　实验目的

（1）掌握 进入和退出 DEBUG 程序的方法。

（2）掌握 DEBUG 中的 R 命令、D 命令、E 命令等的使用。

2.8.3　实验内容

（1）进入 DEBUG，并切换成全屏显示。

（2）使用 R 命令显示当前所有寄存器的状况，并修改寄存器的值，使得 AX=1000H、BX=1100H、DS=B800H；使用 RF 命令修改标志寄存器的状态，将溢出位和进位位的状态取反。

（3）使用 D 命令查看内存 B800：0100～FFF0：0110H 中的内容，这是查看显存的内容。内存地址从 B8000H 开始为显存单元。

（4）使用 E 命令修改显存的内容，在 B800：0100 开始的单元输入如下数据：

-E B800：0100　01　01　02　02　03　03　04　04

回车后，查看屏幕上有什么变化？再选择不同的地址，输入其他的数据看看有什么变化？

第3章　第一个程序

本章教学目标

- 掌握汇编语言的编程格式；
- 掌握源文件编写到汇编、连接生成可执行文件（.EXE 文件）的操作过程；
- 掌握使用 DEBUG 调试工具对可执行文件进行跟踪调试的方法；
- 掌握常用的伪指令和 DOS 系统功能调用。

这一章以第一个程序作为开始，介绍汇编语言的编程格式，从源文件到编译、连接生成可执行文件（.EXE 文件）的过程，使用 DEBUG 调试工具对可执行文件进行跟踪调试，讲解常用的伪指令和 DOS 系统功能调用。

3.1　汇编语言程序格式

下面是一段简单的汇编语言源程序。通过这个例子我们来了解汇编语言程序的结构。

例 3.1　这是一段实现 A + B = C 的完整程序。

```
1  DATA  SEGMENT
2        A  DB  01H
3        B  DB  02H
4        C  DB  ?
5  DATA  ENDS
6  CODE  SEGMENT
7      ASSUME  CS:CODE,DS:DATA
8  START: MOV  AX,DATA
9         MOV  DS,AX
10        MOV  AL,A
11        ADD  AL,B
12        MOV  C,AL
13        MOV  AX,4C00H
14        INT  21H
15  CODE ENDS
16  END START
```

如何解读这段程序呢？这段源程序包含两种指令：汇编指令与伪指令。

汇编指令是机器指令的助记符，可以被汇编成机器指令，由 CPU 来执行。在第4章将详细介绍汇编指令系统。

伪指令是汇编控制命令，在汇编过程中实现数据定义、分配存储区、指示程序结果等功能，由汇编器来执行，汇编完成后伪指令就消失了，当然目标代码中也不存在伪指令。在3.3节将详细介绍常用的伪指令。

例3.1中第8～14行都属于汇编指令，其他行都属于伪指令。

第1～5行定义了一个数据段，段名为 DATA，其中 SEGMENT 和 ENDS 是一对伪指令，用来定义一个段，段的使用格式为：

```
segname   SEGMENT;segname 为段名
…
…
segname   ENDS
```

在第 2 章已经介绍了段的概念，　个汇编程序是由多个段组成的，这些段分别用来存放指令、数据或者用作堆栈。一个完整的汇编程序至少有一个段：代码段，用来存放指令代码。

在这个段名为 DATA 的数据段里面，定义了 3 个变量 A、B、C。

```
A  DB  01H; A 定义为字节变量,初值为 01H
B  DB  02H; B 定义为字节变量,初值为 02H
C  DB  ?; C 定义为字节变量,初值未知
```

DB（Defind Byte）是定义字节变量的伪指令。“?”说明值为空。在汇编程序里面可以加注释，以“;”作为分隔，所以上面的说明是以注释的形式来说明第 2～4 行。

第 6～15 行定义了一个代码段，段名为 CODE。

```
ASSUME  CS:CODE,DS:DATA
```

这里 ASSUME 是伪指令，用来设定某个段寄存器和程序中的某个段相关联，在这个程序中，CS 段寄存器与 CODE 段相关联，DS 数据段与 DATA 段相关联，所以说第 1～5 行定义了一个数据段，第 6～15 行定义了一个代码段。

注意：ASSUME 是用来设定关联关系的，并不是说汇编器执行了这行伪指令后，就将段寄存器 CS 和 DS 进行了赋值。其次，ASSUME 设定不是一定要放在代码段，只是习惯的做法是将其放在代码段的开始处进行说明。

第 8～14 行是程序中的汇编指令部分：

```
MOV   AX,DATA;将 DATA 段的段地址赋值给寄存器 AX
MOV   DS,AX;将 AX 的值赋值给段寄存器 DS,即 DS 获得 DATA 数据段的段地址
MOV   AL,A;将变量 A 的值赋值给寄存器 AL
ADD   AL,B;将变量 B 的值加到寄存器 AL,即 AL = A + B
MOV   C,AL;将寄存器 AL 的值赋值给变量 C
MOV   AX,4C00H;将 4C00H 赋值给寄存器 AX
INT   21H;调用 21H 功能调用,结束程序,返回 DOS
```

在第 8 行 MOV AX，DATA 之前的 START 是一个标号，由一个标识符后跟一个冒号组成，用来标记这行代码的偏移地址，它与程序的最后一行有关系：

```
END START
```

END 是汇编程序的结束符，属于伪指令。汇编器在汇编程序的过程中，遇到 END 伪指令，就会结束对源程序的汇编。所以，在程序的结束的地方都一定要加上 END 伪指令。为何在 END 后面有个标号 START？因为 END START 不仅标志着程序结束，同时还指明指令是从 START 所在的那行开始执行的。

这里回顾一下第 2 章介绍的可执行文件的加载过程。当加载可执行文件 .EXE 时，操作系统为每个用户程序建立了一个程序段前缀区 PSP，其长度为 256 个字节，主要存放所要执行程序的有关信息，同时也提供了程序和操作系统的接口（见表 2-4）。程序加载之后，CS：IP 寄存器会自动指向程序中第 1 条可执行指令处，这里就是 START 标号所指向的第 8 行；而 DS 指向 PSP 的段地址，由于 PSP 的段地址不等于程序数据段的段地址，因此在程序开始处对所用的段寄存器 DS 进行初始赋值，即程序

中的第 8 ～9 行。

在程序段前缀的开始处（偏移地址 0000H），操作系统安排了一条 INT 20H 软中断指令。INT 20H 中断服务程序由 DOS 提供，执行该服务程序后，控制就转移到 DOS，即返回到 DOS 管理的状态。为了保证用户程序执行完后能返回到 DOS 状态，可使用如下两种方法。

（1）方法一。

首先将用户程序的主程序定义成一个 FAR 过程，其最后一条指令为 RET。

```
MAIN  PROC  FAR
        …
         PUSH  DS;保存 PSP 段基地址
         SUB  AX,AX
         PUSH  AX;保存 INT 20H 指令所在第 1 个字节的偏移地址为 0
        …
        RET
MAIN  ENDP
```

由于主过程定义为远过程，因此 RET 是一个远程（段间）返回指令。于是，程序最后执行 RET 指令时将使 CS = PSP 的段基地址，IP = 0000H。这样一来系统就会自动转移到 PSP + 00H，从而正确执行“INT 20H”指令，完成程序的结束退出。

（2）方法二。

该方法不用将用户程序定义过程段，只在代码段结束之前（即 CODE ENDS 之前）增加两条语句：

```
MOV  AH,4CH
INT  21H
```

则程序执行完后也会自动返回 DOS 状态。从例 3.1 的源程序可以看出，这里采用第二种方法返回 DOS。

汇编语言源程序中每个语句由 4 项组成，格式如下：

```
[name]  operation  operand  [;comment]
```

其中，名字项（name）是一个标识符，用来表示本语句的符号地址，可选。如用于指定段名、变量名、符号常量名、标号名等。其命名应符合一定的命名规则：

① 标识符可以由字母、数字、专用符号“?”、“.”、“@”、“$”、“_”组成；

② 数字不能作为首字符，“.”只能作为首字符；

③ 标识符的有效识别字符为 31 个；

④ 保留字不能作为标识符，所有的寄存器名、指令及伪指令、运算符都属于保留字。

操作项（Operation）是一个操作码的助记符，可以是指令、伪指令。

操作数项（Operand）是一个或多个表达式组成，提供执行所需的信息。

注释项（Comment）用来说明语句的功能，以“;”作为开始，一直到行结束。可选。

注意：汇编语言程序不区分大小写。

3.2 汇编语言程序上机过程与程序的跟踪调试

汇编语言程序从源文件编写到生成可执行文件的过程一般分为编辑、汇编、连接 3

步，如图3-1所示。

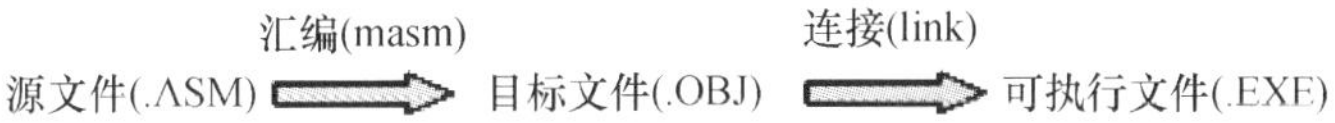

图3-1　汇编语言上机过程

汇编程序是系统提供的用于汇编的系统软件，这里使用汇编程序是Microsoft公司推出的宏汇编程序MASM（MACRO ASSEMBLER）5.0版本。下面以例3.1介绍汇编语言的上机过程及调试方法。假设MASM已存在于PC系统的D盘根目录下D：\ 。

3.2.1　输入源程序

可以使用文本编辑器（如Edit、记事本、Ultraedit等）编写源程序，保存成.asm结尾的源文件。这里使用Edit来编辑源程序。过程如下。

（1）进入DOS环境。切换到D盘，输入“cd masm”，进入MASM文件夹。如图3-2所示。

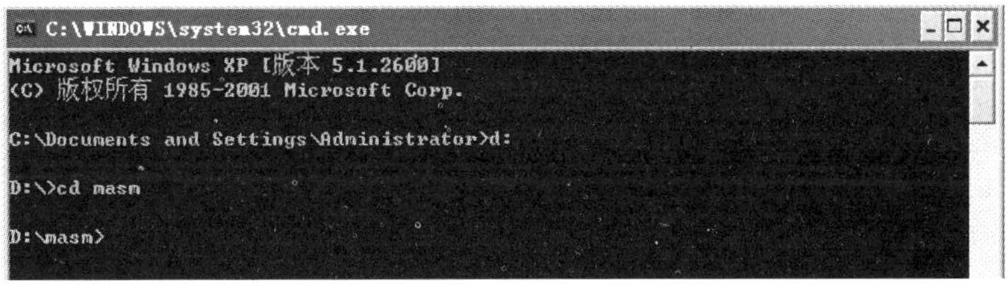

图3-2　进入MASM文件夹

（2）输入“edit”，回车，进入Edit编辑界面，在编辑窗口中，按住Alt＋F打开“File”菜单（其他菜单的打开方法为Alt＋菜单首字符），选择“New”，编辑汇编语言源程序，如图3-3所示。

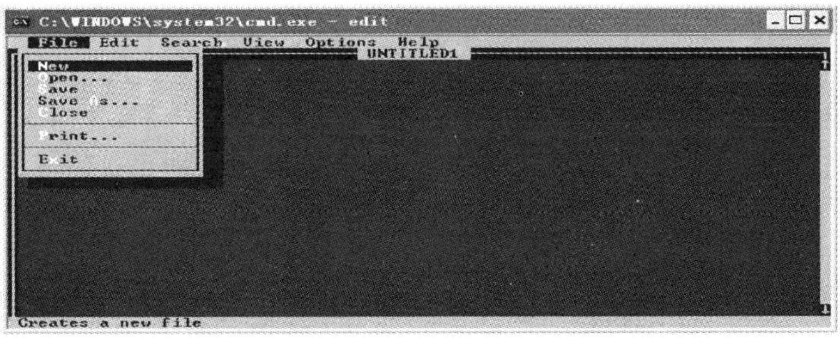

图3-3　Edit编辑界面

（3）编辑汇编语言源程序，并保存为“.ASM”文件。这里保存为ABC.ASM，如图3-4、3-5所示。

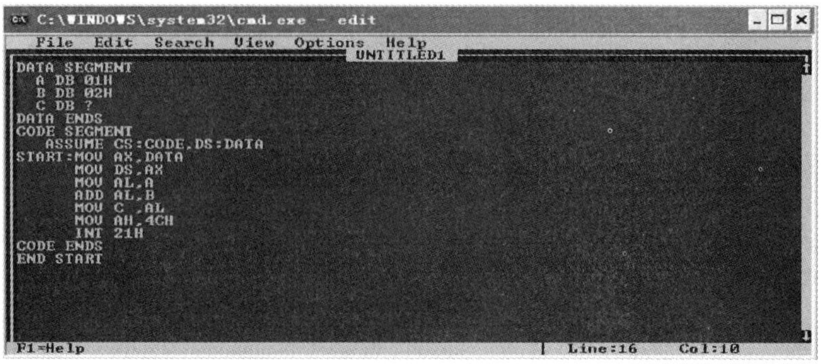

图 3-4 编辑汇编语言源程序

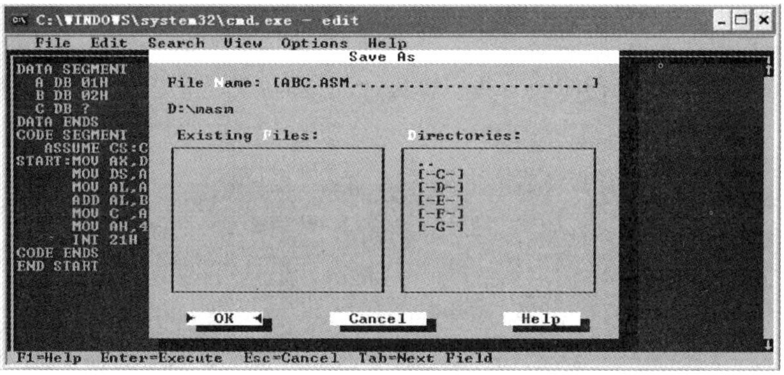

图 3-5 保存源文件

注意：为了简单，这里源程序保存在 D：\ MASM 下，跟系统文件保存在一起了。可以另建一个文件夹，保存用户文件，但在后面的汇编、连接等步骤中要注意当前目录和有关文件的位置。

3.2.2 汇编

打开“File”菜单，选择“Eixt”，退出编辑环境，返回 DOS 命令符环境，输入“masm Filename. ASM”，对汇编源程序进行汇编。

汇编语言源程序的汇编过程是利用汇编程序（MASM）对已编辑好的源程序文件（. ASM）进行汇编，将源程序文件中以 ASCII 码表示的助记符指令逐条翻译成机器码指令，并完成源程序中的伪指令所指出的各种操作。在对源程序文件（. ASM 文件）汇编时，汇编程序将对 ASM 文件进行两遍扫描，若程序文件中有语法错误，则结束汇编。

汇编程序的主要功能可以概括为以下三点：① 检查源程序中的语法错误，并给出错误信息；② 产生目标程序文件（. OBJ 文件），并可给出列表文件（. LST 文件）；③ 展开宏指令。

在汇编过程中，要根据屏幕提示回答 3 项内容。

（1）Object filename [Filename. OBJ]：提示用户汇编将生成二进制目标文件。按回车键表示同意生成目标文件及系统给文件的命名，也可以输入其他文件名。

（2）Sourse listing　［NUL. LST］：提示是否生成列表文件。一般是直接回车，表示不需要生成列表文件。

（3）Cross-reference　［NUL. CRF］：提示是否生成交叉引用文件。一般是直接回车，表示不需要生成交叉引用文件。

若源程序无错，则生成目标文件，整个汇编过程如图 3-6 所示。若源程序有错，则显示错误提示和错误位置，如图 3-7 所示，需重新编辑修改源文件，然后再重新汇编，一直到汇编成功。

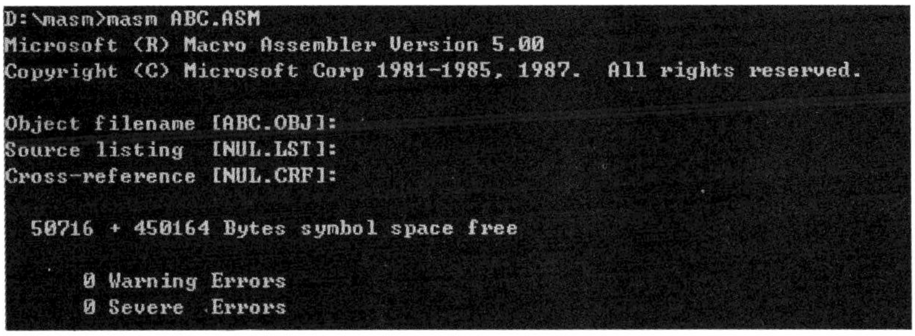

```
D:\masm>masm ABC.ASM
Microsoft (R) Macro Assembler Version 5.00
Copyright (C) Microsoft Corp 1981-1985, 1987.  All rights reserved.

Object filename [ABC.OBJ]:
Source listing  [NUL.LST]:
Cross-reference [NUL.CRF]:

  50716 + 450164 Bytes symbol space free

      0 Warning Errors
      0 Severe  Errors
```

图 3-6　汇编源程序，成功生成目标文件

```
abc.asm(7): warning A4001: Extra characters on line

  50716 + 450164 Bytes symbol space free

      1 Warning Errors
      0 Severe  Errors
```

图 3-7　汇编源程序错误时的提示信息

汇编的主要目的生成目标文件，列表文件和交叉引用文件是可有可无的。这里对后两者做简要介绍。

列表文件里面列出源文件和机器语言程序清单，并给出符号表，表中给出段名，段的大小和属性，以及用户定义的符号名、类型及属性。下面给出例 3.1 的列表文件 ABC. LST。

```
Microsoft (R) Macro Assembler Version 5.00      9/6/9    Page   1-1
      1 0000              DATA  SEGMENT
      2 0000  01                A  DB  01H
      3 0001  02                B  DB  02H
      4 0002  ??                C  DB  ?
      5 0003              DATA  ENDS
      6 0000              CODE  SEGMENT
      7                   ASSUME  CS:CODE,DS:DATA
      8 0000  B8 ----R       START: MOV  AX,DATA
      9 0003  8E D8                 MOV  DS,AX
     10 0005  A0 0000 R             MOV  AL,A
     11 0008  02 06 0001 R               ADD  AL,B
     12 000C  A2 0002 R             MOV  C,AL
     13 000F  B4 4C                MOV  AH,4CH
     14 0011  CD 21                 INT  21H
```

```
    15 0013           CODE  ENDS
    16             END  START
-------------------------------------------------------------------------------
Microsoft (R) Macro Assembler Version 5.00    9/6/9  Symbols-1
Segments and Groups:
N a m e          Length  Align  Combine Class
CODE .................. 0013       PARA     NONE
DATA ...................0003       PARA     NONE
Symbols:
N a m e           Type      Value  Attr
A ........................L BYTE   0000  DATA
B ........................L BYTE   0001  DATA
C ........................L BYTE   0002  DATA
START ..................L NEAR   0000  CODE
@ FILENAME  ......TEXT  abc
    16 Source  Lines
    16 Total   Lines
     8 Symbols
  49640 +451240 Bytes symbol space free
     0 Warning Errors
     0 Severe  Errors
```

交叉引用文件里面给出用户定义的所有符号，对于每个符号列出其定义所在行号及引用的行号，为大程序的修改提供方便，一般的程序都不使用。为建立交叉应用表，还需要调用 CREF 程序，在命令行输入：

```
D:\masm>cref ABC.CRF
```

机器回答

```
Microsoft (R) Cross-Reference Utility  Version 5.00
Copyright (C) Microsoft Corp 1981—1985, 1987.  All rights reserved.
Listing [ABC.REF]:
6 Symbols
```

执行之后生成的例 3.1 的交叉引用表 ABC.REF

```
    Microsoft Cross-Reference  Version 5.00        Sun Sep 06 15:48:48 2009
      Symbol Cross-Reference    (# definition, + modification)  Cref-1
    A..............................  2#    10
    B..............................  3#    11
    C..............................  4#    12 +
    CODE ..........................  6#    7     15
    DATA ..........................  1#    5     7      8
    START..........................  8#    16
    6 Symbols
```

3.2.3 连接

汇编后产生的目标程序（. OBJ 文件）并不是可执行程序文件（. EXE 文件），还不能直接运行，它必须通过连接程序（LINK）连接成一个可执行程序后才能运行。连接程序给出的“无堆栈段的警告性错误”并不影响程序的运行。

经过汇编生成目标文件后，在 DOS 提示符下，输入“link Filename. obj”，连接目标文件产生 EXE 文件。根据提示，输入相关信息。如图 3-8 所示。

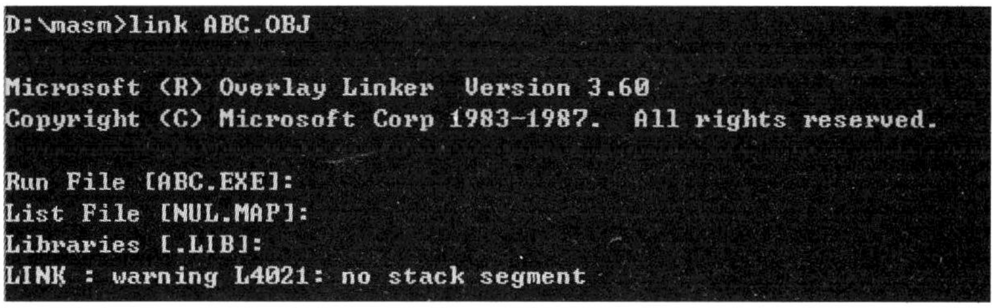

```
D:\masm>link ABC.OBJ

Microsoft (R) Overlay Linker  Version 3.60
Copyright (C) Microsoft Corp 1983-1987.  All rights reserved.

Run File [ABC.EXE]:
List File [NUL.MAP]:
Libraries [.LIB]:
LINK : warning L4021: no stack segment
```

图 3-8　连接目标文件，生成 . EXE 文件

(1) Run　File　[Filename. EXE]：提示用户将生成可执行文件。直接回车，表示同意生成该文件和系统给文件的命名，也可输入其他的文件名。

(2) List　File　[NUL. MAP]：提示是否生成映像文件。可直接回车，不需生成映像文件。

(3) Libraries　[. LIB]：提示是否引入库文件。可直接回车，不需引入库文件。

回答完 3 个问题后，系统连接生成可执行程序。

映像文件是连接程序的列表文件，它给出每个段在存储器中的分配情况。下面给出例 3. 1 的映像文件 ABC. MAP。

```
LINK: warning L4021: no stack segment
 Start     Stop     Length     Name        Class
 00000H   00002H   00003H     DATA
 00010H   00022H   00013H     CODE
Program entry point at 0001:0000
```

3. 2. 4　运行调试

在 DOS 提示符下，输入“Filename”或“Filename. EXT”，即可运行程序，如图 3-9 所示。

```
D:\masm>abc.exe

D:\masm>_
```

图 3-9　运行程序

因为程序没有向屏幕进行输出，所以屏幕上未显示任何结果。那到底程序运行的结果如何呢？我们可以使用 DEBUG 调试工具来查看程序运行结果。输入“debug Filename. EXT”，进入调试程序，如图 3-10 所示。

```
D:\masm>debug abc.exe
-
```

图 3-10　DEBUG 调试程序

在运行程序之前，我们来看看程序加载时，PSP 和各个寄存器的情况。输入“r”，可以看到寄存器的值如图 3-11 所示。

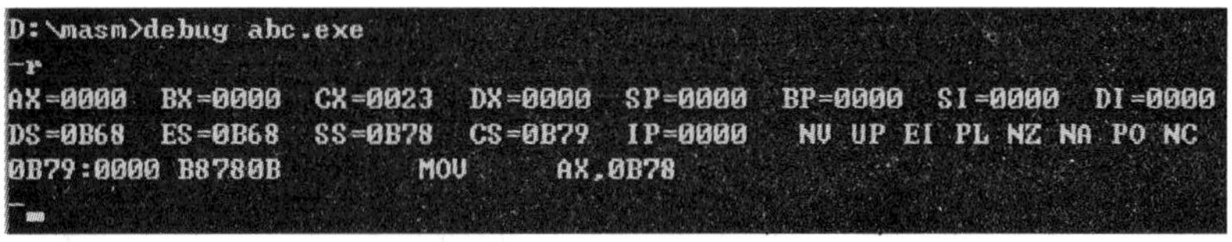

```
D:\masm>debug abc.exe
-r
AX=0000  BX=0000  CX=0023  DX=0000  SP=0000  BP=0000  SI=0000  DI=0000
DS=0B68  ES=0B68  SS=0B78  CS=0B79  IP=0000   NV UP EI PL NZ NA PO NC
0B79:0000 B8780B        MOV     AX,0B78
-
```

图 3-11　程序加载时，各个寄存器的值

在第 2 章讲到加载 . EXE 文件之后，各寄存器的初值设置如下：

（1）CS 指向代码段的绝对段址；

（2）IP 指向代码段入口时第一条指令的偏移地址；

（3）DS 和 ES 指向 PSP 的段地址；

（4）如果使用堆栈的话，SS 指向堆栈段的段基地址，SP 指向堆栈顶的偏移地址；

（5）BX，CX 是加载程序的字节长度，BX 为高字，CX 为低字。

从图 3-11 可以看出，程序加载之后，代码段 CS 的值为 0B79，IP 为 0，CS：IP 指向第一条指令；DS 和 ES 都为 0B68，这是 PSP 的段地址，PSP 的长度为 256 个字节，也就是说 PSP 占用了从 0B68：0000 开始的 256 个字节单元，那么程序从 0B78：0000 开始。

为何 CS 的值为 0B79，而不是 0B78 呢?

由于例 3. 1 使用了数据段（该程序由数据段和代码段组成），在数据段里声明了 3 个字节变量 A、B、C，那么在程序区一开始的地方 0B78：0000，数据段便占用了 3 个字节存放 A、B、C。因此，接下来的代码段的段地址只能为 0B79（一次最少分配 16 个字节），代码从 0B79：0000 这个单元开始存放。

程序加载后，DS 的初始值为 PSP 的段地址 0B68，而不是用户程序的数据段，因此在开始处通过：

```
MOV AX,DATA
MOV DS,AX
```

对所用的段寄存器 DS 再次赋值，从图 3-11 的最后一行可以看出 DATA 的值被 0B78 替代了，因此，数据段 DS 的值更新为 0B78。这里虽然没用到堆栈段 SS，不过可以看出 SS 被初始化为 0B78，SP 为 0000。

在光标处，输入“u”，可以反汇编程序，如图 3-12 所示。

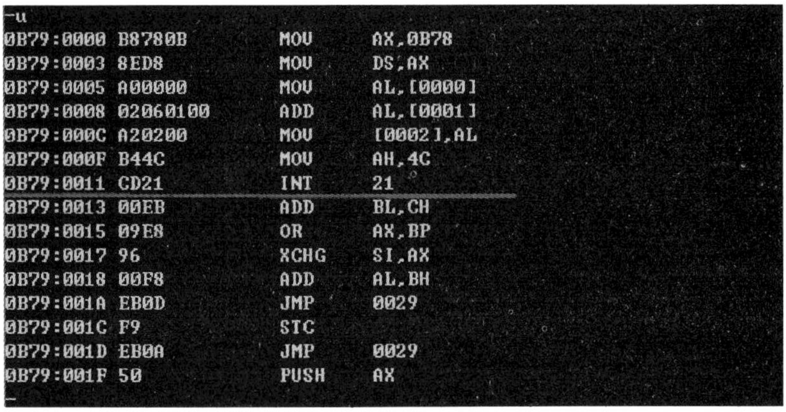

```
-u
0B79:0000 B8780B        MOV     AX,0B78
0B79:0003 8ED8          MOV     DS,AX
0B79:0005 A00000        MOV     AL,[0000]
0B79:0008 02060100      ADD     AL,[0001]
0B79:000C A20200        MOV     [0002],AL
0B79:000F B44C          MOV     AH,4C
0B79:0011 CD21          INT     21
0B79:0013 00EB          ADD     BL,CH
0B79:0015 09E8          OR      AX,BP
0B79:0017 96            XCHG    SI,AX
0B79:0018 00F8          ADD     AL,BH
0B79:001A EB0D          JMP     0029
0B79:001C F9            STC
0B79:001D EB0A          JMP     0029
0B79:001F 50            PUSH    AX
-
```

图 3-12　反汇编程序

从图 3-12 中可以看出源程序和机器码的对应关系，程序在划线处结束，代码开始于 0B79：0000 单元，在 0B79：0012 单元结束，使用了 13H 个字节单元。整个程序区从 0B78：0000 到 0B79：0012 结束，总共使用了 23H 个字节单元。因此，从图 3-11 可以看出程序加载时，BX = 0000，CX = 0023。

在光标处，输入“t”，t 是执行一条指令即单步调试程序，如图 3-13 所示。单步调试可以查看程序的每一步运行之后寄存器的结果。

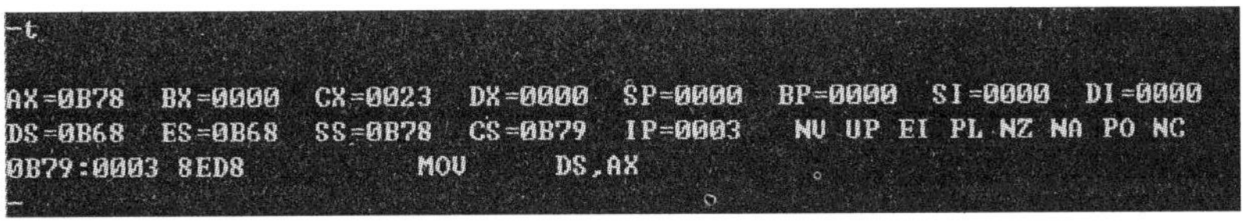

```
-t

AX=0B78  BX=0000  CX=0023  DX=0000  SP=0000  BP=0000  SI=0000  DI=0000
DS=0B68  ES=0B68  SS=0B78  CS=0B79  IP=0003   NV UP EI PL NZ NA PO NC
0B79:0003 8ED8          MOV     DS,AX
-
```

图 3-13　单步调试程序

当运行到 INT 21H 时，输入“p”，如图 3-14 所示。p 命令和 t 命令的不同之处在于，t 命令会跟踪进入子程序；而 p 命令不跟踪进入子程序（后面还会用到 p 命令能把 LOOP 指令控制的循环一次执行完）。由于 INT 21H 是属于 DOS 功能调用，程序将转入到一个系统的子程序运行，用 p 可以直接得到这个子程序的结果，而不跟踪子程序的每一步操作。执行 INT 21H 之后，程序正常结束，显示“Program terminated normally”，返回到 DEBUG。

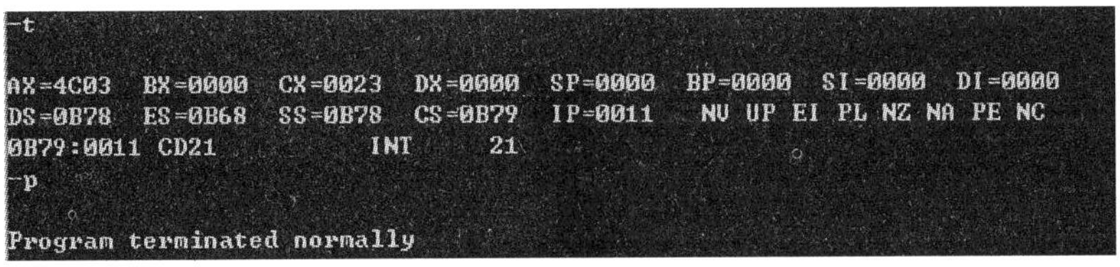

```
-t

AX=4C03  BX=0000  CX=0023  DX=0000  SP=0000  BP=0000  SI=0000  DI=0000
DS=0B78  ES=0B68  SS=0B78  CS=0B79  IP=0011   NV UP EI PL NZ NA PE NC
0B79:0011 CD21          INT     21
-p

Program terminated normally
```

图 3-14　程序正常结束

在图 3-14 中可以看到 AL 的值等于 3，即 A 与 B 相加的结果，那么 C 的值是否为 3？在光标处，输入“d ds：0”或“d 0B78：0”，可以查看数据段的情况，如图 3-15 所示。可以看出 C 的值等于 3，这就是程序运行的结果。程序调试结束了，键入“q”，退出 DEBUG，从 DEBUG 返回 DOS。

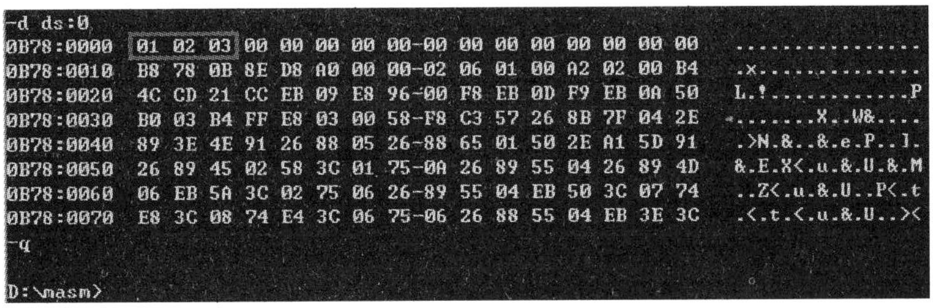

```
-d ds:0
0B78:0000  01 02 03 00 00 00 00 00-00 00 00 00 00 00 00 00   ................
0B78:0010  B8 78 0B 8E D8 A0 00 00-02 06 01 00 A2 02 00 B4   .x..............
0B78:0020  4C CD 21 CC EB 09 E8 96-00 F8 EB 0D F9 EB 0A 50   L.!............P
0B78:0030  B0 03 B4 FF E8 03 00 58-F8 C3 57 26 8B 7F 04 2E   .......X..W&....
0B78:0040  89 3E 4E 91 26 88 05 26-88 65 01 50 2E A1 5D 91   .>N.&..&.e.P..].
0B78:0050  26 89 45 02 58 3C 01 75-0A 26 89 55 04 26 89 4D   &.E.X<.u.&.U.&.M
0B78:0060  06 EB 5A 3C 02 75 06 26-89 55 04 EB 50 3C 07 74   ..Z<.u.&.U..P<.t
0B78:0070  E8 3C 08 74 E4 3C 06 75-06 26 88 55 04 EB 3E 3C   .<.t.<.u.&.U..><
-q

D:\masm>
```

图 3-15　查看数据段程序运行结果

3.3　常用伪指令

通过汇编器的执行伪指令在汇编过程中实现数据定义、分配存储区、指示程序结果等功能，在这一节将详细介绍相关概念和常用的伪指令。

3.3.1 段定义伪指令

段定义伪指令的主要功能是指示汇编程序如何按段组织程序和使用存储器。

(1) SEGMENT 和 ENDS 伪指令。

功能：用于对段结构进行定义，以将程序分成若干逻辑段。

格式：

```
segname  SEGMENT
    ⋮
segname  ENDS
```

其中删节号部分，对于数据段、附加段和堆栈段来说，一般是存储单元的定义、分配等伪操作；对于代码段则是指令及伪操作。

SEGMENT 伪操作还可以增加类型及属性的说明，格式如下：

```
segname    SEGMENT [align_type]  [combine_type]  [use_type] ['class']
    ⋮
segname    ENDS
```

一般情况下，这些说明可以不用。但是，如果需要用连接程序把本程序与其他程序模块相连接时，就需要使用这些说明。

① 定位类型（align_type）可以是：

PARA——指定段的起始地址该段必须从下一节开始，一节 16 个字节，则段地址为 XXX0H；

BYTE——该段可以从任何字节单元开始；

WORD——该段必须从下一个字单元开始，即段地址必须为偶数；

PAGE——该段必须从下一页开始，一页 256 个字节，则段地址为 XX00H。

默认定位类型是 PARA。

② 组合类型（combine_type）可以是：

PRIVATE——该段为私有段，在连接时不与其他模块中的同名段合并；

PUBLIC——该段连接时将与不同模块中有相同名字的段连接在一起，其连接次序由连接命令指定，每一分段都从小段边界开始，因此各段连接时可能存在小于 16 字节的空隙；

COMMON——该段在连接时与不同模块中有相同名字的段有相同的起始地址，所以会产生覆盖，COMMON 的连接长度是各分段中最大长度。

AT expression——使段的起始地址是表达式所计算出来的 16 位段地址，但它不能用来指定代码段；

STACK——指定该段在运行时为堆栈段的一部分；

MEMORY——指定该段将分配在所有其他连接在一起的段的前面（在高地址上），如果连接时有几个指定 MEMORY 的段，则遇到的第一个段作为 MEMORY 段，其他段则作为 COMMON 段。

默认组合类型是 PRIVATE。

③ 使用类型（use_type）用来说明使用的寻址方式，它们可以是：

USE16——实模式寻址，即使用 16 位寻址方式，段长不超过 64 KB；

USE32——保护模式寻址，即使用 32 位寻址方式，段长可达到 4 GB，只适用于 386 及其后继机型。

在实模式下，默认的选项是 USE16。

④ 类别（'class'）连接时用于组成段组的名字。

（2）ASSUME 伪指令。

功能：用于指定段和段寄存储器的关系

格式：

```
ASSUME  seg_reg_name:segname  [,seg_reg_name:segname…]
```

其中 seg_reg_name 段寄存器名必须是 CS、DS、ES 和 SS 中的一个，而 segname 段名必须是由 SEGMENT 定义的段中的段名。而 ASSUME NOTHING 则可取消前面由 ASSUME 所指定的段寄存器。

需要注意的是，ASSUME 伪指令只是指定段功能，即告知汇编程序有关段寄存器被指定为存放哪个段的段地址，但并不为各段寄存器设定初值。所以，程序中必须通过指令给各段寄存器来设定具体值，其中 CS 由系统设定除外。

从例 3.1 可以看出：汇编语言程序采用的是段式结构，一个汇编语言程序由若干个逻辑段组成。下面是一个典型的 EXE 文件的源程序结构：

```
DATA    SEGMENT          ；定义数据段
        …
DATA    ENDS
;-------------------------------------------
STACK   SEGMENT          ；定义堆栈段
        …
STACK   ENDS
;-------------------------------------------
EXTRA   SEGMENT          ；定义附加段
        …
EXTRA   ENDS
;-------------------------------------------
CODE    SEGMENT          ；定义代码段
        ASSUME CS:CODE, DS:DATA, SS:STACK, ES:EXTRA
START:  MOV  AX, DATA
        MOV  DS, AX      ；段地址（段寄存器）
        MOV  AX, EXTRA
        MOV  ES, AX
        MOV  AX, STACK
        MOV  SS, AX
        …
        MOV  AX, 4C00H
        INT  21H
CODE    ENDS
        END  START
```

这里显示的是代码段，数据段，堆栈段和附加段都使用的程序框架，根据不同需求有所变化，如例 3.1 就只用到了代码段和数据段。

上面介绍的是完整的段定义格式。除了完整的段定义之外，还有简化的段定义。这种简化格式比起 SEGMENT 伪指令缺少完整的表达能力，但它比较简单容易使用，而且便于与高级语言兼容，特别是在 Windows 环境下的编程都采用这种格式。有关伪指令介绍如下。

(3) 存储模式与简化段定义格式。

① MODEL 伪指令：用来定义程序工作的模式，其格式如下：

```
.MODEL memory_model [, model_options]
```

memory_ MODEL 存储模式，用来说明在存储器中是如何安排各个段的，具体说明如表 3-1 所示。mODEL_options 模型选项，主要用来指定高级语言接口。高级语言接口是指该汇编语言程序作为某一种高级语言程序的过程而为该高级语言程序调用，应该用如 C，BASIC，FORTRAN 和 PASCAL 等加以说明。各种高级语言在调用子程序时都是使用堆栈来传递参数的，但它们的参数传递次序和堆栈平衡的方法各有不同。C 语言规定参数传递顺序是最右边的参数最先入栈，由调用者恢复堆栈指针。要和其他高级语言配合，就必须指定相应的语言种类。

表 3-1 存储模式

模　式	说　明
tiny	用来建立 . COM 文件，所有的代码、数据和堆栈都在同一个 64 KB 段内
small	建立代码和数据分别用一个 64 KB 段的 . EXE 文件
medium	代码段可以有多个 64 KB 段，数据段只有一个 64 KB 段
compact	代码段只有一个 64 KB 段，数据段可以有多个 64 KB 段
large	代码段和数据段都可以有多个 64 KB 段
huge	同 large，并且数据段中的一个数组也可以超过 64 KB 段
flat	Windows 程序使用的 32 位模式，代码和数据段使用同一个 4 GB 段

② 简化段定义伪指令。

. CODE——代码段定义；

. DATA——数据段定义并初始化数据；

. DATA? ——数据段定义但未初始化数据；

. CONST——含常量定义的数据段；

. STACK——堆栈段定义。

使用简化段定义时，在程序开始之前需用 . MODEL 伪指令定义存储模式，然后再定义简化段伪指令。每个段的开始就是上一个段的结束，不必用 ENDS 作为段的结束符。使用简化段定义时，用预定义符号@ 来取段名，如@ DATA。例如：

```
.MODEL  SMALL
.STACK  100H
.DATA
     VAR  DW  1234H
.CODE
START: MOV  AX,  @ DATA
       MOV  DS,  AX
       …
       MOV  AX,4C00H
       INT  21H
END  START
```

3.3.2 数据定义伪指令

数据定义伪指令是为数据分配存储单元的格式，该类伪指令的格式是：

```
[variable] type operand,…,operand [;comment]
```

变量名 variable 是可选的，表示为操作数在内存中的符号地址，变量名按标识符的命名规则命名。如果语句中有变量，则汇编后变量名被替代为变量的第一个字节的偏移地址。同时，变量名还具有类型属性，汇编程序利用类型属性来确定某些指令是字指令还是字节指令。

数据类型 type 常用的有以下几种：

DB——字节定义伪指令，其后的每个操作数都占用1个字节；

DW——字定义伪指令，其后操作数都占用两个字节，低字节在低地址，高字节在高地址；

DD——双字定义伪指令，其后每个操作数都占用两个字；

DQ——4字定义伪指令，其后每个操作数都占用4个字。

注释 comment 用来说明该伪指令的功能，是可选的。分号是汇编语言的注释符号，分号后面的文字直到行尾都是注释内容。

操作数 operand 是比较灵活的，可以是常数、字符串、表达式或“?”，操作数字段还可以使用复制操作符 DUP。汇编程序在汇编后往存储器存入这些数据。

DUP 复制操作符的格式为：

```
Repeat_count DUP (operand,…,operand)
```

例3.2 操作数为常数或表达式（如果是表达式，根据表达式计算出一个常数）。

```
DATA_B  DB  4,13H,57H
DATA_W  DW  100,100H,-5
DATA_D  DD  3*30
```

存储器的存储情况如图3-16所示，汇编后 DATA_W = DATA_B + 3，DATA_D = DATA_W + 6。

例3.3 操作数包含复制操作符 DUP。

```
ARRAY1  DB  2  DUP (0,1,2)
ARRAY2  DB  2  DPU(0,2  DPU(1,2))
```

DUP 操作可以嵌套操作，存储器的存储情况如图3-17所示。

例3.4 操作数为字符串。

```
MESSAGE  DB  'HELLO!'
```

存储器的存储情况如图3-18所示，字符以 ASCII 码保存在内存单元中。

例3.5 操作数为“?”。

```
ABC  DB  0,?,10
XYZ  DW  ?,61H
```

存储器的存储情况如图3-19所示。

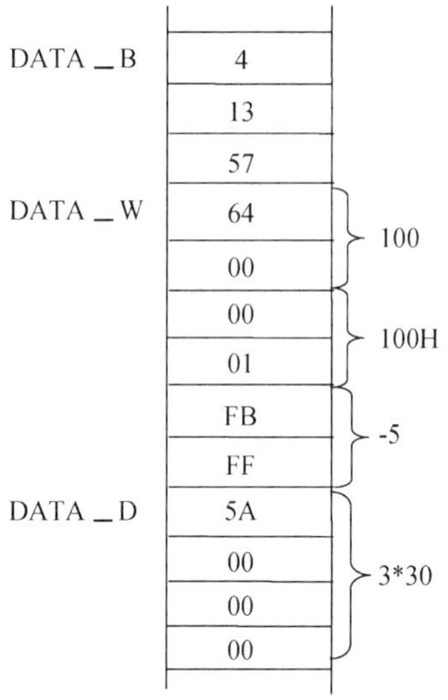

图 3-16 例 3.2 的汇编结果

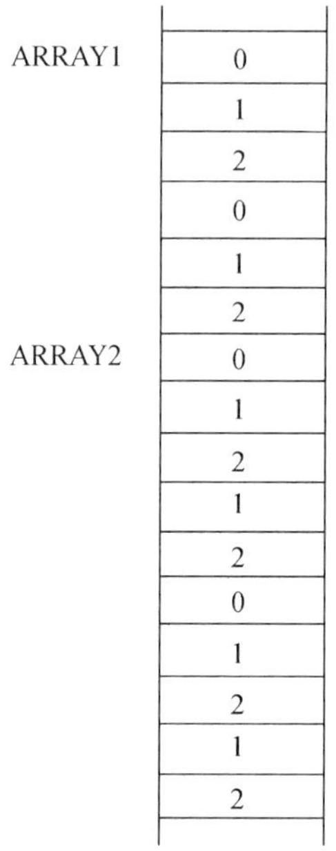

图 3-17 例 3.3 的汇编结果

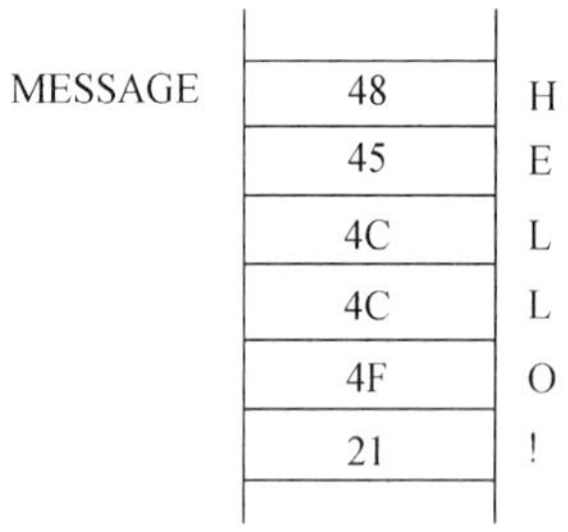

图 3-18 例 3.4 的汇编结果

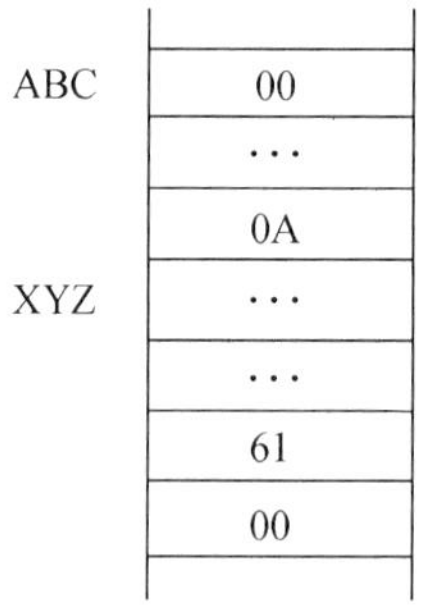

图 3-19 例 3.5 的汇编结果

例 3.6 字变量定义。

```
AAA  DW  ARRAY1,ARRAY2
```

由于变量名或标号表示为操作数在内存中的符号地址，可以用 DW 伪操作把变量或标号的偏移地址存入存储器。存储情况如图 3-20 所示。

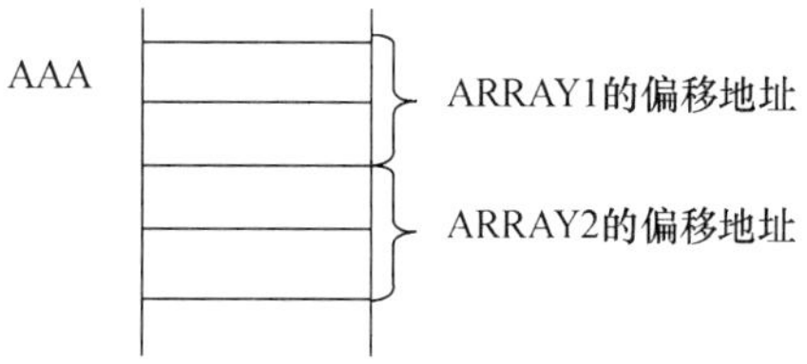

图 3-20 例 3.6 的汇编结果

例 3.7 变量的类型属性的应用。

```
OP1  DB  ?
OP2  DW  ?
OP3  DB  1,2
OP4  DW  3456H,789AH
```

则下面 4 个语句：

```
① MOV  OP1,0       ;√
② MOV  OP2,1       ;√
③ MOV  AX,OP3 +1   ;×
④ MOV  AL,OP4      ;×
```

指令执行的结果为：

语句①将 OP1 所在字节单元赋值为 0；

语句②将 OP2 所在的连续两个字节单元分别赋值为 00 和 01；

语句③出现汇编错误，OP3 +1 的值为 2，它是一个字节变量，与 AX 不匹配；

语句④出现汇编错误，OP4 值为 3456H，它是一个字变量，与 AL 不匹配。

问题：语句③和语句④能否更正？如何更正？

这里可以使用 PTR 属性操作符来更正上述的错误。PTR 属性操作符可以指定操作数的类型属性，它的优先级高于隐含的类型属性。其格式为：

```
type  PTR  variable ± constant
```

其中，类型可以是 BYTE，WORD，DWORD，这样就可以修改原有的操作数的类型属性。

注意：修改是临时的，只有在出现 PTR 的地方才会修改操作数的属性，在没有 PTR 的地方，操作数的类型保持不变。

例 3.7 的语句③和语句④更正为：

```
MOV  AX,WORD  PTR  OP3 +1       ;执行后 AX =5602H
MOV  AL,BYTE  PTR  OP4          ;执行后 AL =56H
```

这里没有画出例 3.7 的存储情况，读者可以自己画图来验证。

可以看出同一个变量可以具有不同的类型属性。除了使用 PTR 属性操作符指定外，还可以用 LABEL 标签来定义。其格式为：

```
variable_name  LABEL  type
```

其中类型可以是 BYTE，WORD，DWORD。

例 3.8　数据段定义如下：

```
B_ARRAY  LABEL  BYTE
W_ARRAY   DW   3  DUP (?)
TOP         LABEL  BYTE
…
```

请写出下面指令的执行结果：

① MOV W_ARRAY,0

② MOV B_ARRAY,1

执行结果：

语句①将 W_ARRAY 数组的前两个字节单元置 0；

语句②将 W_ARRAY 数组的第一个字节单元置 1。

过程分析：

W_ARRAY 数组有 3 个字，即 6 个字节。由于多了 LABEL 标签定义，使得第一个字节单元的地址同时具有两个不同类型的变量名：字节类型变量 B_ARRAY 和字类型变量 W_ARRAY。变量 W_ARRAY 和标签 B_ARRAY、TOP 的位置如图 3-21 所示。

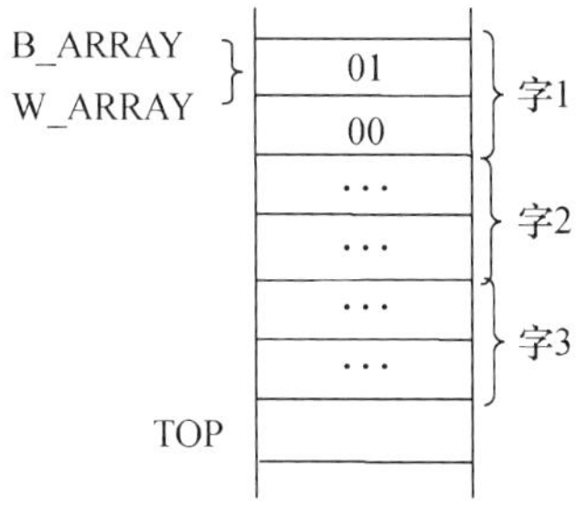

图 3-21　例 3.8 的汇编结果

3.3.3　表达式与赋值伪指令

表达式是由常量、变量、标号及运算符构成的式子。有时程序中会多次用到同一个表达式，可以使用赋值伪指令 EQU 给表达式定义一个标识符，以便在后面程序中引用。其格式如下：

```
Expression_name   EQU   expression
```

表达式 expression 可以是任何有效的操作数、数值表达式或任何有效的助记符。如果表达式中有变量或标号的表达式，则应该在该语句之前定义。

例如：

```
COUNT   EQU   6                  ;使符号常量 COUNT 等于 6
ADDR    EQU   [BX][SI]           ;使 ADDR 等同于表达式[BX][SI]
COUNT2  EQU   COUNT +2           ;COUNT 之前已经定义,所以 COUNT2 等于 8
```

另外，还有一个与 EQU 相类似的赋值伪指令“ =”，其格式如下：

```
Expression_name   =   expression
```

注意：EQU 不能对同一个标识符重复定义，而“ =”允许重复定义，这是它们的不同之处。

例如：

```
COUNT =6
…
COUNT =COUNT +1       ;这时 COUNT 的值更新为 7 .
…
```

这在程序中是允许的，在第一个语句之后的指令中 COUNT 的值为 6，在第二个语句之后的指令中 COUNT 的值为 7，而 EQU 却不能这样使用。

表达式分为数值表达式和地址表达式。数值表达式由常量与运算符构成。运算符分三类：算术运算符、逻辑运算符和关系运算符，如表 3-2 所示。

表 3-2 数值表达式中的运算符

算术运算符	逻辑运算符	关系运算符
+（加法）	NOT（非）	EQ（等于）
-（减法）	AND（与）	NE（不等于）
*（乘法）	OR（或）	LT（小于）
/（除法）	XOR（异或）	GT（大于）
MOD（模除）	SHL（左移）	LE（小于或等于）
	SHR（右移）	GE（大于或等于）

注意：

① 算术运算符可以用于数字表达式或地址表达式，其中，“/”取商，“MOD”是取余数。

② 逻辑运算符只能用于数字表达式中。

③ 关系运算符只能用于数字的比较，结果为 TRUE 或 FALSE，表示为 FFFFH 或 0000H。

例 3.9 数组 ARRAY 定义如下：

```
ARRAY  DW  1,2,3,4,5,6,7,8,9,10
COUNT  DB  ?
```

试写出下面指令的运行结果：

```
① MOV  CX,(COUNT-ARRAY)/2
② MOV  COUNT,CX
③ MOV  AX,ARRAY +(COUNT - 1)*2
```

运行结果：

① 因为 COUNT 和 ARRAY 都是符号地址，汇编后以 16 bit 的地址替代，所以（COUNT-ARRAY）/2 = 20/2 = 10，CX = 10；

② COUNT = 10；

③ ARRAY 是数组的首地址，以 ARRAY 为起始地址，偏移量（COUNT - 1）*2 = 18，即获取数组的最后两个字节单元（数组下标从 0 开始），所以 AX = 10。

例 3.10

```
VAL =15
…
MOV  AX,((VAL  LT  20)AND 30) OR ((VAL  GE  20)AND 60)
```

由于当前 VAL 的值为 15，所以 VAL　LT　20 结果为 TRUE，即 FFFFH；而 VAL　GE　20 的结果为 FALSE，即 0000H。FFFFH　AND 30 = 30。因此，汇编的结果为：

```
MOV  AX,30
```

如果，VAL 的值被修改成其他值，使得 VAL　GE　20 的结果为 TRUE，即 FFFFH，那么汇编的结果就会更改为：

```
MOV  AX,60
```

地址表达式是由常量、变量、标号、寄存器 BP、BX、SI、DI 等的内容和运算符构成的式子，用于进行指令寻址。地址表达式除可使用算术运算符、逻辑运算符和关系运算符外，还有一些专用的运算符，如表 3-3 所示。下面分别说明各个运算符的功能。

表 3-3　地址表达式专用运算符

类型运算符	地址运算符	分离运算符
:（段跨越前缀）	SEG（取段地址）	HIGH（取高字节）
PTR（类型属性）	OFFSET（取偏移地址）	LOW（取低字节）
THIS（定义类型）	TYPE（取类型）	
	LENGTH（取变量单元数）	
	SIZE（取变量总字节数）	

（1）段跨越前缀“:”。用于给变量、标号或地址表达式临时指定一个段属性。

格式：`seg_register:expression`

示例：`MOV  AL,ES:[2000H]`

说明：附加数据段 ES 中偏移地址为 2000H 的存储单元送 AL。如果没有用段跨越前缀指定附加段，那么默认是将数据段 DS 中偏移地址为 2000H 的存储单元送 AL。

（2）类型运算符 PTR。给变量、标号或地址表达式临时指定一个类型。

格式：`type  PTR  expression`

示例：
```
ABC  DB  10H,11H
MOV  AX,WORD PTR ABC
```

说明：将 ABC 和 ABC + 1 两字节单元即一个字的内容送 AX，不管该单元原来是否是字类型。

（3）类型定义运算符 THIS。指定变量、标号或地址表达式的类型。

格式：`THIS    type`

示例：
```
A  EQU  THIS  BYTE
TABLE  DW  100  DUP(?)
```

说明：变量 A 和 TABLE 的偏移地址完全相同，但 A 为字节类型，TABLE 为字类型。

(4) 分离高字节运算符 HIGH。回送运算对象的高字节。

格式：`HIGH operand`

示例：`MOV AL,HIGH 1234H`

说明：1234H 的高字节为 12H，所以 AL 的值为 12H。

(5) 分离低字节运算符 LOW。回送运算对象的低字节。

格式：`LOW operand`

示例：`MOV AL,LOW 1234H`

说明：1234H 的低字节为 34H，所以 AL 的值为 34H。

(6) 取段地址运算符 SEG。回送变量或标号所在段的段地址。

格式：`SEG Variable or Label`

示例：`MOV AX,SEG DATA`

说明：将变量 DATA 的段地址送 AX。

(7) 取偏移地址运算符 OFFSET。回送变量或标号的偏移地址。

格式：`OFFSET Variable or Label`

示例：`MOV BX,OFFSET DATA`

说明：将变量 DATA 的偏移地址（首个单元地址）送 BX。

(8) 取类型运算符 TYPE。回送变量或标号的类型值。

格式：`TYPE Variable or Label`

示例：`MOV BX,TYPE A`

说明：将变量 A 的类型值送 BX。变量与标号的类型值如表 3-4 所示。

表 3-4 变量或标号的类型值

变量类型	类型值	标号类型	类型值
BYTE（字节）	1	NEAR	-1
WORD（字）	2	FAR	-2
DWORD（双字）	4		
QWORD（4 字）	8		
TBYTE（10 字节）	10		

(9) 取变量单元数运算符 LENGTH。回送由 DUP 定义的变量的单元数，无 DUP 定义的情况则回送 1。

格式：`LENGTH Variable`

示例：
```
VAL_A  DB  3  DUP(6),01H,05H
VAL_B  DB  01H,05H,3  DUP(9)
…
MOV  AX,LENGTH  VAL_A
MOV  BX,LENGTH  VAL_B
```

说明：AX 的值为 3，BX 的值为 1。LENGTH 的运算结果由变量定义的第一个表达式决定。若变量定义伪指令中第一个表达式为"Repeat_count DUP (operand, …, operand)"，则结果为 Repeat_count，否则结果为 1。

(10) 取变量总字节数运算符 SIZE。回送字节数 LENGTH * TYPE。

格式：`SIZE  Variable`

示例：
```
VAL_A  DB  3  DUP(6),01H,05H
…
MOV  AX,SIZE  VAL_A
```
说明：执行结果后，AX 值为 3。因为 VAL_A 的 LENGTH = 3，TYPE = 1。

3.3.4 其他常用的伪指令

（1）地址计数器。汇编程序使用地址计数器（Location Counter）来保存当前正在汇编的指令或数据的偏移地址。每个段开始时，地址计数器清零，此后根据指令或数据的具体情况增加一个值，用“ $ ”直接引用地址计数器的值。

例 3.11

```
BUFF  DB  40H,12H,10H,05H
COUNT  EQU  $-BUFF
SUM  DW  ?
…
```

对于 COUNT 来说，“ $ ”表示当前数据存储单元的地址，即 COUNT 所占单元的偏移地址，而 BUFF 表示 BUFF 数组的首地址，所以，$-BUFF 等于 BUFF 数组的存储单元数，即 4 个字节。经过汇编，COUNT 的值为 4。

（2）ORG 伪指令。该伪指令用来设置当前地址计数器的值，其格式为：

```
ORG constant
```

在 ORG 伪指令之后，数据或指令将从 constant 常数的值所在的单元开始存放。

例 3.12　ORG 在 COM 文件中的作用。COM 文件的源程序格式如下：

```
CODE  SEGMENT
ORG 100H
ASSUME  CS:CODE,DS:CODE,ES:CODE,SS:CODE
START:
…
CODE  ENDS
END  START
```

COM 文件也是一种可执行文件，由二进制代码组成。COM 文件所占有的空间不能超过 64 KB，程序不分段，只能编写较小的程序。COM 文件加载时，CS、DS、ES 和 SS 都指向程序前缀 PSP 的段地址，而 PSP 的长度为 256 字节，程序只能从 PSP 之后开始存放，因此必须是 100H。这里使用 ORG 100H 指定指令从偏移地址为 0100H 的单元开始存放。

注意：COM 文件同样经过汇编、连接产生 EXE 文件，然后可以通过 EXE2BIN 程序来建立 COM 文件，在 DOS 操作符之后输入：

```
>EXE2BIN  filename.EXT  filename.com ↵
```

（3）EVEN 伪指令。该伪指令使数据或指令从偶地址开始存放，即在 EVEN 伪指令之后，数据或指令将从下一个偶数字节单元开始存放。

例 3.13

```
DATA    SEGMENT
        EVEN
ARRAY  DW   100  DUP(?)
DATA    ENDS
     …
```

一个字的地址最好从偶地址开始，因此，可以在字数组定义之前用 EVEN 伪指令来确保字数组从偶地址开始存放。

(4) ALIGN 伪操作。该伪指令使数据或指令从地址为 4 的倍数的单元开始存放，即在 ALIGN 伪指令之后，数据或指令将从下一个地址为 4 的倍数的字节单元开始存放。其格式为：

```
ALIGN  constant
```

其中，constant 必须为 4 的倍数。

例 3.14

```
DATA     SEGMENT
         ALIGN  4
DD_RAY   DW    100  DUP(?)
DATA     ENDS
      …
```

一个双字的地址最好从 4 的倍数的单元开始，因此，可以在双字数组定义之前用 ALIGN伪指令来确保实现这一目的。

(5) 基数控制伪指令。汇编程序默认的数为十进制数，汇编程序把程序中出现的数均看做十进制数。如果需要使用其他基数表示的常数时，则需要指定，其格式如下：

```
.RADIX  expression
```

注意 RADIX 之前有个“.”，表达式 expression 表示基数值（用十进制表示）。可以把默认的基数改变为 2～16 范围内的任何基数。

例 3.15

```
MOV    BX,FFH
MOV    BX,178
```

等价于

```
.RADIX 16
MOV    BX,FF
MOV    BX,178D
```

原来的程序中默认的基数是十进制，十六进制数 FF 之后跟着字母 H，在用 .RADIX 16 把基数定为十六进制后，十进制数后都跟着字母 D。从这个例子可以看出非基数的数值都要后跟一个标记字母来区别，二进制标记为 B，八进制标记为 Q，十进制标记为 D，十六进制标记为 H。

(6) 过程定义 PROC。过程又称作子程序。我们经常遇到在一个程序的不同部分都用到类似的程序段，其功能实现和结构形式都相同，只是变量不同。为避免重复编制程序，节省程序代码所占的存储空间，可将其编制成独立的程序即子程序，在需要的位置通过特定的指令调用该子程序，执行后再返回到调用位置继续执行后续程序指令（第 6 章将详细介绍）。过程定义伪指令的格式为：

```
Procedure_name   PROC
              …
            RET
Procedure_name  ENDP
```

3.4 常用的 DOS 系统功能调用

汇编语言程序设计中，I/O 操作是比较频繁的，但其编程也是比较复杂的。为了方便用户，DOS 系统将 I/O 管理程序编写成一系列子程序，这些子程序包含在系统功能调用中。调用时，需先把功能号送给寄存器 AH，并根据需要传递相应的参数，然后用“INT 21H”来调用。调用参数称为入口参数，返回值称为出口参数。DOS 共提供了约 100 个功能调用，这里只列出最为常用的几个，更多的功能调用见第 7、8 章和附录。

（1）01H 号功能。

功能：等待从键盘输入一个字符，将该字符的 ASCII 码送 AL，并在屏幕上回显该字符。

入口参数：无。

调用方式：

```
MOV  AH,01H
INT  21H
```

出口参数：AL 的内容为输入字符的 ASCII 码。

例 3.16 接收键盘输入 Y 或 N 来判断程序流程。输入“Y”，程序转入标号为 YES 的程序段；输入“N”，则程序转入标号为 NO 的程序段执行，输入其他键时程序等待。

```
KEY_IN: MOV  AH,01H
        INT  21H
        CMP  AL,'Y'      ;CMP 比较指令,判断输入是否为 Y
        JE   YES         ;JE 相等跳转指令,输入为 Y,则跳转到 YES
        CMP  AL, 'N'     ;判断输入是否为 N
        JE   NO          ;输入为 N,则跳转到 YES
        JNE  KEY_IN      ;JNE 不相等跳转指令,输入不是 Y 也不是 N,则等待
```

（2）02H 号功能。

功能：将 DL 中的一个字符显示在屏幕上。

入口参数：待显示字符的 ASCII 码在 DL 寄存器。

调用方式：

```
MOV  DL,待显示字符的 ASCII 码
MOV  AH,02H
INT  21H
```

出口参数：无。

例 3.17 在屏幕上输出字符 A。

```
MOV  DL,41H            ;A 的 ASCII 码 41H
MOV  AH,02H
INT  21H
```

（3）09H 号功能。

功能：在屏幕上显示一个以 $ 符号作为结束标志的字符串。

入口参数：DS：DX 的内容为待显示某个字符串的首地址。

调用方式：

```
MOV  DX,待显示字符串首地址的偏移地址
MOV  AH,09H
INT  21H
```

出口参数：无。

例 3.18 在屏幕上输出字符串“Hello World”。

```
MESSAGE  DB  'Hello World',13,10,'$'      ;13,10 是回车和换行的 ASCII 码
        …
MOV  DX,SEG  MESSAGE
```

```
MOV  DS,DX
MOV  DX,OFFSET  MESSAGE
MOV  AH,09H
INT  21H
```

(4) 0AH 号功能。

功能：从键盘输入一串字符送到指定的内存缓冲区。

入口参数：DS：DX 中存放内存缓冲区的首地址。

调用方式：

```
MOV  DX,内存缓冲区的首地址的偏移地址
MOV  AH,0AH
INT  21H
```

出口参数：无。

在该功能调用之前，应该在存储缓冲区的第 1 个字节设置待接受字符的个数（范围为 1～255），存储缓冲区的第 2 个字节在该功能调用后被自动置上实际输入的字符数（标志输入结束的回车符除外），输入的字符从该存储缓冲区的第 3 个字节开始存放。若输入的字符数少于所设置的待接受字符的个数，则多余的单元被置为零；若实际输入的字符数多于所设置的待接受字符的个数，则多余部分被忽略。

例 3.19 输入字符串程序

```
MAX  DB  32
LEN  DB  ?
STR  DB  32  DUP (?)
         …
MOV  DX, SEG  MAX
MOV  DS,  DX
MOV  DX,  OFFSET  MAX
MOV  AH, 0AH
INT  21H
```

如果输入字符串 hello，则 LEN 值为 5，STR 的前面 5 个字节单元存放 5 个字符的 ASCII 码。

(5) 4CH 号功能。

功能：返回 DOS。

入口参数：无。

调用方式：

```
MOV  AH,4CH
INT  21H
```

出口参数：无。

3.5 习　　题

3.5.1 选择题

1. 用（　　）编写的程序可直接被机器执行。

   A. 高级语言　　B. 机器语言　　C. 汇编语言　　D. C 语言

2. 计算机系统软件中的汇编程序是一种（　　）。
   A. 汇编语言程序
   B. 编辑程序
   C. 翻译程序
   D. 将高级语言程序转换成汇编语言程序的程序
3. 汇编语言源程序经汇编后不能直接生成（　　）文件。
   A. OBJ　　B. LST　　C. EXE　　D. CRF
4. 在汇编语言源程序中，表达式的计算是由（　　）完成的。
   A. 编程者　　B. 汇编程序　　C. 程序执行时　　D. 连接程序
5. 下列语句的名字中，称为变量的是（　　）。
   A. N2：ADD　Al，CL　　B. N2　DW　7341H，596
   C. N2　EQU　84　　D. N2 SEGMENT
6. 用ASSUME伪指令指定某个段分配给那个寄存器后．还需通过MOV指令来给段寄存器赋值，其中（　　）不能这样做，而是在程序初始化时自动完成的。
   A. 数据段寄存器DS　　B. 堆栈段寄存器SS
   C. 代码段寄存器CS　　D. 附加段寄存器ES
7. 有如下程序：
```
DATA SEGMENT PARA STACK 'STACK'
DW 100 DUP(?)
TOP EQU $
DATA ENDS
```
   以上程序段的作用是（　　）。
   A. 定义100个字节的堆栈段　　B. 定义200个字节的堆栈段
   C. 定义100个字节的数据段　　D. 定义200个字节的数据段
8. 整个汇编程序以（　　）语句结束。
   A. END　　B. ENDS　　C. ENDP　　D. ENDM
9. 下列描述正确的是（　　）。
   A. 汇编语言仅由指令性语句构成
   B. 汇编语言包括指令性语句和伪指令语句
   C. 指令性语句和伪指令语句的格式是完全相同的
   D. 指令性语句和伪指令语句需经汇编程序翻译成机器代码后才能执行
10. 表示一条处理器指令所在存储单元的符号地址是（　　）。
   A. 变量　　B. 常量　　C. 标号　　D. 偏移量
11. 把若干个模块连接起来成为可执行文件的系统程序是（　　）。
   A. 汇编程序　　B. 连接程序
   C. 机器语言程序　　D. 源代码程序
12. 汇编语言在上机过程中用不到的程序为（　　）。
   A. 编辑程序　　B. 汇编程序
   C. 连接程序　　D. 编译程序
13. 既对可执行程序（文件名．EXE）进行运行，也可以对其进行调试的程序是

(　　)。

A. MASM　　B. DEBUG　　C. EDIT　　D. LINK

14. 用 DEBUG 调试程序时，显示某指令的地址是 2F80：F400，此时段寄存器 CS 的值是（　　）。

A. F400H　　B. 2F80H　　C. F4000H　　D. 2F800H

15. 汇编语言中的变量有多种类型属性，错误的类型是（　　）。

A. 字节型 byte　　B. 字符型 char　　C. 字型 word　　D. 双字型 dword

3.5.2　问答题

1. 下列变量各占多少字节？

```
NUMBYTE      DB 1, 10 DUP (?), '$'
NUMWORD      DW 11H, 25H
NUMWORD      DD 20H, 10 DUP(?), 20H
NUMDUP       DB 2 DUP(5 DUP(1,2,'XYZ'))
STRING       DB 'I AM A STUDENT','$'
```

2. 计算下列表达式的十六位二进制数值和八位二进制值。设 A = 10，B = 20，C = 30，D = 2

(1) A ×10 + B - D

(2) C MOD (A + D)

(3) A OR 7

(4) C GE B

(5) C /A MOD 2

(6) (A SHL 2) + (C SHR 2)

3. 下列指令执行后，目的寄存器中的值是多少？

(1) MOV CX, (1234H + 5678H) AND 00FFH

(2) MOV CX, 100 GE 100B

(3) MOV CX, 7896H AND 0F0FH

(4) OR CX, 0FFFFH 0R 1234H

(5) MOV CX, 17 MOD 15

(6) MOV CX, 4096 MOD 10

4. 已知数据段的定义如下，数据段的段地址 DS = 1050H，附加段的段地址 ES = 1080H，求出数据段或附加段中各变量的段地址值、偏移地址值、TYPE、LENGTH 和 SIZE 值。

```
DATA   SEGMENT
DATAA  DB  5 DUP(9,8,7,6)
DATAB  DW 10 DUP(0)
DATAC  DB 5 DUP(0,1,2 DUP(3,4),5)
DATA   ENDS
;
EDATA  SEGMENT
NUMA   DB 1,2 DUP(10,20)
NUMB   DW 10 DUP(?),10
NUMC   DB 'THANK YOU!', 0DH, 0AH, '$'
EDATA  ENDS
```

5. 设数据段数据定义如下，画出内存分配图。

```
DSEG     SEGMENT
NUMSTR   DB 'IBM-PC COMPUTER','$'
NUMADR    DW  3 DUP(1,2)
DISP      DW  3
DSEG     ENDS
```

6. 分别写出满足下列要求的 DEBUG 命令：
   （1）显示所有寄存器的内容；
   （2）显示 IP 寄存器的内容并把它的内容改变成 100H；
   （3）显示在数据段中起始于偏移量 2BCH 的数据；
   （4）显示起始于存储单元 3AFFEH 的数据（要求把这一地址分离成它的段和偏移值）；
   （5）把在单元 100H 到 12BH 的符号码进行反汇编；
   （6）把 24A63BH 输入数据段内起始于 18AH 的存储单元。
7. 说明以下每一种文件的用途：
   （1）. ASM 文件；
   （2）. LST 文件；
   （3）. MAP 文件；
   （4）. CRF 文件；
   （5）. 0BJ 文件；
   （6）. EXE 文件。
8. 在名为 IDA1 到 IDA5 的数据项中，定义如下数值，分别为：
   （1）一个 1 字节项包含等价于十进制 71 的十六进制值；
   （2）一个 2 字节项包含一个未定义值；
   （3）一个 4 字节项包含等价于十进制 7524 的十六进制值；
   （4）一个 1 字节项包含等价于十进制 47 的二进制值；
   （5）一个包含连续的字的值是 6，9，14，18，23，31 和 38。
9. 数据段定义如下：

```
VALA  EQU  200
VALB  EQU  30
VALC  EQU  1BH
```

   下列表达式的值各为多少？
   （1）(VALA * VALC + VALB)/VALC
   （2）(VALB AND 0FH)OR (VALB XOR 0FH)
   （3）(VALA GE VALB)AND 0FH
10. 定义一个数据段的字符变量和数据变量。
   （1）TRING 为字符串变量：‘Personal computer’；
   （2）VALD 为十进制数字节变量 12，99；
   （3）VALH 为十六进制数字变量 32H，0FAH；
   （4）VALZ 为 10 个零的字节变量；
   （5）VALW 为 20 个字单元。
11. 定义一个数据段，要求如下：

(1) 段界起始于字边界;
(2) 该段与同名逻辑段相邻连接成一个物理段;
(3) 类别号为 'DATA';
(4) 定义数据 12, 30, 'ABCD';
(5) 保留 20 个字的存储区。

12. 下列标号为什么是非法的?
(1) GET. DATA;
(2) 1_NUM;
(3) TEST-DATA;
(4) RET;
(5) NEW ITEM。

3.6 上机实验

——DOS 环境下的汇编语言编程环境的使用

3.6.1 实验目的

(1) 掌握汇编语言程序的基本格式;
(2) 熟练掌握使用全屏幕编辑程序 EDIT 编辑汇编语言源程序;
(3) 熟练掌握宏汇编程序 MASM 的使用;
(4) 熟练掌握连接程序 LINK 的使用;
(5) 熟练掌握使用 DEBUG 进行程序调试。

3.6.2 实验内容

(1) 按照 3.2 节的步骤,编写程序实现字母大小写转换,数据段定义如下:

```
DATA  SEGMENT
  A  DB  41H
  B  DB  42H
  C  DB  43H
DATA  ENDS
```

将变量 A、B、C 分别加上 20H,编译调试运行,查看内存中 3 个变量的值变化情况。
(2) 将源程序进行汇编和连接,生成 EXE 文件;
(3) 使用 DEBUG 加载该程序,步骤参考图 3-10 和图 3-11;
(4) 根据寄存器的值,利用 D 命令查看程序的 PSP,并根据表 2-4 解读 PSP 各个字节的意义;
(5) 分别使用 U、R、T、P、G 命令来调试程序。

第 4 章　寻址方式与指令系统

本章教学目标

- 掌握指令的寻址方式及其执行过程，理解寻址方式的应用，为指令系统的学习打下坚实的基础；
- 掌握指令系统的书写格式及其功能，理解指令的执行过程和应用。

数据处理的能力是现代计算机最重要的能力之一，大多数应用程序都要处理大量的数据。这些数据存放在计算机中的什么地方？计算机如何获取这些数据？只有弄清楚这些问题，才能灵活地运用计算机指令系统来处理数据，才能有效地选取指令来进行编程，使得程序简短且执行速度快。

计算机中用于存放数据的地方只有寄存器和存储器。如何获取这些数据依靠计算机的寻址方式来决定，即计算机的寻址方式说明了计算机获取数据的方法。

这些数据可以从键盘、磁盘、内存、网络或另一个程序中获得，它们统称为数据源；处理之后的结果，它们统称为目的数，又可以被送到屏幕显示、磁盘、内存、网络或另一个程序中。这些数据可以有不同的格式（码制），但是在计算机中它们统一被保存为二进制数据并进行处理。例如，计算机中一个二进制数 00110101B，可以看成 ASCII 码（为字符 5），也可以看成压缩型 BCD 码（为数 35），也可以被看成是一个无符号数（其真值为 53）。也就是说，在汇编程序设计中，所有数据都是二进制数据，必须先理解所要处理的数据类型（码制），通过一定的数据类型（码制）处理或转换，才能获得想要得到的数据类型（码制）。除此之外，还应该注意到数据是字节型还是字型数据。

如何对数据进行加工处理，可以根据指令系统给定的指令来实现。但是为解决某一问题可使用的指令可能不止一种，需要认真地比较后择优选取。一般寄存器寻址方式的执行速度最快且指令占用的内容空间最小，应该优先选择。

4.1　寻址方式

8086 的指令一般由两部分组成。一部分是指令的操作码，它规定了指令执行什么样的操作，如传送数据、进行算术或逻辑运算等操作；另一部分是指令的操作数，它提供了操作数本身（该操作数称为立即数）或者是操作数的地址（存放的地方），告诉计算机从哪里获取操作数以及运算结果送往什么地方。在计算机中存放操作数有以下 4 种情况：

（1）操作数位于指令区中，即操作数包含在指令中，只要取出该指令进行操作，就会寻到紧随其后的操作数，这种操作数称为立即数；

（2）操作数位于 CPU 的某一内部寄存器中，指令中的操作数是寄存器名，只要知道寄存器的名称（在计算机中名称用编号表示）就可以寻找到操作数，这种操作数称为寄存器操作数；

（3）操作数位于内存数据区或堆栈区的某个单元中，指令中以不同的方式给出了存储单元的地址，只要知道了存储单元的地址就可以寻找到操作数，这种操作数称为存储器操作数；

（4）操作数位于 I/O 端口中，指令中以直接或间接的方式给出 I/O 端口的地址，只要知道 I/O 端口的地址就可以寻找到 I/O 端口操作数。

表示指令中操作数所在位置的方法称为寻址方式。一般说来计算机的寻址方式越多其功能越强，编写程序的灵活性也越强。8086/8088 的寻址方式有立即寻址、寄存器寻址、存储器和 I/O 端口寻址。其中存储器寻址又包括直接寻址、寄存器间接寻址（基址寻址、变址寻址）、寄存器相对寻址（相对基址寻址、相对变址寻址）、基址变址寻址，相对基址变址寻址等。

4.1.1 立即寻址方式

立即寻址（Immediate Addressing）方式的操作数包含在指令中，它作为指令的一部分，跟在操作码后并被存放在代码段中。这种操作数称为立即数，立即数可以是 8 位或 16 位的二进制数。Intel 系列的计算机规定 16 位数据其高 8 位存放在高地址的存储单元，低 8 位存放在低地址的存储器单元。

立即寻址方式主要用于给寄存器或存储单元赋初值，例如建立地址指针、设置循环变量的循环次数等操作。

例 4.1 指令 MOV AX，1234H 的功能是把立即数 1234H 送到 AX 寄存器中，即给 AX 赋予 1234H 的初值；指令执行后，AX = 1234H。指令中的立即操作数为 16 位二进制数，该指令的机器码 B8 34 12 依次存放在指令代码区中，所以取出指令后即可获得操作数。而指令 MOV BL，56H（其机器码为 B3 56）的功能是把 8 位立即数 56H 送到 BL 寄存器中。

运行示意图如图 4-1 所示，在 DEBUG 程序下的运行结果如图 4-2 所示。

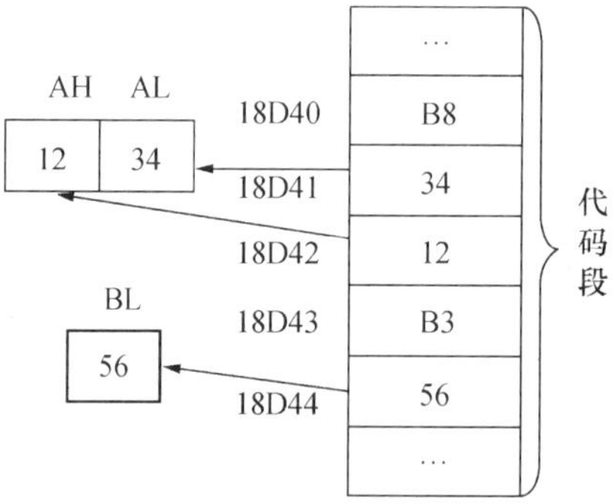

图 4-1 立即寻址方式示意图

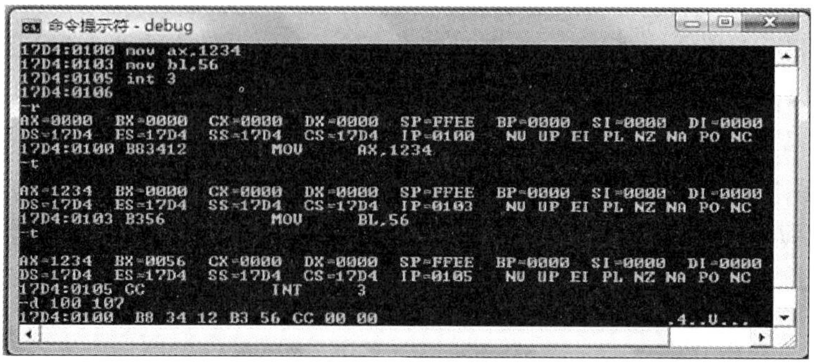

图 4-2 立即寻址的运行结果

在汇编语言程序设计中，还经常使用常数（数值、符号或算术表达式）作为立即操作数。例如，COUNT 是在程序中定义的一个符号常数（COUNT EQU 100），它代表一组数据的个数，则将该组数据的个数送到 CX 寄存器的指令为：

```
MOV CX,COUNT   ;源操作数 COUNT 是立即寻址方式,指令执行后 CX 的内容为 100
```

汇编语言规定：在单操作数指令中，立即数不能作为指令中的操作数。在双操作数指令中，立即数只能作为源操作数，不能作为目的操作数；即采用立即寻址方式时目的操作数必须是寄存器或存储单元，且其数据类型必须一致。

例 4.2　假定 X 为字变量，Y 为字节变量，阅读下列指令，理解和掌握立即寻址方式的用法。

```
MOV AX,1234H        ;源操作数为立即寻址方式
MOV CH,52H          ;源操作数为立即寻址方式
MOV AX,2 +3 *7      ;源操作数是算术表达式,为立即寻址方式
MOV AL,'A'          ;源操作数字符常数,为立即寻址方式
MOV X,4321H         ;源操作数为立即寻址方式
MOV Y,98H           ;源操作数为立即寻址方式
MOV Y,1234H         ;错误指令,数据类型不匹配.Y 为字节型,而立即数为字型
```

4.1.2　寄存器寻址方式

在寄存器寻址（Register Addressing）方式中操作数在 CPU 内部的寄存器中，指令中只需指出存放操作数的寄存器号（寄存器名称）。对于 16 位操作数，寄存器可以是 AX、BX、CX、DX、SI、DI、SP 和 BP 等；也可以是 DS、ES、SS 等段寄存器。对于 8 位操作数，寄存器可以是 AH、AL、BH、BL、CH、CL、DH 和 DL。

指令中指定的寄存器即可作为源操作数，也可以作为目的操作数，或同时出现在源操作数和目的操作数的位置上。当指令中源操作数与目的操作数都使用寄存器寻址时，两个寄存器必须等长，即数据类型必须一致。

当所需要进行处理的数据在寄存器中时，此时采用寄存器寻址方式来获取操作数。

例 4.3　已知 BX = 5060H，AX = 2030H，则 MOV BX, AX 指令的运行示意图如图 4-3 所示；在 DEBUG 程序下的运行结果如图 4-4 所示。该指令的功能是把 AX 寄存器的值赋予 BX 寄存器，所以目的操作数 BX 寄存器的内容被改变为源操作数 AX 寄存器的内容，但源操作数 AX 寄存器的内容不变。即指令执行后，BX = 2030H。

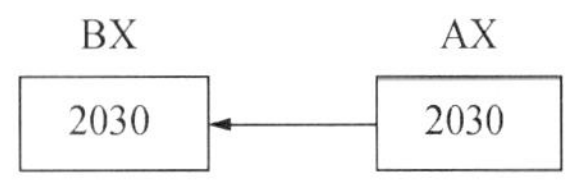

图 4-3　寄存器寻址方式示意图

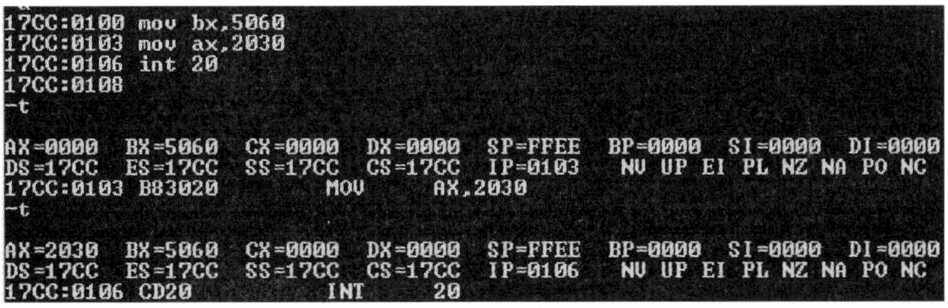

```
17CC:0100 mov bx,5060
17CC:0103 mov ax,2030
17CC:0106 int 20
17CC:0108
-t

AX=0000  BX=5060  CX=0000  DX=0000  SP=FFEE  BP=0000  SI=0000  DI=0000
DS=17CC  ES=17CC  SS=17CC  CS=17CC  IP=0103   NV UP EI PL NZ NA PO NC
17CC:0103 B83020        MOV     AX,2030
-t

AX=2030  BX=5060  CX=0000  DX=0000  SP=FFEE  BP=0000  SI=0000  DI=0000
DS=17CC  ES=17CC  SS=17CC  CS=17CC  IP=0106   NV UP EI PL NZ NA PO NC
17CC:0106 CD20          INT     20
```

图 4-4　寄存器寻址的运行结果

在寄存器寻址方式中，由于操作数存放在寄存器中，不需要通过访问存储器来取得操作数，因而指令具有最快的执行速度。此外，寄存器寻址方式的指令长度相对较短，汇编后产生的目标程序也就较简短，所以在汇编语言程序设计中，会大量地使用寄存器寻址方式来提高指令的执行效率和减少程序占用的内存空间。

例 4.4 阅读下列指令，理解和掌握寄存器寻址方式的用法，注意操作数类型的匹配。

```
MOV BL,67H          ;源操作数为立即寻址方式,目的操作数为寄存器寻址方式
MOV CX,4567H        ;源操作数为立即寻址方式,目的操作数为寄存器寻址方式
MOV CX,CNT          ;CNT 是符号常数,源操作数为立即寻址方式,目的操作数为寄存器寻址方式
MOV AX,DX           ;源操作数、目的操作数均为寄存器寻址方式
MOV CH,BL           ;源操作数、目的操作数均为寄存器寻址方式
MOV AL,BX           ;指令错误,数据类型不匹配
```

4.1.3 存储器寻址方式

存储器寻址方式指的是指令所需要的操作数存放在存储器中，在指令中给出寻找操作数地址的方式。存储器寻址方式根据指令中给出的操作数地址的形式不同又分为直接寻址、寄存器间接寻址（基址寻址、变址寻址）、寄存器相对寻址（相对基址寻址、相对变址寻址）、基址变址寻址和相对基址变址寻址方式。由上述各种寻址方式得到的操作数偏移地址，称之为有效地址 EA。

1. 直接寻址方式（Direct Addressing）

操作数在存储器中，由指令直接给出操作数的有效地址 EA。操作数一般存放数据段，所以操作数的物理地址由 DS 寄存器和指令中直接给出的 16 位偏移量得到。但如果采用段跨越前缀，则操作数也可位于由段跨越前缀所指定的段中。所以直接寻址方式中操作数的物理地址 PA = 段寄存器的内容 × 16 + 有效地址。

例 4.5 设数据段寄存器 DS 的内容为 2000H，地址为 23000H 字存储单元中的内容是 4567H。那么在执行 MOV AX，[3000H] 指令后，寄存器 AX 获取了（23000H）字存储单元的内容，即 AX = 4567H，而（23000H）单元的内容不变。注意到指令中直接给出了源操作数在数据段 DS 中的偏移地址，即有效地址 EA = 3000H。而 CPU 为了获得源操作数的物理地址，必须把逻辑地址（2000：3000H）换算成物理地址 PA，则 PA = DS × 16 + EA = 2000H × 16 + 3000H = 23000H。图 4-5 为直接寻址方式示意图；图 4-6 为 DEBUG 状态下的运行结果图。

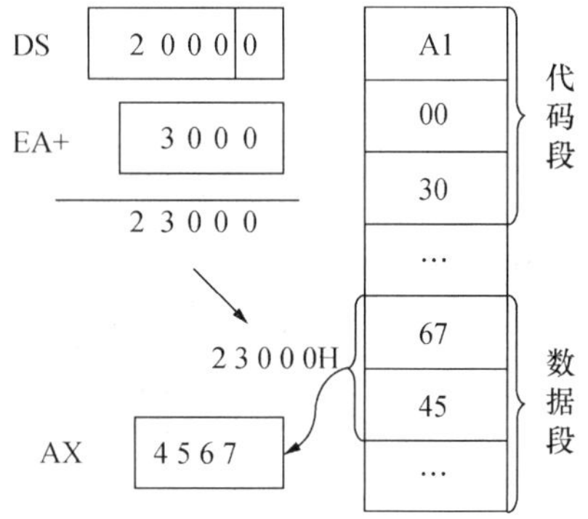

图 4-5 直接寻址方式示意图

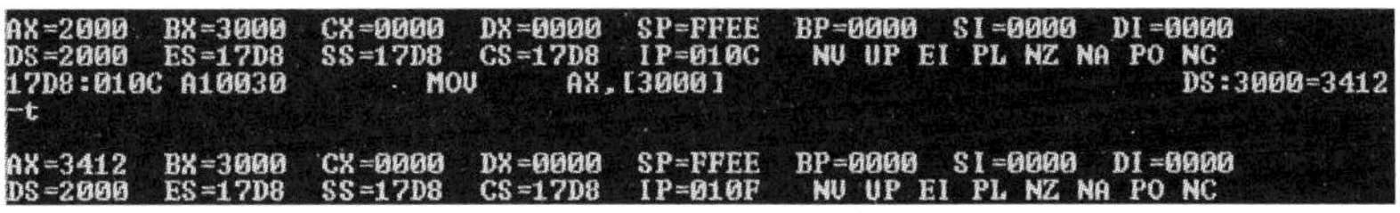

图 4.6　直接寻址方式的运行结果

例 4.6　有时候源操作数不在数据段 DS 中而是在其他段中，此时可采用段跨越指令来获得数据。假定需要把附加段 ES 偏移地址为 5678H 单元的内容送到 BL 寄存器中，则可使用下面段跨越前缀的指令来实现：

MOV BL,ES:[5678H],在 DEBUG 状态下应写为 ES:MOV BL,[5678]

该指令使用段跨越前缀，引用的段寄存器是 ES，因此其数据必须到 ES 段中去取得。假定 ES 的内容为 3000H，则源操作数的有效地址 EA＝5678H，源操作数的物理地址 PA＝ES×16＋EA＝3000H×16＋5678H＝35678H。

直接寻址方式常用于处理单个存储器变量的情况，它可以实现在 64K 字节的段内寻找操作数。在汇编语言程序设计中，一般使用变量来代替数值形式的偏移地址出现在指令中。

例如，MAX 是在数据段中定义的一个字变量，要将 AX 寄存器的值存放在 MAX 单元中，则 MAX 字变量在数据段中的定义采用：

```
MAX   DW ?
…
MOV MAX,AX      ;指令运行后把 AX 寄存器中的内容存放到 MAX 单元中.
```

例 4.7　假定 X 为字节变量，Y 为字变量。阅读下列指令，理解和掌握寄存器寻址方式的用法，注意操作数类型的匹配。

```
X   DB ?             ;定义字节变量
Y   DW ?             ;定义字变量
    …
    MOV X,DL         ;源操作数为寄存器寻址方式,目的操作数为直接寻址方式
    MOV Y,CX         ;源操作数为寄存器寻址方式,目的操作数为直接寻址方式
    MOV X,DX         ;指令错误,数据类型不匹配
    MOV CL,Y         ;指令错误,数据类型不匹配
```

2. 寄存器间接寻址方式（Register Indirect Addressing）

寄存器间接寻址方式中的操作数存放在存储器单元中，而存储单元的有效地址由 SI、DI、BX、BP 这 4 个寄存器中的一个来指明，即寄存器 SI、DI、BX、BP 的内容为操作数的地址。

一般情况（即不使用段跨越前缀明确指定段寄存器）下，如果有效地址在 SI、DI 和 BX 中，则操作数的物理地址由 DS 段寄存器中的段地址与 SI、DI 或 BX 寄存器中的偏移地址构成。如果有效地址在 BP 寄存器中，则操作数的物理地址由 SS 段寄存器中的段地址与 BP 寄存器中的偏移地址构成。

由于 SI、DI 寄存器为变址寄存器，所以用它们进行间接寻址称为变址寻址方式；而 BX、BP 寄存器为基址寄存器，所以用它们进行间接寻址称为基址寻址方式。

（1）基址寻址方式。

在基址寻址方式中，操作数在存储单元的有效地址由基址寄存器给出。

当采用 BX 基址寄存器时，操作数的物理地址由 DS 中的段地址与 BX 基址寄存器的偏移地址构成，即物理地址 PA = DS × 16 + BX。

当采用 BP 基址寄存器时，操作数的物理地址由 SS 中的段地址与 BP 基址寄存器的偏移地址构成，即物理地址 PA = SS × 16 + BP。

采用 BX、BP 基址寻址方式的指令如下：

```
MOV AX,[BX]          ;源操作数采用基址寻址方式
MOV [BP],DX          ;目的操作数采用基址寻址方式
```

例 4.8 假定 DS = 2000H，BX = 1000H，存储单元（21000H）中存放着 4567H。则指令 MOV AX，［BX］中源操作数的有效地址 EA = BX = 1000H，物理地址 = 2000H × 16 + 1000H = 21000H。该指令执行后，AX = 4567H。执行过程的示意图如图 4-7 所示。

（2）变址寻址方式。

在变址寻址方式中，操作数在存储单元的地址由变址寄存器给出。

当采用 SI、DI 变址寄存器时，操作数的物理地址由 DS 中的段地址与 SI 或 DI 变址寄存器的偏移地址构成，即物理地址 PA = DS × 16 + SI | DI。

```
MOV BX,[SI]          ; 源操作数采用变址寻址方式
MOV [DI],CX          ; 目的操作数采用变址寻址方式
```

例 4.9 假定 DS = 2000H，SI = 1000H，存储单元（21000H）中存放着 4567H。指令 MOV AX，［SI］中源操作数的有效地址 EA = SI = 1000H，物理地址 = 2000H × 16 + 1000H = 21000H。该指令执行后，AX = 4567H。执行过程的示意图如图 4-8 所示。

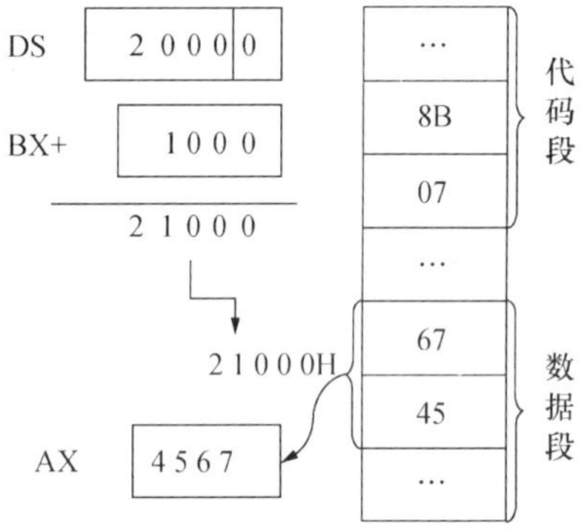

图 4-7 基址寻址方式示意图

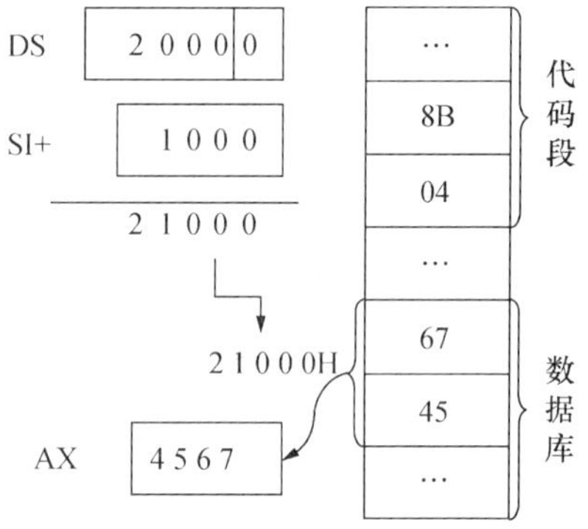

图 4-8 变址寻址方式示意图

例 4.10 试分析下列程序的执行结果。

```
DATA    SEGMENT
        ORG 100H                ;定义数据的起始地址
A1      DW 1234H,5678H
DATA    ENDS
CODE    SEGMENT
        ASSUME CS:CODE,DS:DATA
START:  MOV AX,DATA             ;取数据段地址
        MOV DS,AX               ;送到 DS 中
        MOV BX,100H             ;建立地址指针 1
        MOV AX,[BX]             ;取数据 A1
        MOV BX,102H             ;建立地址指针 2
```

```
12          MOV AX,[BX]          ;取第二个数据
13          MOV AH,4CH           ;返回 DOS
14          INT 21H
15 CODE     ENDS
16          END START
```

程序的执行结果如图 4-9 所示，从执行结果可以看出，当地址指针的值不同时，同一条指令 MOV AX，[BX] 所访问的内存单元也不同。如程序中第 10、12 条指令都为 MOV AX，[BX]，但第 9、11 条指令给 BX 寄存器赋予不一样的值，即有效地址不一样，所以其获得的结果不同。

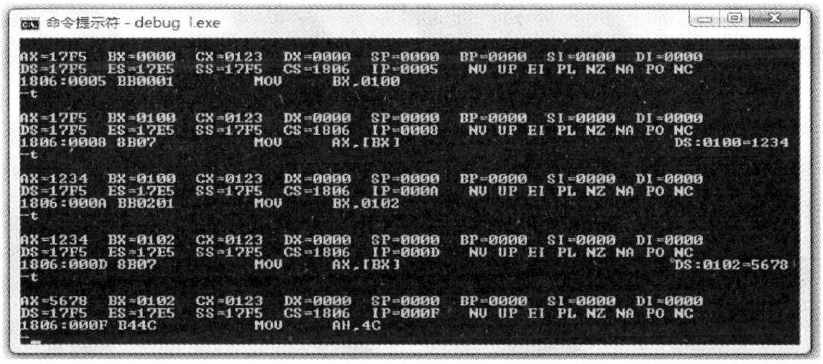

图 4-9　基址寻址方式的运行结果

这也告诉我们基址、变址寻址方式对于访问连续存放在存储单元中的元素十分方便，即只需改变基址、变址寄存器的内容，就可以用同一条访问存储单元的指令来获取不同的存储单元中的值。这种寄存器间接寻址方式在汇编语言的循环结构程序设计中的应用十分普遍，请读者注意理解和体会。

3. 寄存器相对寻址方式（Register Relative Addressing）

操作数的有效地址由基址寄存器或变址寄存器的内容和指令中给出的 8 或 16 位移量（DISP8/16）之和组成。

（1）相对基址寻址方式。

当采用 BX 基址寄存器时，操作数的物理地址由 DS 中的段地址与 BX 基址寄存器的偏移地址再加上指令中给出的 8 或 16 位的位移量构成，即物理地址 $PA = DS \times 16 + BX + DISP8/16$。

当采用 BP 基址寄存器时，操作数的物理地址由 SS 中的段地址与 BP 基址寄存器的偏移地址再加上指令中给出的 8 或 16 位的位移量构成，即物理地址 $PA = SS \times 16 + BP + DISP8/16$。

指令中的给出的 8 位或 16 位位移量用补码表示，在计算操作数的有效地址时，如果偏移量是 8 位，则进行符号扩展成 16 位后进行运算。在汇编语言程序设计中位移量可以用变量代替。

采用 BX、BP 相对基址寻址方式的指令如下：

```
MOV AX,[BX+02H]      ;源操作数采用相对基址寻址方式
MOV [BP+100H],DX     ;目的操作数采用相对基址寻址方式
```

例 4.11　假定 DS = 2000H，BX = 1000H，存储单元（21080H）中存放着 4567H。则指令 MOV AX，[BX + 80H] 中源操作数的有效地址 EA = BX + 80H = 1080H，物理地址 = 2000H × 16 + 0F80H = 21080H。该指令执行后，AX = 4567H。执行过程的示意图如图 4-10 所示。

（2）相对变址寻址方式。

操作数在存储单元的有效地址由变址寄存器与指令中给出的 8 或 16 位移量（DISP8/16）给出。

操作数的物理地址由 DS 中的段地址与 SI 或 DI 变址寄存器的偏移地址再加上指令中给出的 8 或 16 位的位移量构成，即物理地址 PA = DS × 16 + SI | DI + DISP8/16。

```
MOV BX,[SI +10H]        ；源操作数采用相对变址寻址方式
MOV [DI +80H],CX        ；目的操作数采用相对变址寻址方式
```

例 4.12　假定 DS = 2000H，SI = 1000H，存储单元（21100H）中存放着 4567H。指令 MOV AX，[SI + 100H] 源操作数的有效地址 EA = SI + 100H = 1100H，而物理地址 = 2000H × 16 + 1100H = 21100H。指令执行后，AX = 4567H。执行过程的示意图如图 4-11 所示。

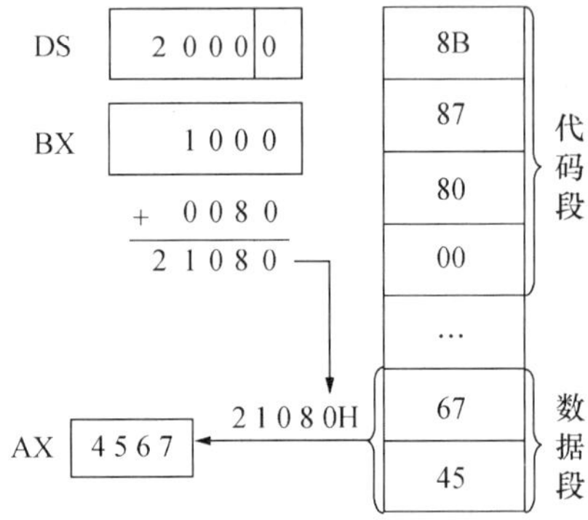

图 4-10　相对基址寻址方式示意图

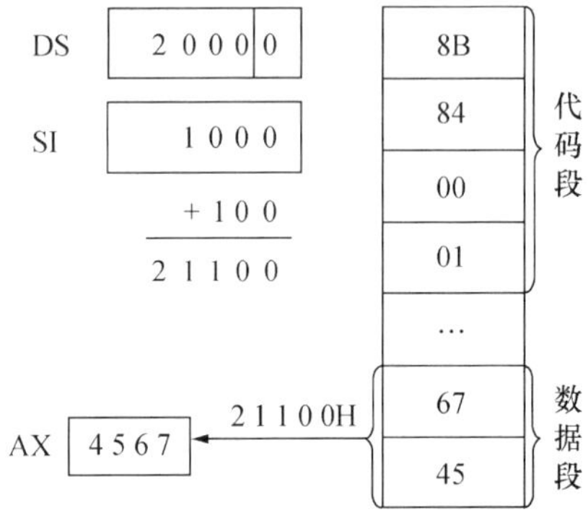

图 4-11　相对变址寻址方式示意图

寄存器相对寻址方式在程序设计中获得比较广泛的应用。它不仅可以像寄存器间接寻址那样，通过修改寄存器的内容实现用同一条指令访问不同的存储单元，而且这种寻址方式还增加一个"位移量"的分量。因此在访问数组时，使用寄存器相对寻址方式显得更为方便。例如，有数组 A 和 B 具有相同的元素个数 N，且每个元素具有相同的字节数（假定每个元素由 1 个字节组成）。当位移量为数据段中的 A、B 数组的起始单元地址，则当基址、变址寄存器中的内容设置为 0 ～（N − 1）时，就可以访问 A、B 数组中的不同元素。如果要对两个数组中对应元素进行操作，访问两个数组可用同一个寄存器，但在指令中分别使用 A、B 数组首址作为位移量即可。

例如，当 BX = 0 时，使用 MOV AL，A [BX] 指令获取 A 数组中的第一个元素，而使用 MOV AL，B [BX] 指令获取 B 数组中的第一个元素；而改变 BX 寄存器的内容就可以获取不同的元素。

指令 MOV AL，A [BX] 可以写成 MOV AL，[BX + A] 或 MOV AL，[BX] A 等形式。

4. 基址变址寻址方式（Based Indexed Addressing）

基址变址寻址方式是指操作数的有效地址是由一个基址寄存器（BX 或 BP）的值和一个变址寄存器（SI 或 DI）的值之和组成。

（1）当以 BX 作为基址寄存器时，操作数的物理地址由 DS 中的段地址与变址寄存器 SI 或 DI 中的有效地址构成。

（2）当以 BP 作为基址寄存器时，操作数的物理地址由 SS 中的段地址与变址寄存器 SI 或 DI 中的有效地址构成。

例 4.13　假定 DS = 2000H,, BX = 0100H，SI = 3000H，存储单元（23100H）中的内容是 2143H。则指令 MOV AX，［BX + SI］把存储单元（23100H）中的数据 2143H 送到 AX 寄存器中。

指令的有效地址 EA = BX + SI = 0100H + 3000H = 3100H，而操作数的物理地址 PA = DS × 16 + EA = 2000H × 16 + 3100H = 23100H。

指令的执行过程如图 4-12 所示。

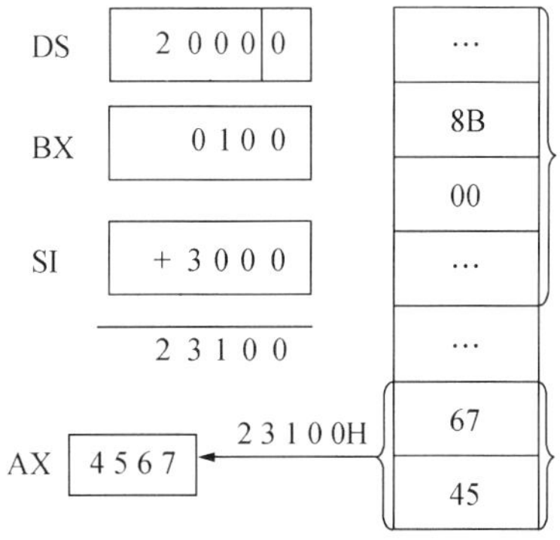

图 4-12　基址变址寻址方式示意图

在书写汇编语言指令时，基址变址寻址指令可以有几种不同的形式，例如以下 4 种写法可实现相同的功能。

```
MOV AL, [BP][SI]
MOV AL,[BP + SI]
MOV AL,[SI][BP]
MOV AL,[SI + BP]
```

基址变址寻址方式中有两个地址分量可以在程序的执行期间进行修改，是一种十分灵活的寻找操作数的寻址方式，特别对于二维数组的访问更加方便。例如，一个乘法九九表如下所示：

TABLE1	1	2	3	4	5	6	7	8	9
TABLE2	2	4	6	8	10	12	14	16	18
TABLE3	3	6	9	12	15	18	21	24	27
TABLE4	4	8	12	16	20	24	28	32	36
TABLE5	5	10	15	20	25	30	35	40	45
TABLE6	6	12	18	24	30	36	42	48	54
TABLE7	7	14	21	28	35	42	49	56	63
TABLE8	8	16	24	32	40	48	56	64	72
TABLE9	9	18	27	36	45	54	63	72	81

为了求出两个一位数的乘积，可以使用指令 MOV AL，［BX］［SI］。此时可根据被乘数的值依次把 TABLE1，TABLE2，TABLE3，…，TABLE8，TABLE9 放入 BX 寄存器中，另一个乘数值放入 SI 寄存器中，根据两个地址分量之和就可以找到它们的乘积。

5. 相对基址变址寻址方式（Relative Based Indexed Addressing）

相对基址变址寻址是指操作数的偏移地址是一个基址寄存器 BX、BP 的值加上一个变址寄存器 SI、DI 的值，再加上指令中给定的一个 8 位、16 位的偏移量之和。

指令中给出的 8 位或 16 位偏移量均用补码表示。如果指令给定的是 8 位偏移量，则要将其扩展成 16 位，然后再进行有效地址的计算。

（1）当以 BX 作为基址寄存器时，操作数物理地址由 DS 中的段地址与变址寄存器 SI 或 DI 中的偏移地址构成。

（2）当以 BP 作为基址寄存器时，操作数物理地址由 SS 中的段地址与变址寄存器 SI 或 DI 中的偏移地址构成。

例 4.14　假定 DS = 2000H,，BX = 0100H，SI = 3000H，位移量为 200H，存储单元（23300H）中的内容是 4567H。则指令 MOV AX，[BX + SI + 200H] 把内存数据 4567H 送到 AX 寄存器中。

指令的有效地址 EA = BX + SI + 200H = 0100H + 3000H + 200H = 3300H，而操作数的物理地址 PA = DS × 16 + EA = 2000H × 16 + 3300H = 23300H。

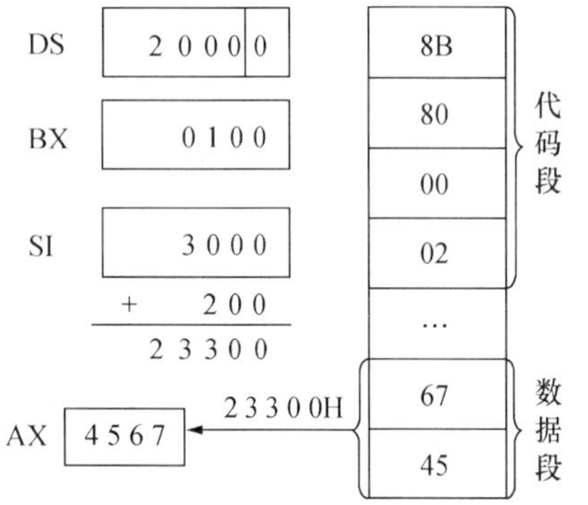

图 4-13　相对基址变址寻址方式示意图

指令的执行过程如图 4-13 所示。

在书写汇编语言指令时，相对基址变址寻址指令可以有几种不同的形式，例如以下 6 种写法可实现相同的功能。

```
MOV AL,disp [BP][SI]
MOV AL,[BP + disp][SI]
MOV AL,[BP + SI + disp]
MOV AL,[BP] disp [SI]
MOV AL,[BP + SI] disp
MOV AL,disp[SI][BP]
```

例 4.15　下列程序说明使用直接寻址、基址寻址、变址寻址、相对变址寻址、基址变址寻址、相对基址变址寻址等不同的寻址方式对同一个存储单元（BUF）进行访问的用法。

```
DATA    SEGMENT
        ORG 50H                         ;从 50H 单元开始存放
BUF     DB 12H,34H,56H,78H,90H
DATA    ENDS
CODE    SEGMENT
        ASSUME CS:CODE,DS:DATA
START:  MOV AX,DATA
        MOV DS,AX
        MOV BX,50H                      ;取 BUF 的偏移地址值(50H)
        MOV DI,BX
        MOV SI,0
        MOV AL,BUF                      ;直接寻址方式,AL = 12H
        MOV AH,[BX]                     ;基址寻址方式,AH = 12H
        MOV CL,[DI]                     ;变址寻址方式,CL = 12H
        MOV CH,[SI + BUF]               ;相对变址寻址方式,CH = 12H
        MOV DL,[BX + SI]                ;基址变址寻址方式,DL = 12H
        MOV DH,[BX + SI + 1]            ; 相对基址变址寻址方式
                                        ;(即对 BUF + 1 单元访问),DH = 34H
        MOV AH,4CH
        INT 21H
CODE    ENDS
```

程序的运行结果如图 4-14 所示。从图中可以看到数据从 17F5：0050H 单元开始存放，程序中源操作数使用直接寻址方式、基址寻址方式、变址寻址方式、相对变址寻址方式和基址变址寻址方式等方式的指令，都是对 17F5：0050H 单元进行访问（读取数据）；而使用相对基址变址寻址方式的指令，则对 17F5：0051H 单元进行访问（读取数据）。

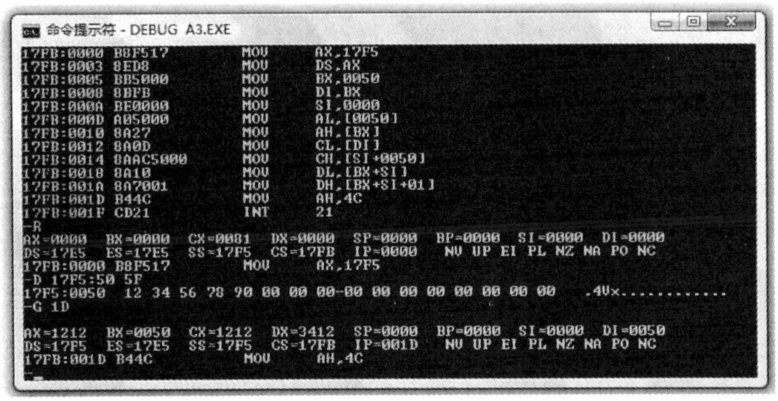

图 4-14　存储器寻址方式的运行结果

4.1.4　I/O 寻址方式

各种接口卡、接口芯片中都有一组可以由 CPU 读写的寄存器，我们把这些寄存器称为端口，并对它们进行统一编址，从而建立了一个统一的端口地址空间。每一个端口（寄存器）在地址空间中只有唯一一个地址，CPU 通过这个地址访问相应的端口。当操作数位于 I/O 端口寄存器中，8086 CPU 可以用直接或间接的方式对端口进行寻址。

1. 直接寻址方式

在直接寻址方式中，I/O 端口的地址以 8 位立即数的形式在指令中直接给出，能够寻址的端口号在 0～255 的范围内，即能够寻址 256 个端口。例如：

```
IN AL,40H
```

该指令将地址为 40H 的端口中的内容送至累加器 AL。

2. 间接寻址方式

在间接寻址方式中，16 位的 I/O 端口的地址必须存放在 DX 寄存器中，即通过 DX 间接寻址，这种方式能够寻址的端口号范围为 0～65535，共计 64 KB 个端口。例如：

```
MOV DX,1F7H
IN AL,DX
```

上述指令将地址为 1F7H 的端口中的内容送至累加器 AL。

图 4-15 为执行读取可编程中断计时器（8253）计数器 0 中剩余计数值和 0 号硬盘状态寄存器的指令运行情况。40H 是可编程中断计时器（8253）计数器 0 的端口地址；读取计数器的剩余值为 EBA2H（先读出来的是低 8 位），此值随时间的变化而变化。0 号硬盘状态寄存器的端口地址为 1F7H，读出的状态值为 50H。

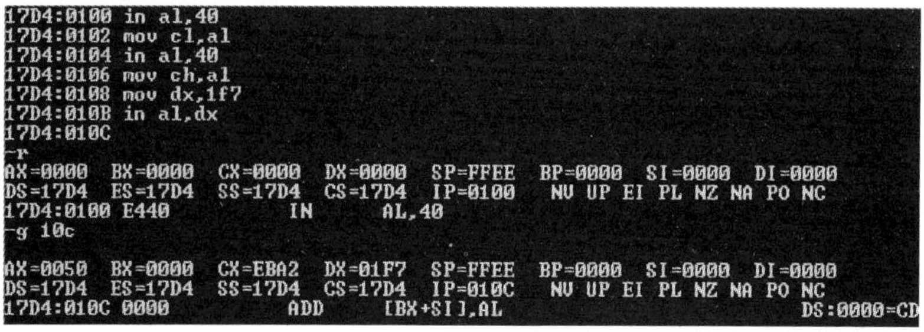

图 4-15 I/O 寻址方式的运行结果

4.2 8086/8088 指令系统

指令系统是计算机所能执行的全部指令的集合，它描绘了计算机内部的全部控制信息，是汇编语言程序设计的基础。Intel 8086 CPU 的 16 位基本指令集与近年来广泛应用的 32 位 80X86，包括 Pentium 系列完全兼容，因此，8086 指令系统是整个 Intel 80X86 系列指令系统的基础。

微处理器指令的分类很多，按其指令长短可以分为单字节指令、二字节指令和多字节指令；按寻址方式可以分为访问存储器指令、访问寄存器指令和访问 I/O 端口指令；按指令功能可以分为数据传送类指令、数据处理类指令、程序控制类指令、CPU 控制类指令以及为提高计算机求解专门问题的效率或简化程序而增设的其他指令，目前微机的指令多采用后一种分类方法。

8086 的指令按功能可以分为 7 类：数据传送指令、算术运算指令、逻辑运算指令、移位指令、串操作指令、控制转移指令和 CPU 控制指令。

4.2.1 数据传送指令

数据传送是计算机中最基本、最频繁、最重要的一种操作。这类指令用于实现存储器与寄存器、寄存器与寄存器、寄存器与 I/O 接口以及存储器与 I/O 接口之间的数据传送。其特点是在操作过程中源操作数不变，不影响标志寄存器的状态。数据传送指令是寻址方式最多、指令数量最多的一类指令，它包括通用数据传送指令、地址传送指令、标志传送指令、I/O 传送指令等。

1. 通用数据传送指令

通用数据传送指令包括 MOV、XCHG、XLAT、PUSH 和 POP 指令。

(1) 数据传送指令 MOV。

指令格式：`MOV dest,src`

指令功能：将源操作数 src 传送到目的操作数 dest 中，而源操作数保持不变；即 dest ← (src)。

说明：目的操作数 dest 可以是通用寄存器、段寄存器、存储单元；源操作数 src 可以是立即数、通用寄存器、段寄存器或存储单元。

MOV 指令可以实现 CPU 内部通用寄存器之间、寄存器和存储单元之间、立即数到通用寄存器、立即数到存储单元的数据传送。

注意： 代码段寄存器 CS 与立即数均不能作为目的操作数；立即数不能直接传送到段寄存器；段寄存器之间不能直接传送。

① 立即数到通用寄存器的传送。

立即数可以是各种进制（十进制、二进制、八进制、十六进制）的常数、ASCII 字符和符号常数。立即数传送到通用寄存器或存储单元主要用于给通用寄存器或存储单元赋初值。

```
MOV AL,30                ;立即数为十进制数
MOV AL,10101101B         ;立即数为二进制数
MOV AX,12FAH             ;立即数为十六进制数
MOV BH,36Q               ;立即数为八进制数
MOV AH,'A'               ;立即数为 ASCII 字符
MOV CX,CNT               ;立即数为符号常数
MOV AL,300               ;非法指令,数据类型不匹配
MOV BX,CL                ;非法指令,数据类型不匹配
```

② 立即数到存储单元的传送。

当存储单元的类型不能确定时，必须使用 BYTE PTR 或 WORD PTR 属性操作符来指定存储单元的类型。

```
MOV BUF,56H                   ;BUF 为字节变量
MOV CNT,1234H                 ;CNT 为字变量
MOV BYTE PTR [2000H],30H      ;字节型传送
MOV WORD PTR [BX],45H         ;字型传送
MOV [3000H],78H               ;非法指令,无法确定数据类型
```

③ 通用寄存器之间的数据。

通用寄存器之间的数据传送应注意两个操作数类型必须匹配，即同为字节或字类型。

```
MOV BX,DX          ;字型传送
MOV AL,CH          ;字节型传送
MOV DL,BX          ;非法指令,两个操作数类型不匹配
```

④ 通用寄存器与存储单元之间的数据传送。

在通用寄存器与存储单元之间的数据传送，数据类型由通用寄存器类型决定。

```
MOV [3000H],AX              ;字型传送
MOV [3000H],AL              ;字节型传送
MOV BX,[3000H]              ;字型传送
MOV BL,[3000H]              ;字节型传送
```

⑤ 通用寄存器与段寄存器之间的数据传送。

由于段寄存器为 16 为寄存器，所以通用寄存器与段寄存器之间只能是字传送。

```
MOV DS,AX
MOV BX,CS
MOV ES,DS          ;非法指令,不允许在段寄存器之间直接传送;可通过通用寄存器进行传送
MOV CS,CX          ;非法指令,CS 不能作为目的操作数
MOV ES,AH          ;非法指令,操作数类型不匹配
```

⑥ 存储单元与段寄存器之间的数据传送。

```
MOV DS,[1000H]
MOV [2000H],CS
```

（2） 交换指令 XCHG。

指令格式：XCHG dest,src

指令功能：将源操作数和目的操作数的内容互换，即（dest）⟷（src）。

说明：指令中操作数必须同时为是字或字节。可以在通用寄存器之间、通用寄存器与存储单元之间交换数据，但不允许在两个存储单元之间直接交换数据。指令执行后不影响状态标志位。

例 4.16 已知 200H 单元开始的内存区中依次存放着 12H、34H、56H、78H，下列指令执行后，将 AL、BL 寄存器的内容及 200H 字存储单元的内容与 202H 字存储单元的内容交换。运行结果如图 4-16 所示。

```
XCHG AL,BL
XCHG BX,[200H]      ;BX 与[200H]单元的内容交换，
XCHG BX,[202H]      ;BX(原[200H]单元的内容)与[202H]单元的内容交换
XCHG BX,[200H]      ;BX(原[202H]单元的内容)与[200H]单元的内容交换
```

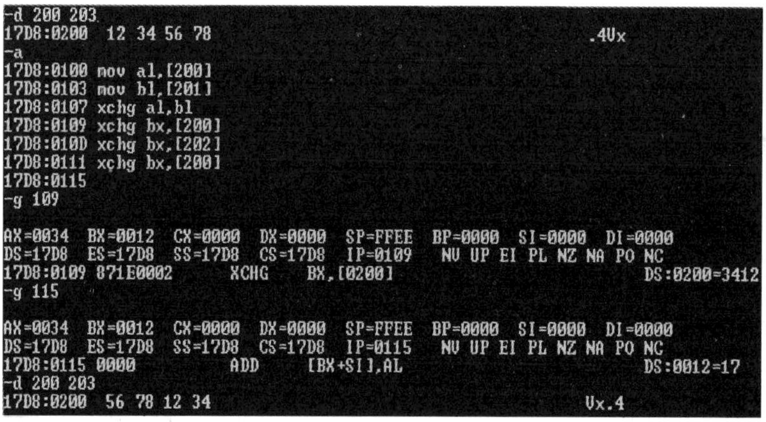
```
-d 200 203
17D8:0200  12 34 56 78                                    .4Vx
-a
17D8:0100 mov al,[200]
17D8:0103 mov bl,[201]
17D8:0107 xchg al,bl
17D8:0109 xchg bx,[200]
17D8:010D xchg bx,[202]
17D8:0111 xchg bx,[200]
17D8:0115
-g 109

AX=0034  BX=0012  CX=0000  DX=0000  SP=FFEE  BP=0000  SI=0000  DI=0000
DS=17D8  ES=17D8  SS=17D8  CS=17D8  IP=0109   NV UP EI PL NZ NA PO NC
17D8:0109 871E0002      XCHG    BX,[0200]                  DS:0200=3412
-g 115

AX=0034  BX=0012  CX=0000  DX=0000  SP=FFEE  BP=0000  SI=0000  DI=0000
DS=17D8  ES=17D8  SS=17D8  CS=17D8  IP=0115   NV UP EI PL NZ NA PO NC
17D8:0115 0000          ADD     [BX+SI],AL                 DS:0012=17
-d 200 203
17D8:0200  56 78 12 34                                    Vx.4
```

图 4-16 交换指令的运行结果

（3）换码指令 XLAT。

指令格式：XLAT   ;AL←(BX + AL)

指令功能：将以 BX 为首址、AL 为位移量的字节存储单元中的内容传送到 AL。

…	…
H_TABL	30H
H_TABL+1	31H
H_TABL+2	32H
…	…
H_TABL+9	39H
H_TABL+10	41H
…	…

图 4-17 目标代码表

说明：该指令只能用于字节操作。指令执行结果不影响状态标志位。

换码指令常用于代码（数制）、密码转换及函数表查表等场合。在使用指令之前，必须先在存储区域中建立一个表格，表中的内容就是要转换成的目标代码，如图 4-17 所示，表所在段的段地址存入 DS 中，表的首地址存入 BX 中，待转换码相对表的首地址的偏移量存入 AL 中，指令执行后 AL 中就得到转换后的目标代码。

例 4.17 将 AL 中一位十六进制数转换成对应的 ASCII 码。

```
H_TAB DB '0123456789ABCDEF'       ;ASCII 码表
        …
        LEA BX,H_TAB              ;建立地址指针
        MOV AL,10                 ;把第 11 项的偏移地址送到 AL 中
        XLAT                      ;AL = 41H
```

程序的执行结果如图 4-18 所示。数据存放在 17F9：0000H 为首址的内存中，AL 为 0AH，BX 指向数据的存放地址，执行 XLAT 指令后，AL＝（BX＋AL）＝（000AH）＝41H。

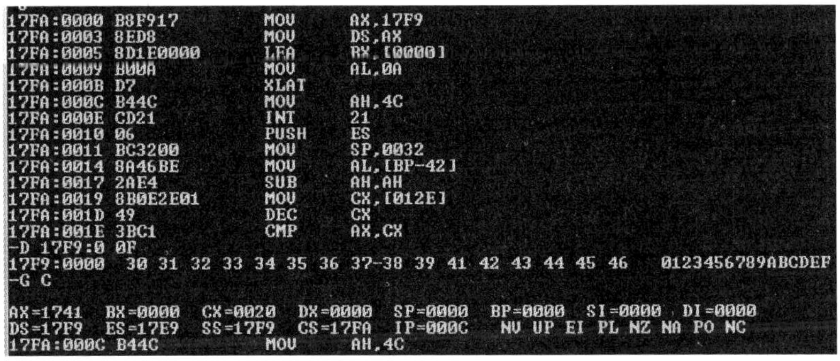

```
17FA:0000 B8F917        MOV     AX,17F9
17FA:0003 8ED8          MOV     DS,AX
17FA:0005 8D1E0000      LEA     BX,[0000]
17FA:0009 B00A          MOV     AL,0A
17FA:000B D7            XLAT
17FA:000C B44C          MOV     AH,4C
17FA:000E CD21          INT     21
17FA:0010 06            PUSH    ES
17FA:0011 BC3200        MOV     SP,0032
17FA:0014 8A46BE        MOV     AL,[BP-42]
17FA:0017 2AE4          SUB     AH,AH
17FA:0019 8B0E2E01      MOV     CX,[012E]
17FA:001D 49            DEC     CX
17FA:001E 3BC1          CMP     AX,CX
-D 17F9:0 0F
17F9:0000  30 31 32 33 34 35 36 37-38 39 41 42 43 44 45 46   0123456789ABCDEF
-G C

AX=1741  BX=0000  CX=0020  DX=0000  SP=0000  BP=0000  SI=0000  DI=0000
DS=17F9  ES=17E9  SS=17F9  CS=17FA  IP=000C   NV UP EI PL NZ NA PO NC
17FA:000C B44C          MOV     AH,4C
```

图 4-18　换码指令的运行结果

（4）堆栈操作指令。

在微机中，堆栈实质上就是一个按照后进先出原则组织的一段内存区域。堆栈的构造如图 4-19 所示。

堆栈的一端是固定的（称为栈底），而另一端是浮动的（称为栈顶）。可以在栈顶压入或弹出数据。向堆栈压入数据时，新入栈的数据堆放在以前入栈数据的上面，即堆压在堆栈顶部；从堆栈弹出数据时，堆栈顶部的数据最先弹出，而最先推入的数据则最后弹出。由于堆栈顶部是浮动的，为了指示现在堆栈中存放数据的位置，通常设置一个堆栈指针 SP，它始终指向堆栈的顶部。当一个字节的数据被推入堆栈时，SP 自动减 1，向上浮动而指向新的栈顶；当一个字节的数据被弹出堆栈时，SP 自动加 1，向下浮动而指向新的栈顶。

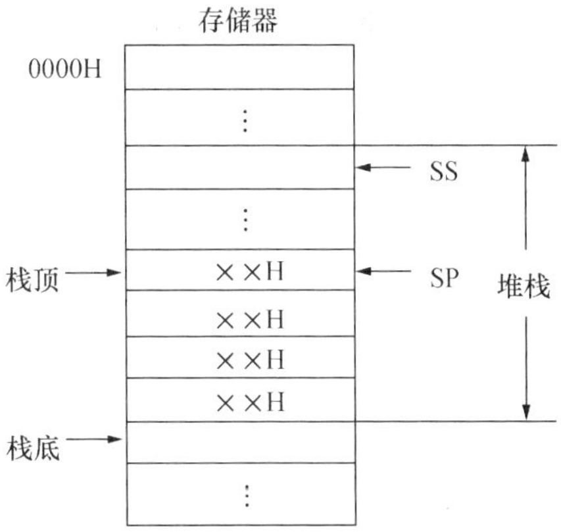

图 4-19　堆栈示意图

在 8086 系统中，建立堆栈就是规定堆栈底部在存储器中的位置，用户可以通过数据传送指令将堆栈底部的地址设置在堆栈指针 SP 和堆栈段寄存器 SS 中，这时，栈中无数据，堆栈顶部与底部重叠，是一个空栈。

例 4.18　在 17D4H 段中设置一个堆栈，并初始化堆栈指针使其指向 0FFEEH。

```
MOV AX,17D4H        ;设置 SS 段基地址
MOV SS,AX           ;初始化 SS 段寄存器
MOV SP,0FFEEH       ;初始化 SP 指针
```

8086 堆栈操作是以字为单位进行的，每当压入一个字，SP 将自动减 2，指向新栈顶；而当弹出一个字后，SP 将自动加 2，指向新栈顶。

① 入栈指令 PUSH。

指令格式：PUSH src

指令功能：PUSH 指令将 16 位的源操作数 src 推入堆栈，先存入高字节，再存入低字

节，而目标地址为 SP 指向的栈顶单元，源操作数进栈后，堆栈指针 SP 的值减 2。源操作数 src 可以是寄存器、段寄存器或存储器。

说明：入栈操作分两步，第一步，先将堆栈指针 SP 的内容减 1，也就是栈顶向低地址方向移动一个单元，指向新的栈顶，然后把源操作数的高字节推入堆栈指针 SP 所指向的栈顶单元；即 SP←SP－1，（SP）←src 中的高字节数据。第二步，将堆栈指针 SP 的内容再减 1，然后把源操作数的低字节数据推入当前的栈顶单元；即 SP←SP－1，（SP）←src 中的低字节数据。

例 4.19　假定 AX 寄存器的内容为 1234H，当前堆栈指针 SP 的内容为 0FFEEH，则 PUSH AX 指令的示意图如图 4-20 所示。该指令执行后当前堆栈指针 SP 的值比执行之前少了 2，即新的堆栈指针值为 FFECH；源操作数 AX 的内容被压入堆栈。

② 出栈指令 POP。

指令格式：`POP dest`

指令功能：POP 指令将 SP 指示的栈顶两字节数据传送给目的操作数 dest，然后堆栈指针 SP 加 2。目的操作数可以是寄存器、(除 CS 之外的) 段寄存器或存储器。

说明：出栈的操作顺序与入栈相反，第一步操作是先将堆栈中低字节数据弹出堆栈，送给寄存器或存储器，然后把堆栈指针 SP 加 1，即栈顶向高地址方向移动一个单元。即 dest 的低八位←（SP）；SP←SP＋1。第二步是将堆栈中的高字节数据弹出堆栈，堆栈指针 SP 的内容再加 1，指向新栈顶，即 dest 的高八位←（SP）；SP←SP＋1。

例 4.20　假定当前堆栈指针 SP 的内容为 FFECH，（FFECH）＝34H，（FFEDH）＝12H，则 POP BX 指令的示意图如图 4-21 所示。该指令执行后当前堆栈指针 SP 的内容比执行之前多了 2，即当前堆栈指针 SP 的值为 FFEEH；而栈顶的内容 1234H 被弹出到目的操作数 BX 寄存器中。

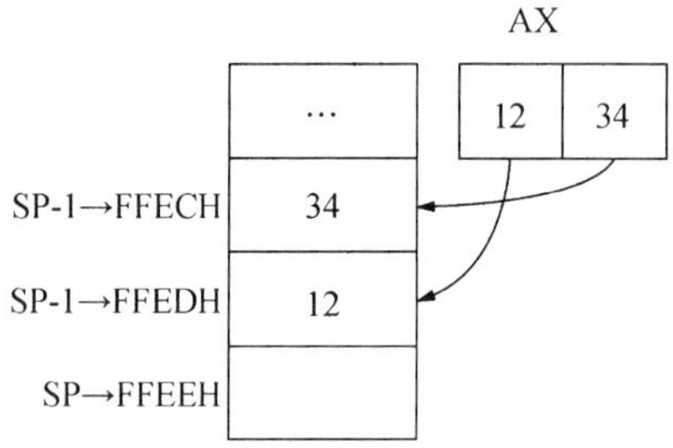

图 4-20　压入堆栈示意图

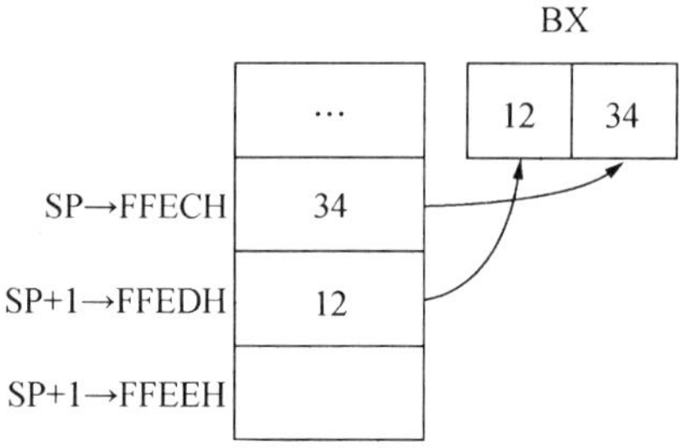

图 4-21　弹出堆栈示意图

图 4-22 为执行压入与弹出堆栈指令的运行结果。压入堆栈之前即执行 PUSH AX 指令之前，SP＝FFEEH，压入堆栈之后，SP＝FFECH；弹出堆栈之后即执行 POP BX 指令之后，SP＝FFEEH，BX 寄存器的内容变为堆栈的内容 1234H。

压入堆栈和弹出堆栈的操作通常在子程序中用于保护主程序所使用的寄存器的内容。其压入堆栈和弹出堆栈的顺序如下所示：

```
PUSH AX      ; 进入子程序前 AX、BX 寄存器的内容得到保护
PUSH BX
…            ;子程序的语句,可以使用 AX、BX 寄存器而不必担心其内容发生改变
POP BX       ;退出子程序前 AX、BX 寄存器的内容得到恢复
POP AX
```

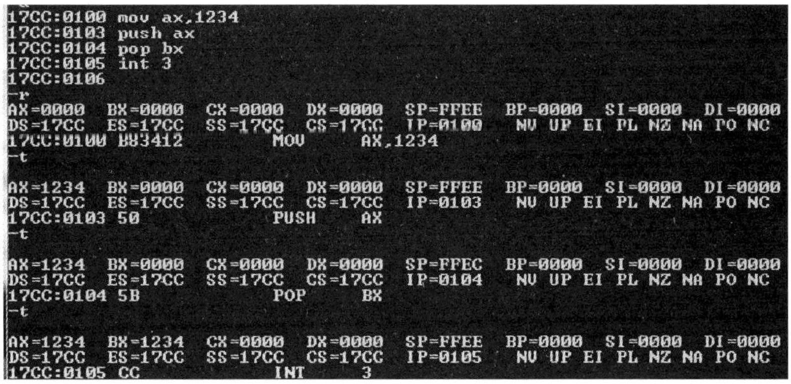

```
17CC:0100 mov ax,1234
17CC:0103 push ax
17CC:0104 pop bx
17CC:0105 int 3
17CC:0106
-r
AX=0000  BX=0000  CX=0000  DX=0000  SP=FFEE  BP=0000  SI=0000  DI=0000
DS=17CC  ES=17CC  SS=17CC  CS=17CC  IP=0100   NV UP EI PL NZ NA PO NC
17CC:0100 B83412        MOV     AX,1234
-t

AX=1234  BX=0000  CX=0000  DX=0000  SP=FFEE  BP=0000  SI=0000  DI=0000
DS=17CC  ES=17CC  SS=17CC  CS=17CC  IP=0103   NV UP EI PL NZ NA PO NC
17CC:0103 50            PUSH    AX
-t

AX=1234  BX=0000  CX=0000  DX=0000  SP=FFEC  BP=0000  SI=0000  DI=0000
DS=17CC  ES=17CC  SS=17CC  CS=17CC  IP=0104   NV UP EI PL NZ NA PO NC
17CC:0104 5B            POP     BX
-t

AX=1234  BX=1234  CX=0000  DX=0000  SP=FFEE  BP=0000  SI=0000  DI=0000
DS=17CC  ES=17CC  SS=17CC  CS=17CC  IP=0105   NV UP EI PL NZ NA PO NC
17CC:0105 CC            INT     3
```

图 4-22　压入/弹出堆栈指令的运行结果

2. 地址传送指令

8086/8088 指令系统中有三条地址传送指令：LEA、LDS 和 LES。

（1）传送偏移地址指令 LEA。

指令格式：`LEA dest,src`

指令功能：按源操作数提供的寻址方式计算偏移地址，并将其送入目的操作数中。

说明：LEA 为操作码助记符；dest 目的操作数，只能是 16 位通用寄存器；src 源操作数只能是存储单元，该指令常用于建立地址指针。指令的执行不影响标志位。

例 4.21　假设 DS = 3000H，SI = 0100H，则 LEA BX，[SI + 500H] 指令的示意图如图 4-23 所示。执行结果为 BX = 0600H。

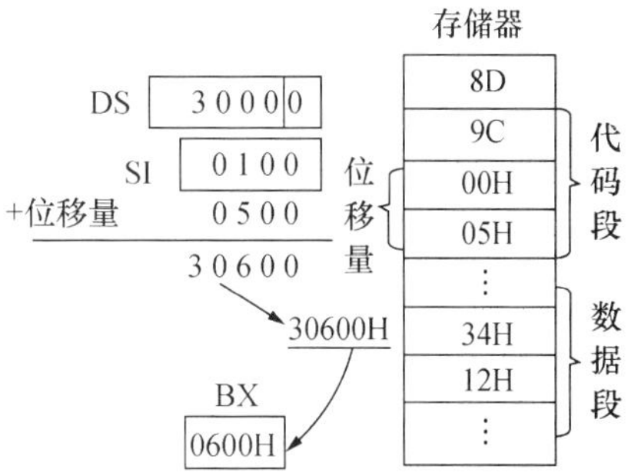

图 4-23　传送偏移地址指令示意图

例 4.22　阅读以下程序，分析各条指令的执行。

```
BUF1 D2 1234H,5678H'
BUF2 DW ?
LEA BX,BUF1              ;将 BUF1 的偏移地址送入 BX 中
MOV BX,BUF1              ;将 BUF1 的内容送入 BX 中
MOV AX,[BX]              ;将 BUF1 单元的内容 1234H 送入 AX 中
LEA AX,[BX]              ;将 BX 所指的存储单元的偏移地址送入 AX 中
LEA BUF2,BUF1            ;非法指令,目的操作数是存储单元
MOV BUF2,OFFSET BUF1     ;将 BUF1 的偏移地址送入存储单元 BUF2 中
```

（2）传送偏移地址及数据段地址指令 LDS。

指令格式：`LDS dest,src     ;dest←(src),DS←(src +2)`

指令功能：将源操作数所指的存储单元中的第一个字（偏移地址）传送到指定的通用寄存器，第二个字（段地址）传送到段寄存器 DS。

说明：目的操作数只能是 16 位通用寄存器；源操作数只能是存储单元的内容（4 个字节）。该指令的执行不影响标志位。

例 4.23 假设 DS＝0F000H，（F0010H）＝60H，（F0011H）＝01H，（F0012H）＝00H，（F0013H）＝20H，则执行指令 LDS SI，[0010H] 后，SI＝0160H，DS＝2000H。该指令示意图如图 4-24 所示。

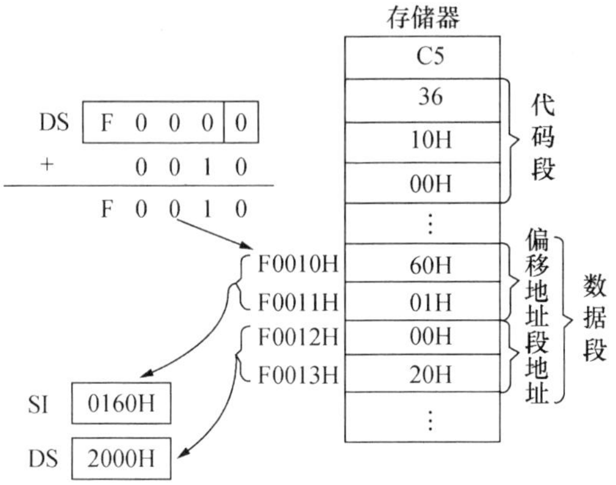

图 4-24 传送偏移地址及数据段基址指令示意图

（3）传送偏移地址及附加段地址指令 LES。

指令格式：`LES dest,src`

指令功能：将源操作数所指的存储单元中的第一个字（偏移地址）传送到指定的 16 位通用寄存器，第二个字（段地址）传送到段寄存器 ES。该指令的执行不影响标志位。

该指令的格式、功能用法与 LDS 类似，不再举例。

3. 标志传送指令

（1）标志寄存器低字节送 AH 指令 LAHF。

指令格式：`LAHF`

指令功能：把标志寄存器中的低 8 位内容送 AH。该指令的操作数是隐含的。

（2）AH 值送标志寄存器低字节指令 SAHF。

指令格式：`SAHF`

指令功能：将 AH 的内容送标志寄存器的低 8 位。该指令的操作数是隐含的，标志位 SF、ZF、AF、PF 和 CF 随操作结果而变。

例 4.24 把标志位 SF、ZF、AF、PF 和 CF 同时设置为 1。

一般先利用 LAHF 把标志寄存器中的低 8 位内容送 AH，然后根据需要修改 AH 寄存器的内容，再用 SAHF 指令把 AH 的内容送到标志寄存器的低 8 位中，从而实现同时或个别修改标志位 SF、ZF、AF、PF 和 CF 的状态。程序及运行结果如图 4-25 所示。

从图中可以看出 SF、ZF、AF、PF 和 CF 均被改为 1，即其状态分别为：NG、ZR、AC、PE 和 CY。

（3）标志寄存器内容进栈指令 PUSHF。

指令格式：`PUSHF`

指令功能：PUSH 指令将 16 位的标志寄存器内容推入堆栈，先存入高字节，再存入低字节，而目标地址为 SP 指向的栈顶单元。标志寄存器的内容进栈后，堆栈指针 SP 的值减

2。指令中的操作数是隐含的。

```
17D8:0100 lahf
17D8:0101 mov ah,ff
17D8:0103 sahf
17D8:0104
-t

AX=0200  BX=0000  CX=0000  DX=0000  SP=FFEE  BP=0000  SI=0000  DI=0000
DS=17D8  ES=17D8  SS=17D8  CS=17D8  IP=0101   NV UP EI PL NZ NA PO NC
17D8:0101 B4FF          MOV     AH,FF
-t

AX=FF00  BX=0000  CX=0000  DX=0000  SP=FFEE  BP=0000  SI=0000  DI=0000
DS=17D8  ES=17D8  SS=17D8  CS=17D8  IP=0103   NV UP EI PL NZ NA PO NC
17D8:0103 9E            SAHF
-t

AX=FF00  BX=0000  CX=0000  DX=0000  SP=FFEE  BP=0000  SI=0000  DI=0000
DS=17D8  ES=17D8  SS=17D8  CS=17D8  IP=0104   NV UP EI NG ZR AC PE CY
```

图4-25　标志寄存器操作指令的运行结果

(4) 标志寄存器内容出栈指令 POPF。

指令格式：POPF

指令功能：POPF 指令将 SP 指示的栈顶两字节数据传送给标志寄存器，然后堆栈指针 SP 加 2。指令中的操作数是隐含的。

在 8086 指令系统中，对于标志寄存器 FLAGS 高 8 位中的 OF、DF 和 IF 有相应的置位与复位指令，但对于 TF 则没有相应的操作指令，为此可以使用 PUSHF 和 POPF 指令来实现 TF 值的修改。

例 4.25　若要将 TF 清零，可用下面程序来实现。

```
PUSHF          ;将 FLAGS 寄存器的内容压入堆栈
POP AX         ;出栈操作将 FLAGS 寄存器的内容送入累加器 AX
AND AH,0FEH    ;将 AH 的最低位(对应 TF 位)清零
PUSH AX        ;将 AX 的内容压入堆栈
POPF           ;标志弹出堆栈,实现 TF 值的修改
```

4. I/O 指令

I/O 指令用来完成累加器（AX 或 AL）与 I/O 端口之间的数据传送功能。在 8086/8088 指令系统中，I/O 指令对 I/O 端口的寻址只可采用直接或间接两种方式。

直接端口寻址：I/O 端口地址以 8 位立即数方式在指令中直接给出。所寻址的端口号只能在 0～255 范围内。

间接端口寻址：这类似于寄存器间接寻址，16 位的 I/O 端口地址在 DX 寄存器中，即通过 DX 间接寻址，可寻址的端口号为 0～65535。

(1) 输入指令 IN。

指令格式：
```
IN AL,port
IN AL,DX
IN AX,port
IN AX,DX
```

指令功能：将指定端口中的内容传送到累加器 AX/AL 中。

(2) 输出指令 OUT。

指令格式：
```
OUT port,AL
OUT DX,AL
```

```
OUT port,AX
OUT DX,AX
```

指令功能：将累加器 AX/AL 中的内容传送到指定的端口。

下面介绍用 I/O 指令读写 COMS 的信息。

早期的 CMOS 设置程序驻留在软盘上的（如 IBM 的 PC/AT 机型），使用很不方便。现在厂家将 CMOS 设置程序做到了 BIOS 芯片中，在开机时通过特定的按键就可进入 CMOS 设置程序方便地对系统进行设置，因此 CMOS 设置又被叫做 BIOS 设置。

早期的 CMOS 是一块单独的芯片 MC146818A（DIP 封装），共有 64 个字节存放系统信息。386 以后的微机一般将 MC146818A 芯片集成到其他的 IC 芯片中（如 82C206，PQFP 封装），586 以后主板上更是将 CMOS 与系统实时时钟和后备电池集成到一块叫做 DALLDA DS1287 的芯片中。随着微机的发展、可设置的参数增多，现在的 CMOS RAM 一般都有 128 字节及至 256 字节的容量。

为保持兼容性，各 BIOS 厂商都将自己的 BIOS 中关于 CMOS RAM 的前 64 字节内容的设置统一与 MC146818A 的 CMOS RAM 格式一致，而在扩展出来的部分加入自己的特殊设置，所以不同厂家的 BIOS 芯片一般不能互换，即使是能互换的，互换后也要对 CMOS 信息重新设置以确保系统正常运行。

在 64 个字节的 CMOS 内存中，0～0DH 为实时钟的有关信息，0E～3FH 包含计算机的硬件配置信息，如常规内存的大小、扩展内存的大小、软盘的类型、固定盘的类型及其物理参数、显示器的类型等，这些参数与计算机能否正常工作有着密切的关系，另外还有计算机的开机口令和其他辅助设置信息。表 4-1 简单介绍了 CMOS 内存各字节的用途。

表 4-1 CMOS 内存配置信息的含义

地址（十六进制）	功能	说明
0，1	秒，秒报警	BCD 码
2，3	分，分报警	BCD 码
4，5	时，时报警	BCD 码
6	星期几	1 为星期日，2 为星期一，……，顺序类推
7，8，9	日，月，年	BCD 码
A	状态寄存器 A	
B	状态寄存器 B	
C	状态寄存器 C	
D	状态寄存器 D	0 = 电池失效，80 = 电池有效
E	诊断状态	
F	关机状态	各位的意义由加电诊断定义
10	软驱	高 4 位为 A 驱，低 4 位为 B 驱，0 = 无，1 = 360 KB，2 = 1.2 KB，4 = 1.44 KB，6 = 720 KB
11	保留	

（续表）

地址（十六进制）	功　能	说　明
12	固定盘	高 4 位为 C 驱，低 4 位为 D 驱，0 = 无，F = 用户定义盘，其他为系统定义盘
13	保留	
14	设备状态	标志驱动器数、显示器类型、有无数学处理器等
15～16	内存	以 KB 计的常规内存数，100H = 256 KB，200H = 512 KB，280H = 640 KB
17～18	扩展内存	以 KB 计的扩展内存数，200H = 512 KB，400H = 1024 KB 等
19	C 盘类型数	根据具体硬盘类型而定
1A	D 盘类型数	根据具体硬盘类型而定
1B～1C	保留	
1D～1E	C 盘柱体数	1D－2CH 只有当硬盘为用户自定义类型时起作用
1F	C 盘面数	
20～21	C 盘 WP（写保护）	
22～23	C 盘 LZ	
24	C 盘每柱扇区	
25～26	D 盘柱体数	
27	D 盘面数	
28～29	D 盘 WP（写保护）	
2A～2B	D 盘 LZ	
2C	D 盘每柱扇区	
2D	保留	
2E～2F	校验和	为 10～2DH 共 30 个字节的和数，2EH 为高位，2FH 为低位
30～31	扩展内存	
32	日期的世纪数	如 1995 年的世纪数为 19（BCD 码）
33	标志信息	D7 = 1 基本内存为 640 KB；D7 = 0 不为 640 KB
34	口令检查	D6 = 1 进入系统；D6 = 0 进入 BIOS 设置程序。其他位保留
35～36	保留	
37	口令加密因子	
38～3D	加密后的口令	
3E～3F	CMOS 校验和	

读写 CMOS 内存的方法是：CMOS 内存的地址端口和数据段口的地址分别为 70H 和 71H。在对 CMOS 内存进行写操作时，首先将要写入的 CMOS 内存的地址送到地址端口 70H，再将要写入的数据送地址为 71H 的数据端口。在对 CMOS 内存进行读操作时，首先将要读出的 CMOS 内存的地址送到地址端口 70H，再从地址为 71H 的数据端口读出数据到 AL 寄存器中。

例 4.26 下列程序用于读出 CMOS 中 64 个字节的内容。

```
DATA    SEGMENT
COM     DB 64 DUP(?)
DATA    ENDS
CODE    SEGMENT
        ASSUME CS:CODE,DS:DATA
START:  MOV AX,DATA
        MOV DS,AX
        MOV CX,64               ;循环次数送 CX
        LEA BX,COM              ;建立地址指针
        XOR AX,AX
NEXT:   MOV AL,AH               ;送 CMOS 内部地址
        OUT 70H,AL
        IN AL,71H               ;读入数据
        MOV [BX],AL             ;保存数据
        INC AH                  ;调整 CMOS 内部地址
        INC BX
        LOOP NEXT               ;循环是否完成
        MOV AH,4CH              ;返回 DOS
        INT 21H
CODE    ENDS
        END START
```

程序运行后的结果如图 4-26 所示。

```
-d0 3f
17F9:0000  20 00 32 00 07 00 01 18-10 09 A6 02 00 80 08 00
17F9:0010  00 F0 00 00 02 80 02 00-04 14 00 00 00 00 00 00
17F9:0020  00 00 00 00 00 00 00 00-00 00 00 00 00 00 01 BC
17F9:0030  00 04 20 80 00 00 00 00-00 00 00 00 00 00 00 00
```

图 4-26 系统的日期时间

参照表 4-1 的描述，从图 4-26 中可以看出该程序运行时系统的日期时间为 2009 年 10 月 18 日 7 点 32 分 20 秒。

例 4.27 若要修改系统的日期为 2008 年，则只要修改 COMS 中 09 号单元的内容。相关的指令如下：

```
MOV AL,09H      ;选择 CMOS 中 9 号单元
OUT 70H,AL
MOV AL,08H      ;年份该为 08(BCD 码)
OUT 71H         ;写入 CMOS 中 09 号单元
```

请注意 CMOS 中存储着系统的配置信息，因此除了时间信息单元之外，不要向其他单元中随意写入内容，否则可能引起一些系统错误，严重错误将会造成系统的瘫痪或损坏。

4.2.2 算术运算指令

算术运算指令的执行会影响标志位。在算术运算指令中有单操作数指令，单操作数指令的操作数不允许用立即数和段寄存器。而在双操作数指令中的两个操作数，除了源操作数为立即数的情况之外，其中必须有一个是寄存器操作数。

1. 加法指令

加法指令包括 ADD、ADC 和 INC 3 条指令，可用于执行字或字节的加法运算。这 3 条指令均影响标志位。

（1）不带进位的加法指令 ADD。

指令格式：`ADD dest,src        ; dest←dest + src`

指令功能：将目的操作数与源操作数相加，结果保存在目的操作数单元中，源操作数保持不变。

说明：目的操作数可以是通用寄存器或存储单元，源操作数可以是立即数、通用寄存器或存储单元。

例 4.28　假设 AX＝9876H，DX＝0FD54H，则执行指令 ADD AX，DX 后，各标志位及 AX 的内容如下所示。DEBUG 状态下的运行结果如图 4-27 所示。

```
  AX = 1001 1000 0111 0110 B
+ DX = 1111 1101 0101 0100 B
-----------------------------
     1 1001 0101 1100 1010 B
```

由上述运算过程可以得到 AX＝95CAH。由于运算结果最高位有进位，则 CF＝1；D3 位无进位，则 AF＝0；最高位为 1，则 SF＝1；运算结果不为 0，则 ZF＝0；运算结果中 1 的个数为偶数个，则 PF＝1；运算结果无溢出，则 OF＝0。

从图 4-27 中可以看出标志位：CY 即 CF＝1（有进位）；PE 即 PF＝1（低 8 位有偶数个 1）；NA 即 AF＝0（低 4 位无进位）；NZ 即 ZF＝0（结果非零）；NG 即 SF＝1（结果为负数）；NV 即 OF＝0（结果没有溢出）。

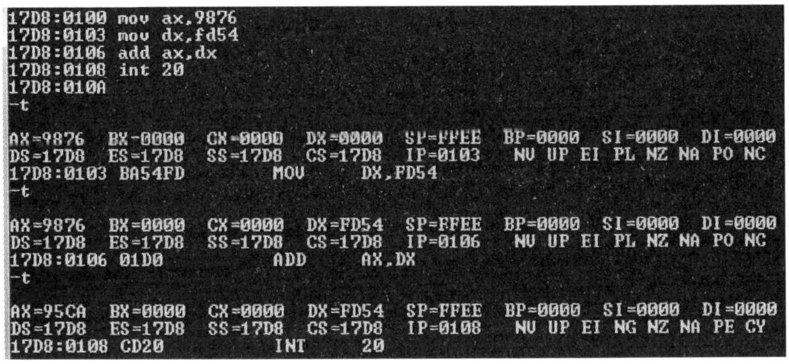

图 4-27　ADD AX，DX 指令的运行结果

数据 9876H、0FD54H 若表示无符号数，则分别表示十进制数的 39030 和 64852。此时，两数相加和为 103882（即十六进制数 195CAH），超过 16 位无符号数所能表示的最大数 65535（0FFFFH），因此出现溢出，即 CF 为 1。所以 CF 是用于表示无符号数是否溢出的标志。

数据 9876H、0FD54H 若表示带符号数（采用补码表示），则分别表示十进制数的 −26506和 −684，此时两数相加和为 −27190（95CAH）。16 位二进制表示带符号数的范围为：8000H（−32768）～7FFFH（+32767），而和 −27190（95CAH）在此范围之内，因此不会溢出，即 OF 为 0。所以 OF 是用于表示带符号数是否溢出的标志。

例 4.29 按下列要求分别写出指令。

① 将 AL 与 35H 相加。

```
ADD AL,35H
```

② 将 BX 间接寻址的存储单元与 AX 的内容相加结果存放在存储单元。

```
ADD [BX],AX
```

③ 将 2000H 字单元的内容与 12H 相加结果存放在 2000H 单元。

```
ADD WORD PTR [2000H],12H
```

④ 将 BX 寄存器的内容与 CX 寄存器的内容相加结果存放在 CX 寄存器中。

```
ADD CX,BX
```

(2) 带进位加法指令 ADC。

指令格式：`ADC dest,src        ; dest←dest + src + CF`

指令功能：将目的操作数与源操作数及进位标志 CF 相加，结果保存在目的操作数单元中，源操作数保持不变。

说明：目的操作数可以是通用寄存器或存储单元，源操作数可以是立即数、通用寄存器或存储单元。

该指令主要用于多字节数或多字数的相加运算。在多字节或多字相加时，先用 ADD 实现最低字节或字的相加，再用 ADC 进行其余高字节或高字相加（把低字节或低字相加的进位加到本位中）。

例 4.30 编写程序段完成两个双精度数 12345678H 与 6789ABCDH 的相加，注意带进位加法指令的用法。程序如下，其运行结果如图 4-28 所示。

```
MOV AX,5678H
ADD AX,0ABCDH      ;低位字相加(此时低 16 位相加的结果产生了进位)
MOV DX,1234H
ADC DX,6789H       ;高位字相加并加上低位字相加形成的进位
```

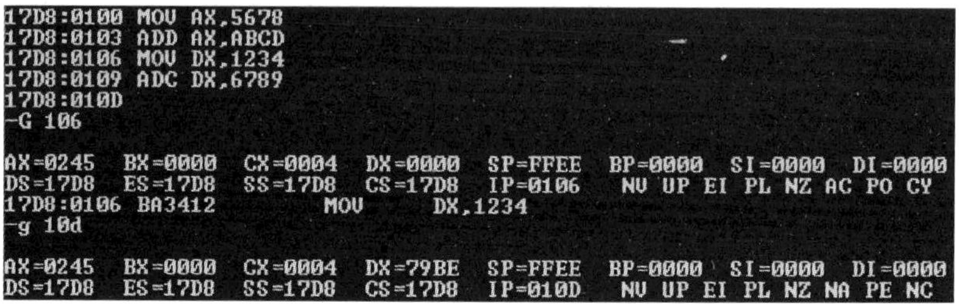

图 4-28 双精度数的相加运行结果

(3) 加 1 指令 INC。

指令格式：`INC dest        ; dest←dest +1`

指令功能：操作数自身加 1，结果送回源操作数单元。该指令执行结果不会影响 CF 标志位。

说明：目的操作数可以是通用寄存器或存储单元。若为存储单元，则必须指明其操作类型（字或字节）。该指令主要用于对计数器或地址指针的调整，常用在循环结构程序中。

例 4.31 以下指令实现对寄存器或存储单元加 1，对存储单元的操作必须指明操作数

的类型。

```
INC AX                  ;对 16 位寄存器的内容加 1
INC DH                  ;对 8 位寄存器的内容加 1
INC WORD PTR [BX]       ;对 BX 所指的字存储单元的内容加 1
INC BYTE PTR [DI]       ;对 DI 所指的字节存储单元的内容加 1
INC [SI]                ;指令语法错误,没指明操作数的类型
```

2. 减法指令

减法指令能执行字或字节的减法运算，包括 SUB、SBB、DEC、NEG 和 CMP 5 条指令，它们均影响标志位。

（1）不带借位减法指令 SUB。

指令格式：`SUB dest,src        ;dest←dest-src`

指令功能：将目的操作数减去源操作数，结果保存在目的操作数单元中，源操作数不变。

说明：目的操作数 dest 可以是通用寄存器或存储单元；源操作数 src 可以是立即数、通用寄存器或存储单元。

例 4.32　编写 9876H 减去 4321H 并把结果存放在 BX 中的指令。

指令与执行结果如图 4-29 所示，从图中可以看出运算结果保存在 BX 寄存器中，值为 5555H。标志位的状态为：NC 即 CF = 0（无借位）；PE 即 PF = 1（低 8 位有偶数个 1）；NA 即 AF = 0（低 4 位无借位）；NZ 即 ZF = 0（结果非零）；PL 即 SF = 0（结果为正数）；OV 即 OF = 1（结果产生溢出）。这也可以从下列的二进制运算过程中得到：

$$
\begin{array}{r}
1001\ 1000\ 0111\ 0110 \\
-\,0100\ 0011\ 0010\ 0001 \\
\hline
0101\ 0101\ 0101\ 0101
\end{array}
$$

最高位无借位所以 CF = 0；低 8 位有 4 个 1 所以 PF = 1；低 4 位未向高位借位，所以 AF = 0；运算结果不为零，所以 ZF = 0；结果的最高位为 0，所以 SF = 0；运算结果的最高位无借位但是次高位有借位，所以 OF = 1（即运算结果溢出，因为把参加运算的这两个数据当做带符号数时，现在进行的实际是一个负数加一个负数的运算，结果应该为负数，而现在结果为正数，所以为溢出。溢出只会发生在同号数相加，而结果的符号位却与之相反的情况下）。

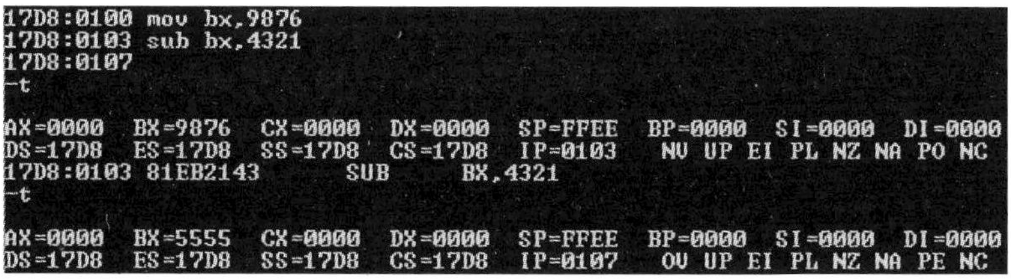

图 4-29　两数相减的运算

（2）带借位减法指令 SBB。

指令格式：`SBB dest,src      ; dest←dest-src-CF`

指令功能：将目的操作数减去源操作数及低位的借位，结果保存在目的操作数单元中，源操作数不变。

说明：该指令主要用于多字节或多字相减的运算。首先用SUB指令实现低字节或字的相减，再用SBB进行其他高字节或高字相减，并减去低字节或低字相减时产生的借位。

(3) 减1指令DEC。

指令格式：`DEC dest          ; dest←dest-1`

指令功能：操作数自身减1，结果送回源操作数单元中。

说明：目的操作数可以是通用寄存器，若为存储单元必须指明其操作类型（字或字节）。该指令主要用于对计数器或地址指针的调整，常用在循环结构程序中。

例如：
```
DEC BX                    ;BX 寄存器的内容减 1
DEC BYTE PTR [BX]         ;必须指明存储单元的数据类型
```

注意：加1和减1指令不影响CF标志位，其运行结果如图4-30所示。

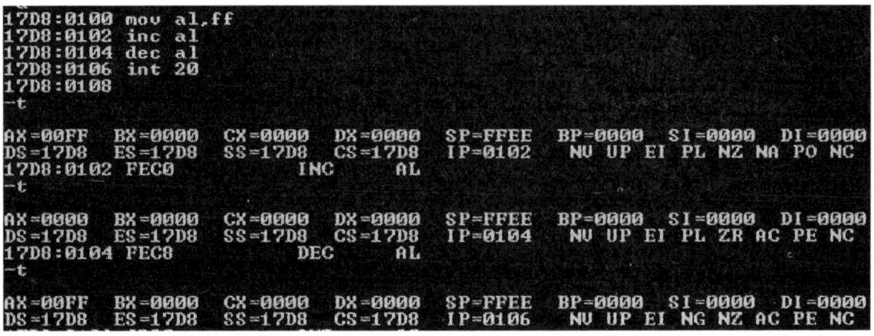

图4-30　加1和减1指令不影响CF标志位

例4.33　设X是一个1～10之间的整数，写一个求函数Y=lg（X）值的程序。

分析：类似这样的数学函数的求值计算用汇编语言实现难度很大，它必须编写程序完成一系列的数学运算；然而通过采用日常生活中常用的查表方法，可直接获取数学函数的值。

把1～10这10个数的对数值（事先先计算好）组织成一张对数表，如表4-2所示。那么程序运行时的计算工作量就大大简化，只需要计算字变量所对应的因变量存放的地址值就可以获得函数值。由于1～10的以10为底的对数在0～1的范围之间，为了表示的方便和考虑一定的精度，把这些对数值放大10000倍，这样每个对数值就用一个字表示。

表4-2　对数表

X	1	2	3	4	5	6	7	8	9	10
Y	0	3010	4771	6021	6990	7782	8451	9031	9542	10000

把这张表中Y的值按从小到大的顺序依次存放在TAB为首地址的内存中，因为每个X值所对应的Y值存放2个字节，所以此时就不能使用XLAT指令来获取对数值。通过观察，当X=i，则Y存放在TAB+（i-1）×2的存储单元中。按此算法编写的程序如下：

```
DATA    SEGMENT
TAB     DB 0,3010,4771,6021,6990,7782,8451,9031,9542,10000;对数表
X       DB 6
```

```
Y       DW ?
DATA    ENDS
CODE    SEGMENT
        ASSUME CS:CODE,DS:DATA
START:  MOV AX,DATA
        MOV DS,AX
        MOV AL,X            ;取 X 的值
        MOV AH,0            ;用 16 位表示
        DEC AL              ;计算表的元素序号(从 0 开始)
        ADD AX,AX           ;计算该元素在 TAB 中的偏移地址
        LEA BX,TAB          ;获取 TAB 表的地址
        ADD BX,AX           ;计算实际的偏移地址
        MOV AX,[BX]         ;获取对数值
        MOV Y,AX            ;保存结果
        MOV AH,4CH
        INT 21H
CODE    ENDS
        END START
```

此算法的优点是节省了数学运算的时间，因此其获取结果的速度很快；缺点一是函数值必须事先计算好，二是占用一定的存储空间。

（4）求补指令 NEG。

指令格式：NEG dest　;dest←0-dest

指令功能：将目的操作数按位求反后再加 1 送回源操作数单元中，即求目的操作数的相反数。

说明：目的操作数可以是通用寄存器，若为存储单元必须指明其操作类型（字或字节）。指令影响所有的条件标志位。

例 4.34　求 64 减去 CX 寄存器的内容，结果存放在 CX 中，假定 CX 寄存器的内容为 60H。运行的结果如图 4-31 所示。

```
MOV CX,60H
NEG CX          ;求 CX 的相反数,即 CX = FFA0H
ADD CX,100      ;把两个数据相加,结果 0004H 存放在 CX 寄存器中
```

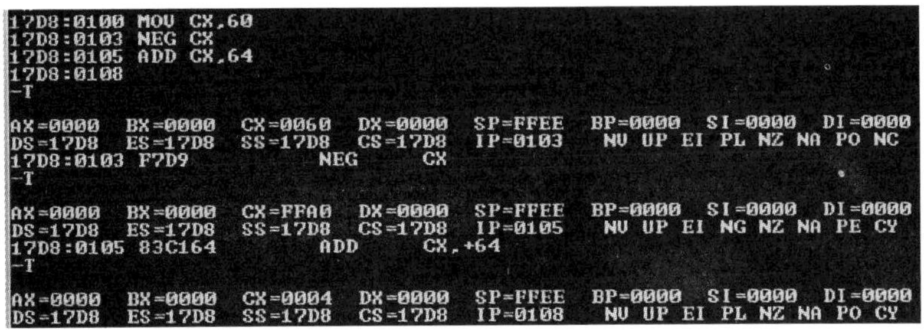
```
17D8:0100 MOV CX,60
17D8:0103 NEG CX
17D8:0105 ADD CX,64
17D8:0108
-T

AX=0000  BX=0000  CX=0060  DX=0000  SP=FFEE  BP=0000  SI=0000  DI=0000
DS=17D8  ES=17D8  SS=17D8  CS=17D8  IP=0103   NV UP EI PL NZ NA PO NC
17D8:0103 F7D9          NEG     CX
-T

AX=0000  BX=0000  CX=FFA0  DX=0000  SP=FFEE  BP=0000  SI=0000  DI=0000
DS=17D8  ES=17D8  SS=17D8  CS=17D8  IP=0105   NV UP EI NG NZ NA PE CY
17D8:0105 83C164        ADD     CX,+64
-T

AX=0000  BX=0000  CX=0004  DX=0000  SP=FFEE  BP=0000  SI=0000  DI=0000
DS=17D8  ES=17D8  SS=17D8  CS=17D8  IP=0108   NV UP EI PL NZ NA PO CY
```

图 4-31　求补指令的应用

（5）比较指令 CMP。

指令格式：CMP dest,src　;dest-src

指令功能：目的操作数减源操作数，但不回送结果，其目的是影响标志位。

说明：目的操作数可以是通用寄存器或存储单元，源操作数可以是立即数、通用寄存

器或存储单元。

该指令通常用于分支结构程序中形成标志位，其后紧跟条件转移指令，用来根据比较结果实现转向不同的程序分支。

例 4.35　当 AL 寄存器中的数据大于 BL 寄存器中的数据时，实现 AL-BL。

```
    CMP AL,BL        ;AL-BL
    JNA BELOW        ;若 AL <BL,则转移到 BELOW 执行
    SUB AL,BL        ;否则 AL-BL
BELOW:…
```

3. 乘法指令

乘法指令用来实现两个二进制操作数（字节或字）的相乘运算。乘法指令分为无符号数乘法指令和带符号数乘法指令，分别用来实现无符号数和带符号数的相乘。

（1）无符号数乘法指令 MUL。

指令格式：MUL src;

指令功能：两个无符号数相乘。

字节乘法：AX←AL × src

字乘法：DX：AX←AX × src

说明：指令中只指定源操作数（乘数），源操作数可以是寄存器或存储单元，不能使用立即数或段寄存器；被乘数默认在寄存器 AL 或 AX 中。若乘数为 8 位，被乘数默认在 AL 中，运算结果在 AX 中；若乘数为 16 位，被乘数默认在 AX 中，运算结果的高位在 DX 中，低位在 AX 中。

该指令只影响 CF 和 OF 标志位。如果乘积的长度与乘数 src 的长度（8 位/16 位）一样，则 CF = OF =0；否则 CF = OF =1。

（2）带符号数乘法指令 IMUL。

指令格式：IMUL src

指令功能：两个带符号数相乘。

字节乘法：AX←AL × src

字乘法：DX：AX←AX × src

说明：指令中只指定源操作数（乘数），源操作数可以是寄存器或存储单元，不能使用立即数或段寄存器；被乘数默认在寄存器 AL 或 AX 中。若乘数为 8 位，被乘数默认在 AL 中，运算结果在 AX 中；若乘数为 16 位，被乘数默认在 AX 中，运算结果的高位在 DX 中，低位在 AX 中。

该指令只影响 CF 和 OF 标志位。如果乘积的长度与乘数 src 的长度（8 位/16 位）一样，则 CF = OF =0；否则 CF = OF =1。

例 4.36　试求 S = A × B − C。假定程序中采用立即寻址方式，即把符号 A、B、C 的值直接赋予 AL、BL、CL，则 AL =80H、BL =40H 和 CL =60H，它们均为无符号 8 位二进制数。

程序如下所示，其运行结果如图 4-32 所示。

```
A EQU 80H
B EQU 40H
C EQU 60H
…
```

```
MOV AL,A        ;取被乘数 128 到 AL
MOV BL,B        ;取乘数 64 到 BL
MOV CL,C        ;取减数 96 到 CL
MUL BL          ;AX←A×B=2000H=8192
SUB AL,CL       ;低 8 位相减 AL=F0H,CF=1
SBB AH,0        ;再减去低位的借位 AX=1FA0H=8096
```

图 4-32　无符号数的四则运算结果

4. 除法指令

除法指令用来实现两个二进制数的字节或字的相除运算。根据操作数的不同，除法指令可分为无符号数除法指令和带符号数除法指令。

(1) 无符号数除法指令 DIV。

指令格式：DIV src

指令功能：两个无符号数相除。

字节除法：AL←AX÷src 的商；AH←AX÷src 的余数

字除法：AX←DX：AX÷src 的商；DX←DX：AX÷src 的余数

指令说明：指令中只指定源操作数（除数），源操作数可以是寄存器或存储单元，不能使用立即数或段寄存器；被除数默认在寄存器 AX 或 DX：AX 中。若除数为 8 位，被乘数默认在 AX 中，运算结果的商在 AL 中；若除数为 16 位，被除数默认在 DX：AX 中，运算结果的商在 AX 中，余数在 DX 中。源操作数可以是寄存器或存储单元，但不能是立即数或段寄存器。该指令对所有标志位无定义。

(2) 带符号数除法指令 IDIV。

指令格式：IDIV src

指令功能：两个无符号数相除。

字节除法：AL←AX÷src 的商；AH←AX÷src 的余数

字除法：AX←DX：AX÷src 的商；DX←DX：AX÷src 的余数

说明：指令中只指定源操作数（除数），源操作数可以是寄存器或存储单元，不能使用立即数或段寄存器；被除数默认在寄存器 AX 或 DX：AX 中。若除数为 8 位，被乘数默认在 AX 中，运算结果的商在 AL 中；若除数为 16 位，被除数默认在 DX：AX 中，运算结果的商在 AX 中，余数在 DX 中。源操作数可以是寄存器或存储单元，但不能是立即数或段寄存器。该指令对所有标志位无定义。

5. 符号扩展指令

在数值型算术运算中，有时需要将补码表示的操作数从字节型转换成字型，或由字型转换成双字型。扩展时，正数前全补 0，负数前全补 1。8086/8088 指令系统提供了两条符号扩展指令 CBW 和 CWD。

（1）字节扩展指令 CBW。

指令格式：CBW

指令功能：将 AL 中数的符号位扩展到 AH 中。若 AL 中的数为正数，则 AH = 00H；若 AL 中的数为负数，则 AH = 0FFH。其运行结果如图 4-33 所示。

（2）字扩展指令 CWD。

指令格式：CWD

指令功能：将 AX 中数的符号位扩展到 DX 中。若 AX 中的数为正数，则 DX = 0000H；若 AX 中的数为负数，则 DX = 0FFFFH。其执行结果如图 4-34 所示。

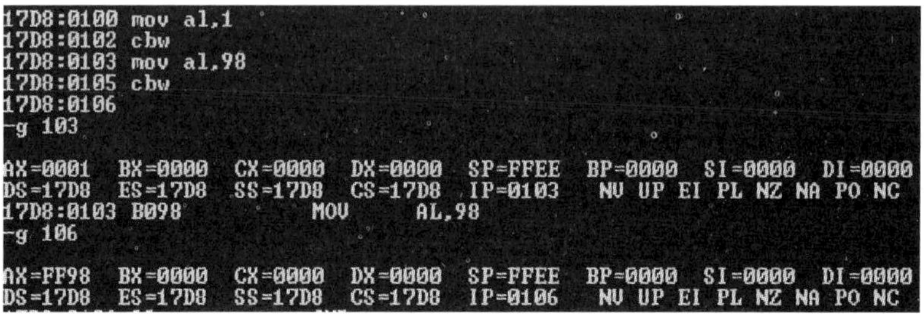

```
17D8:0100 mov al,1
17D8:0102 cbw
17D8:0103 mov al,98
17D8:0105 cbw
17D8:0106
-g 103

AX=0001  BX=0000  CX=0000  DX=0000  SP=FFEE  BP=0000  SI=0000  DI=0000
DS=17D8  ES=17D8  SS=17D8  CS=17D8  IP=0103   NV UP EI PL NZ NA PO NC
17D8:0103 B098          MOV     AL,98
-g 106

AX=FF98  BX=0000  CX=0000  DX=0000  SP=FFEE  BP=0000  SI=0000  DI=0000
DS=17D8  ES=17D8  SS=17D8  CS=17D8  IP=0106   NV UP EI PL NZ NA PO NC
```

图 4-33 字节扩展指令的执行结果

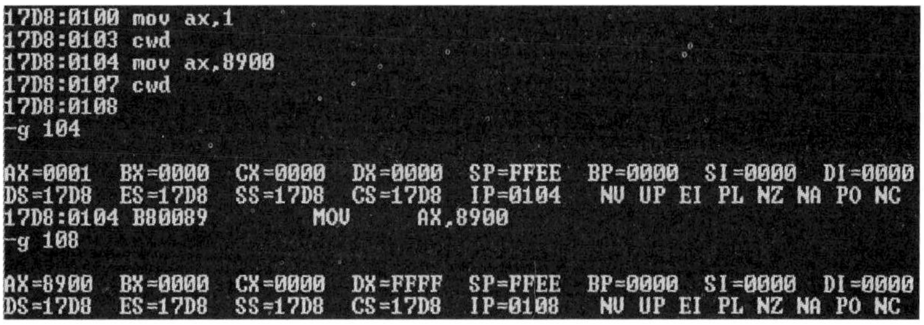

```
17D8:0100 mov ax,1
17D8:0103 cwd
17D8:0104 mov ax,8900
17D8:0107 cwd
17D8:0108
-g 104

AX=0001  BX=0000  CX=0000  DX=0000  SP=FFEE  BP=0000  SI=0000  DI=0000
DS=17D8  ES=17D8  SS=17D8  CS=17D8  IP=0104   NV UP EI PL NZ NA PO NC
17D8:0104 B80089        MOV     AX,8900
-g 108

AX=8900  BX=0000  CX=0000  DX=FFFF  SP=FFEE  BP=0000  SI=0000  DI=0000
DS=17D8  ES=17D8  SS=17D8  CS=17D8  IP=0108   NV UP EI PL NZ NA PO NC
```

图 4-34 字扩展指令的执行结果

例 4.37 编写程序段求 S = A × B + C。已知变量 A = 80H、B = 40H 和 C = 60H，它们均为带符号 8 位二进制数。

程序段如下，其运行结果如图 4-35 所示。

```
A    DB 80H
B    DB 40H
C    DB 60H
     …
MOV AL,80H      ;取被乘数 -128 到 AL
MOV BL,40H      ;取乘数 64 到 BL
MOV CL,60H      ;取减数 96 到 CL
```

```
IMUL BL        ;AX←A×B=E000H=-8192
MOV BX,AX      ;BX=E000H
MOV AL,CL      ;低 8 位赋给 AL,AL=60H
CBW            ;扩展成 16 位,AX=0060H
ADD AX,BX      ;AX=E060H=-8096
```

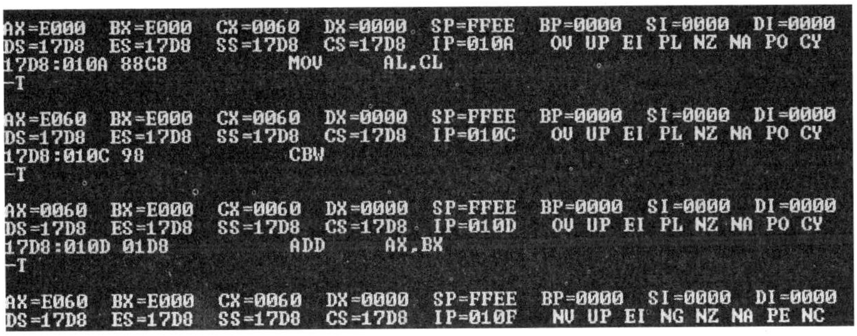

图 4-35　带符号数的四则运算结果

6. 十进制调整指令

十进制调整指令用于 BCD 码数的运算。指定的操作数均为隐含寻址，并且为 AL 或 AX。

BCD 码数是用 4 位二进制数表示 1 位十进制数。分为压缩型和非压缩型两种：压缩型 BCD 码数指的是一个字节存放两位 BCD 码数；非压缩型指的是一个字节存放 1 位 BCD 码数，其低四位为 BCD 码数，高 4 位无意义。例如压缩型 BCD 码数 37H 表示十进制数 37；而非压缩型 BCD 码数 37H 表示十进制数 7。

在计算机中，所有运算均以二进制运算为基础，要实现对 BCD 码表示的数进行十进制运算，通常分成两步来进行：首先用二进制运算指令对 BCD 码数按二进制进行运算；其次再用十进制调整指令对运算结果进行相应的调整，得到十进制运算的结果。

(1) 非压缩型 BCD 码加法调整指令 AAA。

指令格式：AAA

指令功能：对 AL 中的非压缩 BCD 数（或十进制数的 ASCII 码）的加法结果进行修正。修正的规律是：若 AL 的低 4 位大于 9 或 AF = 1，则将 AL 的内容进行加 6 调整，同时 AH 加 1，CF = 1，AF = 1；然后再将 AL 的高 4 位清零。

说明：AAA 指令通常跟在 ADD、ADC 指令之后执行。

(2) 压缩型 BCD 码加法调整指令 DAA。

指令格式：DAA

指令功能：若 AL 的低 4 位大于 9 或 AF = 1，则将 AL 的内容进行加 6 调整，并将 AF 置位；若 AL 的内容大于 9FH 或 CF = 1，则对 AL 的内容进行加 60H 调整，并将 CF 置位。

说明：DAA 指令通常跟在 ADD、ADC 指令之后执行。

例 4.38　把 AL 中的一位十六进制数转换为对应的 ASCII 码。

```
AND AL,0FH     ;保留低 4 位
ADD AL,90H     ;若低 4 位为大于 9 的十六进制数
DAA            ;则将其低 4 位调整成 0～5,否则其低 4 位值不变
```

```
ADC AL,40H      ;加上 40H 调整为 ASCII 码
DAA             ;调整高 4 位的值
```

程序的工作原理是，当 AL 寄存器中的数在 0 ～9 之间时，加上 90H 后其值在 90H～99H 之间。经过 DAA 指令调整后仍然是 90H～99H，且无进位。再与 40H 带进位（此时 CF =0）相加后，其结果在 30H～39H 之间。经 DAA 指令调整后即得到转换后的 ASCII 码。而当 AL 寄存器中的数在 0A～0F 之间时，加上 90H 后其值在 9AH～9FH 之间。经过 DAA 指令调整后其值为 00H～05H，且有进位。再与 40H 带进位（此时 CF =1）相加，此时程序巧妙地把调整后的进位加到低 4 位上，经 DAA 指令调整后，使得其结果在 41H～46H 之间，即得到转换后的 ASCII 码。

例如，当 AL =0EH 时，执行 ADD AL，90H 指令后，AL =9EH，经过 DAA 指令调整后，AL =04H；再执行 ADC AL，40H，并经 DAA 指令调整后，AL =45H。当 AL =08H 时，执行 ADD AL，90H 指令后，AL =98H，经过 DAA 指令调整后，AL =98H；再执行 ADC AL，40H，则 AL =0D8H，DAA 指令调整后，AL =38H。

例 4.39　两个十进制数分别为 6698 和 2879，利用 BCD 码运算指令，编写计算这两个十进制数相加的程序段，并把结果保存在 AX 寄存器中。

```
MOV AL,98H      ;取被加数低字节,AL =98H
ADD AL,79H      ;与加数的低字节相加,AL =11H,CF =1
DAA             ;低字节调整,AL =77H,CF =1
MOV AH,AL       ;结果暂存在 AH 中,AH =77H,如图 4-36 所示
MOV AL,66H      ;去被加数高字节,AL =66H
ADC AL,28H      ;与加数的高字节相加,AL =8F
DAA             ;高字节调整,AL =95H,如图 4-37 所示
XCHG AH,AL      ;AX =9577H
```

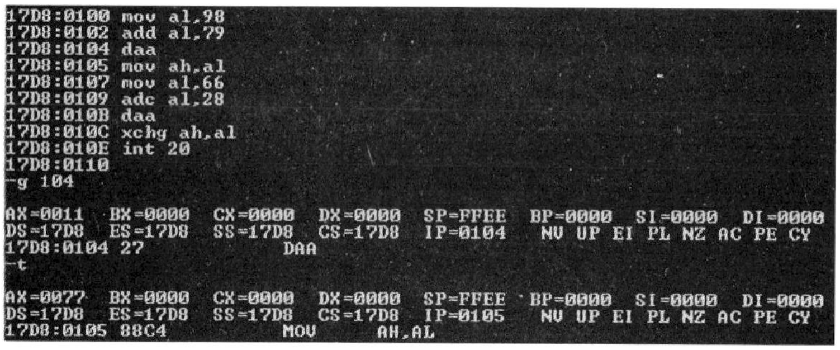

```
17D8:0100 mov al,98
17D8:0102 add al,79
17D8:0104 daa
17D8:0105 mov ah,al
17D8:0107 mov al,66
17D8:0109 adc al,28
17D8:010B daa
17D8:010C xchg ah,al
17D8:010E int 20
17D8:0110
-g 104

AX=0011  BX=0000  CX=0000  DX=0000  SP=FFEE  BP=0000  SI=0000  DI=0000
DS=17D8  ES=17D8  SS=17D8  CS=17D8  IP=0104   NV UP EI PL NZ AC PE CY
17D8:0104 27            DAA
-t

AX=0077  BX=0000  CX=0000  DX=0000  SP=FFEE  BP=0000  SI=0000  DI=0000
DS=17D8  ES=17D8  SS=17D8  CS=17D8  IP=0105   NV UP EI PL NZ AC PE CY
17D8:0105 88C4          MOV     AH,AL
```

图 4-36　低 8 位相加的结果

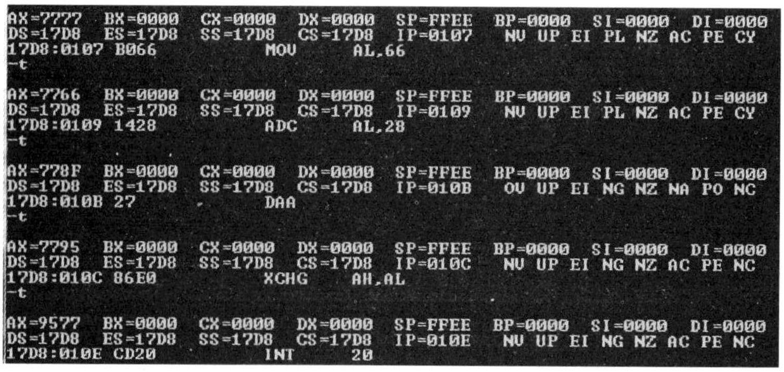

```
AX=7777  BX=0000  CX=0000  DX=0000  SP=FFEE  BP=0000  SI=0000  DI=0000
DS=17D8  ES=17D8  SS=17D8  CS=17D8  IP=0107   NV UP EI PL NZ AC PE CY
17D8:0107 B066          MOV     AL,66
-t

AX=7766  BX=0000  CX=0000  DX=0000  SP=FFEE  BP=0000  SI=0000  DI=0000
DS=17D8  ES=17D8  SS=17D8  CS=17D8  IP=0109   NV UP EI PL NZ AC PE CY
17D8:0109 1428          ADC     AL,28
-t

AX=778F  BX=0000  CX=0000  DX=0000  SP=FFEE  BP=0000  SI=0000  DI=0000
DS=17D8  ES=17D8  SS=17D8  CS=17D8  IP=010B   OV UP EI NG NZ NA PO NC
17D8:010B 27            DAA
-t

AX=7795  BX=0000  CX=0000  DX=0000  SP=FFEE  BP=0000  SI=0000  DI=0000
DS=17D8  ES=17D8  SS=17D8  CS=17D8  IP=010C   NV UP EI NG NZ AC PE NC
17D8:010C 86E0          XCHG    AH,AL
-t

AX=9577  BX=0000  CX=0000  DX=0000  SP=FFEE  BP=0000  SI=0000  DI=0000
DS=17D8  ES=17D8  SS=17D8  CS=17D8  IP=010E   NV UP EI NG NZ AC PE NC
17D8:010E CD20          INT     20
```

图 4-37　高 8 位相加的结果

（3）非压缩型 BCD 码减法调整指令 AAS。

指令格式：AAS

指令功能：对 AL 中的非压缩 BCD 数（或十进制数的 ASCII 码）的减法结果进行修正。修正的规律是：AL 的低 4 位大于 9 或 AF = 1（有借位），则将 AL 的内容进行减 6 调整，同时 AH 减 1，CF = 1，AF = 1；然后再将 AL 的高 4 位清零。

说明：AAS 指令通常跟在 SUB、SBB 指令之后执行。

例 4.40　使用非压缩型 BCD 码方式编写程序段计算 15 - 9，结果保存在 AX 中。

```
MOV AX,0105H      ;取被减数到 AX 中
SUB AL,09H        ;减去减数,AL = 0FCH
AAS               ;十进制调整,AL = 06H,AH = 0,CF = 1,如图 4-38 所示
```

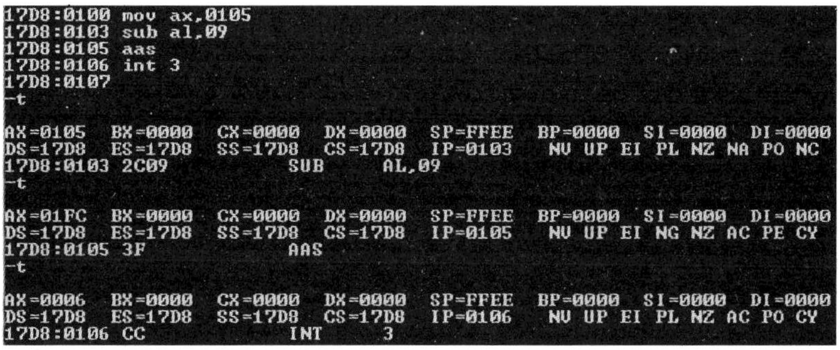

图 4-38　非压缩型 BCD 码十进制减法调整指令

（4）压缩型 BCD 码减法调整指令 DAS。

指令格式：DAS

指令功能：若 AL 的低 4 位大于 9 或 AF = 1，则将 AL 的内容进行减 6 调整，并将 AF 置位；若 AL 的内容大于 9F 或 CF = 1，则 AL 的内容进行减 60H 调整，并将 CF 置位。

说明：DAS 指令通常跟在 SUB、SBB 指令之后执行。

（5）非压缩型 BCD 码乘法的十进制调整指令 AAM。

指令格式：AAM

指令功能：对 AL 中的非压缩型 BCD 码数进行调整，使得 AH、AL 各存放 1 位非压缩型 BCD 码数。

说明：其调整过程是将放在 AL 中的两位“乘积”除以 10，所得的商放在 AH 中，余数放在 AL 中，即调整的结果存放在 AX 中。为了保证 AAM 指令能产生正确的结果，相乘的两个字节操作数的高 4 位必须是 0。

例 4.41　假定 AL 中存放有 08H（十进制数 8），BL 中存放有 07H，要进行 8 × 7 的非压缩型 BCD 码乘法运算，应使用以下两条指令：

```
MUL BL     ;两数进行二进制相乘,AX = 0038H
AAM        ;乘积调整,AH = 05H,AL = 06H;如图 4-39 所示
```

（6）非压缩型 BCD 码除法的十进制调整指令 AAD。

指令格式：AAD

指令功能：将放在 AX 中的两位非压缩型 BCD 码数调整为二进制数保存在 AX 中。

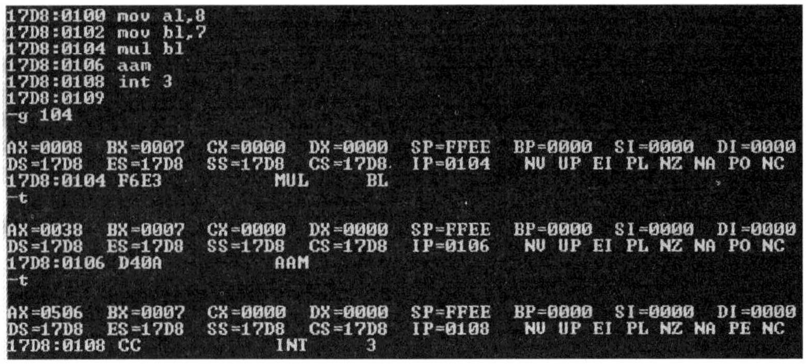

图 4-39 非压缩型 BCD 码乘法的十进制调整指令

说明：其调整过程是将 AH 中的高位十进制数乘以 10，再与 AL 中的低位十进制数相加，并使 AH 的内容为零，AL 保存计算结果。

例 4.42 编写 56 ÷ 8 的十进制数除法程序。

```
MOV AX,0506H          ;获取被除数,AX = 0506H
AAD                   ;进行调整,AX = 0038H,如图 4-40 所示
MOV BL,08H            ;获取除数,BL = 08H
DIV BL                ;两数相除,AH = 0,AL = 07H
```

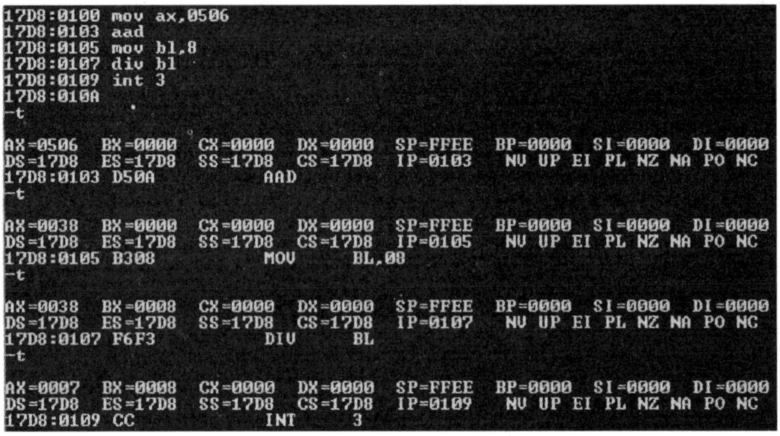

图 4-40 非压缩型 BCD 码除法的十进制调整指令

由于 ASCII 码表示的十进制数，其高 4 位都为 0011（不影响所表示的数值），而低 4 位正好是 BCD 码数，因而十进制数的 ASCII 码与非压缩型 BCD 码数相当。所以也把上述 AAA、AAS、AAM 和 AAD 这 4 条调整指令称为 ASCII 码运算调整指令。

例 4.43 从键盘输入 3 个 1 位的十进制数 a、b 和 c，计算 a × b + c，并把结果显示在屏幕上。

```
CODE    SEGMENT
        ASSUME CS:CODE
START:  MOV AH,1            ;输入第 1 个数 a
        INT 21H
        AND AL,0FH          ;转换为非压缩性 BCD 码数
        MOV BL,AL           ;暂存于 BL
```

```
        MOV AH,1          ;输入第 2 个数 b
        INT 21H
        AND AL,0FH        ;转换为非压缩性 BCD 码数
        MOV BH,AL         ;暂存于 BH
        MOV AH,1          ;输入第 3 个数 c
        INT 21H
        AND AL,0FH        ;转换为非压缩性 BCD 码数
        MOV CL,AL         ;暂存于 CL
        MOV AL,BL         ;取第一个数 a 到 AL
        MOV AH,0          ;AH 清零
        MUL BH            ;a * b
        AAM               ;十进制调整
        ADD AL,CL         ;与第 3 个数相加
        AAA               ;十进制调整
        XCHG AL,AH        ;个位与十位互换
        ADC AL,0          ;加上进位
        AAA               ;十进制调整
        XCHG AL,AH        ;个位与十位互换
        MOV BX,AX         ;暂存结果到 BX
        MOV AH,2          ;显示十位
        MOV DL,BH
        ADD DL,30H        ;调整为 ASCII 码
        MOV AH,2
        INT 21H
        MOV AH,2          ;显示个位
        MOV DL,BL
        ADD DL,30H        ;调整为 ASCII 码
        INT 21H
        MOV AH,4CH
        INT 21H
CODE    ENDS
        END START
```

4.2.3　逻辑运算与移位指令

逻辑运算指令可以实现对寄存器或存储单元中的位进行处理，即对其实行添加、屏蔽、求反等操作。

1. 逻辑运算指令

逻辑运算对操作数按位进行操作，位与位之间无进位或借位，也没有数的正负及大小之分别，这种运算的操作数称为逻辑数或逻辑值。

逻辑运算指令有“与”、“或”、“非”、“异或”和“测试”5 种。除了“非”运算指令的执行结果对标志位无影响之外，其他指令执行后，总是使 OF = CF = 0，SF、ZF 和 PF 则根据运算结果置位或复位，以反映操作结果的特征，而 AF 状态不定。

(1) 逻辑与指令 AND。

指令格式：AND dest,src

指令功能：将目的操作数和源操作数按二进制位相“与”，结果送到目的操作数中，即 dest←dest ∧ src。

说明：目的操作数可以是寄存器或存储单元，源操作数可以是立即数、寄存器或存储单元。

“与”运算的规则是只有相“与”的两位都是1，结果才为1；否则结果为0。该指令可以屏蔽操作数中的某些位，使得其余位保持不变。需要屏蔽的位与0相“与”；不变的位与1相“与”。

例4.44 ASCII码转换成对应的二进制数。

```
MOV AL,35H    ;AL←35H
AND AL,0FH    ;AL =05H,把 AL 的高 4 位屏蔽掉,低 4 位保持不变
```

例4.45 按下列要求写出指令。

将AL寄存器的D7、D5、D2位清0　　AND AL,01011011B

将字节单元BUF的低4位清零　　AND BYTE PTR BUF,0F0H

将累加器AX清零　　AND AX,0

（2）逻辑或指令OR。

指令格式：OR dest,src

指令功能：将目的操作数与源操作数按二进制位相“或”，结果存入目的操作数中，即 dest←dest ∨ src。

说明：目的操作数可以是寄存器或存储单元，源操作数可以是立即数、寄存器或存储单元。

“或”运算的规则是只有相“或”的两个位中有1，结果就为1；只有相“或”的两个位都为0，结果才为0。该指令可以将操作数的某些位置1，其余位保持不变。要置1的位与1相“或”，不变的位与0相“或”。

例4.46 二进制数转换成对应的ASCII码。

```
MOV AL,06H    ;AL =06H
OR AL,30H     ;AL =36H,把 D5、D4 添加上 1
```

（3）逻辑非指令NOT。

指令格式：NOT dest

指令功能：将目的操作数的内容按二进制位取反后再送回目的操作数中。

说明：操作数可以是寄存器或存储单元。NOT指令不影响标志位。

例4.47 将AL寄存器中的内容求反。

```
MOV AL,5AH    ;AL =5AH
NOT AL        ;AL =0A5H,各个位被求反
```

（4）逻辑异或指令XOR。

指令格式：XOR dest,src

指令功能：将目的操作数与源操作数按二进制位相“异或”，结果存入目的操作数中，即 dest←dest ⊕ src。

说明：目的操作数可以是寄存器或存储单元，源操作数可以是立即数、寄存器或存储单元。

“异或”运算的规则是：相同为0，不同为1。因此可以将操作数的某些位求反，而其余位保持不变。需求反的位与1“异或”，不变的位与0“异或”。所以，若一个操作数与自身相“异或”，则将使得该操作数为零。

例 4.48　已知 AH = 5CH，写出将 AH 中的 D5、D2 位求反，其余位不变的指令，写出将 AX 寄存器清零的指令。

```
XOR AH,00100100B        ;执行指令后 AL = 58H
XOR AX,AX               ;执行指令后,AX = 0
```

（5）测试指令 TEST。

指令格式：TEST dest,src

指令功能：将目的操作数和源操作数按二进制位相“与”，结果不送回任何操作数中，即 dest ∧ src。

说明：目的操作数可以是寄存器或存储单元，源操作数可以是立即数、寄存器或存储单元。

例 4.49　检测 AL 寄存器中的数是否为偶数，若是则转移到 EVEN 执行，否则将 AL 的 D0 位置为 0。可以用以下指令实现：

```
        TEST AL,01H     ;测试是否为偶数,即最低位是否为 0
        JZ EVEN         ;最低位为 0,则转移到 EVEN
        AND AL,0FEH     ;将 AL 的 D0 位置为 0
EVEN:
```

指令 JZ EVEN 为条件转移指令，即当 ZF = 1（结果为 0）时程序转移到 EVEN 处继续执行；当 ZF = 0（结果不为 0）时，顺序执行该指令的下一条指令。

例 4.50　检测 BX 中的 D15 和 D0 位是否同时为 0（即正偶数），如果为 0，则转移到 PEVEN 执行，可以用以下指令实现：

```
        TEST AX,8001H
        JZ PEVEN
        …
PEVEN:
```

2. 移位指令

8086 CPU 的移位指令分为逻辑移位和算术移位，逻辑移位用于对无符号数移位，它总是用“0”填补空出的位；算术移位用于对带符号数移位。逻辑移位包括逻辑左移 SHL、逻辑右移 SHR；算术移位包括算术左移 SAL、算术右移 SAR。其中，SHL 和 SAL 指令的操作完全相同。移位指令的操作对象可以是一个 8 位或 16 位的寄存器或存储单元，移动位数用 count 表示，当移位次数为 1 时，count 写为 1；当移位次数大于 1 时，count 写为 CL，而 CL 中存放移位次数 count。

（1）逻辑左移 SHL。

指令格式：SHL dest,count

指令功能：将目的操作数顺序向左移 1 位或 CL 寄存器中指定的位数。操作时操作数的最高位移入进位标志 CF，最低位依次补 0，其操作过程如图 4-41 所示。

（2）算术左移 SAL。

指令格式：SAL dest, count

指令功能：将目的操作数顺序向左移 1 位或 CL 寄存器中指定的位数。操作时操作数的最高位移入进位标志 CF，最低位依次补 0，其操作过程如图 4-41

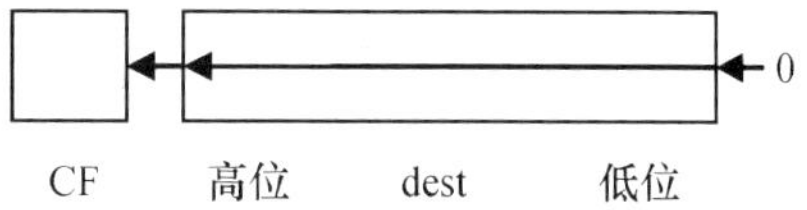

图 4-41　逻辑/算术左移示意图

所示。

例 4.51 把 AL 中的内容逻辑左移 1 位，指令的执行结果相当于把 AL 中的无符号数乘以 2；其运行结果如图 4-42 所示。

```
17D8:0100 mov al,35
17D8:0102 shl al,1
17D8:0104 int 20
17D8:0106
-t

AX=0035  BX=0000  CX=0000  DX=0000  SP=FFEE  BP=0000  SI=0000  DI=0000
DS=17D8  ES=17D8  SS=17D8  CS=17D8  IP=0102   NV UP EI PL NZ NA PO NC
17D8:0102 D0E0          SHL     AL,1
-t

AX=006A  BX=0000  CX=0000  DX=0000  SP=FFEE  BP=0000  SI=0000  DI=0000
DS=17D8  ES=17D8  SS=17D8  CS=17D8  IP=0104   NV UP EI PL NZ NA PE NC
17D8:0104 CD20          INT     20
```

图 4-42　AL 的内容逻辑左移 1 位

（3）逻辑右移 SHR。

指令格式：`SHR dest, count`

指令功能：将目的操作数顺序向右移 1 位或 CL 寄存器中指定的位数。操作时操作数的最低位移入进位标志 CF，最高位依次补 0，其操作过程如图 4-43 所示。

（4）算术右移 SAR。

指令格式：`SAR dest, count`

指令功能：将目的操作数顺序向右移 1 位或 CL 寄存器中指定的位数。操作时操作数的最高位不变，并移动到次高位，其他各位顺序右移，最低位移入进位标志 CF，其操作过程如图 4-44 所示。

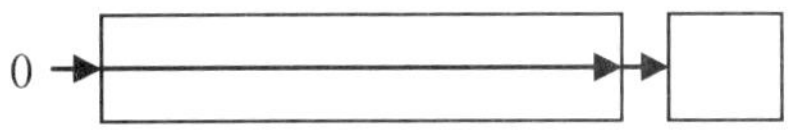

图 4-43　逻辑右移示意图

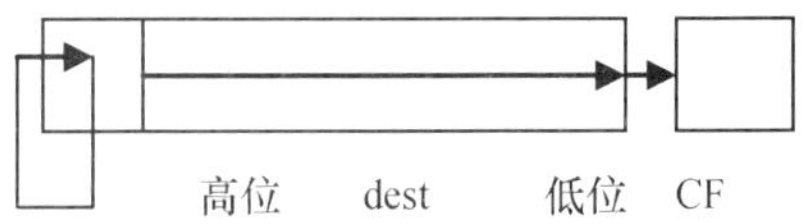

图 4-44　算术右移示意图

例 4.52 把 AL 中的内容逻辑右移 1 位，相当于把 AL 中的无符号数除以 2；把 BL 中的内容算术右移 1 位，相当于把 BL 中的带符号数除以 2。其运行结果如图 4-45 所示，其中 BL 寄存器的最高位（符号位）保持不变，且右移 1 位。

```
17D8:0100 mov al,80
17D8:0102 mov bl,80
17D8:0104 shr al,1
17D8:0106 sar bl,1
17D8:0108 int 20
17D8:010A
-t

AX=0080  BX=0000  CX=0000  DX=0000  SP=FFEE  BP=0000  SI=0000  DI=0000
DS=17D8  ES=17D8  SS=17D8  CS=17D8  IP=0102   NV UP EI PL NZ NA PO NC
17D8:0102 B380          MOV     BL,80
-t

AX=0080  BX=0080  CX=0000  DX=0000  SP=FFEE  BP=0000  SI=0000  DI=0000
DS=17D8  ES=17D8  SS=17D8  CS=17D8  IP=0104   NV UP EI PL NZ NA PO NC
17D8:0104 D0E8          SHR     AL,1
-t

AX=0040  BX=0080  CX=0000  DX=0000  SP=FFEE  BP=0000  SI=0000  DI=0000
DS=17D8  ES=17D8  SS=17D8  CS=17D8  IP=0106   OV UP EI PL NZ NA PO NC
17D8:0106 D0FB          SAR     BL,1
-t

AX=0040  BX=00C0  CX=0000  DX=0000  SP=FFEE  BP=0000  SI=0000  DI=0000
DS=17D8  ES=17D8  SS=17D8  CS=17D8  IP=0108   NV UP EI NG NZ NA PE NC
17D8:0108 CD20          INT     20
```

图 4-45　逻辑/算术右移指令的运行结果

3. 循环移位

所谓循环移位，是指将移位对象首尾相连，数据位在闭环当中循环移动而不会丢失。

循环移位分为不带进位标志位循环移位和带进位标志位循环移位，8086 CPU 有 4 条循环移位指令，即不带进位标志位的左循环移位指令 ROL 和不带进位标志位的右循环移位指令 ROR，以及带进位标志位的左循环移位指令 RCL 和带进位标志位的右循环移位指令 RCR。

循环移位指令操作数类型的规定与移位指令相同，可以是 8 位或 16 位的寄存器或存储器。指令中指定的左移或右移的位数也可以是 1 或由 CL 寄存器指定，决不能是 1 以外的常数或 CL 以外的其他寄存器。

（1）不带进位位循环的左移指令 ROL。

指令格式：`ROL dest,count`

指令功能：将目的操作数顺序向左移 1 位或 CL 寄存器中指定的位数，最高位移入进位标志 CF 的同时移到最低位，其操作过程如图 4-46 所示。

（2）不带进位位循环的右移指令 ROR。

指令格式：`ROR dest,count`

指令功能：将目的操作数顺序向右移 1 位或 CL 寄存器中指定的位数，最低位移入进位标志 CF 的同时移到最高位，其操作过程如图 4-47 所示。

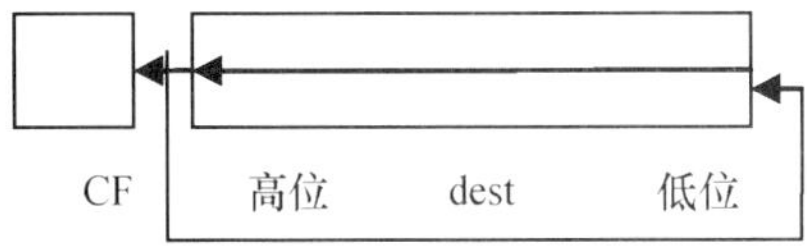

图 4-46 不带进位位循环的左移示意图

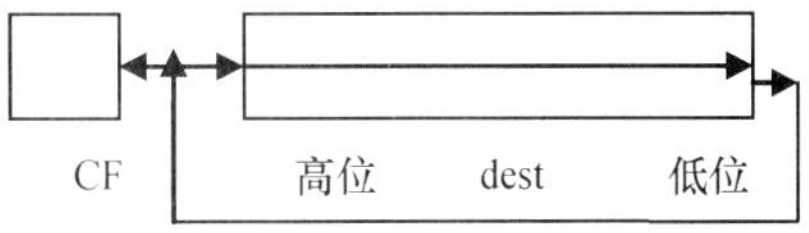

图 4-47 不带进位位循环的右移示意图

（3）带进位位循环的左移指令 RCL。

指令格式：`RCL dest,count`

指令功能：将目的操作数连同进位标志位一起循环左移，CF 进入目的操作数的最低位，目的操作数各位顺序左移，最高位进入 CF 标志位，其操作过程如图 4-48 所示。

（4）带进位位循环的右移指令 RCR。

指令格式：`RCR dest,count`

指令功能：将目的操作数连同进位标志位一起循环右移，CF 进入目的操作数的最高位，目的操作数各位顺序右移，最低位进入 CF 标志位，其操作过程如图 4-49 所示。

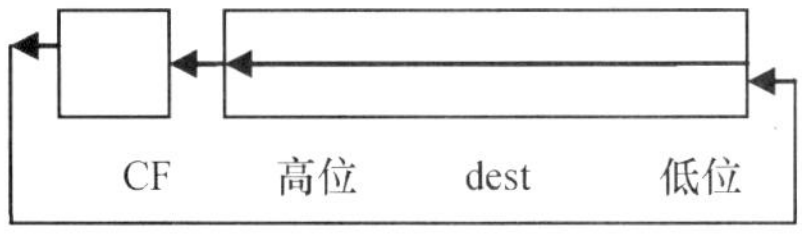

图 4-48 带进位位循环的左移示意图

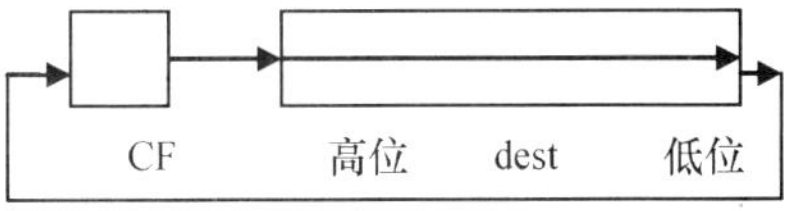

图 4-49 带进位位循环的右移示意图

通常，移位与循环移位指令用来重定数据格式，也可用于按位检查寄存器或存储单元的内容（移至进位标志 CF 中检查）。此外，利用这类指令，可以把一个寄存器（或存储单元）的内容移至另一个寄存器（或存储单元）中。

例 4.53 将 AH 和 AL 分别存放的非压缩型 BCD 码数组合为一个字节的压缩型 BCD 码数，并存放在 AL 中。

```
MOV CL,4
SHL AL,CL     ;AL 中的高 4 位与低 4 位交换位置
SHR AX,CL     ;AH 中的低 4 位移到 AL 的高 4 位,而 AL 的高 4 位移到低 4 位
```

例 4.54 写一个把压缩型 BCD 码转换为对应十进制数字的 ASCII 码的程序。

分析：假定这个压缩型 BCD 码数为 58H 并存放在 AL 中，其对应的十进制数字的 ASCII 码为 3538H（假定要保存在 AX 中）。观察这两个数据可以看出，后者应该占用两个字节；其中 5 与 8 必须在不同的字节中。

可以使用 MOV 指令使得 AX 为 5858H，然后通过移位指令使得 AX = 8558H，这样就可以在两个字节的低 4 位出现所需要的 5 与 8。再用 AND 指令屏蔽掉不需要的高 4 位，这样 AX = 0508H，最后用 OR 指令在两个字节的高 4 位添加上 3H 而低 4 位不变，则可得到 AX = 3538H。

```
DATA    SEGMENT
BCD     DB 58H
ASCII   DW ?
DATA    ENDS
CODE    SEGMENT
        ASSUME CS:CODE,DS:DATA
START:  MOV AX,DATA
        MOV DS,AX
        MOV AL,BCD         ;取 BCD 码数,AL = 58H
        MOV AH,AL          ;扩充为两个字节,AX = 5858H
        MOV CL,4
        ROR AH,CL          ;把高字节循环移位 4 次,AX = 8558H
        AND AX,0F0FH       ;屏蔽两个字节的高 4 位,AX = 0508H
        OR AX,3030H        ;两个字节的高 4 位添加上 3H,AX = 3538H
        MOV ASCII,AX       ;保存结果
        MOV AH,4CH
        INT 21H
CODE    ENDS
        END START
```

例 4.55 已知 X、Y 均为 8 位无符号数，试编写程序求 $S = 10 \times X + Y$，假定结果不超过一个字。

算法分析：移位指令可以方便地实现把一个数乘以 2^n（即乘以 2、4、8、16、…），所以 $10 \times X = 8 \times X + 2 \times X$。

```
DATA    SEGMENT
X       DB 58H
Y       DB 34H
S       DW ?
DATA    ENDS
CODE    SEGMENT
        ASSUME CS:CODE,DS:DATA
START:  MOV AX,DATA
        MOV DS,AX
        MOV AL,X         ;取数据 X
```

```
        XOR AH,AH       ;扩展成一个字
        SAL AX,AX       ;×2
        MOV BX,AX       ;暂存×2 的结果
        SAL AX,AX       ;×4
        SAL AX,AX       ;×8
        ADD AX,BX       ;×10
        ADD AL,Y        ;+Y
        ADC AH,0
        MOV S,AX        ;保存结果
        MOV AH,4CH
        INT 21H
CODE    ENDS
        END START
```

例 4.56　以二进制数的形式在屏幕上显示出 BUF 字存储单元中的一个十六进制数。

分析：以二进制的形式显示数据，必须逐位判断是“0”还是“1”，然后再显示出来。但是只有用 ASCII 码才能显示在屏幕上，所以必须把“0”还是“1”转换成 ASCII 码。程序巧妙地利用移位时产生的进位加上 30H，转换成“0”或“1”的 ASCII 码，避免了判断指令（即条件转移指令）的使用，使得程序的执行更为流畅。

```
DATA    SEGMENT
BUF     DW 1F7EH
DATA    ENDS
START:  MOV AX,DATA
        MOV DS,AX
        MOV CX,16           ;设置循环次数
        MOV BX,BUF          ;取十六进制数
L1:     ROL BX,1            ;循环左移一位
        MOV DL,30H          ;DL 赋予 30H
        ADC DL,0            ;加上进位位
        MOV AH,2            ;显示
        INT 21H
        LOOP L1
        MOV AH,4CH          ;返回 DOS
        INT 21H
CODE    ENDS
        END START
```

例 4.57　将 BUF 字存储单元中的二进制数据（如 2DF5H）转换为十六进制数并在屏幕上显示出来。

分析：要把 16 位二进制数转换为二进制数必须把该二进制数每 4 位分为一组，这样每组数据即为一位十六进制数。但是要在屏幕上显示该位十六进制数还需把其转换为 ASCII 码。

```
DATA    SEGMENT
BUF     DW 2DF5H
DATA    ENDS
CODE    SEGMENT
        ASSUME CS:CODE,DS:DATA
START:  MOV AX,DATA
        MOV DS,AX
        MOV BX,BUF      ;取 16 位二进制数据
        MOV CX,4H       ;一个 16 位二进制数可分为 4 组十六进制数
```

```
L1:     PUSH CX        ;暂存 CX
        MOV CL,4
        ROL BX,CL      ;把最高 4 为移到最低 4 位
        POP CX         ;恢复 CX 的值
        MOV AL,BL
        AND AL,0FH     ;取出低 4 位
        ADD AL,90H     ;4 位十六进制数转换为 ASCII 码
        DAA
        ADC AL,40H
        DAA
        MOV DL,AL      ;显示一位十六进制数
        MOV AH,2
        INT 21H
        LOOP L1        ;判断是否已分为 4 组
        MOV AH,4CH     ;返回 DOS
        INT 21H
CODE    ENDS
        END START
```

4.2.4 串处理指令

计算机经常要对由字节或字组成的一组信息或数据进行处理，8086 把连续存放在存储器中的一组字节或字数据称为字符串。8086 CPU 有着一组十分有用的串操作指令，针对连续存放的特点，这些指令在每次基本操作后，都能自动修改地址，为执行下一次的操作做好准备。串操作指令还可以加上重复前缀，此时指令规定的操作将一直重复进行下去，直到完成预定的循环次数。

串操作指令共有 5 条，即串传送指令 MOVS、串比较指令 CMPS、串搜索指令 SCAS、取串指令 LODS 和存串指令 STOS。这些指令的基本操作各不相同，但具有以下共同特点。

(1) 为缩短指令长度，均采用隐含寻址方式，原数据串的段地址通常隐含在段寄存器 DS 中，但允许段跨越；而其偏移地址使用 SI 寄存器。目标串的段地址总是使用附加段寄存器 ES 来指明，且不允许段跨越；而其偏移地址用 DI 寄存器指明。

(2) 每一次操作以后自动修改地址指针（SI 和 DI），地制指针的修改与两个因素有关，一是方向标志 DF 的状态，二是被操作的字符串的类型。当 DF =0 时，地址指针以递增方式修改，即字节操作时地址指针加 1，字操作时地址指针加 2。当 DF =1 时，地址指针以递减方式修改，即字节操作时地址指针减 1，字操作时地址指针减 2。

(3) 为了加快字符串操作的执行，有的串操作指令可加重复前缀 REP，则指令规定的操作重复进行，重复循环的次数由 CX 寄存器决定。此时 CPU 按以下步骤执行。

① 首先检查 CX 寄存器，若 CX =0，则退出串操作指令；

② 执行一次字符串基本操作；

③ 修改地址指针；

④ CX 减 1（但不改变标志位状态）；

⑤ 转至下一次循环，重复以上步骤。

(4) 如果字符串的基本操作影响零标志位 ZF（如 CMPS，SCAS），则可加上重复前缀

REPE（REPZ）或 REPNE（REPNZ），此时操作重复进行的条件不仅要求 CX≠0，而且要求 ZF 的值满足重复前缀中的规定，即 REPE 要求 CX≠0 且 ZF = 1，REPNE 要求 CX≠0 且 ZF = 0。

带有重复前缀的字符串执行过程可被中断，CPU 在处理字符串的下一个元素之前识别中断并转入中断服务程序执行，从中断服务程序返回之后，重复过程从断点继续执行下去。

1. 重复前缀指令

重复前缀指令可使串处理指令重复执行，重复的次数（串长度）由 CX 的内容来确定。

（1）重复串前缀指令 REP。

指令格式：`REP`

指令功能：若 CX 的内容不为 0，则 REP 指令使紧跟它后面的字符串操作指令重复执行（CX）次。每执行一次字符串操作指令，计数器 CX 的内容自动减 1，即 CX←CX - 1，直至 CX = 0 时，退出串处理的循环，转而执行下一条指令。

说明：REP 用于与存串指令、串传送指令联合使用。

（2）相等/为零重复串前缀指令 REPE/REPZ。

指令格式：`REPE/REPZ`

指令功能：每执行一次字符串操作指令，计数器 CX 的内容自动减 1，即 CX←CX - 1，直至 CX = 0 或 ZF = 0 时，退出串处理的循环，转而执行下一条指令；否则执行紧跟它后面的字符串操作指令。

说明：REPE/REPZ 与串比较指令、串搜索指令联合使用。

（3）不相等/不为零重复串前缀指令 REPNE/REPNZ。

指令格式：`REPNE/REPNZ`

指令功能：每执行一次字符串操作指令，计数器 CX 的内容自动减 1，即 CX←CX - 1，直至 CX = 0 或 ZF = 1 时，退出串处理的循环，转而执行下一条指令；否则执行紧跟它后面的字符串操作指令。

说明：REPNE/REPNZ 与串比较指令、串搜索指令联合使用。

2. 串传送指令 MOVS

指令格式：
```
MOVSB        ;字节串传送指令
MOVSW        ;字串传送指令
```

指令功能：将一个由 SI 寻址的字节（或字）源串传送到由 DI 寻址的目的串中，同时，CPU 自动修改 SI 和 DI，使它们指向下一个元素。即（DI）←（SI），SI←SI ± 2/1，DI←DI ± 2/1。指令所处理的元素是字节还是字由操作数（目的串或源串）的属性规定。该指令不影响标志位。

例 4.58　将 BUF1 为首地址的 10 个字节传送到 BUF2 为首址的内存区中。

```
DATA    SEGMENT
BUF1    DB 1,2,3,4,5,6,7,8,9,10
        ORG 10H
```

```
BUF2    DB 10 DUP (?)
DATA    ENDS
CODE    SEGMENT
        ASSUME CS:CODE,DS:DATA,ES:DATA
START:  MOV AX,DATA
        MOV DS,AX
        MOV ES,AX
        LEA SI,BUF1          ;建立源串地址指针
        LEA DI,BUF2          ;建立目的串地址指针
        MOV CX,10            ;送传送字节数到 CX
        CLD                  ;设置增址型地址指针调整方式
        REP MOVSB            ;重复传送
        MOV AH,4CH           ;返回 DOS
        INT 21H
CODE    ENDS
        END START
```

程序的运行结果如图 4-50 所示。

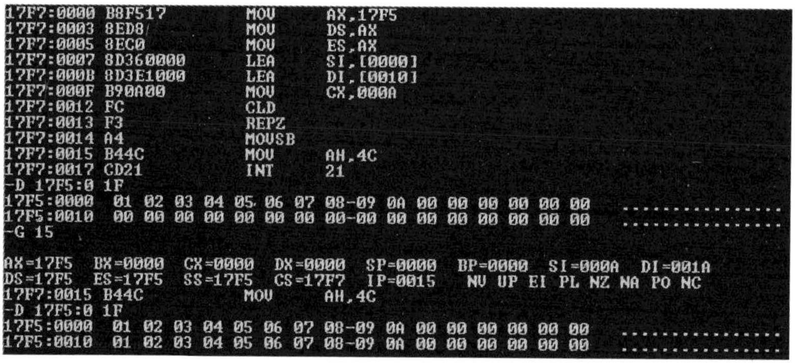

```
17F7:0000 B8F517        MOV     AX,17F5
17F7:0003 8ED8          MOV     DS,AX
17F7:0005 8EC0          MOV     ES,AX
17F7:0007 8D360000      LEA     SI,[0000]
17F7:000B 8D3E1000      LEA     DI,[0010]
17F7:000F B90A00        MOV     CX,000A
17F7:0012 FC            CLD
17F7:0013 F3            REPZ
17F7:0014 A4            MOVSB
17F7:0015 B44C          MOV     AH,4C
17F7:0017 CD21          INT     21
-D 17F5:0 1F
17F5:0000  01 02 03 04 05 06 07 08-09 0A 00 00 00 00 00 00   ................
17F5:0010  00 00 00 00 00 00 00 00-00 00 00 00 00 00 00 00   ................
-G 15

AX=17F5  BX=0000  CX=0000  DX=0000  SP=0000  BP=0000  SI=000A  DI=001A
DS=17F5  ES=17F5  SS=17F5  CS=17F7  IP=0015   NV UP EI PL NZ NA PO NC
17F7:0015 B44C          MOV     AH,4C
-D 17F5:0 1F
17F5:0000  01 02 03 04 05 06 07 08-09 0A 00 00 00 00 00 00   ................
17F5:0010  01 02 03 04 05 06 07 08-09 0A 00 00 00 00 00 00   ................
```

图 4-50 REP MOVSB 指令的运行结果

例 4.59 从键盘输入两个字符串，并把第 1 个字符串追加到第 2 个字符串之后，然后把新串显示出来。

```
DATA    SEGMENT
STR1    DB 100,?,100 DUP(?)
STR2    DB 255,?,255 DUP(?)
CRLF    DB 13,10,'$'
DATA    ENDS
CODE    SEGMENT
        ASSUME CS:CODE,DS:DATA,ES:DATA
START:  MOV AX,DATA
        MOV DS,AX
        MOV ES,AX
        LEA DX,STR1               ;输入第 1 个字符串
        MOV AH,10
        INT 21H
        LEA DX,CRLF               ;显示回车换行
        MOV AH,9
        INT 21H
        LEA DX,STR2               ;输入第 2 个字符串
        MOV AH,10
```

```
        INT 21H
        LEA DX,CRLF             ;显示回车换行
        MOV AH,9
        INT 21H
        XOR CX,CX
        MOV CL,STR1 +1          ;取第 1 个字符串的长度到 CX
        XOR BX,BX
        MOV BL,STR2 +1          ;取第 2 个字符串的长度到 BX
        LEA DI,STR2 +2          ;取第 2 个字符串的首址到 DI
        ADD DI,BX               ;调整地址指针指向第 2 个字符串的下一个字符位置
        CLD
        LEA SI,STR1 +2          ;设置第 1 个字符串的地址指针
        REP MOVSB               ;传送字符串
        MOV BYTE PTR [DI],'$'   ;添加字符串的显示结束符
        LEA DX,STR2 +2          ;显示新串
        MOV AH,9
        INT 21H
        MOV AH,4CH
        INT 21H
CODE    ENDS
        END START
```

3. 串比较指令 CMPS

指令格式：CMPSB　　;字节串比较指令

　　　　　CMPSW　　;字串比较指令

指令功能：将一个由 SI 寻址的字节（或字）源串减去由 DI 寻址的目的串中相对应的一个元素，指令执行后，两个操作数的值不改变，即比较结果仅影响标志位。同时，CPU 自动修改 SI 和 DI，使它们指向下一个元素。即（SI）-（DI），SI←SI ±2/1，DI←DI ±2/1。指令所处理的元素是字节还是字由操作数（目的串或源串）的属性规定。

例 4.60　比较 BUF1 为首址的 100 个字与 BUF2 为首址的 100 个字是否相同，若相同，则把 DX 寄存器置为 0；若不相同，则把源串中第一个不相同字的地址送给 DX 寄存器。

```
    XOR DX,DX        ;DX 清零(先假定两串相同)
    LEA SI,BUF1      ;建立源串地址指针
    LEA DI,BUF2      ;建立目的串地址指针
    MOV CX,100       ;送比较的字数到 CX
    CLD              ;设置增址型地址指针调整方式
    REPZ CMPSW       ;若相同,则重复比较
    JZ L1            ;退出重复比较后,检测是否都为相同的字;若是,则转向 L1
    SUB SI,2         ;不相同时地址指针已加 2,即指向下一个字,所以必须减 2
    MOV DX,SI        ;保存地址到 DX 中
L1:HLT
```

4. 串搜索指令 SCAS

指令格式：SCASB　　;字节串搜索指令

　　　　　SCASW　　;字串搜索指令

指令功能：在目的串中查找 AL 或 AX 的内容。将一个由 SI 寻址的字节（或字）源串减去由 DI 寻址的目的串中相对应的一个元素，指令执行后，两个操作数的值不改变，即比较

结果仅影响标志位。同时，CPU 自动修改 SI 和 DI，使它们指向下一个元素。即（SI）-（DI），SI←SI ±2/1，DI←DI ±2/1。指令所处理的元素是字节还是字由操作数（目的串或源串）的属性规定。

例 4.61 查找 BUF1 为首址的 100 个字符中是否有“ $ ”字符。若存在，则将其所在的存储单元地址送到 BX 寄存器中；否则将 BX 寄存器清零。

```
    XOR BX,BX       ;BX 清零(先假定存在"$"字符)
    MOV AL,'$'      ;关键字"$"送 AL
    LEA DI,BUF2     ;建立目的串地址指针
    MOV CX,100      ;送搜索的字节数到 CX
    CLD             ;设置增址型地址指针调整方式
    REPNZ SCASB     ;若不相同,则重复搜索
    JZ L1           ;退出重复搜索后,检测是否找到;若是,则转向 L1
    DEC DI          ;不相同时,地址指针已加 1,所以必须减 1 把其恢复到不相等的字节地址位置上
    MOV BX,DI       ;保存地址到 BX 中
L1:HLT
```

例 4.62 假定某字符串以 0DH 作为结束符，试统计该字符串的长度。

```
DATA    SEGMENT
STRING  DB 'ABCDUVWXYZ', 0DH
LL      DB ?
DATA    ENDS
CODE    SEGMENT
        ASSUME CS:CODE,DS:DATA,ES:DATA
START:  MOV AX,DATA
        MOV DS,AX
        MOV ES,AX
        LEA DI,STRING       ;设串的地址指针
        MOV DL,0            ;置串长度初值为 0
        MOV AL,0DH          ;串结束标志→AL
AGAIN:  SCASB               ;搜索串
        JZ DONE             ;找到结束标志,停止
        INC DL              ;串长度加 1
        JMP AGAIN
DONE:   MOV LL,DL
        MOV AH,4CH
        INT 21H
CODE    ENDS
        END START
```

例 4.63 在 STR 为首址的内存中存放着一串字符串，LEN 字单元存在着该字符串的长度，KEY 单元存放着待删除的字符。编写一个程序，在字符串中查找是否存在该字符，若存在，则删除该字符，并将字符长度减 1；若不存在该字符，则退出程序的运行。

```
DATA    SEGMENT
STR     DB '0246897531'
LEN     DW $-STR
KEY     DB '5'          ;待删除的字符
DATA    ENDS
CODE    SEGMENT
        ASSUME CS:CODE,DS:DATA,ES:DATA
START:  MOV AX,DATA
        MOV DS,AX
```

```
          MOV ES,AX
          LEA DI,STR        ;字符串首址送 DI
          MOV AL,KEY        ;关键字送 AL
          MOV CX,LEN        ;字符串长度送 CX
          CLD               ;增址型
          REPNZ SCASB       ;搜索关键字
          JNZ EXIT          ;若没找到关键字,则转 EXIT
          MOV SI,DI         ;若找到,则源操作数地址指针赋予关键字之后的单元地址
          DEC DI            ;把目的操作数地址指针赋予关键字位置的单元地址
          REP MOVSB         ;把后续字符往前移动
          DEC LEN           ;字符串长度减 1
EXIT:     MOV AH,4CH        ;返回 DOS
          INT 21H
CODE      ENDS
          END START
```

运行结果如图 4-51 所示。程序执行后，字符串中的字符“5”（ASCII 码为 35H）被删除，而其后续字符往前移动一个单元，字符串的长度由 10 修正为 9。

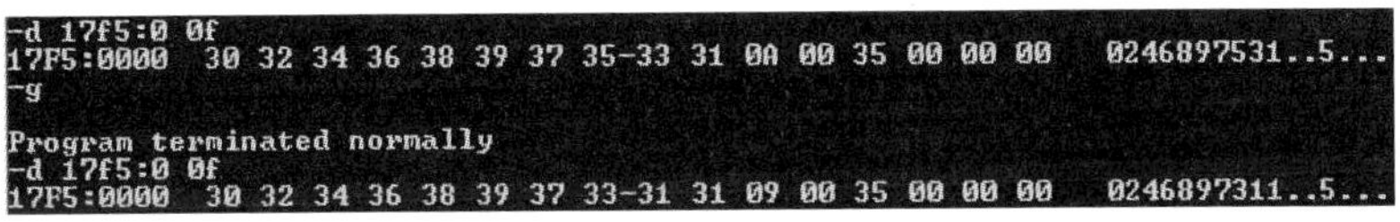

图 4-51　删除字符的运行结果

5. 取串指令 LODS

指令格式：LODSB　　　;取字节串指令
　　　　　LODSW　　　;取字串指令

指令功能：将一个由 SI 寻址的字节（或字）源串传送到 AX 或 AL 寄存器中。同时，CPU 自动修改 SI，使它们指向下一个元素。即 AX/AL←（SI），SI←SI ±2/1。该指令不影响标志位。

6. 存串指令 STOS

指令格式：STOSB　　　;存字节串指令
　　　　　STOSW　　　;存字串指令

指令功能：将 AL 或 AX 寄存器中的一个字节（或字）存入由 DI 寻址的目的串中。同时，CPU 自动修改 DI，使它们指向下一个元素。即（DI）←AX/AL，DI←DI ±2/1。该指令不影响标志位。

例 4.64　将 BUF1 为首址的内存区清零，长度为 100 个字节，其执行结果如图 4-52 所示。

```
BUF DB '0123456789ABCDEF'
    …
LEA DI,BUF        ;设置目的操作数首地址
XOR AL,AL         ;AL 清零
MOV CX,100        ;清零的字节数送 CX
REP STOSB         ;执行重复存串操作,即清零动作
```

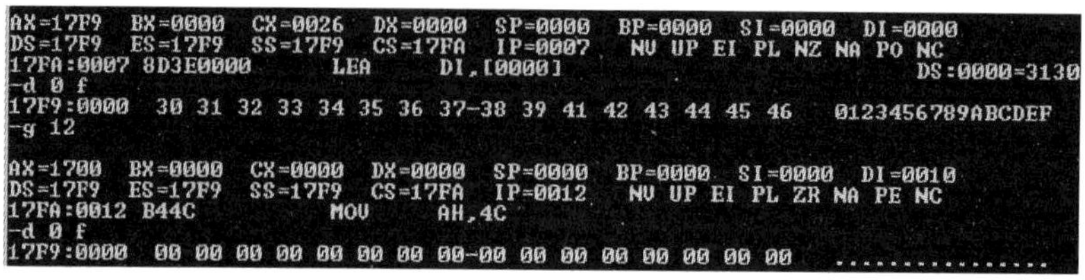

图 4-52　内存区清零

例 4.65　编写一个程序，接收一个字符串，然后去掉其中的空格存入 BUF1 为首址的存储区中，并把其从屏幕上显示出来。

```
DATA    SEGMENT
BUF     DB 255,?,255 DUP(?)        ;定义输入缓冲区
BUF1    DB 255 DUP (?)             ;定义输出缓冲区
SPACE   EQU 20H                    ;定义空格
CRLF    DB 13,10,'$'               ;定义回车换行的显示
DATA    ENDS
CODE    SEGMENT
        ASSUME CS:CODE,DS:DATA,ES:DATA
START:  MOV AX,DATA
        MOV DS,AX
        MOV ES,AX
        LEA DX,BUF                 ;输入字符串
        MOV AH,0AH
        INT 21H
        XOR CH,CH
        MOV CL,BUF +1              ;取输入字符串的长度
        JCXZ OK                    ;该语句判断 CX 是否为零,若是,则转移到 OK
        CLD
        LEA SI,BUF +2              ;设置输入字符串的地址指针
        LEA DI,BUF1                ;DI 指向输入字符串的地址
        XOR DX,DX                  ;计数器 DX 清零,用于保存去掉空格后的字符串长度
L1:     LODSB                      ;取字符串中的一个字符
        CMP AL,SPACE               ;判断是否为空格
        JZ L2                      ;若是,则转移到 L2
        STOSB                      ;若不是,则保存原来的字符
        INC DX                     ;去掉空格的字符串长度加 1
L2:     LOOP L1                    ;输入字符串是否检测完,不是则转移到 L1
        MOV BYTE PTR [DI],'$'      ;在去掉空格后的字符串结束位置尾添加'$'
        MOV BUF +1,DL              ;存放字符串调整后的长度值
        LEA DX,CRLF                ;显示回车换行
        MOV AH,9
        INT 21H
        LEA DX,BUF1                ;显示去掉空格后的字符串
        MOV AH,9
        INT 21H
        LEA DX,CRLF                ;显示回车换行
        MOV AH,9
        INT 21H
OK:     MOV AH,4CH
        INT 21H
CODE    ENDS
        END START
```

4.2.5　CPU 控制指令

8086 CPU 控制指令可完成对 CPU 的简单控制，可分为标志位操作、同步控制和其他控制这 3 类控制功能。在这一组指令中，除了标志位操作指令之外，其余指令对标志位不产生任何影响。

1. 标志位操作指令

8086 提供了 7 条控制标志位的指令，可以直接对标志寄存器中的 CF、DF 和 IF 位进行操作，用以改变标志位的状态。

（1）清除进位标志　CLC　;置 CF = 0
（2）进位标志置位　STC　;置 CF = 1
（3）进位标志取反　CMC　;CF 取反
（4）清除方向标志　CLD　;置 DF = 0
（5）方向标志置位　STD　;置 DF = 1
（6）清除中断标志　CLI　;置 IF = 0
（7）中断标志置位　STI　;置 IF = 1

2. 同步控制标志指令

8086 CPU 构成最大方式系统时，可与别的处理器一起构成多处理器系统，当 8086 CPU 需要其他处理器（协处理器）帮助完成某个任务时，可用同步指令向协处理器发出请求，并等待其响应后，8086 CPU 才能继续执行程序。为此，设置了 3 条同步控制指令。

（1）处理机交权指令 ESC。

指令格式：ESC 外部操作码，源操作数

指令功能：这条指令在使用协处理器时，可以指定由协处理器执行的指令。指令的第 1 个操作数即指定其操作码，第 2 个操作数即指定其操作数。协处理器（如 8087、80287、80387 等）是为提高速度而可以选配的硬件。自 486 起，浮点处理部件已装入 CPU 芯片，系统可直接支持协处理器指令。因此，ESC 指令已成为未定义指令，如遇到程序中的 ESC 指令，将引起一次异常处理。

（2）等待指令 WAIT。

指令格式：WAIT

指令功能：使 CPU 处于等待状态，不进行任何操作，一个被允许的外部中断或 TEST 信号有效，可以使 CPU 退出等待状态。

在允许中断的情况下，一个外部中断请求使 CPU 脱离等待状态，转向中断服务程序的执行，由于入栈保护的断点地址是 WAIT 指令的地址，因此中断返回后继续执行 WAIT 指令，即 CPU 继续处于等待状态。

如果 TEST 引线上为低电平有效信号，则 CPU 结束等待状态，开始执行后续指令。

WAIT 指令的用途是使 CPU 与协处理器或外部硬件同步。

（3）总线封锁指令 LOCK。

指令格式：LOCK

指令功能：LOCK 指令是一个特殊的可以放在任何指令前面的单字节前缀。该指令可以使 8086 CPU 的总线锁定信号 LOCK 维持低电平（有效），直到执行完下一条指令。在总线锁定期间，禁止其他处理器对总线的访问。这在多处理器系统中是管理共享资源的一种有效手段。

3. 其他控制指令

（1）暂停指令 HLT。

指令格式：HLT

指令功能：使 8086 CPU 暂停执行程序，而进入暂停状态。当 CPU 处于暂停状态时，外部中断（当 IF =1 时的可屏蔽中断请求 INTR 或非屏蔽中断 NMI），复位信号 RESET 可使 CPU 退出暂停状态。

（2）空操作指令 NOP。

指令格式：NOP

指令功能：CPU 在执行 NOP 空操作指令时，其实不执行任何对数据的操作，但它占用 3 个时钟周期的执行时间，并使指令指针寄存器 IP 加 1。执行完 NOP 指令后，接着执行后续指令。

空操作指令 NOP 常常用来实现软件延时，或者取代其他指令以便程序调试。

4.3 习　　题

4.3.1 选择题

1. 寄存器寻址方式中，操作数在（　　）中。

   A. 主存　　B. 堆栈　　C. 寄存器　　D. 外设

2. 8086 CPU 在基址加变址的寻址方式中，基址寄存器可以为【1】，变址寄存器可以为【2】。如果已知 BX =2000H，SI =1234H，则指令 MOV AX，［BX +SI +2］的源操作数在【3】中。

   【1】A. AX 或 CX　　B. BX 或 BP　　C. SI 或 BX　　D. DX 或 DI

   【2】A. BX 或 CX　　B. CX 或 SI　　C. DX 或 SI　　D. SI 或 DI

   【3】A. 数据段中偏移量为 3236H 的字　　B. 附加段中偏移量为 3236H 的字节

   C. 附加段中偏移量为 3234H 的字　　D. 数据段中偏移量为 3234H 的字节

3. 下列指令中的操作数在代码段中的是（　　）。

   A. `MOV AL,25H`　　B. `ADD AH,BL`

   C. `XOR BL,[0F12H]`　　D. `CMP AL,BL`

4. MOV AX，ES：［BX］［SI］的源操作数的物理地址是（　　）。

   A. 16d×（DS）+（BX）+（SI）　　B. 16d×（ES）+（BX）+（SI）

   C. 16d×（SS）+（BX）+（SI）　　D. 16d×（CS）+（BX）+（SI）

5. 8088/8086 CPU 以 BP 的内容作为偏移量，则段基值是由（　　）寄存器提供。

   A. CS　　B. DS　　C. SS　　D. ES

6. 设 DS =8225H，DI =3942H，指令 NEG PRT [DI] 操作数的物理地址是（　　）。
   A. 85B92H　　B. 86192H　　C. BB690H　　D. 12169H
7. 立即数寻址的操作数存放在（　　）。
   A. CPU 内部　　B. IP 中　　C. 变量中　　D. 指令字节中
8. 数据存放在堆栈段，以基址变址寻址的地址可存放在（　　）寄存器中。
   A. BP、SI　　B. BX、SI　　C. DX、DI　　D. AX、BP
9. 在绝大部分 8086/8088 指令系统的双操作数指令中，其中一个必须是（　　）。
   A. 存储器操作数　　B. 寄存器操作数　　C. 立即数　　D. 操作数
10. 在双操作数指令中，目的操作数不能使用（　　）。
   A. 寄存器　　B. 存储器　　C. 立即数　　D. 段寄存器
11. 当 8086/8088 访问 100H 端口时，采用（　　）寻址方式。
   A. 直接　　B. 立即　　C. 寄存器间接　　D. 相对
12. 完成同指令 XCHG AX，BX 相同功能的指令或指令序列是（　　）。
   A. MOV AX,BX　　B. MOV BX,AX
   C. PUSH AX
      POP BX
   D. MOV CX,AX
      MOV AX,BX
13. 下列 4 条指令中，（　　）是不正确的指令。
   A. MOV DS,2000H　　B. ADD DX,[BP]
   C. MOV AX,20　　D. MOV AX,ARRAY[DI +3]
14. 在 8086CPU 中，堆栈指令是（　　）位数据传送指令。
   A. 8　　B. 16，8　　C. 16　　D. 32
15. 下列传送指令中有语法错误的是（　　）。
   A. MOV CS,AX　　B. MOV DS,AX
   C. MOV ES,AX　　D. MOV SS,AX
16. MOV SP，3210H
   PUSH AX
   执行上述指令序列后，SP =（　　）H。
   A. 3211　　B. 320E　　C. 320F　　D. 3212
17. 假设 DST DW 5678H，1234H，执行 LDS SI，DST 指令后，SI =（　　），DS =（　　）。
   A. 5678H　　B. 3412H　　C. 1234H　　D. 7856H
18. 当 AH =30H，AL =08H，CF =1。执行 ADD AH，AL 结果与执行（　　）的结果相同（不考虑结果影响标志位）。
   A. OR AH,AL　　B. AND AH,AL
   C. ADC AH,AL　　D. TEST AH,AL
19. 执行下面的程序段后，AL 中的内容是（　　）。

```
SUF  DW  1234H,5678H,0001H
MOV  BX  OFFSET  BUF
MOV  AL,2
XLAT
```

   A. 12H　　B. 34H　　C. 56H　　D. 78H

20. 用 MOV 指令将十进制数 89 以非压缩的 BCD 码形式送入 AX，可使用的指令是（　　）。

A. MOV AX,0089H　　B. MOV AX,0089

C. MOV AX,0809H　　D. MOV AX,0809

21. 下述指令串（　　）可将 378H 端口中的数据输入到 AL 中。

A.
```
MOV DX, 378H
IN DX, AL
```
B.
```
MOV BX, 378H
OUT BX, AL
```
C.
```
MOV DX, 378H
IN AL, DX
```
D.
```
MOV BX, 378H
IN DX, AH
```

22. 交换寄存器 SI、DI 的内容，正确的程序段是（　　）。

A.
```
PUSH  SI
PUSH  DI
POP   SI
POP   DI
```
B.
```
PUSH  SI
PUSH  DI
POP   DI
POP   SI
```
C.
```
MOV   AX,SI
MOV   SI,AX
MOV   DI,AX
```
D.
```
MOV   AX,SI
MOV   BX,DI
XCHG  BX,AX
```

23. 若 AL = 0FH，BL = 04H，则执行 CMP AL，BL 后，AL 和 BL 的内容为（　　）。

A. 0FH 和 04H　　B. 0BH 和 04H　　C. 0FH 和 0BH　　D. 04H 和 0FH

24. 若 AX = 65ACH，BX = 0B79EH，则（　　）。

A. 执行 ADD AX，BX 指令后，CF = 1，OF = 0

B. 执行 SUB AX，BX 指令后，SF = 1，OF = 0

C. 执行 TEST BX，AX 指令后，CF = 0，OF = 1

D. 执行 XOR AX，BX 指令后，PF = 1，IF = 1

25. 若 MUL BL 指令执行后，CF = OF = 1，AL = 82H，则表示（　　）。

A. BL＞0　　B. AH = FF　　C. 被乘数小于零　　D. 乘积大于 256

26. 当执行指令 ADD AX，BX 后，若 AX 的内容为 2BA0H，设置的奇偶标志位 PF = 1，下面的叙述正确的是（　　）。

A. 表示结果中含 1 的个数为偶数　　B. 表示结果中含 1 的个数为奇数

C. 表示该数为偶数　　D. 表示结果中低 8 位含 1 的个数为偶数

27. 设 AH = 0，AL = 06H，BL = 09H，执行下列指令之后，其结果是（　　）。

```
ADD AL,BL
AAA
```

A. AH = 01H,AL = 05H　　B. AH = 01H,AL = 15H

C. AH = 00H,AL = 0FH　　D. AH = 00H,AL = 05H

28. INC 指令不影响（　　）标志。

A. OF　　B. CF　　C. SF　　D. ZF

29. 下列程序执行后，请选择正确的结果：AL = 【1】H；CL = 【2】H。

```
MOV AX,1234H
MOV BX,5678H
```

```
ADD AL,BL
DAA
MOV CL,AL
MOV AL,AH
ADC AL,BH
DAA
```

【1】A. 69　　B. 78　　C. 56　　D. 34

【2】A. 12　　B. 34　　C. 56　　D. 78

30. 执行 INC 指令除对 SF、ZF 有影响外，还要影响的标志位是（　　）。

A. OF,AF,PF　　B. OF,AF,CF

C. OF,PF,CF　　D. AF,PF,CF

31. 执行下面指令序列后，AX =（　　）H。

```
MOV AL,82H
CBW
```

A. FF82　　B. 8082　　C. 0082　　D. 0F82

32. AL 和 BL 中分别存放一个带符号数，执行 CMP AL，BL 时，如 AL > BL，那么溢出位和符号位的关系是（　　）。

A. OF = SF　　B. OF ≠ SF　　C. OF = SF = 1　　D. OF = SF = 0

33. 执行 IMUL CX 指令时，CX 若为乘数，被乘数在（　　）中。

A. DX　　B. CX 间址的字节单元中

C. AL　　D. AX

34. 已知 AL = 6，BL = 7，执行下述指令后 AL =（　　）。

```
MUL AL,BL
AAM
```

A. 42　　B. 2AH　　C. 4　　D. 2

35. 已知 AL 和 BX 中存放的是带符号的数据，现要计算 AL * BX，应该使用下述程序段（　　）。

A. MOV AH,0
   MUL BX

B. CBW
   IMUL BX

C. MOV AH,0
   IMUL BX

D. IMUL AL,BL

36. 下面程序段的功能是对 32 位数求补，32 位数已在 DX：AX 中，正确的段程序是（　　）。

A. NEG AX
   NEG DX

B. NEG AX
   NOT DX

C. NOT DX
   NOT AX
   ADD AX,1
   ADC DX,0

D. NOT AX
   NEG DX

37. 已知（AX）= 1234H，执行下述 3 条指令后，AX =（　　）。

```
MOV BX,AX
NEG BX
ADD AX,BX
```

A. 1234H　　B. 0EDCCH　　C. 6DCCH　　D. 0000H

38. 逻辑移位指令 SHL 用于（　　）；算术移位指令 SAL 用于（　　）。

A. 带符号数乘 2　　B. 带符号数除 2

C. 无符号数乘 2　　D. 无符号数除 2

39. 分析下面指令序列执行后的正确结果是（　　）。

```
MOV BX,0FFFCH
MOV CL,2
SAR BX,CL
```

A. 3FFFH　　B. 0FFFFH　　C. 07FFEH　　D. 0FFF8H

40. 完成将 BX 中的有符号数除以 2 的正确指令是（　　）。

A. SHR BX,1　　B. SAR BX,1　　C. ROR BX,1　　D. RCR BX,1

41. 要检查寄存器 AL 中的内容是否与 AH 相同，应使用的指令为（　　）。

A. AND AL,AH　　B. OR AL,AH

C. XOR AL,AH　　D. SBB AL,AH

42. 下面指令执行后，改变 AL 寄存器内容的指令是（　　）。

A. TEST AL,02H　　B. OR AL,AL

C. CMP AL,BL　　D. AND AL,BL

43. 若要完成（AX）×7/2 运算，则在下列 4 条指令之后添加（　　）指令。

```
MOV BX,AX
MOV CL,3
SAL AX,CL
SUB AX,BX
```

A. ROR AX,1　　B. SAL AX,1　　C. SAR AX,1　　D. DIV AX,2

44. 若 AH = 78H，AL = 32H，执行 AND AH，AL 指令后（　　）。

A. AH = 30H,AL = 32H　　B. AL = 30H,AH = 78H

C. AH = 0AAH,AL = 32H　　D. AH = 7AH,AL = 32H

45. 使 BX 内容清零的错误指令是（　　）。

A. X0R BX,BX　　B. MOV BX,0　　C. SUB BX,BX　　D. OR BX,0

46. 要产生 PF 标志且使 AL 的内容保持不变，下列（　　）指令不能实现该要求。

A. AND AL,AL　　B. 0R AL,AL　　C. XOR AL,AL　　D. TEST AL,20H

47. 使 AL 的低 4 位移入高 4 位，低 4 位补零的指令是（　　）。

A. MOV CL,4
SHL AL,CL

B. MOV CL,4
SHR AL,CL

C. MOV CL,4
RCL AL,CL

D. MOV CL;4
RCR AL,CL

48. 下面指令是试图完成将 BL 乘 4，错误的指令是（　　）。

A. MUL BL,4

B. MOV CL,2
SHL BL,CL

C. ADD BL,BL
ADD BL,BL

D. MOV AL,4
MUL BL
XCHG AL,BL

49. 使 DL 中的数成为偶数的正确指令是（　　）。

A. ADD DL,18H　　B. AND DL,0FEH

C. OR DL,OFFH　　D. CMP DL,0

50. 使 AL 中的 2 位压缩 BCD 码互换的指令是（　　）。

A. XCHC AL,AL

B. MOV CL,4
ROR AL,CL

C. MOV CL,4
RCL AL,CL

D. MOV AL.0F0H
MOV BL,AL
MOV AL,OFH
OR AL,BL

51. 下面指令中，合理而有意义的指令是（　　）。

A. REP LODSB　B. REP SCASB　C. REP CMPSB　D. REP MOVSB

52. 在串操作指令前使用重复前缀指令 REPE，终止串的重复操作条件是（　　）。

A. CX =0 且 ZF =0　B. CX =0 且 ZF =1

C. CX =0 或 ZF =0　D. CX =0 或 ZF =1

53. 指令 MOVSB 只能用（　　）重复前缀。

A. REP　B. REPE　C. REPNZ　D. REPNE

54. 用 REPE SCASB 指令对字符串进行扫描，如 CX≠0 时，扫描结束，那么表示（　　）。

A. 在字符串中遇上第 1 个 AL 中指定的字符

B. 在字符串中有一个 AL 中指定的字符

C. 在字符串中有一个不是 AL 中指定的字符

D. 在字符串中遇上第 1 个不是 AL 中指令的字符

55. 当使用串处理指令 CMPSW 寻找两串中是否存在相同数据时，应使用的重复前缀是（　　）。

A. RET　B. REP　C. REPZ　D. REPNE

4.3.2 分析编程题

1. 以下程序完成将键盘输入的数字 0 ～9 进行简单加密后，存入 MIMA 单元中的功能。

（1）当输入数字键“6”后，请问 MIMA 单元中的内容为多少?

（2）请在原程序的基础上设计解密程序（把解密后的数据存回 EMIMA 单元中）。

```
DATA   SEGMENT
MITAB  DB 7,5,9,1,3,6,8,0,2,4
MIMA   DB ?
DATA   ENDS
CODE   SEGMENT
       ASSUME CS:CODE,DS:DATA
START: MOV AX,DATA
       MOV DS,AX
       MOV AH,1
       INT 21H
       AND AL,0FH
       LEA BX,MITAB
       XLAT
```

```
        MOV MIMA,AL
        MOV AH,4CH
        INT 21H
CODE    ENDS
        END START
```

2. 下列指令序列完成的功能是什么？该指令序列执行后，S1、S2 单元的内容各为多少？

```
DATA    SEGMENT
DA1     DW-4607
DA2     DW 670
DA3     DB-56
S1      DW ?
S2      DW ?
DATA    ENDS
        …
        MOV AX,DA1
        ADD AX,DA2
        MOV BX,DA3
        SAL BX,1
        CWD
        IDIV BX
        MOV S1,AX
        MOV S2,DX
        HLT
```

3. 已知程序段如下：

```
MOV AX,1234H
MOV CX,4
ROL AX,CL
DEC AX
MUL CX
```

试问：

（1）每条指令执行完后，AX 寄存器的内容是什么？

（2）每条指令执行完后，标志位 CF、SF 和 ZF 的值是什么？

（3）程序结束时，AX 和 DX 的内容是什么？

4. 设 A、B 为 16 位二进制无符号数，试编写程序，计算 S←（A * B） +2（A + B）。

5. 若有两个 4 位压缩 BCD 码数相加，这个两个数分别存放 X、Y 开始的单元中，请编写完整程序求两数之和并存入 Z 开始的单元中（假定和也为 4 位）。

6. 假定 A、B、C、D 均为 8 位无符号二进制数，结果 S 为十六进制数。编写完整程序计算 S = A × B – C/D（不考虑除法余数的处理）。

7. 在数据段中，WEEK 是星期一～星期日的英语缩写，DAY 单元中有数 1 ～7（1 表示星期一，7 表示星期日）。试编写一个源程序，根据 DAY 的内容用单个字符显示功能调用（2 号功能）去显示对应的英文缩写。

```
DATA    SEGMENT
WEEK    DB 'MON ','TUE ','WED ','THU ','FRI ','SAT ','SUN'
DAY     DB X            ;数字 1 ～7 中的一个数
DATA    ENDS
```

8. 编写程序段，将标志寄存器中的高 8 位与低 8 位互换。

9. 编写一个查表程序，将十六进制数00H～0FH转换成十六进制数的ASCII码。

10. 已知X为8位无符号二进制数，利用移位指令计算13X，并将结果存入Y单元（为字单元）中。

11. 已知STR1（100H）为首地址的内存区中存放着100个字元素，编写一个程序将其传送到STR2（500H）为首地址的内存区中。

12. 编写一个程序，计算下面公式的值，并将结果分别存放在A1（商）和A2（余数）单元中。假定所有数据、计算过程的中间值和最后结果均为16位无符号二进制数。

$$A=\frac{10\times(X+Y)-5*(Z-4)}{X-Y+Z}$$

4.4 上机实验

4.4.1 实验题一

1. 实验目的

（1）学习数据传送和换码指令的用法。

（2）掌握查表程序的设计思路和设计方法；掌握利用DOS功能调用显示字符的方法。

（3）掌握建立、汇编、连接和调试程序的方法。

2. 实验内容

从键盘输入0～9中的任一数X，用查表法求其立方值，存放在RESULT字变量中，并将求得的结果显示在屏幕上，试编写程序实现。

4.4.2 实验题二

1. 实验目的

（1）学习数据传送和串处理指令的用法。

（2）掌握顺序结构程序的设计思路和设计方法。

（3）掌握建立、汇编、连接和调试程序的方法。

2. 实验内容

将下列数据段中STR1单元为首地址的LEN个数据搬移到STR2为首地址的区域中。

```
DATA  SEGMENT
STR1  DB '012345'
STR2  DB '6789ABCDEFGHIJ'
LEN   EQU $-STR1
DATA  ENDS
```

4.3.3 实验题三

1. 实验目的

（1）学习数据传送、逻辑和移位指令的用法。

（2）掌握分支结构程序的设计思路和设计方法；掌握利用 DOS 功能调用显示字符的方法。

（3）掌握建立、汇编、连接和调试程序的方法。

2. 实验内容

如果数据段的定义如下，试编写程序完成十六进制数转换成 ASCII 码，并从屏幕上输出结果。

```
DATA  SEGMENT
HEX  DW 1A5FH
DATA  ENDS
```

编程提示

（1）必须先把十六进制数按十六进制位取出，即分解成 1、A、5、F。

（2）把十六进制数转换成 ASCII 码并显示。

第 5 章　转移指令与分支、循环程序设计

本章教学目标

- 掌握转移指令的寻址方式及其执行过程；
- 掌握分支和循环程序的设计和应用。

转移指令分为无条件转移和条件转移两大类，条件转移指令均为短转移方式的指令。条件转移指令一般用于实现分支程序的设计，也可以利用其构成循环程序。

分支程序的设计应注意先使用影响标志位的指令形成标志，再利用条件转移指令实现分支，在多分支程序中应注意用无条件转移指令使分支执行后能跳转到统一的出口。

在已知循环次数的循环程序设计中，更多的是利用 CX 循环计数器来构成循环。而在未知循环次数的循环程序中，一般是利用控制循环的条件形成标志位，再用条件转移指令实现循环或结束循环。

5.1　转移指令的寻址方式

Intel 8086/8088 CPU 中，程序的执行顺序是由代码段寄存器 CS 和指令指针 IP 确定的。CS 包含当前指令所在的代码段段地址，IP 则指出要执行的下一条指令的偏移地址。通常情况下，程序是顺序执行的，即 CPU 取出指令后，自动形成下一条指令的地址，依指令序列顺序执行。但有时候需要改变程序的执行顺序（流程），这就意味着要给出新的目标指令的段地址（CS 的新值）和偏移地址（IP 的新值），改变 CS、IP 值的方式就是转移地址的寻址方式。

转移地址的寻址方式有 4 种：段内直接寻址、段内间接寻址、段间直接寻址和段间间接寻址。

5.1.1　段内寻址

段内寻址分为段内直接寻址和段内间接寻址两种方式。其转移方式是在当前代码段 64K 范围内转移，所以不需要改变段地址 CS 的值，只需改变偏移地址 IP 的值。

1. 段内直接寻址（Intrasegment Direct Addressing）

指令中直接给出转移地址的（8 位或 16 位）位移量，转移目标的地址与指令的地址在同一个段内，即转移指令执行后，CS 的值保持不变。转移的有效地址为当前的 IP 值与指令中给定的位移量之和，目标地址 = IP（当前值）+（8 位/16 位补码表示的）偏移量。如图 5-1 所示。

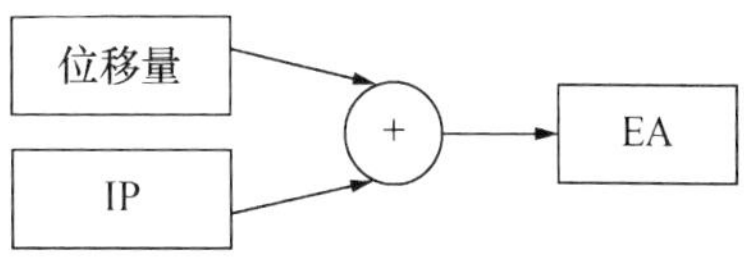

图 5-1　段内直接寻址方式

其中，位移量为 8 位或 16 位有符号数。若位移量为正数，则向前转移（即向高地址方向）；若位移量为负数，则向后转移（即向低地址方向）。对 8 位位移量，其

转移范围为 -128～+127，称为短转移；对于 16 位位移量，其转移范围为 -32768～+32767，称为近转移。

指令的汇编格式为：

```
JMP SHORT L1          ;短转移
JMP NEAR PTR L1       ;近转移
```

例 5.1 有一个含有 3 条短转移指令的程序如下：

```
CODE   SEGMENT
       ASSUME CS:CODE
START: MOV AL,5
       JMP SHORT L1
       INC AL
       JMP SHORT L1
       DEC AL
       JMP SHORT START
L1:    MOV AH,4CH
       INT 21H
CODE   ENDS
       END START
```

比较源程序和机器码程序（如图 5-2 所示），可以看到源程序和机器码反汇编程序中的两条短转移指令都转移到 L1（000CH），但是其指令机器码的第 2 个字节不同。第 1 条短转移指令的机器码为 EB 08；第 2 条短转移指令的机器码为 EB 04，均与本条转移指令所在的地址有关，而不是直接给出转移的目标地址（000CH）。事实上这是短转移指令的特点，它只与指令本身所在的地址和位移量有关；另外，短转移指令均为两个字节的指令。

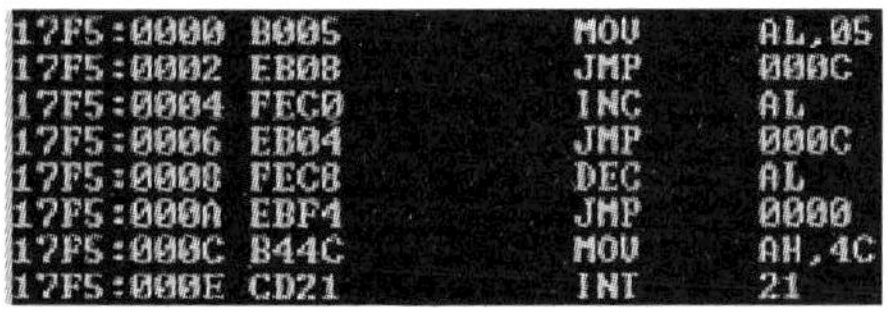

图 5-2 短转移指令的机器码

第 1 条短转移指令所在的地址为 0002H，取出该指令后 IP（当前值）=0002+2=0004H，所以目标地址 IP=IP（当前值）+位移量=0004H+08H=000CH。

第 2 条短转移指令所在的地址为 0006H，取出该指令后 IP（当前值）=0006+2=0008H，所以目标地址 IP=IP（当前值）+位移量=0008H+04H=000CH。

第 3 条短转移指令所在的地址为 000AH，取出该指令后 IP（当前值）=000A+2=000CH，而指令中的偏移量为 F4H（8 位补码表示的负数）；所以目标地址 IP=IP（当前值）+位移量=000CH+0FFF4H=0000H。

注意：位移量的计算是在汇编程序对源程序进行汇编时完成的，用户不必进行计算，仅需在转移指令后面写上目的地址的标号即可。汇编语言源程序在汇编时，汇编程序会自动计算出目的地址与当前地址直接的差值，即位移量。

同理近转移指令也只与指令地址和位移量有关；近转移指令为 3 字节指令。

例 5.2 近转移指令及其在存储区中的存放情况如下，试指出其转移的目标地址是什么？

```
17CC:0102   E9 FB 02    JMP NEAR PTR L1
```

转移的目标地址 IP=IP（当前值）+位移量=0102H+3H+02FB=0400H

运行结果如图 5-3 所示。

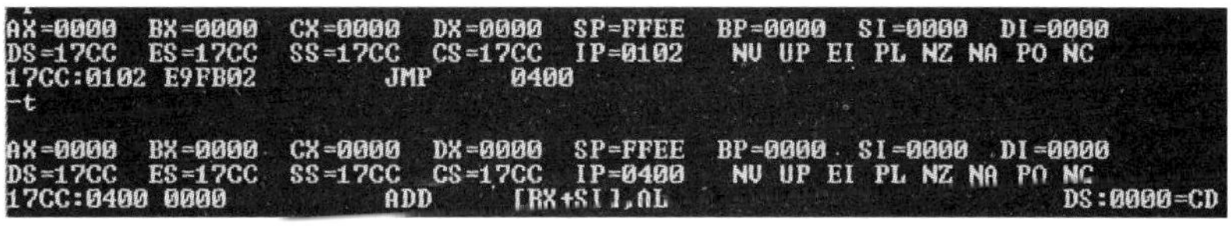

图 5-3　近转移指令的机器码及运行结果

在汇编语言程序设计中，目标地址一般不能事先计算得到，在程序中往往使用标号来表示目标地址，如例 5.2 中的 L1。但是源程序经过汇编后，汇编程序会自动计算出目标地址，这给程序员带来很大的方便。

由于短转移指令、近转移指令只与指令自身所处的地址及指令中给出的位移量有关，所以特别适合于编写重定位程序，重定位程序指由操作系统重新定位放入内存中运行的程序。即重定位程序的转移目标地址不直接出现在指令中，重定位程序的详细介绍在操作系统课程中进行，这里不再赘述。

2. 段内间接寻址（Intrasegment Indirect Addressing）

段内间接寻址所转向的目标地址可以是一个寄存器的内容或是一个字存储单元的内容。它根据指令的寻址方式取得，如图 5-4 所示。寄存器或字存储单元的内容（目标地址）代替 IP 寄存器的内容，从而完成程序的转移。

图 5-4　段内间接寻址方式

段内间接寻址与段内直接寻址方式相同的是，转移目标与转移指令在同一个代码段内。转移指令执行后，CS 值保持不变。与段内直接寻址方式不同的是，段内间接寻址指令的寻址方式决定转移的有效地址值是存放在 16 位的通用寄存器或是存放在连续两个存储单元中。若有效地址指向在存储单元中，且为段间间接寻址方式时，一定要指出存储单元为双字型以避免混淆（因为后面介绍的段间间接寻址方式为双字型）。

（1）寄存器寻址方式。

指令格式：JMP REG。

说明：REG 表示寄存器，转移的目标地址在寄存器中，即 IP←寄存器内容。

（2）存储单元寻址方式。

指令格式：JMP MEM。

说明：MEM 表示存储单元寻址方式，转移的目标地址在所指定的存储单元中，即其存储单元的物理地址与寻址方式有关；而 IP←存储单元的内容。

例 5.3　假定 DS = 2000H，BX = 1000H，（21000H） = 45H，（21001H） = 23H，试分

析下列各条指令执行后的转移目标地址。

(1) JMP BX ；寄存器寻址

指令执行后，IP←BX，即程序转移到 1000H 处执行。寄存器寻址的转移地址执行情况如图 5-5 所示，在 DEBUG 状态下的运行结果如图 5-6 所示。

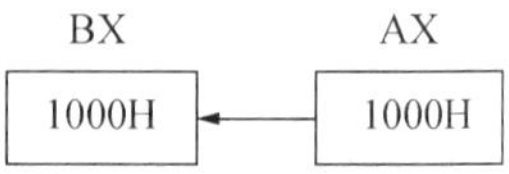

图 5-5 寄存器寻址的转移地址示意图

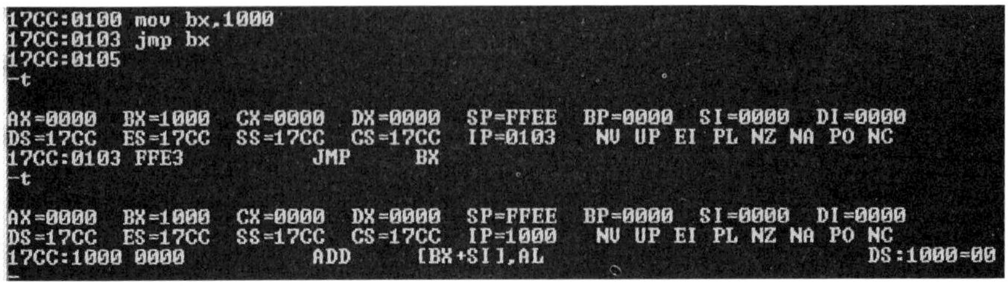

图 5-6 寄存器寻址的段内转移运行结果

(2) JMP [BX] ；寄存器间接寻址

根据寻址方式，指令执行后，IP← [BX]，即转移到 2345H 处执行。寄存器间接寻址的转移地址执行情况如图 5-7 所示，在 DEBUG 状态下的运行结果如图 5-8 所示。

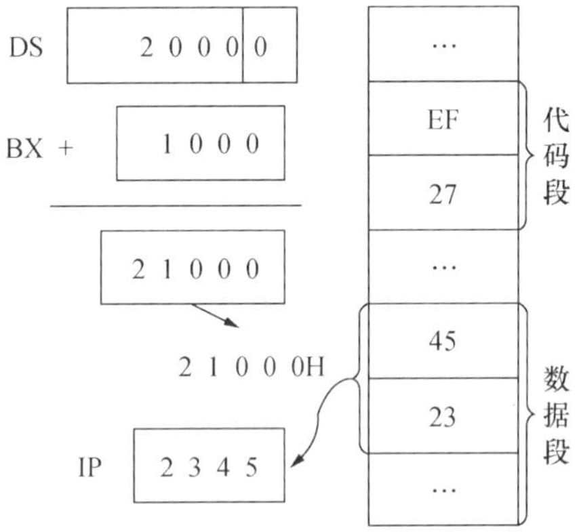

图 5-7 寄存器间接寻址的段内转移地址示意图

图 5-8 寄存器间接寻址的段内转移运行结果

5.1.2 段间寻址

段间寻址分为段间直接寻址和段间间接寻址两种方式。其转移方式是从当前代码段跳转到另一个代码段，所以不仅需要改变偏移地址 IP 的值，同时也需要改变段地址 CS 的值。

1. 段间直接寻址（Intersegment Direct Addressing）

在指令中直接提供了转移段地址和偏移地址，所以只要用指令中指定的段地址代替 CS 寄存器的内容，用指令中指定的偏移地址代替 IP 的内容就完成了从一个段到另一个段的转移操作。

指令格式：`JMP FAR PTR NEXT_SEG_PROC`

其中：NEXT_SEG_PROC 为转向的符号地址，FAR PTR 则表示段间转移的操作符。

段间直接寻址的寻址方式示意图如图 5-9 所示。

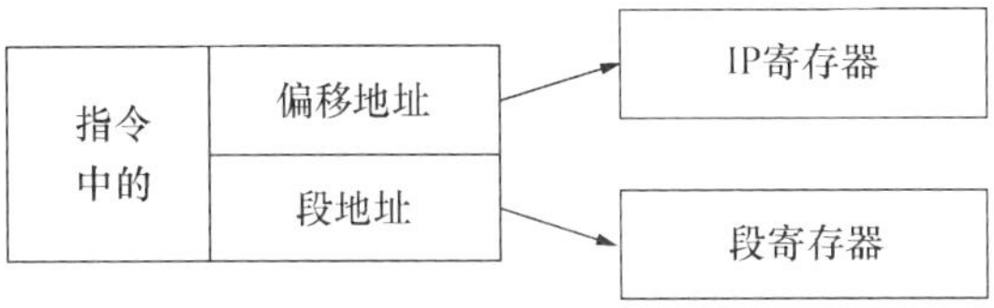

图 5-9　段间直接寻址

也可以直接用段地址和偏移地址书写出段间转移指令，如 JMP 1000：2000H，表示转移到 1000H 段、偏移地址为 2000H 的地方执行程序。即 CS←1000H，IP←2000H。在 DEBUG 状态下的运行情况如图 5-10 所示。

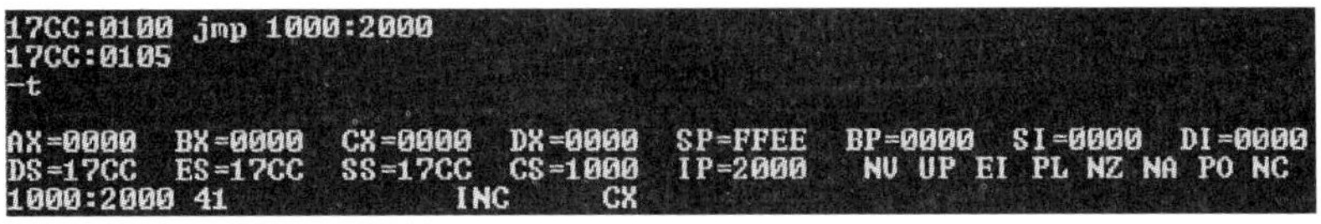

```
17CC:0100 jmp 1000:2000
17CC:0105
-t

AX=0000  BX=0000  CX=0000  DX=0000  SP=FFEE  BP=0000  SI=0000  DI=0000
DS=17CC  ES=17CC  SS=17CC  CS=1000  IP=2000   NV UP EI PL NZ NA PO NC
1000:2000 41            INC     CX
```

图 5-10　段间直接寻址运行情况

2. 段间间接寻址（Intersegment Indirect Addressing）

在段间间接寻址方式中，用存储单元中的两个相继字的内容来代替 CS 和 IP 寄存器中的内容，以达到段间转移的目的。这里，存储单元的地址是由指令指定存储单元寻址方式决定的，如图 5-11 所示。

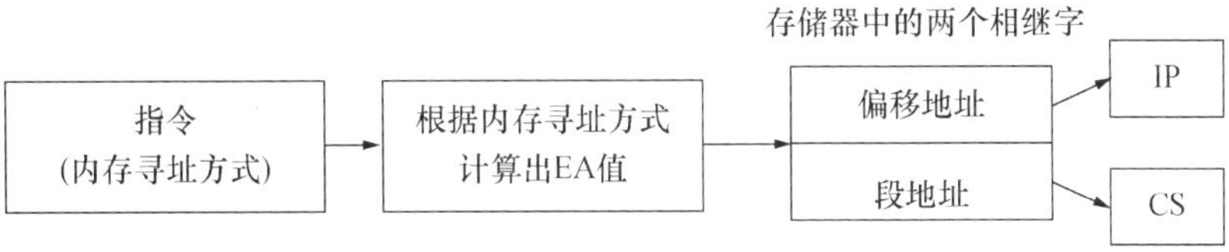

图 5-11　段间间接寻址方式

例 5.4　假定 DS = 17CCH，SI = 1000H，18CC0H 字单元的内容为 5678H，18CC2H 字单元的内容为 1234H，则段间间接转移指令 JMP DWORD PTR［SI］的执行过程如图 5-12 所示，在 DEBUG 状态下的运行情况如图 5-13 所示。

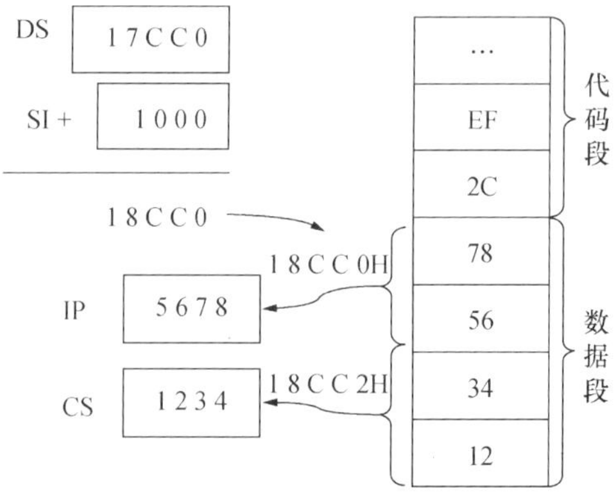

图 5-12　寄存器间接寻址的段间转移地址示意图

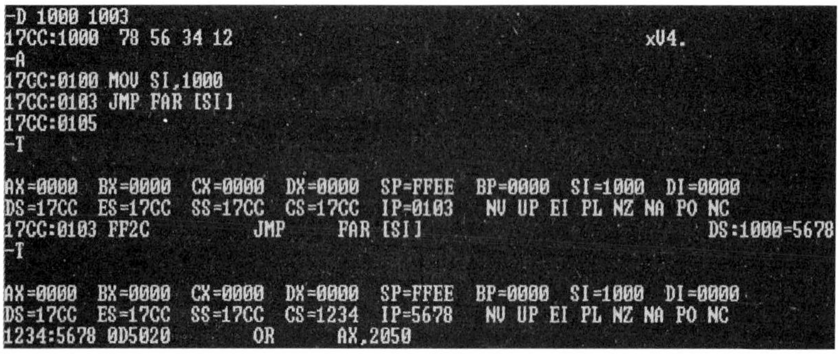
```
-D 1000 1003
17CC:1000  78 56 34 12                                              xV4.
-A
17CC:0100 MOV SI,1000
17CC:0103 JMP FAR [SI]
17CC:0105
-T

AX=0000  BX=0000  CX=0000  DX=0000  SP=FFEE  BP=0000  SI=1000  DI=0000
DS=17CC  ES=17CC  SS=17CC  CS=17CC  IP=0103   NV UP EI PL NZ NA PO NC
17CC:0103 FF2C          JMP     FAR [SI]                          DS:1000=5678
-T

AX=0000  BX=0000  CX=0000  DX=0000  SP=FFEE  BP=0000  SI=1000  DI=0000
DS=17CC  ES=17CC  SS=17CC  CS=1234  IP=5678   NV UP EI PL NZ NA PO NC
1234:5678 0D5020        OR      AX,2050
```

图 5-13　寄存器间接寻址的段间转移指令的执行

5.2　控制转移指令

程序一般按指令的排列顺序逐条地被执行，但有时候需要改变其执行顺序来达到某种特定的操作目的，这可用控制转移指令来实现。

控制转移指令包括转移指令、循环控制指令、过程调用与返回指令、中断控制指令 4 类。其中，除了中断指令，其余指令均不影响标志位状态。

5.2.1　无条件转移指令

转移是一种将程序运行从某一位置改换到另外一处执行的最直接的方法，其实质是将目标地址传送给代码段寄存器 CS 和指令指针寄存器 IP，而且转移后不需要返回原来的位置继续执行。

无条件转移指令是无条件地将控制转移到指令中规定的目标地址，其中，目标地址可以直接或间接地给出。

1. 段内无条件转移

（1）段内直接短转移。

指令格式：`JMP SHORT 标号`

指令功能：转移的有效地址是当前的IP值与指令中指定的8位偏移量disp之和，转移有效地址送IP，即IP←IP（当前值）+disp。而此时代码段寄存器CS的内容不变，从而使控制转移到目标地址。

说明：指令中SHORT是短转移运算符，标号必须位在本段内。由于偏移量是一个8位二进制补码表示的有符号数，则其转移范围是以JMP指令的下一条指令的首地址为基准，在-128～+127的范围内转移。由于相对位移量disp需要1个字节表示，操作码占1个字节，所以段内短转移指令共有两个字节。

（2）段内直接近转移。

指令格式：JMP NEAR PTR 标号

指令功能：指令的操作将指令指针寄存器IP的内容加上16位的偏移量disp，即IP←（IP）+disp，代码段寄存器CS的内容不变，从而使控制转移到目标地址。

说明：指令中NEAR PTR是近转移运算符，也可以不写，标号必须位于本段内。指令通过汇编后，计算出下一条指令到目标地址之间的偏移量disp，位移量是16位带符号数的补码，其取值范围为-32768～+32767。由于相对位移量disp需要两个字节表示，操作码占1个字节，所以段内直接转移指令共有3个字节。

例5.5　利用段内直接转移指令实现跳过若干条指令的操作。

```
        JMP ADDR
        …
        MOV AX,BX
ADDR: MOV BX,0
```

其中，ADDR是本段内的一个标号，执行JMP指令时，将汇编程序计算出的位移量加到IP上，于是CPU接着执行MOV BX，0命令，实现了程序的转移。

（3）段内间接转移。

指令格式：JMP REG
　　　　　JMP MEM

指令功能：指令的操作是用指定的16位通用寄存器REG或存储器（MEM）中的内容作为目标偏移地址代替原来的IP的内容，以实现程序的转移，CS的内容不变，即IP←REG或IP←（MEM）。指令中的操作数是一个16位的寄存器或存储器地址。

例5.6　当AX=2000H，DS=1000H，BX=3000H，SI=0002H，存储单元（13000H）中存放着1234H，存储单元（13002H）中存放着5678H，则下列转移指令执行后，IP的内容如下所示。

```
JMP AX              ;(IP)←2000H
JMP [BX]            ;(IP)←1234H
JMP [BX][SI]        ;(IP)←5678H
```

2. 段间无条件转移

（1）段间直接转移。

指令格式：JMP FAR PTR 标号

指令功能：指令的操作是将标号的偏移地址取代指令指针寄存器IP的内容，同时将标号的段地址取代段寄存器CS的内容，实现程序的执行转移到另一个代码段内的指定标号处，即IP←OFFSET LABEL，CS←SEG LABEL。

说明：由于转移的范围超过了 ±32 KB，所以段间转移指令又称为远转移。指令中的操作数是一个远标号，该标号在另一个代码段中。

(2) 段间间接转移。

指令格式：JMP MEM

指令功能：指令的操作是将存储器的低地址的两个字节送到 IP 寄存器，而高地址的两个字节送到 CS 寄存器，从而使控制转移到另一代码段。

说明：指令中的操作数 MEM 为存储器寻址方式的存储单元地址，在该存储单元中存放着一个 32 位（4 字节）的操作数。

例 5.7 利用存储单元中的地址指针实现段间间接转移。

```
JMP DWORD PTR DDADDR          ;DDADDR 为 32 位的存储器变量
JMP DWORD PTR [BX][DI]        ;运算符 PTR 定义操作数类型为双字(32 位)
```

上述两条指令还可以写成下列形式：

```
JMP FAR PTR DDADDR
JMP FAR PTR [BX][DI]
```

5.2.2 条件转移指令

8086/8088 提供了大量的条件转移指令，它们根据某标志位或某些标志位的逻辑运算来判别条件是否成立。如果条件成立，则转移，否则继续顺序执行。

所有条件转移都是采用短转移方式，即通过 IP 加上一个偏移量的方法实现转移，所以当条件转移的目标超出 -128 ～ +127 的范围，那么必须借助无条件转移指令来实现大范围的转移。

条件转移指令不影响标志位。

1. 单标志位条件转移指令

单标志位条件转移指令根据单个标志位的状态，来决定是否转移。表 5-1 列出了单标志条件转移指令及其对应的测试位与转移条件。

表 5-1 单测试条件转移指令

指令	测试标志位	转移条件	含义
JC	CF	CF = 1	有进位/借位
JNC		CF = 0	无进位/借位
JE/JZ	ZF	ZF = 1	相等/等于 0
JNE/JNZ		ZF = 0	不相等/不等于 0
JS	SF	SF = 1	是负数
JNS		SF = 0	是正数
JO	OF	OF = 1	有溢出
JNO		OF = 0	无溢出
JP/JPE	PF	PF = 1	有偶数个“1”
JNP/JPO		PF = 0	有奇数个“1”

例 5.8　已知 AL = 24H，BL = 00H，标志位 ZF = 0，分析下列程序的执行结果。

程序 1：

```
MOV AL,BL      ;AL←BL,注意该指令不影响标志位,因此 ZF 还是等于 0
JZ P1          ;由于 ZF = 0,因此顺序执行下一条指令
JMP P2         ;程序转移到 P2 处执行
```

程序 2：

```
MOV AL,BL      ; AL←BL,注意该指令不影响标志位,因此 ZF 还是等于 0
AND AL,AL      ; AL←AL∧AL,该指令影响标志位,使得 ZF = 1
JZ P1          ;由于 ZF = 1,因此程序转移到 P1 处执行
JMP P2
```

程序 1 说明条件转移指令根据标志位实现转移，因此在应用条件转移指令之前，必须选用合适的指令使其影响标志位，从而使得条件转移指令可以根据标志位的设定情况实现转移。

程序 2 中的 AND AL，AL 指令执行结果尽管使得 AL 的内容不变，但是其影响标志位 ZF，使其从“0”变为“1”，所以 JZ P1 指令根据此时 ZF = 1 的条件实现了转移。

2. 无符号数条件转移指令

无符号数使用高于（Above）表示 A > B，等于（Equal）表示 A = B，低于（Below）表示 A < B。无符号数条件转移指令往往跟在比较指令之后，根据比较结果设置的标志位执行相应的转移。无符号数条件转移指令及其转移条件如表 5-2 所示。

表 5-2　无符号数条件转移指令

指令助记符	转移条件	含　义
JA/JNBE	CF = 0 AND ZF = 0	高于/不低于（A > B）转移
JAE/JNB	CF = 0 OR ZF = 1	高于等于/不低于（A ≥ B）转移
JB/JNAE	CF = 1 AND ZF = 0	低于/不高于等于（A < B）转移
JBE/JNA	CF = 1 OR ZF = 1	低于等于/不高于（A ≤ B）转移

4 条指令的共同特点是：根据两个无符号数比较的结果判断 CF、ZF 的状态是否满足转移条件，当满足条件时转移；否则顺序执行。它们适用于地址比较、循环次数比较或双精度数的低位字比较等场合。

例 5.9　下列程序完成将当前数据段中偏移地址为 0 ～7FFFH 的全部字存储单元清零。

```
       XOR BX,BX                ;BX←0
NEXT:  MOV WORD PTR [BX],0      ;[BX]←0
       ADD BX,2                 ;BX←BX + 2
       CMP BX,8000H             ;判断 BX 是否低于 8000H
       JB NEXT                  ;若低于则转移到 NEXT 执行
       …
```

分析：程序中使用 BX 作为地址指针，在比较判断 BX 是否低于 8000H 时，由于地址是无符号数，所以必须选用无符号数条件转移指令 JB 才能完成预定功能。

3. 带符号数条件转移指令

带符号数使用大于（Greater）表示 A > B，等于（Equal）表示 A = B，小于（Less）

表示 A < B。带符号数条件转移指令及其转移条件如表 5-3 所示。

在程序设计中，有时候需要把处理对象视为带符号数（补码表示）。当比较两个带符号数的大小时，必须选用带符号数条件转移指令。

表 5-3 带符号数条件转移指令

指令助记符	转移条件	含 义
JG/JNLE	SF = OF AND ZF = 0	大于/不小（A > B）转移
JGE/JNL	SF = OF OR ZF = 1	大于等于/不小于（A≥B）转移
JL/JNGE	SF≠OF AND ZF = 0	小于/不大于等于（A < B）转移
JLE/JNG	SF≠OF OR ZF = 1	小于等于/不大于（A≤B）转移

4 条指令的共同特点是根据两个带符号数比较运算的结果组合 SF、OF 标志，并利用 ZF 标志确定是否转移。

例 5.10 假设有两个双精度数带符号数 a 和 b 分别存储在 DX：AX 和 BX：CX 中，分析下列程序段的功能。

```
        CMP DX,BX         ;比较高 16 位
        JG GREAT          ;大于则不用比较低 16 位,直接转移到 GREAT
        JL LESS           ;小于则不用比较低 16 位,直接转移到 LESS
        CMP AX,CX         ;若高 16 位相等,则比较低 16 位
        JB LESS           ;若 AX 中的低 16 位低于 CX,则直接转移到 LESS
GREAT:  STC
        JMP SHORT EXIT
LESS:   CLC
EXIT:   …
```

分析：本程序段的功能是比较两个双精度数 a 和 b 的大小，若 a > b 则转移到 GREAT 执行，即设置 CF = 1；否则转移到 LESS 执行，即设置 CF = 0。

程序首先比较两个数的高位字，若 DX 大于 BX，说明 a > b，不需要比较两个数的低位字，直接转移到 GREAT 执行；若 DX 小于 BX，说明 a < b，不需要比较两个数的低位字，直接转移到 LESS 执行；若 DX 等于 BX，说明两个数的高位字相等，需要继续比较两个数的低位字。

注意：*程序段中同时使用了带符号数转移指令 JG 与 JL 和无符号数条件转移指令 JB。对双精度数中高位字的比较结果必须使用带符号数条件转移指令 JG 和 JL，而对低位字的比较结果则必须使用无符号数条件转移指令 JB。*

使用条件转移指令应注意，应首先执行影响有关标志位状态的指令，然后才能用条件转移指令测试标值位，以确定程序是否转移。CMP 和 TEST 指令常常与条件转移指令配合使用，因为这两条指令的执行不会改变目标操作数的内容，而且还影响标志位状态，供后续的条件转移指令实现判断，达到转移的目的；其他像算术、逻辑运算等指令也可以用于影响标志位状态，但是它们会改变目的操作数的内容，所以使用时应加以注意。

5.2.3 循环指令

循环指令从实质上讲也是一组增强型的条件转移指令，它也是根据测试状态标志位，

并判断是否控制程序的转移。

在 8086/8088 指令系统中，有 4 条循环控制指令，它们都隐含使用 CX 寄存器作为循环次数计数器。因而，执行指令是以 CX 的内容来控制循环的重复过程。

1. 循环转移指令

指令格式：LOOP 标号

指令功能：将循环次数寄存器 CX 的内容减 1 后回送 CX，若 CX≠0，则转移到标号所给定的地址继续循环；否则结束循环按顺序执行下一条指令。

说明：由于 LOOP 循环指令同时完成了减 1、测试与转移功能，从而简化了循环程序的控制部分。

例 5.11　编写指令序列完成计算 S = 100 + 99 + 98 + … + 3 + 2 + 1。

```
      MOV CX,100      ;设置循环次数
      XOR AX,AX       ;累加器清零
L1:   ADD AX,CX       ;累加(求 N 项和)
      LOOP L1         ;控制累加次数
```

2. 相等/为零循环转移指令

指令格式：LOOPE 标号/LOOPZ 标号

指令功能：先将循环次数寄存器 CX 的内容减 1 后回送 CX，若 CX≠0 且 ZF = 1，则转移到标号所给定的地址继续循环；否则结束循环按顺序执行下一条指令。

说明：该指令当 CX = 0 或 ZF = 0 时，退出循环。

例 5.12　字符串 STR 中有一个字符不是“＊”，找出该字符的位置，并保存在 RESULT 单元中。

```
STR      DB '******A*********'
CNT      EQU $-STR
RESULT   DW ?
         …
         MOV CX,CNT          ;取字符串长度
         LEA BX,STR-1        ;取字符串首址前的地址
         MOV AL,'*'          ;'*'号送 AL
L1:      INC BX              ;地址指针加 1
         CMP AL,[BX]         ;比较是否为"*"号
         LOOPE L1            ;若是"*"且 CX≠0,则循环
         MOV RESULT,BX       ;存放找到的地址
```

3. 不相等/不为零循环转移指令

指令格式：LOOPNE 标号 / LOOPNZ 标号

指令功能：先将循环次数寄存器 CX 的内容减 1 后回送 CX，若 CX≠0 且 ZF = 0，则转移到标号所给定的地址继续循环；否则结束循环按顺序执行下一条指令。

说明：该指令当 CX = 0 或 ZF = 1 时，退出循环。

例 5.13　字符串 STR 中查找第一个“A”字符，找出该字符的位置，并保存在 RESULT 单元中。

```
STR      DB '******A*********'
```

```
CNT       EQU $-STR
RESULT    DW ?
          …
          MOV CX,CNT          ;取字符串长度
          LEA BX,STR-1        ;取字符串首址前的地址
          MOV AL,'A'          ;'A'号送 AL
L1:       INC BX              ;地址指针加 1
          CMP AL,[BX]         ;比较是否为" * "号
          LOOPNE L1           ;若不是"A"且 CX≠0,则循环
          MOV RESULT,BX       ;存放找到的地址
```

4. CX 为零转移指令

指令格式：JCXZ 标号

指令功能：JCXZ 指令不对 CX 寄存器的内容进行操作，仅仅根据 CX 的内容实现转移。若 CX 的内容为 0，则转移到标号给定的地址处执行指令；否则顺序执行下一条指令。

说明：该指令为条件转移指令，也可用来控制循环。但其循环条件与 LOOP 指令相反，即当 CX =0 时实现循环。

例 5.14 编写程序统计 DATA1 字单元中“1”的个数为多少个，并把统计结果存入 RESULT 单元中。程序流程图如图 5-14 所示，程序如下：

```
DATA      SEGMENT
DATA1     DW 0F9H
RESULT    DW ?
DATA      ENDS
CODE      SEGMENT
          ASSUME CS:CODE,DS:DATA
START:    MOV AX,DATA
          MOV DS,AX
          MOV CX,DATA1        ;取数据到 CX
          XOR DX,DX           ;计数器清零
L1:       JCXZ EXIT           ;若 CX 的内容为零,则退出
          SHL CX,1            ;CX 的内容逻辑左移 1 位
          JNC L1              ;若移出位不为 1,则重复循环
          INC DX              ;若移出位为 1,则计数器加 1
          JMP L1              ;重复循环
EXIT:     MOV RESULT,DX
          MOV AH,4CH
          INT 21H
CODE      ENDS
          END START
```

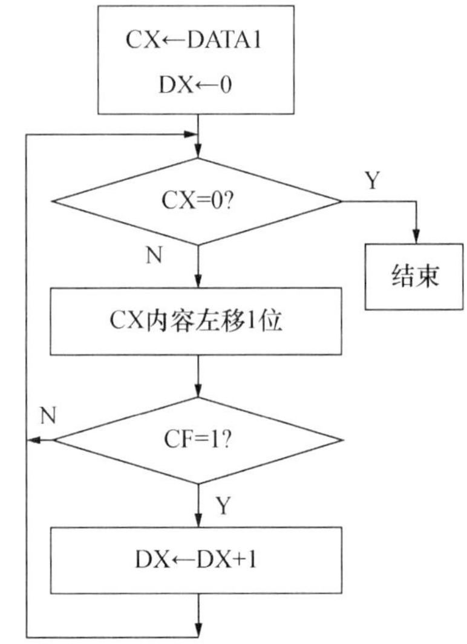

图 5-14 统计“1”的个数流程图

程序中先把待测试的数据送到 CX 寄存器中，然后判断 CX 寄存器中的内容是否等于零。若其为零，说明已不存在“1”，可以结束循环。若其不为零，则逻辑左移 1 位，并判断移出位（此时移出位在 CF 中）是否为“1”，若为“1”，则累计计数器加 1（统计“1”的个数）；若其移出位为“0”，则不累计；然后转到判断 CX 寄存器中的内容是否等于零，决定是否继续循环。

5.3　分支程序设计方法

在实际应用中，计算机处理的问题不可能全部都是顺序地执行操作，而往往需要对出现的各种情况进行分析判断，以决定进行不同的处理。这种分不同情况进行不同处理的程序结构就是分支程序结构。

分支程序结构有 3 种形式，如图 5-15 所示，其中（a）为单分支结构，（b）为二分支结构，（c）为多分支结构。

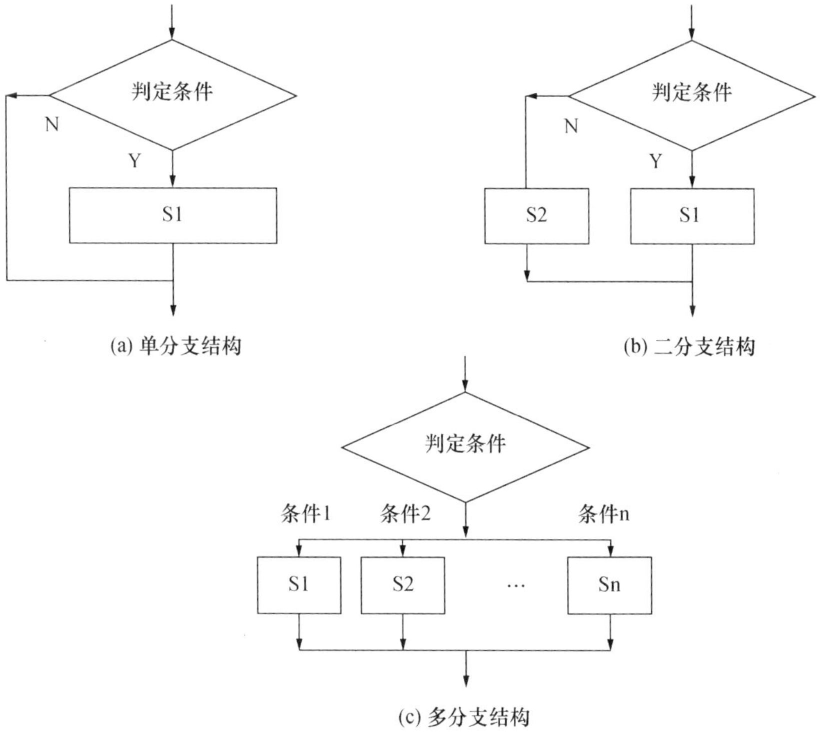

图 5-15　分支结构示意图

分支结构程序设计，首先是根据要处理的问题进行比较、测试或进算术运算、逻辑运算，以产生标志寄存器中能表达的“标志位”，然后再选择相应的条件转移指令实现分支。

5.3.1　单分支结构程序设计

单分支结构程序设计相对比较简单，一般选用合适的指令产生标志位后，根据所形成的标志产生分支。注意到该结构只有一种条件需要对数据进行处理；而另一分支不做任何的动作。

例 5.15　已知 X 为 16 位二进制数，编写程序求 Y = | X |，并把结果存入 Y 单元。

分析：当 X 为正数时，直接存入到 Y 单元；当 X 为负数时，对其求补后存入 Y 单元。正数、负数可以使用 SF 标志位来判断，所以只要选用影响 SF 标志位的指令来形成标志位，就可实现分支。判断出是正数时只要存放结果即可，而判断出是负数时必须求补，然后再存放结果（如单分支结构流程图5-16所示）。因此，当判断出是正数时（可选用JNS PLUS指令）直接跳转至存放结果（即不做数据处理）的处理指令；而当判断出是负数时，则进行数据处理。

```
DATA    SEGMENT
X       DW 8934H
Y       DW ?
DATA    ENDS
CODE    SEGMENT
        ASSUME CS:CODE,DS:DATA
START:  MOV AX,DATA
        MOV DS,AX
        MOV AX,X            ;AX←X
        OR AX,AX            ;形成标志位
        JNS PLUS            ;为正数转移到 PLUS
        NEG AX              ;为负数则求补
PLUS:   MOV Y,AX            ;存结果
        MOV AH,4CH
        INT 21H
CODE    ENDS
        END START
```

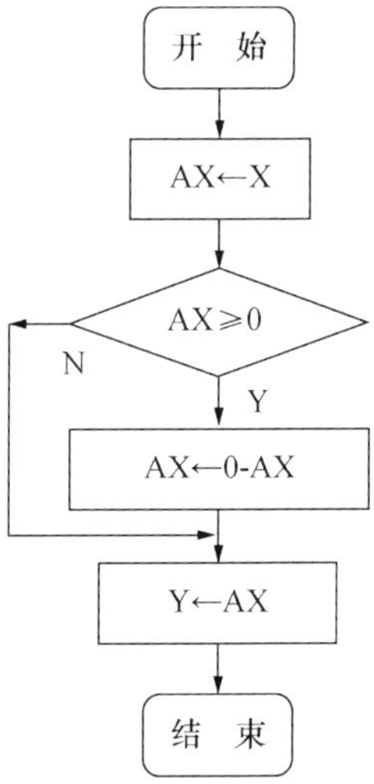

图5-16 单分支结构流程图

讨论：上述程序中形成标志位的指令也可以使用CMP指令、AND指令；若使用TEST AX，8000H指令，则条件转移指令可以用来JZ/JE PLUS实现。

上述程序中若选用JS条件转移指令（初学汇编语言程序设计的读者经常因为编程经验的问题而这样做），则相关的指令如下：

```
        OR AX,AX            ;形成标志位
        JS NEGA             ;为负数转移到 NEGA
        JMP SHORT PLUS      ;为正数转移到 PLUS
NEGA:   NEG AX              ;求补
PLUS:   MOV Y,AX            ;存结果
```

这个程序段比上述程序多了一条无条件转移指令，这是因为单分支结构程序只有一边必须做数据处理，另一边不需要进行数据处理。但是条件转移指令选择了跳转到需要做数据处理的那一边，因此不需要处理数据的另一边只能用无条件转移指令来进行跳转。

所以当单分支结构程序中出现无条件转移指令时，应该把所选用的条件转移指令（如此例中的JS）进行改写，即选用其条件取反（JNS）的转移指令。一般情况下，单分支程序不需要无条件转移指令。

5.3.2 二分支结构程序设计

由二分支结构程序设计流程图中可以看到，实现分支时，两个分支的都必须进行数据处理，然后再由统一的出口进行后续处理，所以程序中有一个分支必须使用无条件转移指令来实现跳转到统一的出口。

例5.16 已知a、b均为16位带符号数二进制数，试按下列要求编写程序，并把计算结果存入Y单元（假定结果也为16位二进制数）。

$$Y=\begin{cases}a+b & \text{当 } a\leq b\\ a-b & \text{当 } a>b\end{cases}$$

分析：首先比较 a、b 两个数的大小，技术实现可以使用 CMP 指令，由于两个数都是带符号数，故应选用带符号数条件转移指令，而不能采用无符号数条件转移指令。

假设 a = 80H，b = 10H，并被分别存放在 AL、BL 寄存器中。当它们是带符号数时 a = -128，b = +16；当它们是无符号数时 a = 128，b = 16。执行比较指令 CMP AL，BL 后，标志位的设置情况如图 5-17 所示，即 OF = 1、SF = 0、ZF = 0、CF = 0。此时若使用无符号条件转移指令 JA L1，从图中可以看到 CF = 0 且 ZF = 0，符合转移条件，程序将转移到 L1 处。若使用带符号数条件转移指令 JG L1，从图中可以看到 OF = 1、SF = 0、ZF = 0，不满足条件转移的要求（SF = OF AND ZF = 0），则不会转移到 L1 处执行而是顺序执行下一条指令。这说明应根据所处理的数据类型而慎重地选择条件转移指令。

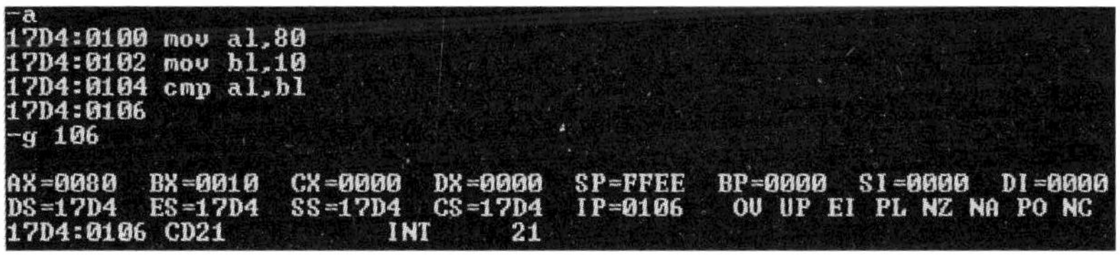

图 5-17　标志位的设置情况

本题程序流程图如图 5-18 所示，程序如下：

```
DATA    SEGMENT
A       DW 1234H
B       DW 8967H
Y       DW ?
DATA    ENDS
CODE    SEGMENT
        ASSUME CS:CDOE,DS:DATA
START:  MOV AX,DATA
        MOV DS,AX
        MOV AX,A            ;AX←X
        CMP AX,B            ;AX≤b?
        JLE LE1             ;小于等于转移到 LE1
        SUB AX,B            ;大于,则 AX←AX-B
        JMP SHORT L1        ;跳转到存结果处
LE1:    ADD AX,B            ; AX←AX + B
L1:     MOV Y,AX            ;存结果
        MOV AH,4CH          ;返回 DOS
        INT 21H
CODE    ENDS
        END START
```

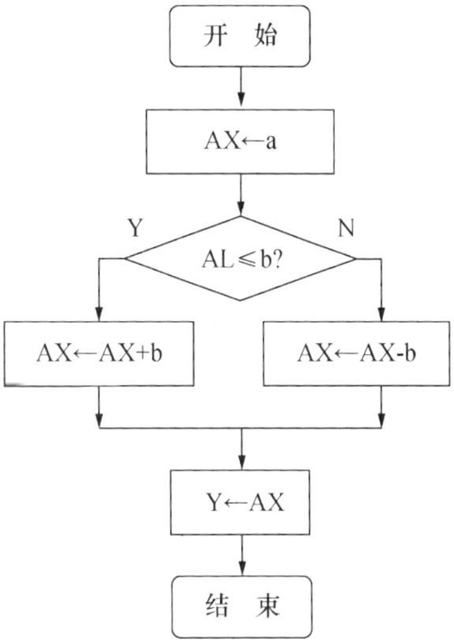

图 5-18　二分支结构程序的流程图

5.3.3　多分支结构程序设计

由多分支结构程序设计流程图中可以看到，实现分支时，N 分支的都必须进行数据处理，然后再由统一的出口进行后续处理，所以程序中有 N - 1 个分支必须使用无条件转移指令来实现跳转到统一的出口。

例 5.17　按下列要求编写程序，并把结果存在 Y 单元（假定结果为 8 位）。

$$Y=\begin{cases}|X| & \text{当 } X<0 \\ X+20 & \text{当 } 0\leqslant X<50 \\ X-100 & \text{当 } X\geqslant 50\end{cases}$$

分析：考察算式与要求，可以知道 X 为 8 位带符号二进制数。编程技术上可以采用与“0”、“50”分别进行比较后，从而决定采用哪一种算法对数据进行处理。程序流程图如图 5-19 所示，程序如下：

```
DATA    SEGMENT
X       DB 30
Y       DB ?
DATA    ENDS
CODE    SEGMENT
        ASSUME CS:CODE,DS:DATA
START:  MOV AX,DATA
        MOV DS,AX
        MOV AL,X           ;AL←X
        CMP AL,0           ;AL <0?
        JL LESS            ;小于零转 LESS
        CMP AL,50          ;大于 0 再与 50 比较
        JGE PLUS           ;大于等于 50 转 PLUS
        ADD AL,20          ;小于 50 时,AL←AL +20
        JMP SHORT L1
LESS:   NEG AL             ;小于 0 时求补
        JMP SHORT L1
PLUS:   SUB AL,100         ;大于等于 50 时,AL←AL-100
L1:     MOV Y,AL           ;存结果
        MOV AH,4CH         ;返回 DOS
        INT 21H
CODE    ENDS
        END START
```

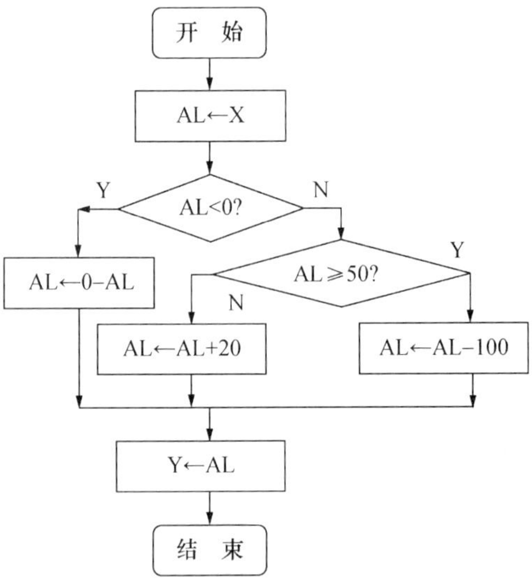

图 5-19 多分支结构程序的流程图

5.3.4　用跳转表实现多路分支的程序设计

跳转表常用来实现多路分支，这种技术被广泛应用于监控系统中。例如，某种程序需要 n 路分支，每路程序的入口地址分别为 SUB1，SUB2，…，SUBn。把这些转移的入口地址组成一个表，称为跳转表（如图 5-20（a）所示）。表内每两个字节存放一个入口地址的偏移量；表内也可以由若干转移指令组成（如图 5-20（b）），然后按一定的条件计算入口地址存放在跳转表中的位置，再用无条件转移指令跳转到该位置去执行，就可以实现程序的多路分支。

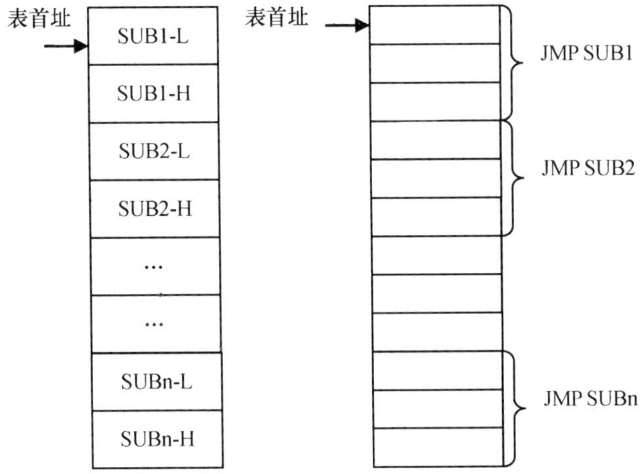

(a) 表内是跳转的入口地址　　(b) 表内是转移指令

图 5-20　跳转表

例 5.18　现有若干个程序段，每一个程序段的入口地址分别是 SUB1，SUB2，…，SUBn。试编写程序，根据指定的参数转入相应的程序段执行。

分析：设指定的参数是 1，2，3，…，n，即当参数为“1”时，转移到 SUB1，当参数为“2”时，转移到 SUB2，依次类推。首先建立一个跳转表。跳转表内的地址按照 SUB1，SUB2，SUB3，…，SUBn 的顺序排列。程序中只需要把取出的参数减“1”后再乘以 2，然后加上跳转表的首址就可以得到跳转程序的入口地址，根据该入口地址使用跳转指令实现转移。程序流程图如图 5-21 所示，程序如下：

```
DATA    SEGMENT
TAB     DW SUB1,SUB2,SUB3,…,SUBn        ;定义跳转表
PARAM   DB 5
DATA    ENDS
CODE    SEGMENT
        ASSUME CS:CODE,DS:DATA
START:  MOV AX,DATA
        MOV DS,AX
        MOV AL,PARAM                    ;取参数
        XOR AH,AH
        DEC AX                          ;参数减 1
        ADD AX,AX                       ;参数乘以 2
        LEA BX,TAB                      ;地址表首址送 BX
```

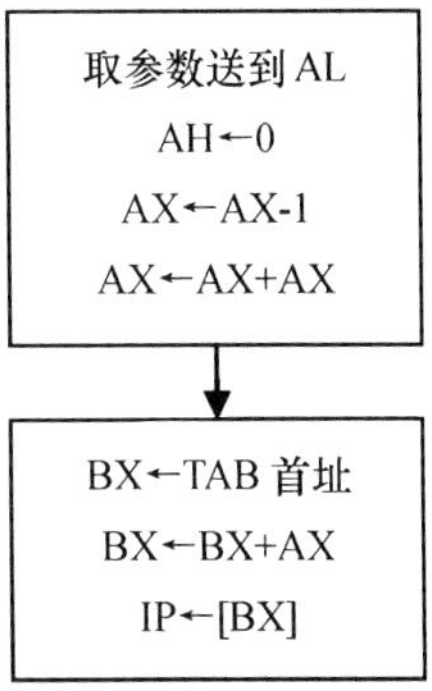

图 5-21　跳转表流程图

```
        ADD BX,AX                      ;计算地址
        JMP WORD PTR [BX]              ;转移到 SUBi
SUB1:   …
        …
        JMP EXIT0
SUB2:   …
        …
        JMP EXIT0
        …
        …
SUBn:   …
        …
EXIT0:  MOV AH,4CH
        INT 21H
CODE    ENDS
        END START
```

如果跳转表是由转移指令组成，那么程序在处理分支时不是把地址表的内容作为地址取出，而是直接转移到跳转表中相应的指令位置，然后再从那里转移到所要求的程序段。程序修改如下：

```
DATA    SEGMENT
PATAM   DB 5
DATA    ENDS
CODE    SEGMENT
        ASSUME CS:CODE,DS:DATA
START:  MOV AX,DATA
        MOV DS,AX
        MOV AL,PARAM          ;取参数到 AL
        XOR AH,AH
        DEC AX                ;参数减 1
        MOV BX,AX             ;暂存在 BX 中
        ADD AX,AX             ;参数乘以 2
        ADD BX,AX             ;参数乘以 3
        ADD BX,OFFSET TAB ;指向转移表
        JMP BX                ;转移到相应的地址
TAB:    JMP SUB1
        JMP SUB2
        …
        JMP SUBn
SUB1:   …
        …
        JMP EXIT0
SUB2:   …
        …
        JMP EXIT0
        …
        …
SUBn:   …
        …
EXIT0:  MOV AH,4CH
        INT 21H
CODE    ENDS
        END START
```

由于跳转表中每一条转移指令是 3 字节的指令代码，所以从 PARAM 中取出参数要减“1”后再乘以 3，这样才能正确无误地找到跳转表中对应位置。

5.3.5　分支程序应用举例

例 5.19　编写一通用的字节数据块搬移程序，要求程序能把处于同一内存段中的一个数据块传送到该段的另一存储区。

数据块搬移时应考虑 3 种情况：一是两数据块分离的；二是两数据块重叠，但源数据块首址＜目标数据块首址；三是两数据块重叠，但源数据块首址＞目标数据块首址。如图 5-22 所示。

分析图中 3 种数据块的分布情况，可以得出以下规律：当源数据块首址＞目标数据块首址，则从数据块首地址开始传送；当源数据块首址＜目标数据块首址，则从数据块末地址开始传送。

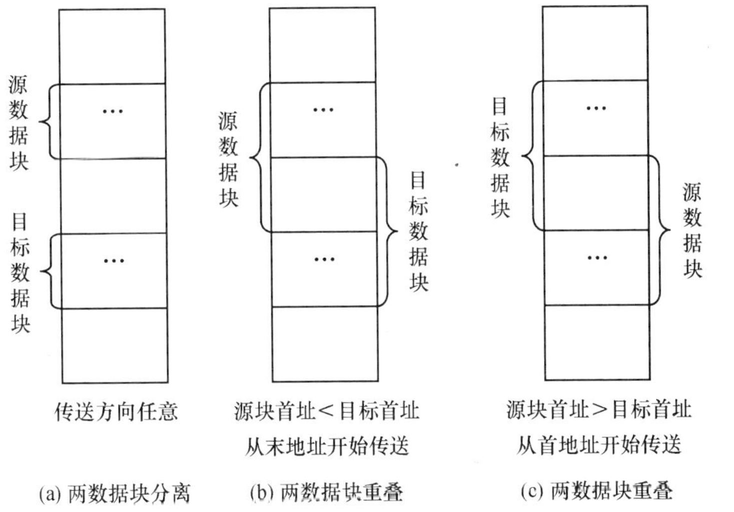

图 5-22　数据块位置图

程序流程图如图 5-23 所示，程序如下：

```
DATA    SEGMENT
STR     DB 100 DUP ('0123456789')
STR1    EQU STR +10H
STR2    EQU STR +50H
COUNT   EQU 100
DATA    ENDS
CODE    SEGMENT
        ASSUME CS:CODE,DS:DATA,ES:DATA
START:  MOV AX,DATA
        MOV DS,AX
        MOV ES,AX
        MOV CX,COUNT           ;长度送 CX
        MOV SI,OFFSET STR1     ;源串首址送 SI
        MOV DI,OFFSET STR2     ;目标串首址送 DI
        CMP SI,DI
```

```
        JZ   EXIT1              ;完全重叠,不用传送
        JA   FORE
        ADD SI,CX               ;SI < DI,从数据块
        ADD DI,CX               ;末地址开始传送
        DEC SI
        DEC DI
        STD
        REP MOVSB
        JMP SHORT EXIT1
FORE:   CLD                     ;SI > DI,从数据块
        REP MOVSB               ;首地址开始传送
EXIT1:  MOV AH,4CH
        INT 21H
CODE    ENDS
        END START
```

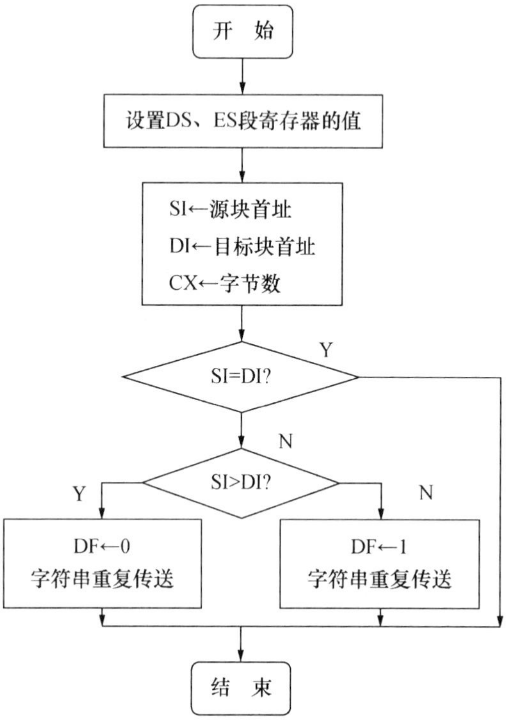

图 5-23 数据块传送流程图

例 5.20 已知 X、Y、Z 为 3 个带符号 16 位二进制数，编写程序求出其中最大值，将其送入 MAX 单元。

找出 N 个数据的最大值，可以先假设第一个就是最大的数据，并把它送到 AX 寄存器中，然后依次与其他数据比较，若其大于等于另一个数据，则顺序比较下一个数；若小于，则把与之比较的数据送入 AX 寄存器中，使得 AX 寄存器中的数据总是最大值，再顺序比较下一个数。

程序流程图如图 5-24 所示，程序如下：

```
DATA    SEGMENT
X       DW 1234H
Y       DW 8976H
Z       DW 7569H
MAX     DW ?
DATA    ENDS
CODE    SEGMENT
        ASSUME CS:CODE,DS:DATA
START: MOV AX,DATA
        MOV DS,AX
        MOV AX,X
        CMP AX,Y
        JGE XGY
        MOV AX,Y
XGY:    CMP AX,Z
        JGE GMAX
        MOV AX,Z
GMAX:   MOV MAX,AX
        MOV AH,4CH
        INT 21H
CODE    ENDS
        END START
```

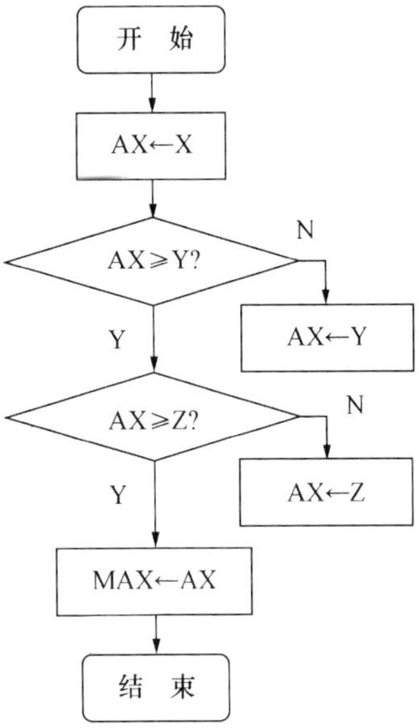

图 5-24　比较数的大小流程图

例 5.21　根据计算机当前日期和时间，显示上午（AM）或下午（PM）以及所在的季节。

首先用 DOS 功能调用获取计算机当前日期和时间，获取当前时间采用子功能号 2CH，在 CH 寄存器中返回小时数，CL 寄存器中返回分钟数。而获取当前日期使用子功能号 2AH，在 DH 寄存器中返回月份数。

若 CH 的内容大于等于 12 则显示“pm”，否则显示“am”。

若 DH 的内容等于 12 或小于 3，则显示“winter”；若 DH 的内容为 3、4、5，则显示“spring”；若 DH 的内容为 6、7、8，则显示“summer”；否则显示“autumn”。注意到 4 个季节的英文字符均为 6 个字节，所以在进行程序设计时，可按顺序依次调整其显示地址来获得显示内容。

本程序设计时采用的一个技巧是：先判断 DH 寄存器的内容是否为 12 月份与 1 月份、2 月份，排除了这 3 个月份后，再依次判断月份是否小于 6、9，同时依次调整显示季节的指针。要避免判断是否大于等于 3 同时小于 6 的情况，而 9 月份的判断同理。判断完 9 月份，剩余的月只要直接调整显示季节的指针即可。

程序流程图如图 5-25 所示，程序如下：

```
DATA    SEGMENT
MSG     DB 'time:'
AMPM    DB 'am',13,10
        DB 'season: $'
WINTER DB 'winter $'
SPRING DB 'spring $'
SUMMER DB 'summer $'
AUTUMN DB 'autumn $'
DATA    ENDS
CODE    SEGMENT
```

```
        ASSUME CS:CODE,DS:DATA
START:  MOV AX,DATA
        MOV DS,AX
        MOV AH,2CH          ;取当前系统时间
        INT 21H
        CMP CH,12           ;CH 保存小时数
        JNAE L1             ;上午时间转 L1
        MOV AMPM,'p'
L1:     MOV DX,OFFSET MSG
        MOV AH,9
        INT 21H
        MOV AH,2AH          ;取当前系统日期
        INT 21H             ;DH 保存月份
        LEA BX,WINTER       ;设置显示指针
        CMP DH,12
        JE EXIT             ;12 月(显示 winter)
        CMP DH,3
        JB EXIT             ;1 月、2 月(显示 winter)
        ADD BX,7
        CMP DH,6
        JB EXIT             ;3、4、5 月(显示 spring)
        ADD BX,7
        CMP DH,9
        JB EXIT             ;6、7、8 月(显示 summer)
        ADD BX,7            ;其余(显示 autumn)
EXIT:   MOV DX,BX           ;获取显示信息地址
        MOV AH,9
        INT 21H
        MOV AH,4CH
        INT 21H
CODE    ENDS
        END START
```

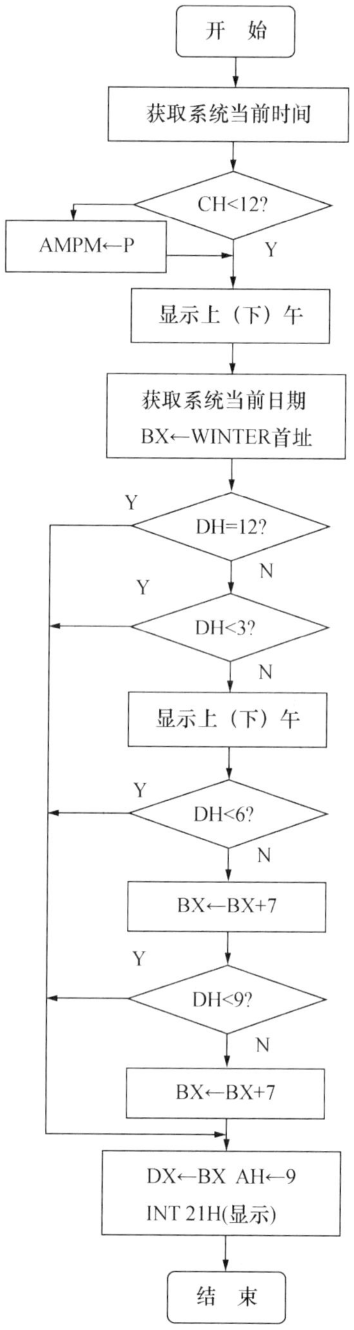

图 5-25 显示上下午及季节流程图

例 5.22 已知一个从小到大顺序排列的无符号数数组（表）及一个关键字，要求在数组（表）中找该关键字，若找到，则使 CF=0 且将该元素在数组中的偏移地址保存在 RESULT 单元中；若未找到，则使 CF =1 且把 0 存入 RESULT 单元中。

查找关键字当然可以用字符串搜索指令来完成，其实采用字符串搜索指令查找关键字使用的是顺序查找的方法。顺序查找方法的缺点是效率比较低，例如要查找的关键字位于具有 N 个元素的字符串的最后面，则其必然要查找过 N -1 个元素后才能找到，花费了大量的查找时间。但是其优点是特别适用于对无序表的查找。算法的查找效率及其计算请关注后续课程“数据结构”。

本例是对一个有序表的查找，可以采用折半查找法来提高查找效率。折半查找法先取出有序表的中间元素与关键字相比较，若相等，则查找成功；若关键字大于中间元素，则再取高半部的中间元素与关键字相比较；若关键字小于中间元素，则再去低半部的中间元

素与关键字相比较。如此重复直到查找成功或最终未找到该关键字（查找不成功）为止。

折半查找法的效率要远远高于顺序查找法，对于长度为 N 的数组，顺序查找法平均要做 N/2 次比较，而折半查找法的平均比较次数约为 $\log_2^N$。例如，对于长度为 1024 的数组，顺序查找法最多要用 1024 次比较才能得出结果，而折半查找法最多用 10 次比较就可得出结论。

对于一个长度为 N 的有序数组 A，查找关键字 KEY 的折半查找算法如下。

（1）设置头指针 low 为 0，即指向第一个元素的下标；设置尾指针 hight 为 N－1，即指向末尾元素的下标。

（2）比较头、尾指针是否相等，若 low = hight，即头指针与尾指针重叠，此时只需要检查头指针或尾指针所指元素是否与关键字相等。若相等，则查找成功，置 CF =0 并获取元素 A（low 或 hight）的地址，退出程序的执行；若不相等，则查找失败，置 CF =1，偏移地址为 0，退出程序的执行。

（3）若头尾指针不相等，则计算中间指针 mid←（low + hight）/2，即待比较元素的下标。

（4）将 A（mid）与 KEY 比较，若 A（mid） = KEY，则查找成功，置 CF =0 并获取 A（mid）的地址，退出程序的执行。

（5）若 A（mid）＞KEY，则调整头指针 low，即 low←low +1，并在数组的低半部继续查找，即返回到步骤（2）继续。

（6）若 A（mid）＜KEY，则调整尾指针 hight，即 hight←hight －1 在数组的高半部继续查找，即返回到步骤（2）继续。

注意上面的算法中，+1 和 －1 运算是为了进一步提高效率。因为指针所指的元素既然不是需要查找的数据，那就可以排除在外。

此外，此算法与“数据结构”课程中介绍的对分查找算法的差别在于第（2）步，“数据结构”课程中对第（2）步的描述是：当 low ＞hight 时为没找到。由于其采用高级语言进行运算，当查找的元素小于起始元素时，经过运算后尾指针为 0，再减 1 后为负数，小于头指针 0，可以结束循环。但是在汇编语言程序中，尾指针为 0 时再减 1，则得到 FFFFH，由于该值为元素序号，即为无符号数，因此继续运行下去而使得程序失控。因此修改为上述算法。

程序的流程图如图 5-26 所示，程序如下：

```
DATA    SEGMENT
ARR     DB 2,3,4,7,12,16,21,25,39,40,43,51,57,79,82
LEN     DW MYM-ARR
KEY     DB 43
RESULT  DW ?
DATA    ENDS
CODE    SEGMENT
        ASSUME CS:CODE,DS:DATA
START:  MOV AX,DATA
        MOV DS,AX
        MOV AL,KEY
        XOR DI,DI              ;头指针清零指向头元素地址
        MOV SI,LEN
        DEC SI                 ;尾指针指向末元素地址
```

```
REPEAT: CMP DI,SI
        JZ LEH                  ;头、尾指针重叠转 LEH
        MOV BX,DI               ;计算中间偏移地址值 MID
        ADD BX,SI
        RCR BX,1
        CMP AL,ARR[BX]
        JE FIND                 ;找到转 FIND
        JA GREAT                ;大于中间值转 G
LESS:   MOV SI,BX               ;小于中间值
        DEC SI                  ;MID-1→SI
        JMP SHORT REPEAT
GREAT:  MOV DI,BX
        INC DI                  ;MID +1→DI
        JMP SHORT REPEAT
LEH:    MOV BX,SI
        CMP AL,ARR[BX]          ;指针重叠时检查与关键字是否相等
        JZ FIND
NOFIND: XOR BX,BX               ;偏移地址设置为 0
        STC
        JMP SHORT EXIT1
FIND:   LEA BX,ARR[BX]
EXIT1:  MOV RESULT,BX
        MOV AH,4CH
        INT 21H
CODE    ENDS
        END START
```

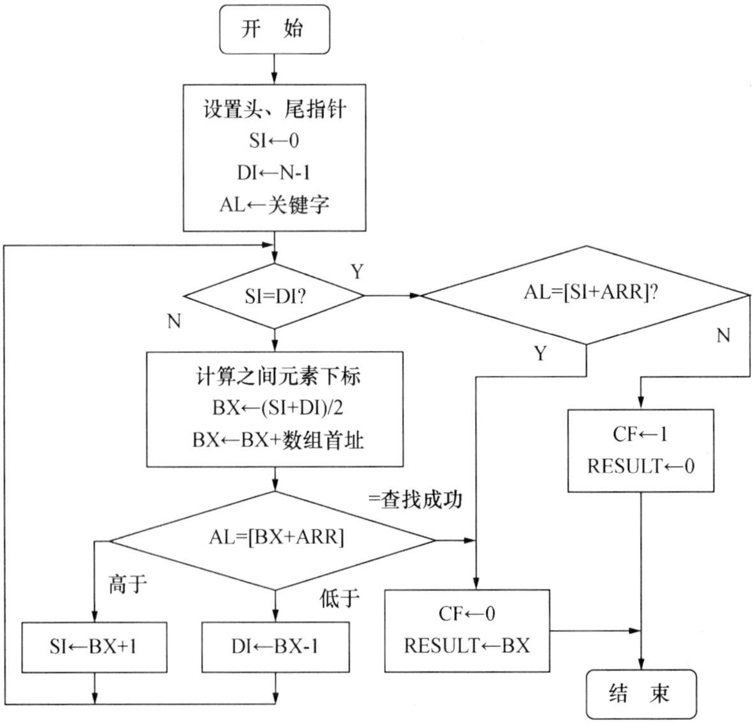

图 5-26 折半算法的流程图

注意程序中 CMP 指令的使用，即 CMP AL，［BX + ARR］指令，该指令同时建立了 ZF、CF、SF、OF、PF 等标志位；由于条件转移指令的执行不影响标志位，所以可以用 JE FIND 指令来判断中间元素与关键字是否相等；用 JA GREAT 指令来实现当关键字大于中间元素时的转移。也就是说，当使用了 CMP 或 TEST 指令后，可以根据需要连续选用不同的条件转移指令实现多个程序的分支。当然，也可选用其他影响标志位的运算指令来产生标志位，并非一定要选用 CMP 或 TEST 指令。

程序中还存在一处被经常误用指令的地方（即求中间元素的序号），读者常常用 SHL 指令来完成除 2 的操作。实际上，当数组元素的个数大于 32 KB 个时，在进行头尾指针的相加运算（low + hight）时会产生进位，此时若用 SHL 指令完成除 2 的操作则将丢失进位，运算结果将是错误的，所以必须用 RCR 来完成除 2 的操作。

当数组为 ARRAY DB 2，3，5，7，12，16，21，25，39，40，43，51，57，79，82 时，数组长度 N 为 15，数组中各要素的顺序排列关系如表 5-4 所示。在查找开始之前，头指针为 0，末指针为 14（N－1）。

表 5-4　ARRAY 数组元素的排列顺序

序号	0	1	2	3	4	5	6	7	8	9	10	11	12	13	14
元素值	2	3	5	7	12	16	21	25	39	40	43	51	57	79	82

下面举例说明其查找过程。

（1）若要查找的关键字为 40，查找过程如表 5-5 所示。当执行到第 3 次比较时，此时中间元素等于关键字，查找成功，退出程序的运行。

表 5-5　关键字为 40 的查找过程

次　数	头指针	尾指针	中间指针	中间元素	比较结果
第 1 次	0	14	7	25	＞关键字，头指针←中间指针 +1
第 2 次	8	14	11	51	＜关键字，尾指针←中间指针 -1
第 3 次	8	10	9	40	中间元素与关键字相等，查找成功

（2）若要查找的关键字为 41，查找过程如表 5-6 所示。当执行第 3 次比较后，由于头尾指针重叠，所以直接把指针所指的因素与到关键字比较，不相等，则查找不成功，退出程序的运行。

表 5-6　关键字为 41 的查找过程

次　数	头指针	尾指针	中间指针	中间元素	比较结果
第 1 次	0	14	7	25	＞关键字，头指针←中间指针 +1
第 2 次	8	14	11	51	＜关键字，尾指针←中间指针 -1
第 3 次	8	10	9	40	＞关键字，头指针←中间指针 +1
第 4 次	10	10			头尾指针重叠，直接把该元素值与关键字比较，不相等，查找不成功

（3）若要查找的关键字为1，查找过程如表5-7所示。当执行到第4次时，头尾指针相等，则直接把头指针或尾指针所指的元素与关键字比较，得到查找不成功的结果。

表5-7 关键字为1的查找过程

次　数	头指针	尾指针	中间指针	中间元素	比较结果
第1次	0	14	7	25	<关键字，尾指针←中间指针-1
第2次	0	6	3	7	<关键字，尾指针←中间指针-1
第3次	0	2	1	3	<关键字，尾指针←中间指针-1
第4次	0	0			头尾指针重叠，直接把该元素值与关键字比较，不相等，查找不成功

5.4 循环程序设计方法

当要重复某些操作时，就应考虑使用循环。循环通常由5个部分组成：初始化部分，循环体部分，调整部分，控制部分，结束部分。

（1）循环初始化部分：这是为了保证循环程序能正常进行循环操作而必须做的准备工作。循环初值分两类：一类是循环工作部分的初值，如初始化地址指针其他循环参数的初值；别一类是控制循环结束条件的初值，如循环计数器初值。

（2）循环工作部分：即需要重复执行的程序段，这是循环的中心，即循环体。它在循环过程中做具体事情，完成若干操作。这部分视具体情况而定。它可以是一个顺序结构程序、一个分支结构程序或另一个循环结构程序。若工作部分是另一个循环结构程序，则叫多重循环程序。

（3）循环参数修改部分：按一定规律修改操作数地址及控制变量，以便每次执行循环体时得到新的数据，即循环的调整部分。

（4）循环控制部分：用来保证循环程序按规定的次数或特定条件正常循环或结束。通常判断循环是否结束的办法有两种：用计数控制循环，即循环是否已进行预订次数；用条件控制循环，即循环终止条件是否已成立。

（5）循环结束部分：主要用来分析和存放结果。

需要指出的是，循环程序的初始化和结束处理部分都只执行一次。在循环程序设计中必须保证循环工作部分和控制部分中没有转向初始化部分的语句，否则会造成死循环或者达不到预期效果。

循环各部分之间的关系如图5-27所示。图5-27（a）是先执行后判断的结构，适应于编写已知循环次数的循环程序；图5-27（b）是先判断后执行的结构，适用于编写未知循环次数的循环程序，它的最大优点是可以一次也不执行循环，即允许零次循环。有时候这4个部分可以简化，形成互相包含交叉的情况，不一定能明确地分为5部分。

对于先执行后判断的循环结构的程序设计，一般采用CX作为循环计数器，用LOOP指令构成循环。对于先判断后执行的循环结构的程序设计，一般根据具体情况找出控制循环结束的条件，而在执行完循环部分后再用无条件转移指令跳转到循环条件是否满足的判断，进行循环。

循环参数修改部分也可根据需要放在循环体部分之后或循环体部分之前。

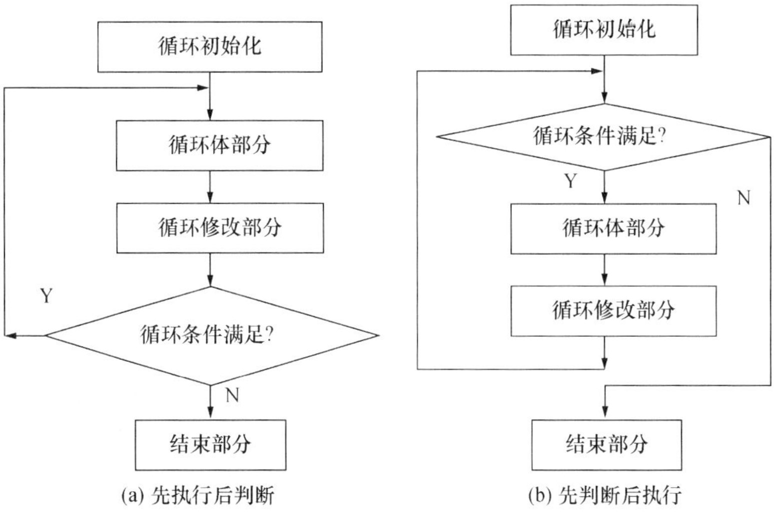

图 5-27　循环结构示意图

5.4.1　单重循环结构程序设计

所谓单重循环结构是指在循环体内不再包含循环结构。对于循环次数已知的情况，通常采用计数控制方法来实现循环；对于循环次数未知的情况，常用条件来控制循环。

1. 计数控制循环

计数控制循环的方法直观、方便，易于进行程序设计。只有在编写程序时，循环次数已知，就可以使用这种方法设计循环程序。然而更为实际的情况是，在编写程序时，并不能确切地知道循环次数，但是知道循环次数是前面运算或操作的结果或者它存放在某存储单元中。因此，在进入循环前，在初始化部分时，就可获得循环次数。也就是说，在执行循环前已知循环次数。这种情况也叫循环次数已知。

例 5.23　试编写一个程序，完成将 DATA1、DATA2 为首址的 N 个字节二进制数据的相加，并将结果存在在 DATA1 中。

分析：这两个多精度数据依次从低字节到高字节连续存放在存储单元中（如图 5-28（a）所示），为了方便地存取连续存放的数据，应该设置地址指针，使用寄存器间接寻址的方式对数据进行存取。根据加法法则应该从低字节开始进行相加，并且除低字节之外，其他字节相加时必须加上比它低的字节产生的进位。用循环来完成每次相加的动作，先取被加数的一个字节加上加数的一个字节及其低位字节的进位，然后把和存入刚完成计算的被加数存放的存储单元中，接着调整地址指针指向下一个待运算的存储单元，进行 N 次循环后结束。当循环次数已知时，通常使用计数控制法。在汇编语言程序设计中常采用 CX 寄存器作为循环计数器，再用 LOOP 指令构成循环。

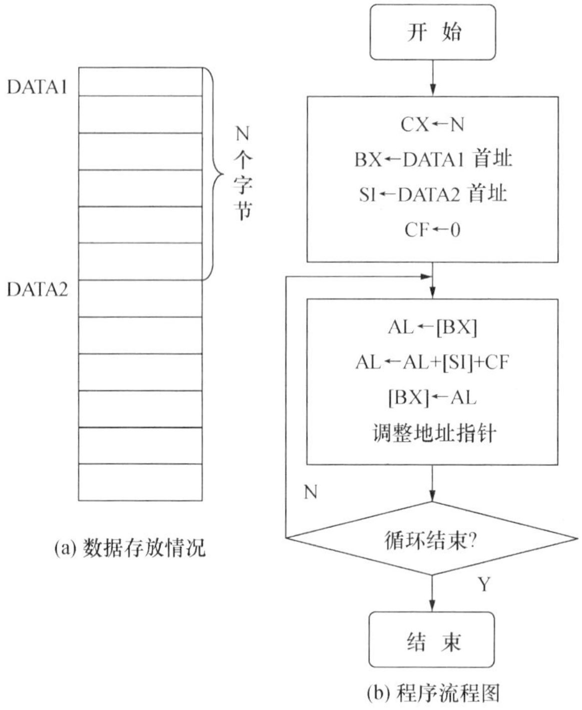

图 5-28 多精度加法运算

注意到在第一个字节（即最低位）相加时，由于循环中需加上低位字节的进位，然而最低位字节是没有进位的，因此在进行最低位字节相加之前，必须让 CF 为零。程序的流程图如图 5-28（b）所示，程序如下：

```
DATA    SEGMENT
DATA1   DB 12H,34H,56H,78H,90H
N       EQU MYM-DATA1
DATA2   DB 23H,45H,67H,89H,10H
DATA    ENDS
CODE    SEGMENT
        ASSUME CS:CODE,DS:DATA
START:  MOV AX,DATA
        MOV DS,AX
;初始化部分
        MOV CX,N            ;字节数送 CX
        LEA BX,DATA1        ;建立地址指针
        LEA SI,DATA1
        CLC                 ;CF 清零
;循环体部分
L1:     MOV AL,[BX]         ;取被加数
        ADC AL,[SI]         ;加上加数及进位
        MOV [BX],AL         ;存放结果
;参数调整部分
        INC BX              ;调整地址指针
        INC SI
;循环控制部分
```

```
        LOOP L1             ;判断循环是否结束
        MOV AH,4CH          ;返回 DOS
        INT 21H
CODE    ENDS
        END START
```

讨论：

（1）若要进行 BCD 码多字节相加运算，程序应该如何改动？

由于进行 BCD 码运算时，首先也是进行二进制运算，运算完成后再进行 BCD 码调整，所以在 ADC 指令之后插入 BCD 码调整指令，所插入的 BCD 码调整指令可根据是压缩型还是非压缩型 BCD 码而选用 DAA 或 AAA 指令。

（2）如果要进行 N 个字节二进制数的相减怎么改动程序？

显然只要把加法指令 ADC 改为减法指令 SBB。

同理，若要进行 BCD 码多字节相减运算，可根据数据类型是压缩型还是非压缩型 BCD 码，分别选用 DAS 或 AAS 指令。

（3）是否可以用 ADD 指令来代替 INC 指令，实现对地址指针的调整？

不能，原因是 ADD 指令会影响 CF 标志位，从而破坏了相加运算时低位向高位的进位位；而 INC 指令不影响 CF 标志位。所以本例必须用 INC 指令来进行地址指针的调整。

（4）本例使用了两个地址指针，实际可以使用单个地址指针并借助于相对寻址方式来完成对数据的存取。改动部分如下：

```
     XOR BX,BX
L1:  MOV AL,[BX + DATA1]
     ADD AL,[BX + DATA2]
     MOV [BX + DATA1],AL
     INC BX
     LOOP L1
```

2. 条件控制循环

在程序设计时，有时候无法确定循环次数，但是循环何时结束，可用某种条件来确定。这时，编写循环结构程序应主要寻找控制条件及对控制条件的检测。

例 5.24 已知从 ADDR 单元存放着数据的起始地址，从该起始地址的内存区中存放着一些 8 位二进制数据，这些数据以 0 作为结束符，但 0 不包含在数据中（即统计时 0 不作为数据进行统计）。试编写程序统计这些数据有多少个，并把统计结果存放在 CNT 单元。

要统计数据的个数必须使用一个记录统计结果的计数器，程序中使用 CX 寄存器。这是因为使用寄存器的速度快于使用存储单元的速度。由于数据连续存放在内存中，故设置一个地址指针来指明每次对哪个存储单元中进行比较操作。当判断该数据为 0 时，则结束统计过程，把统计结果送 CNT 单元；否则调整地址指针继续循环统计。

程序的流程图如图 5-29 所示，程序如下：

```
DATA    SEGMENT
ADDR    DW 1500H                ;存放数据地址的单元
CNT     DW ?
DATA    ENDS
```

```
CODE    ENDS
        ASSUME CS:CODE,DS:DATA
START:  MOV AX,DATA
        MOV DS,AX
        XOR CX,CX              ;计数器清零
        MOV BX,ADDR            ;设置地址指针
L1:     CMP BYTE PTR [BX],0
        JZ L3                  ;若结果为 0,则循环结束
        INC CX                 ;为"1"计数器加 1
L2:     INC BX                 ;调整地址指针
        JMP SHORT L1           ;继续循环
L3:     MOV CNT,CX             ;存结果
        MOV AH,4CH             ;返回 DOS
        INT 21H
CODE    ENDS
        END START
```

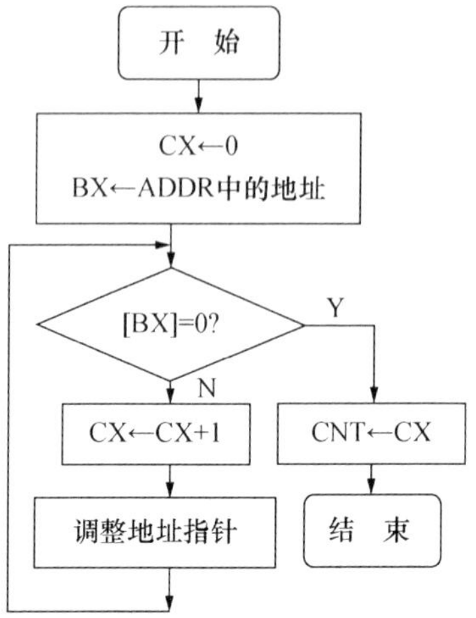

图 5-29 统计"1"的个数流程图

3. 逻辑尺的应用

例 5.25 有数组 X 和 Y，X 数组中有 X_1，X_2，…，X_{10}；Y 数组中有 Y_1，Y_2，…，Y_{10}。试按下列要求编写程序计算，并把结果存入 S 数组。

$S_1 = X_1 - Y_1 \quad S_2 = X_2 - Y_2 \quad S_3 = X_3 + Y_3 \quad S_4 = X_4 - Y_4 \quad S_5 = X_5 + Y_5$

$S_6 = X_6 + Y_6 \quad S_7 = X_7 + Y_7 \quad S_8 = X_8 - Y_8 \quad S_9 = X_9 + Y_9 \quad S_{10} = X_{10} + Y_{10}$

数组中各元素的运算只有两种，即加或减运算，并没有规律可循，也就是说加法或减法没有按照一定的规律进行。如果按照其运算顺序依次进行运算，这将使得程序显得十分臃肿。这种情况可以使用逻辑尺的方法来解决，即把加法用"0"标志位表示，减法用"1"标志位表示，然后把这些位按顺序组合起来存放在一起，形成逻辑尺。此时就可以用循环结构程序完成上述运算，在每一次循环开始时，先测试逻辑尺的相应位来决定数组中各元素做加法或减法，而用数组元素的个数控制循环的次数。

本例中只需做 10 次运算，但由于寄存器或存储单元必须以字或字节的形式存放，所以本例中的逻辑尺设置为：0000000010001011B，从低位开始所设定的标志位依次反映了每次要做的操作（加法或减法），最高 6 位没有意义，但可以通过循环次数来控制，使得最高 6 位没有操作。程序流程图如图 5-30 所示，程序如下：

```
DATA    SEGMENT
X       DW X1,X2,X3,X4,X5,X6,X7,X8,X9,X10
Y       DW Y1,Y2,Y3,Y4,Y5,Y6,Y7,Y8,Y9,Y10
S       DW 10 DUP (?)
FLAG    DW 0000000010001011B
DATA    ENDS
CODE    SEGMENT
        ASSUME CS:CODE,DS:DATA
START:  MOV AX,DATA
        MOV DS,AX
        MOV CX,10
        MOV DX,FLAG
        XOR BX,BX
L1:     MOV AX,[BX + X]
        SHR DX,1
```

```
        JNC L2
        SUB AX,[BX + Y]
        JMP SHORT L3
L2:     ADD AX,[BX + Y]
L3:     MOV [BX + S],AX
        ADD BX,2
        LOOP L1
        MOV AH,4CH
        INT 21H
CODE    ENDS
        END START
```

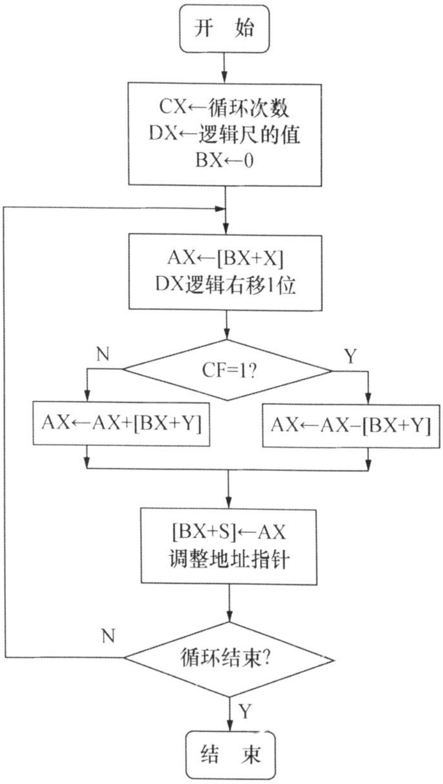

图 5-30　逻辑尺程序流程图

上述程序可以改写成更为简洁的方式，其原理是基于减去一个数等于加上这个数的相反数，具体改动部分如下：

```
L1: MOV AX,[BX + Y]
    SHR DX,1
    JNC L2
    NEG AX
L2: ADD AX,[BX + X]
L3: MOV [BX + S],AX
    INC BX
    INC BX
    LOOP L1
```

还有程序中原有的 ADD BX，2 指令被改成两条 INC BX 指令，即调整地址指针最好使用 INC 或 DEC 指令。这是因为 ADD BX，2（或 SUB）指令会影响标志位 CF，而 INC（DEC）指令不会影响标志位 CF，这种影响有时候在循环中会导致因 CF 改变而产生错误的运算结果，因此在循环中改变地址指针的值常常使用 INC 指令而不使用 ADD 指令。此外，ADD BX，2 指令占用 3 个字节，其执行时间为 2 个时钟周期，而两条 INC BX 指令共占 2 个字节，总执行时间也为 2 个时钟周期，因此可节省 1 个单元的存储空间。程序编写过程中应注意选择指令来提高程序的执行效率和内存空间的使用效率。

4. 混合控制技术

例 5.26　编写一个程序，求两个 N 个字节数组对应的元素之和并把和存放在新数组 SUM 中。计算一直进行到两个元素之和为零或数组结束，将新数组的长度存于 LEN 单元中。

本例的关键技术在于如何控制循环是否继续。由于数组元素的个数已知，固然可以使用计数方式来控制循环，但是在循环中若两个元素之和为零，则必须结束循环；若采用条件控制循环，而会遇上两个元素之和不为零的时候不能结束循环；因此必须把它们综合考虑，即循环次数达到或遇到两个元素之后为零结束循环。

程序流程图如图 5-31 所示，程序如下：

```
DATA    SEGMENT
ARRAY1 DB 2,4,8,5,0,-4,90H,3FH,0ABH,27H
ARRAY2 DB 5,9,3FH,76H,0,12H,34,0AH
```

```
        DB -76,23
CNT     EQU MYM-ARRAY2
LEN     DW ?
SUM     DB 20DUP(?)
DATA    ENDS
CODE    SEGMENT
START: MOV AX,DATA
        MOV DS,AX
        XOR CX,CX
        MOV CL,CNT              ;送元素个数
        MOV BX,-1               ;初始化地址指针
NEXT:   INC BX                  ;调整地址指针
        MOV AL,ARRAY1[BX]       ;取被加数
        ADD AL,ARRAY2[BX]       ;求和
        MOV SUM[BX],AL          ;存结果
        LOOPNE NEXT             ;结果不为零且 CX≠0 继续循环
        INC BX
L1:     MOV LEN,BX              ;存新数组长度
        MOV AH,4CH
        INT 21H
CODE    ENDS
        END START
```

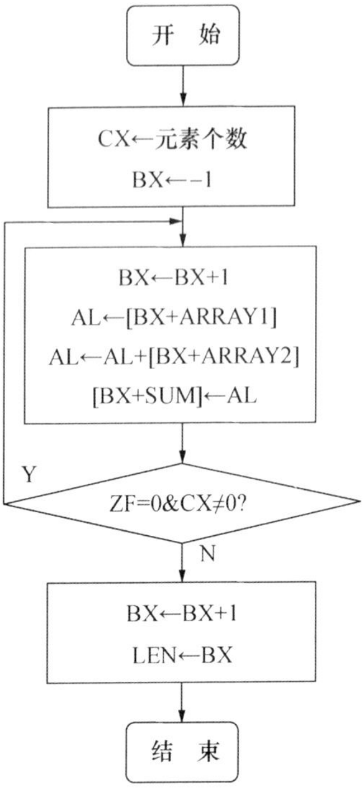

图 5-31 混合控制程序流程图

5.4.2 多重循环结构程序设计

多重循环即循环体内套有循环。设计多重循环程序时，可以从外层循环到内层循环一层一层地进行。在多重循环程序设计时，应分别考虑每重循环的控制条件，注意每次通过外层循环进入内层循环时，初始条件必须重新设置。内层循环经常要受外层循环的控制。

例 5.27 在 ARRAY 为首地址的存储区中有一个无符号 8 位二进制的数组，编写程序将这个数组中的 N 个元素按从小到大的次序排列。

排序是计算机程序设计中的一种重要算法，关键值按从小到大排列称为升序，从大到小排列称为降序。常用的冒泡排序法的算法是：从第一个元素开始依次对 N 个元素中相邻的两个元素进行比较，如果排列顺序符合要求，则不做任何操作；如果排列顺序不符合要求，则将这两个数交换位置。这样经过 N－1 次比较（一轮）比较后，最大的元素就排到了最后面。然后再进行第二轮的比较，仍然从第一个元素开始比较，依次对除了最后一个元素之外的 N－1 个元素中相邻的两个元素进行比较，若顺序满足求不交换，不满足要求则交换两个元素的位置，经过 N－2 次（第二轮）比较后，第二大的元素就排在倒数第二的位置。如此重复，直到第 N－1 轮比较完成后，剩下的第一个元素自然是 N 个元素中的最小者，这样经过 N－1 轮比较就可以实现 N 个元素从小到大按升序的排列。

如果数组中各元素分别为：17H、09H、87H、43H、05H（表中没再写出十六进制数的单位 H），表 5-8 表示其采用冒泡算法按升序排列的排序操作过程。

表 5-8　冒泡排序算法

轮　次	i 次	17	9	87	43	5	说　明
1	1	9	17	87	43	5	第一次比较 17 与 9，不满足升序，交换
	2	9	17	87	43	5	第二次比较 17 与 87，满足升序，不交换
	3	9	17	43	87	5	第三次比较 87 与 43，不满足升序，交换
	4	9	17	43	5	87	第四次比较 87 与 5，不满足升序，交换
2	1	9	17	43	5	87	第一次比较 9 与 17，满足升序，不交换
	2	9	17	43	5	87	第二次比较 17 与 43，满足升序，不交换
	3	9	17	5	43	87	第三次比较 43 与 5，不满足升序，交换
3	1	9	17	5	43	87	第一次比较 9 与 17，满足升序，不交换
	2	9	5	17	43	87	第二次比较 17 与 5，不满足升序，交换
4	1	5	9	17	43	87	第一次比较 9 与 5，不满足升序，交换

从表 5-8 中可以看出，对于 N 个数的数组来说，第一轮应进行 N－1 次的比较，由于最大的数出现在最低的位置，所以下一轮（第二轮）的比较只需要 N－2 次（即比较 N－2 个元素）。依次继续下去，最多比较 N－1 轮就可以完成数组的排序。

使用双重循环可以解决上述问题。外循环用来控制是第几轮比较，即要找第几个位置上的最大值，内循环用来控制如何找到这个最大值。如果用倒数计数法控制外循环，则第一轮外循环的倒数计数值为 N－1，第二轮外循环的倒数计数值为 N－2，…，直至 1。注意到这个外循环的倒数计数值刚好是该轮外循环中所要进行的内循环的循环次数，所以可以方便地获取第 i 轮外循环进行时内循环的循环次数（N－i）。

本例还对比较次数作出统计，程序流程图如图 5-32 所示，程序如下：

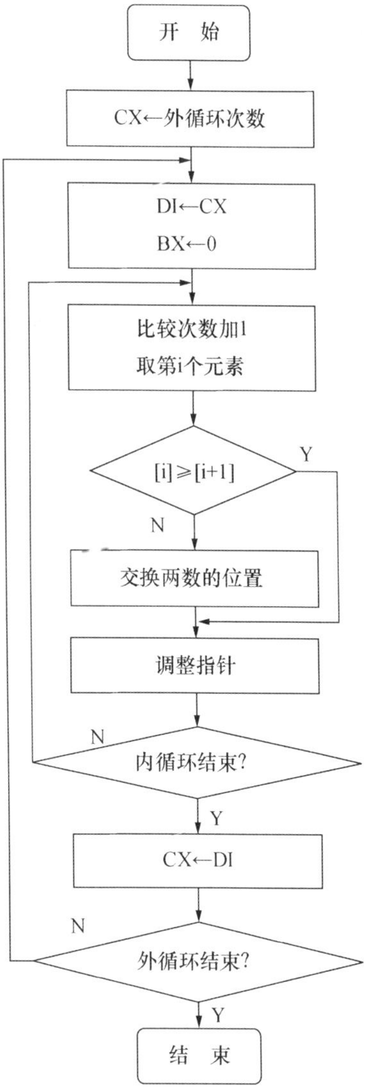

图 5-32　排序程序流程图

```
DATA     SEGMENT
ARRAY    DB 17H,9,87H,43H,5
;ARRAY   DB 1,2,3,4,5            ;见下面的讨论(1)
LEN      DW MYM-ARRAY -1
CNT      DB 0                    ;保存比较次数
DATA     ENDS
CODE     SEGMENT
         ASSUME CS:CODE,DS:DATA
START:   MOV AX,DATA
         MOV DS,AX
         MOV CX,LEN
REPEAT:  MOV DI,CX
         XOR BX,BX
NEXT:    INC CNT
         MOV AL,[BX+ARRAY]
         CMP AL,[BX+ARRAY+1]
         JBE L1
```

```
        XCHG AL,[BX + ARRAY + 1]
        XCHG AL,[BX + ARRAY]
L1:     INC BX
        LOOP NEXT
        MOV CX,DI
        LOOP REPEAT
        MOV AH,4CH
        INT 21H
CODE    ENDS
        END START
```

程序运行后，数据按从小到大排序，所统计的比较次数为 10 次，如图 5-33 所示。

讨论：

（1）若该数组的数据已经排好序，即 ARRAY DB 1，2，3，4，5。但运行该程序时仍然要进行比较与排序的运算，其效率低。执行结果如图 5-34 所示，从图中可以看出比较次数仍然是 10（0AH）次（**注意**：运行程序时的数据段地址可能不是 17F5H）。

（2）若尾部存在部分排好序的数组，即 ARRAY DB 87H，43H，5，90H，91H。但运行该程序时仍然要进行比较与排序的运算，其效率低。执行结果如图 5-35 所示，比较次数仍然是 10（0AH）次。

```
-d 0
17F5:0000  05 09 17 43 87 04 00 0A-00 00 00 00 00 00 00 00
```

图 5-33　排序程序运行结果

```
-d 0
17F5:0000  01 02 03 04 05 04 00 0A-00 00 00 00 00 00 00 00
```

图 5-34　有序数组的排序程序运行结果

```
-D 0
17F5:0000  05 43 87 90 91 04 00 0A-00 00 00 00 00 00 00 00
```

图 5-35　尾部有序数组的排序程序运行结果

从讨论中可以感受到必须对上述程序进行改进，来减少循环次数，使程序的运行效率更高。从程序中可以看到，如果两个元素的顺序正确，则不必进行交换；如果两个元素不是正确的顺序，则必须交换。所以在发生交换时记住是第几个元素还没排好序，然后在后续的比较时只对这前几个元素进行排序就可以了。改动后的部分程序如下：

```
        MOV CX,LEN                  ;外循环次数送 CX
REPEAT: XOR BX,BX                   ;建立地址指针
        XOR DX,DX                   ;设置是否交换标志
NEXT:   INC CNT                     ;统计比较次数
        MOV AL,[BX + ARRAY]         ;取前一个数
        CMP AL,[BX + ARRAY + 1]     ;前后两数比较
        JBE L1                      ;前数小于后数转 L1
        XCHG AL,[BX + ARRAY + 1]    ;前数大于后数
        XCHG AL,[BX + ARRAY]        ;则交换两数的位置
        MOV DX,BX                   ;记下第 i 个元素发生的交换
L1:     INC BX                      ;调整地址指针
        LOOP NEXT                   ;一遍比较是否完成
```

```
          MOV CX,DX               ;检查是否发生交换
          JCXZ l2                 ;没发生交换则结束程序的执行
          JMP REPEAT              ;进入下一遍循环
l2:       MOV AH,4CH              ;返回 DOS
          INT 21H
```

程序优化后，对于数组 ARRAY DB 1，2，3，4，5 和数组 ARRAY DB 87H，43H，5，90H，91H 的执行结果分别如图 5-36 和 5-37 所示，程序运行时的比较次数从 10 次分别下降为 4 次与 5 次。

```
-d 0
17F5:0000  01 02 03 04 05 04 00 04-00 00 00 00 00 00 00 00
```

图 5-36　有序数组的优化排序程序运行结果

```
-d 0
17F5:0000  05 43 87 90 91 04 00 05-00 00 00 00 00 00 00 00
```

图 5-37　尾部有序数组的优化排序程序运行结果

5.4.3　循环程序应用举例

例 5.28　在字变量 BIN 中存放着一个 16 位的无符号二进制数，将其转换为十进制数并从屏幕上显示出来。

字变量 BIN 中存放的一个 16 位待转换的二进制数，其最小值为 0（0000H），最大值为 65535（0FFFFH），转换后的十进制数为 5 位。

将一个二进制数转换为十进制数，需将二进制数多次除以 10，首先得到的余数为十进制数的个位数字，然后是十位数字，依次类推，一直到商为零时，表明转换结束。由于最先得到的是个位，所以不能在获得数据后直接显示，为此设置 5 个字节的存储空间来存放转换后的十进制数（假定其首地址为 BCD 单元）。

具体实现为：设置地址指针，即把 BCD 存储单元地址赋给 SI。把待转换的二进制数送到 AX 寄存器中，DX 寄存器清零，BX 寄存器送 10。当 DIV BX 指令执行后，AX 寄存器中为相应的商，DX 寄存器中为余数，余数肯定为 0 到 9 之间的数，且一定在 DL 寄存器中，将其送入 BCD 存储单元。然后，修改地址指针，循环执行，将余数依次送入 BCD 存储单元，如果 AX 寄存器内容为零，则转换结束。然后设置循环次数及重新设置地址指针，从万位开始取数据，转换成 ASCII 码后显示出来，调整地址指针，循环 5 次后结束。

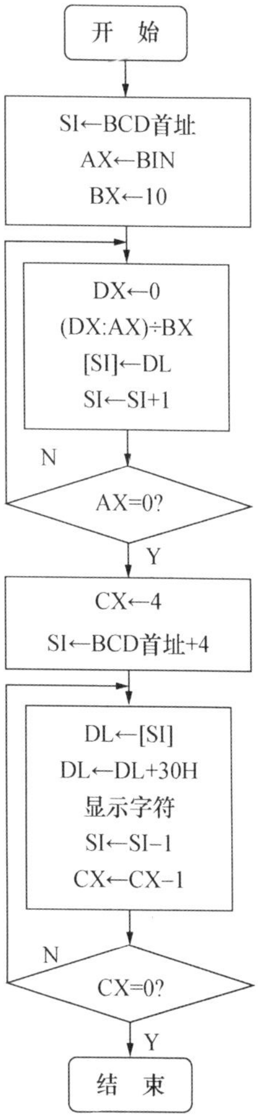

图 5-38　程序流程图

程序流程图如图 5-38 所示，程序如下：

```
DATA    SEGMENT
BIN     DW 0FFFFH
BCD     DB 5 DUP (0)
DATA    ENDS
```

```
CODE    SEGMENT
        ASSUME CS:CODE,DS:DATA
START:  MOV AX,DATA
        MOV DS,AX
        LEA SI,BCD          ;地址指针指向十进制数个位
        MOV AX,BIN          ;二进制数送 AX 寄存器
        MOV BX,10
L1:     XOR DX,DX
        DIV BX              ;DX:AX 除以 10
        MOV [SI],DL         ;BCD 码送入相应的存储单元
        INC SI
        OR AX,AX
        JNZ L1              ;AX 不为零继续转换
        LEA SI,BCD+4        ;设置地址指针指向十进制数万位
        MOV CX,5
L2:     MOV DL,[SI]         ;从万位开始显示
        ADD DL,30H
        MOV AH,2
        INT 21H
        DEC SI
        LOOP L2
        MOV AH,4CH
        INT 21H
CODE    ENDS
        END START
```

程序执行完后，BIN 字单元存放着一个 16 位无符号数 0FFFFH，而以 BCD 为首址的 5 个存储单元中依次存放着 5、3、5、5、6，即非压缩型 BCD 码，如图 5-39 所示。

```
-d 0 1f
17F5:0000  FF FF 05 03 05 05 06 00-00 00 00 00 00 00 00 00
```

图 5-39　存放非压缩型 BCD 码内存图

例 5.29　已知一字符串的首址为 STR，字符串长度存放在 LEN 字单元中，该字符串已按照 ASCII 码值从小到大排列。编写一个程序，把该字符串先显示出来，然后将一个字符插入到该 ASCII 码字符串中的适当位置，并修改该字符串的长度；再把新的字符串显示出来。

下面说明插入字符的动作过程：由于字符串按从小到大的顺序排列，在字符串后预留一个存储单元，把待插入的字符先从字符串尾字符比较，若大于，则直接把插入字符放在预留的存储单元中，字符串长度加 1；若待插入的字符小于字符串尾字符，则将尾部字符送到预留单元。此时，实际又空出一个存储单元（原字符串末字符的存储单元）。按上述方式继续比较，若空出的存储单元位于字符串首址，则说明待插入字符小于原有字符串中的任何一个字符，即可把待插入字符直接放在字符串首址位置，字符串长度加 1。

程序流程图如图 5-40 所示，程序如下：

```
DATA    SEGMENT
STR     DB '123456789'
        DB ?
LEN     DW $-STR-1
CHAR    DB '0'
```

```
DATA    ENDS
CODE    SEGMENT
        ASSUME CS:CODE,DS:DATA
START:  MOV AX,DATA
        MOV DS,AX
        MOV DH,CHAR         ;待插入字符送 DH
        MOV CX,LEN
        LEA BX,STR
        MOV SI,BX           ;暂存首址在 SI 中
L1:     MOV DL,[BX]         ;显示插入前的字符串
        MOV AH,2
        INT 21H
        INC BX
        LOOP L1
        LEA BX,STR
        MOV CX,LEN
        ADD BX,CX           ;设置地址指针指向字符串末字符后
L2:     MOV AL,[BX-1]
        CMP AL,DH           ;当前字符与待插入字符比较
        JB L3               ;若当前字符小于待插入字符,则转 L3
        MOV [BX],AL         ;当前字符后移一个位置
        DEC BX              ;调整地址指针
        CMP BX,SI           ;与字符串首址比较
        JE L3
        JA L2
L3:     MOV [BX],DH         ;存入插入的字符
        INC LEN             ;字符长度加 1
DISP:   MOV CX,LEN          ;显示插入后的字符串
        LEA BX,STR
L4:     MOV DL,[BX]
        MOV AH,2
        INT 21H
        INC BX
        LOOP L4
        MOV AH,4CH
        INT 21H
CODE    ENDS
        END START
```

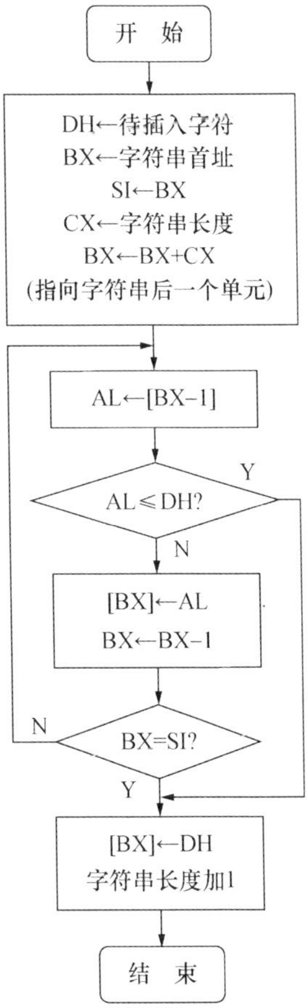

图 5-40　字符插入字符串流程图

例 5.30　试统计 AX 中相邻位的变化次数，并把统计结果在屏幕上显示出来。如 AX 内容为 1100101001101101，从最高位开始看，D15 和 D14 都为 1，即没有变化；D14 和 D13 由 1 变为 0，故有了第 1 次变化，…，依次类推。

编程思路：编写完成逐次比较两个相邻位是否为 1 的程序十分繁杂，但是可以利用 OF 标志位的特点，数据的最高位的进位与次高位的进位相“异或”的结果就是 OF 的状态，即相邻两位的状态不同则 OF = 1。所以使用左移指令使其影响 OF 标志位，通过记录 OF 标志位的改变次数实现统计的目的。

把该数据取到 BX 中，BX 左移 1 位，判断 OF，若 OF = 1，则有 1 次变化。将 BX 移动 15 次（而非 16 次），统计 OF 位为 1 的次数即可实现。

程序流程图如图 5-41 所示，程序如下：

```
DATA    SEGMENT
```

```
X       DW 1100101001101101B
DATA    ENDS
CODE    SEGMENT
        ASSUME CS:CODE,DS:DATA
START: MOV AX,DATA
        MOV DS,AX
        MOV BX,X
        XOR AX,AX
        MOV CX,15
L1:     ROL BX,1
        JNO L2
        ADD AL,1
        AAA
L2:     LOOP L1
        ADD AX,3030H
        MOV CX,AX
        MOV DL,AH
        MOV AH,2
        INT 21H
        MOV DL,CL
        MOV AH,2
        INT 21H
        MOV AH,4CH
        INT 21H
CODE    ENDS
        END START
```

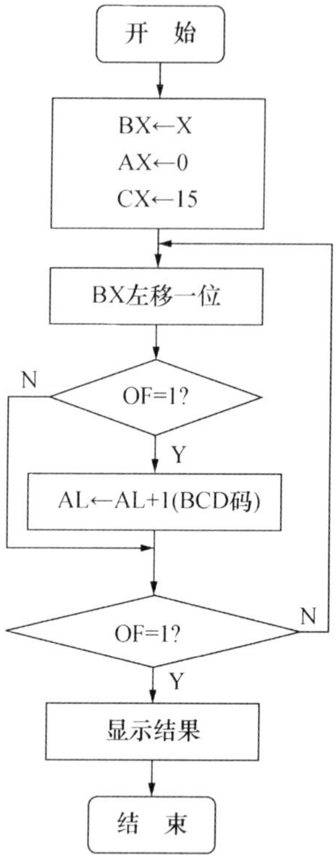

图 5-41 统计相邻位变化次数流程图

例 5.31 从键盘输入一行字符，要求输入的第 1 个字符必须是空格符，如果不是，则退出程序；否则开始键入字符，并顺序地将输入的字符存放在 BUF 为首地址的内存区中（空格符不存入），直到输入第 2 个空格符时退出程序。

程序必须能区分出所接收的空格符是否为第 1 个字符，为此设立一个标志单元 flag（当没有任何字符输入时其初值为 0）。若输入的第 1 个字符是空格符，则 1→flag，说明第 1 个字符为空格符，并继续后续字符的输入；若不是空格符，则退出程序的运行。当 flag 为 1 时，所输入字符如果不再是空格符，则存入 BUF 内存区，并继续输入；若是空格符，则退出程序的执行。

程序流程图如图 5-42 所示，程序如下：

```
DATA    SEGMENT
FLAG    DB ?                    ;定义标志单元
BUF     DB 80 DUP(?)            ;定义输入缓冲区
DATA    ENDS
CODE    SEGMENT
        ASSUME CS:CODE,DS:DATA
START: MOV AX,DATA
        MOV DS,AX
        LEA BX,BUF              ;建立地址指针
        MOV FLAG,0              ;标志单元清零
AGAIN: MOV AH,1                 ;从键盘输入一个字符
        INT 21H
        TEST FLAG,01H           ;测试是否已输入一个空格符
        JNZ NEXT                ;不是转移到 NEXT
        CMP AL,20H              ;检测是否为第 1 个空格字符
```

```
        JNZ EXIT              ;不是则退出
        MOV FLAG,1            ;是第 1 个空格字符,建立标志
        JMP AGAIN             ;继续输入字符
NEXT:   CMP AL,20H            ;判断输入是否为第 2 个空格
        JE  EXIT              ;是则结束输入,转移到 EXIT
        MOV [BX],AL           ;不是保存输入的字符
        INC BX                ;调整地址指针
        JMP AGAIN             ;转移到 AGAIN 继续输入
EXIT:   MOV AH,4CH            ;返回 DOS
        INT 21H
CODE    ENDS
        END START
```

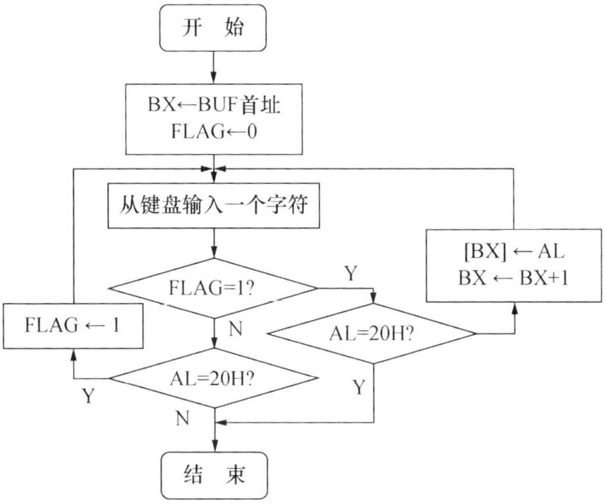

图 5-42　输入首尾为空格的字符串流程图

5.5　习　　题

5.5.1　选择题

1. 当一个带符号数大于 0FBH 时程序转移，需要选用的条件转移指令是（　　）。

   A. JLE　　B. JNL　　C. JNLE　　D. JL

2. 下面指令序列测试 BH 寄存器的内容是否为奇数，若为奇数，则转移至 K1 处。

   TEST BH,01H

   （　　）K1

   A. JNE　　B. JZ　　C. JS　　D. JC

3. 指令 LOOPZ 的循环执行条件是（　　）。

   A. CX≠0 并且 ZF＝1　　B. CX≠0 或 ZF＝0

   C. CX≠0 并且 ZF＝0　　D. CX≠0 或 ZF＝1

4. 下列程序中，当变量 VAR 的内容为（　　）值时，在执行 JZ ZERO 条件转移指令后，可转移到 ZERO 处。

```
        TEST BYTE PTR VAR,55H
        JZ ZERO
        …
ZERO:   …
```

A. （VAR） =0　　B. （VAR） =55H

C. VAR 中 D0、D2、D4、D6 位均为 0　　D. VAR 中 D1、D3、D5、D7 位均为 0

5. 为使 CX = -1 时，转至 MINUS 而编制了一指令序列，其中错误的序列是（　　）。

A. `INC CX`
`JZ MINUS`

B. `SUB CX,0FFFFH`
`JZ MINUS`

C. `AND CX,0FFFFH`
`JZ MINUS`

D. `XOR CX,0FFFFH`
`JZ MINUS`

6. 执行下列程序段后，AX =（　　）。

```
    MOV CX,5
    MOV AX,50
LP1:SUB AX,CX
LOOP LP1
HLT
```

7. 已知 SS =3000H，SP =0100H，执行下列程序后，SP =（　　）。

```
  MOV AX,N1
  PUSH AX
  MOV AX,N2
  PUSH AX
  CALL NEAT PTR L1
  …
L1:…
RET 2
```

A. 0l02H　　B. 00FEH　　C. 00FCH　　D. 0104H

8. 已知 AX 和 BX 中存放两个无符号的数据，当 AX ＜BX 时，转移到标号 0K，下列程序（　　）不能完成此功能。

A. `CMP AX,BX`
`JB OK`

B. `CMP BX,AX`
`JAE OK`

C. `CMP AX,BX`
`JNAE OK`

D. `CMP AX,BX`
`JC OK`

9. 下面程序段完成测试 DA-BYTE 字节单元中数是否为负数，若是，则将全 l 送 DH 中，否则全 0 送 DH 中，那么程序段中应填的语句是什么？

```
    MOV CH,0
    TEST DA-BYTE,80H
    (      )
    MOV CH,0FFH
ZERO:MOV DH,CH
```

A. JNZ ZERO　　B. JP ZERO　　C. JZ ZERO　　D. JC ZERO

10. JMP FAR PTR ABCD（ABCD 是符号地址）是（　　）。

A. 段内间接转移　　B. 段间间接转移

C. 段内直接转移　　D. 段间直接转移

11. JMP SHORT L1 是（　　）。

A. 段内短转移　　B. 段内间接转移

C. 段内直接近转移　　D. 段间直接转移

12. 对程序流向的控制和转移，就是对执行指令地址的修改，如在同一段内偏移，则修改（　　）。如在两个段之间转移，则修改（　　）。

A. IP　　B. CS　　C. CS 和 IP　　D. CS 或 IP

13. 对于下列程序段：

```
AGAIN: CMP AL,ES: [DI]
       JNZ L1
       INC DI
       LOOP AGAIN
L1:    …
```

可用（　　）指令完成相同的功能。

A. REP MOVSB　　B. REP LODSB　　C. REP STOSB　　D. REPE SCASB

14. 将两个字节的非压缩型 BCD 码（高位在前、低位在后）转换为一个字节的压缩型 BCD 码。

```
DATA   SEGMENT
BCD1   DB 03H,06H
BCD2   DB ?       ;转换后的结果为36H
DATA   ENDS
       …
       MOV AL, BCD1
       MOV BL, BCD1 +1
       MOV CX, 4
       (    )
       MOV BCD2,AL
       HLT
```

A. SHR AL,CL　　B. SHR BL,CL　　C. SHL AL,CL　　D. SHL BL,CL

　 OR AL,BL　　　 OR BL,AL　　　 OR AL,BL　　　 OR BL,AL

15. 下面指令序列执行后完成的运算，正确的算术表达式应是（　　）。

```
MOV AL,X
SHL AL,1
DEC AL
MOV Y,AL
```

A. $y=2x+1$　　B. $x=2y+1$　　C. $x=2y-1$　　D. $y=2x-1$

16. 假定一组相邻字节的首地址在 BX 中，末地址在 DI 中，下面的程序段用来查找出其中第一个非零字节，并把它存放在 AL 中；若没找到 AL＝0FFH。请填写空缺的指令。

```
MOV AL,0FFH
SUB DI,BX
INC DI
MOV CX,DI
```

【1】

A. MOV SI,CX　　B. SUB BX,BX　　C. DEC BX　　D. INC BX

```
NEXT:INC BX
```

```
CMP BYTE PTR [BX],0
LOOPE NEXT
```

【2】A. JC L1　　B. JNC L1　　C. JZ L1　　D. JNZ L1

```
MOV AL,BYTE PTR [BX]
L1:  HLT
```

17. 检查 BUF 的内容是否为正偶数，如是正偶数，则 0→AL。下面程序段正确的是（　　）。

A.	B.	C.	D.
MOV AL,BUF	MOV AL,BUF	MOV AL,BUF	MOV AL,BUF
JS K1	AND AL,11	TEST AL,81H	JNP K4
SHR AL,1	JNZ K2	JNZ K3	TEST AL,80H
JNC K1	MOV AL,0	MOV AL,0	JNZ K4
MOV AL,0	K2 :...	K3 :...	MOV AL,0
K1 :...			K4 :...

18. 下面程序段中，当满足条件转到 NEXT 标号执行时，AL 中的值正确的是（　　）。

```
CMP AL,OFBH
JNL NEXT
...
NEXT:...
```

A. 80H　　B. 8FH　　C. 0F0H　　D. 0FF

19. 检查两个无符号数的关系，若要实现 AL≥BL 时分支去 LOP1 处，那么在“CMP AL，BL”指令后应跟的分支指令是（　　）。

A. JNC LOP1　　B. JA　LOP1　　C. JC LOP1　　D. JGE　LOP1

20. 如下程序段中的“DEC CX”指令执行了（　　）次。

```
      MOV CX,4
      JCXZ AGAIN
      JMP SHORT NEXT
AGAIN:DEC CX
      JNZ AGAIN
NEXT:
```

A. 0　　B. 1　　C. 4　　D. 5

5.5.2 分析编程题

1. 下列程序段执行后，当 AL =【1】H 时，程序转向 BRCH1；当 AL =【2】H 时，程序转向 BRCH2；当 AL =【3】H 时，程序转向 BRCH3。

```
AND AL,AL
JZ BRCH1
RCR AL,1
JZ BRCH2
ROL AL,1
INC AL
JZ BRCH3
```

2. 设 AX、BX 中的数一个为正数，一个为负数。下面程序段完成将正数送到 PLW 单元中存放，请将程序中所缺指令语句补上。

```
        TEST AX,8000H
        【1】
        MOV PLW,BX
        JMP DONE
K1:     【2】
DONE:
```

3. 假设 X 和 X+2 单元的内容为带符号双精度数 P；Y 和 Y+2 单元的内容为带符号双精度数 Q（X、Y 为低位数），下列程序段使 2P＞Q 时，AX=1；2P≤Q 时，AX=2。请把程序填写完整。

```
    MOV DX,X+2
    MOV AX,X
    ADD AX,X
    ADC DX,X+2
    CMP DX,Y+2
    【1】L2
    【2】L1
    CMP AX,Y
    【3】L2
L1: MOV AX,1
    JMP EXIT
L2: MOV AX,2
EXI:INT 20H
```

4. 下面程序是查找 SRTING 中是否有“a”这个字符，如果有，则转向 YES 去执行；没有，则转向 NO 去执行。请将程序填充完整。

```
     MOV CX,20;假设 STRING 的长度为 20
     MOV BX,-1
     MOV AL,'a'
NEXT:【1】BX
     CMP AL,SRING[BX]
     【2】NEXT
     JNZ【3】
YES: …
     JMP【4】
NO:  …
EXIT:RET
```

5. 下列程序段是比较 AX，BX，CX 中带符号数的大小，将最大的数放在 AX 中。请将程序填充完整。

```
     CMP AX,BX
     【1】NEXT
     XCHG AX,BX
NEXT:【2】AX,CX
     JGE OUT
     【3】AX,CX
OUT:
```

6. 已知 AX、BX 中的一个数为正数，一个为负数。下面程序段将完成把正数送到 PLW 单元中存放，负数送到 PLW1 单元中存放，请将程序段中所缺的指令补上。

```
     TEST AX,8000H
     【1】
```

```
      MOV PLW,BX
      MOV PLW1,AX
      JMP DONE
K1:   【2】
      MOV PLW1,BX
DONE:…
```

7. 下列程序段运行后，试回答：

当 AL = 【1】H 时，程序转向 BRCH1；

当 AL = 【2】H 时，程序转向 BRCH2；

当 AL = 【3】H 时，程序转向 BRCH3；

```
AND AL,AL
JZ BRCH1
RCR AL,1
JZ BRCH2
RCL AL,1
INC AL
JZ BRCH3
```

8. 下列程序段运行后，（RES） = 【1】H，ZF = 【2】

```
DA1   DB  12H
DA2   DB  22H
RES   DB  ?
       ⋮
      MOV  AL,DA1
      CMP  AL,DA2
      JAE  L1
      MOV  REA,0
      JMP  NEXT
  L1:MOV  REA,0FFH
NEXT:……
```

9. 假定一组相邻字节的首地址在 BX 中，末地址在 DI 中，下面的程序段用来查找出其中第一个非零字节，并把它存放在 AL 中；若没找到，则 AL = 0FFH。请填写空缺的指令。

```
      MOV AL,0FFH
      SUB DI,BX
      【1】
      MOV CX,DI
      【2】
NEXT: INC BX
      CMP BYTE PTR [BX],0
      LOOPE NEXT
      【3】
      MOV AL,BYTE PTR [BX]
L1:   HLT
```

10. 若 AL = 8AH，BL = 4BH，程序段执行后，AL = （　　）H。

```
      ADD AL,BL
      JC NEXT
      OR AL,47H
      HLT
NEXT: ADC AL,0
      HLT
```

11. 若 AX = 8415H，BX = 1547H，都为有符号数，程序执行后，转移到（　　）。

```
CMP AX,BX
JNO N1
JG  N2
JLE  N3
JMP   N4
```

12. 下列程序段执行后，AX =（　　）H。

```
    NUM1 DW 7342,59BH
    NUM2 DW 396H,OA47H
    …
    MOV AX,NUM1
    XCHG AX,,NUM2
    SUB AX,396H
    JZ W1
    ADD AX,396H
    HLT
W1: XCHG AX,NUM2 +2
    HLT
```

13. 下列程序段为比较 A，B 两个无符号数。A＜B，B 存入 MAX 变量；A＞B，A 存入 MAX 变量；A = B，0 存入 MAX 变量，在空白处填入合适指令。

```
     MOV AL,A
     CMP AL,B
     【1】;A≥B,转 AG1
     MOV MAX,B
     HLT
AG1: JZ AG2
     MOV MAX,【2】
     HLT
AG2: MOV MAX,【3】
     HLT
```

14. 请回答下列程序段运行后，AL =【1】；BL =【2】。

```
BLK1   DB 46,84,34,-5,20,122,73
       MOV CX,7
       LEA SI,BLK1
NEXT:  MOV AL,[SI]
       INC SI
       TEST AL,81H
       LOOPZ NEXT
       MOV BL,[SI]
```

15. 下面程序段是实现把 STR1 中所有字符逆向传送到 BUF 缓冲区（即 STR1 中第一个字符送到 BUF 的最后一个单元，STR1 中最后一个字符送到 BUF 的第一个单元）。试把程序中所空缺的指令填上。

```
DATA    SEGMENT
STR1    DB 'ABCDEFGHIJKL'
COUNT   EQU MYM-STR1
BUF     DB COUNT DUP(0)
DATA    ENDS
        …
        MOV SI,OFFSET BUF-1
```

```
        MOV DI,OFFSET BUF
        MOV CX,COUNT
        【1】
LOP:    MOVSB   ;该指令要求使用增址型
        【2】
        LOOP LOP
```

16. 下面程序段运行后，S9 开始的 10 个字节存储单元的内容是（　　）?

```
DATA   SEGMENT
S9     DB 0,1,2,3,4,5,6,7,8,9
DATA   ENDS
       …
       LEA SI,S9
       LEA DI,S9 +1
       MOV CX,5
LOP:   MOV AL,[SI]
       XCHG AL,[DI]
       MOV [SI],AL
       ADD SI,2
       ADD DI,2
       LOOP LOP
```

17. 下面程序的功能是：数组 A 中包含有 15 个互不相等的整数，数组 B 中包含有 20 个互不相等的整数，将既在数组 A 中又在数组 B 中出现的整数存放在数组 C 中。请将程序填充完整。

```
DATA    SEGMENG
A       DB 1,2,3,4,…   ;15 个互不相等的整数
B       DB 2,4,5,8,…   ;20 个互不相等的整数
C       DB 15 DUP (?)
DATA    ENDS
CODE    SEGMENT
        ASSUME CS:CODE,DS:DATA
START:  MOV AX,DATA
        MOV DS,AX
        MOV ES,AX
BEGIN:  MOV SI,0
        MOV BX,SI
        MOV CX,【1】
NEXT1:  PUSH CX
        MOV DI,0
        MOV CX,20
        MOV AX,【2】
NEXT2:  CMP B[DI],AX
        JNE 【3】
        MOV C[BX],AX
        ADD BX,2
ABCD:   ADD DI,2
        LOOP 【4】
        ADD SI,2
        【5】 CX
        LOOP NEXT1
        MOV AH,4CH
        INT 21H
```

```
CODE   ENDS
       END START
```

18. 已知数据段中有一个字节型表 TAB，并且有一个名为 DISP 的字节型内存变量区，请阅读如下指令，若 DX = 1A2E，把 DISP 的前 4 个单元的值分别写出来：【1】H，【2】H，【3】H，【4】H。

```
TAB  DB '0123456789ABCDEF'
DISP DB 10 DUP (?)
     …
     MOV CX,4
     MOV BX,OFFSET TAB
     LEA DI,DISP
HT:  SHL DX,1
     RCL AL,1
     SHL DX,1
     RCL AL,1
     SHL DX,1
     RCL AL,1
     SHL DX,1
     RCL AL,1
     AND AL,0FH
     XLAT TAB
     MOV [DI],AL
     INC DI
     LOOP HT
```

19. 执行下列指令序列后，完成的功能是将（DX：AX）的值（　　）。

```
     MOV CX,4
NEXT:SHR DX,1
     RCR AX,1
     LOOP NEXT
```

20. 在变量 VAR1 和 VAR2 中分别保存有两个字节型的正整数，编写完整的汇编语言程序实现：

（1）当两数中有一个奇数时，将奇数存入 VAR1，偶数存入 VAR2；

（2）当两数均是奇数时，两个变量的内容不变；

（3）当两数均为偶数时，两个变量的内容缩小一倍存入原处。

21. 已知 X 存放在 DATA1 单元，编写程序，计算下列函数值，并把结果存放在 RESULT 单元。

$$Y=\begin{cases}2X & \text{当 } X<0\\ 3X & \text{当 } 0\leqslant X\leqslant 10\\ 4X & \text{当 } X>10\end{cases}$$

22. 试编写一个程序段，要求比较 A、B 和 C 单元中的 3 个 16 位补码，并根据比较结果在屏幕上显示如下信息：

（1）如果 3 个数都不相等，则显示 0；

（2）如果 3 个数有两个相等，则显示 1；

（3）如果 3 个数都相等，则显示 2。

23. 采用 SCAS 指令在字符串 STRING 中查找“MYM”字符，如果查不到，则结束；

如果查到，则删除 STRING 中的“MYM”，使“MYM”后面的字符都往前移一字节存储单元（可采用 MOVSB 指令），编制程序。

24. 编写一个汇编语言程序，把 20 个字节的数组分成正数数组和负数数组，并分别计算两个数组中数据的个数。

25. 从键盘输入一字符串，当遇到字符‘MYM’时，停止输入，然后以与输入相反的顺序显示出来。

26. 两个数据段 DSEG1 和 DSEG2 的定义如下，编写一段程序，在串 STR1 中查找子串 STR2（子串 STR2 的长度小于 STR1），如果 STR1 中包含有子串 STR2，则程序结束；如果 STR1 不包含 STR2，则将 STR2 加在 STR1 之后。

```
DSEG1   SEGMENT 'DATA'
L1      EQU 100
STR1    DB L1 DUP(?)
ASTR2   DB 5 DUP(?)
DSEG1   ENDS
DSEG2   SEGMENT 'DATA'
L2      EQU 5
STR2    DB L2 DUP(?)
COUNT   DB L1 - L2 +1
DSEG2   ENDS
```

27. 一个字符串以“MYM”字符结束，编写一个程序，统计英文字母 A 出现的频率（不分大小写）。

28. 在缓冲器 BUFFER 中，存放着一组有符号的字节数据，其数据个数存放在缓冲器的前两个字节单元，要求找出最大的正数和最小的负数，分别存放在 AL 和 AH 中。

29. 在 TABLE 为首址的内存中存放着一个 100H 个 16 位补码的数组，试编写一个程序段求出它们的平均值，把它放在 AX 寄存器中；并求出数组中有多少个数小于此平均值，将结果存放在 CX 中。

30. 编写完整程序，产生斐波纳契（Fibonacci）数列，要求数列中的最大数项小于 600，数列存放在 SERRIER 为首址的缓冲区中，数列长度在 FIBONA 单元中。（斐波纳契数列：数列第 1 个数项为 0，第 2 个数项为 1。自第 3 个数项开始，每个数项为前两个数项之和。）

31. 已知一个有 100 个元素的升序数组存在 BUF 为首地址的内存中，编写一个程序段，在该数组中正确地插入一个正数 NUM。数据段定义如下：

```
DATA    SEGMENT
BUF     DB -19,-3,0,3,4,…,126;共100 个数据
COUNT   EQU 100
NUM     EQU 55
DATA    ENDS
```

5.6 上机实验

5.6.1 实验题一

1. 实验目的

(1) 学习 DOS 功能调用的用法，掌握 DOS 功能调用输入与输出字符的方法。
(2) 掌握分支结构、循环结构程序的设计思路和设计方法。

2. 实验内容

输入一串字母数字字符串，将其中的数字字符去掉，保留纯字母字符组成的字符串，并将其显示在屏幕上。然后按照大写字母转换成小写字母，而小写字母转换成大写字母的规则，把该字符串显示出来。

5.6.2 实验题二

1. 实验目的

(1) 学习 DOS 功能调用的用法。
(2) 掌握分支结构程序的设计思路和设计方法。
(3) 掌握统计数值转换成 ASCII 码的原理与方法。

2. 实验内容

先显示输入提示信息“Input string, The end flag is MYM”，再输入字符。若字符为数字 0～9，则计数器加 1；若为字母，则不计数。当输入字符为“MYM”时，结束输入，并显示所统计的数字个数。

5.6.3 实验题三

1. 实验目的

(1) 学习 DOS 功能调用的用法。
(2) 掌握循环结构程序的设计思路和设计方法。
(3) 掌握统计算术运算程序的设计方法。

2. 实验内容

从键盘输入两个多位的十进制数，编写程序计算其和，并把结果显示在屏幕上。

5.6.4 实验题四

1. 实验目的

（1）学习 DOS 功能调用的用法。
（2）掌握循环结构程序的设计思路和设计方法。
（3）掌握字符串比较程序的设计方法。

2. 实验内容

核对口令。程序执行后，给出操作提示“Please input the password:”等待用户输入密码。当输入的字符串与程序内部给定的密码（字符串）相同时，显示“Welcome to use!”的欢迎信息，按任一键返回 DOS。当输入的字符串与程序内部给定的密码（字符串）不相同时，显示“Password error!”，允许重新输入，当 3 次输入都不正确时，结束运行返回 DOS。

5.6.5 实验题五

1. 实验目的

（1）学习 DOS 功能调用的用法。
（2）掌握循环结构程序的设计思路和设计方法。
（3）掌握字符串比较程序的设计方法。

2. 实验内容

编写程序完成字符串的搜索。数据段 BUF 单元开始存放着一字符串（源字符串），程序执行后接收从键盘输入的任一长度（以回车结束）的子字符串，若输入的子字符串包含在源字符串中，则显示“Found!”；若没找到则显示“No Found!”。

第 6 章　子程序设计

本章教学目标

- 掌握子程序的定义、调用和返回；
- 掌握子程序的参数传递方法；
- 掌握模块化程序设计的方法；
- 了解 C/C + + 和汇编语言的混合编程；
- 掌握宏的使用。

子程序是程序设计中常见的基本概念，汇编语言也提供了编写子程序的方法。

在汇编语言中，子程序也称之为过程，它相当于高级语言中的过程和函数。如果某程序段在源程序内反复出现，那么，就可把该程序段定义为子程序。这样可以缩短源程序长度、节省目标程序的存储空间，也可以提高程序的可维护性和共享性。

模块化程序设计方法是按照各部分程序所实现的不同功能把程序划分为多个模块。各个模块在明确各自的功能和相互间的连接约定后，就可以分别编写和调试程序，最后再把它们连接起来，形成一个大的程序。这是一种很好的程序设计方法，而子程序就是模块化程序设计的基础。

6.1　子程序的设计方法

6.1.1　子程序的定义

子程序采用如下格式定义：

```
子程序名    PROC    [NEAR | FAR]
        ……
        ……  }子程序体,实现子程序功能
        ……
            RET
子程序名    ENDP
```

在上述定义中：

(1)“子程序名”必须是一个合法的标识符，并前后二者要一致。子程序名又是子程序的入口地址（首地址）。

(2) PROC 和 ENDP 必须是成对出现的关键字，它们分别表示子程序定义开始和结束。

(3) 子程序的类型有近（NEAR）、远（FAR）之分，其默认的类型是 NEAR。

(4) 如果一个子程序要被另一代码段中的程序调用，那么，其类型应定义为 FAR，否则其类型可以是 NEAR。显然，NEAR 类型的子程序只能被与其在同一代码段中的程序所调用；

（5）子程序至少要有一条返回指令，也可有多条返回指令。返回指令是子程序的出口语句。

（6）子程序名有 3 个属性：段地址、偏移地址和类型。其段地址和偏移地址对应于子程序的入口地址，其类型就是该子程序的类型，为 NEAR 或 FAR。

例 6.1 调用程序和子程序在同一个代码段中。

```
CODE SEGMENT
    MAIN  PROC  FAR
          …
          CALL  SUBR
          …
          RET
    MAIN  ENDP
    SUBR  PROC  NEAR
          …
          RET
    SUBR ENDP
CODE ENDS
```

例 6.2 调用程序和子程序不在同一个代码段中。

```
SEGX SEGMENT
    SUBT  PROC  FAR
          …
          RET
    SUBT  ENDP
          …
    CALL  SUBT
          …
SEGX  ENDS
SEGY  SEGMENT
          …
    CALL  FAR PTR SUBT
          …
SEGY  ENDS
```

另外，如果把主程序也定义成过程（主过程），则主过程应定义为 FAR 属性，这是由于把主过程看做是 DOS 调用的一个子过程，因此应把它定义为 FAR 属性。这就是第 3 章讲到的格式：

```
MAIN  PROC  FAR
      PUSH  DS
      SUB   AX,AX
      PUSH  AX
      …
      RET     ;返回 DOS
MAIN ENDP
```

子程序名又是子程序的首地址，所以子程序名也可以用标号代替。也就是说，子程序可以简单地按下面形式定义：

标号：

```
          …
          RET
```

例如：

```
ASSUME CS:CODE
CODE SEGMENT
MAIN:
        …
        CALL SUB1
        …
        MOV AX,4C00H
        INT 21H
SUB1:
        …
        RET
CODE ENDS
   END  MAIN
```

编写子程序除了要考虑实现子程序功能的方法外，还要养成书写子程序说明信息的习惯。子程序说明信息一般包括以下几方面内容：

（1）功能描述；

（2）入口和出口参数描述，包括使用哪些寄存器或内存单元来传递入口和出口参数；

（3）调用时的注意事项。尽量避免除入口参数外还有其他的要求；

（4）算法描述。简单算法也可省略；

（5）子程序的编写者；

（6）子程序的编写日期。

这些说明性信息虽然不是子程序功能的一部分，但其他程序员可通过它们对该子程序的整体信息有一个较清晰认识，为准确地调用它们提供直接的帮助，同时也为实现子程序的共享提供了必要的资料。

例 6.3　编写子程序 UPPER，实现把寄存器 AL 中存放的字符变为大写的功能。

```
;子程序功能:把 AL 中存放的字符变为大写
;入口参数:AL
;出口参数:AL
;算法描述:判断 AL 中字符必须在 'a' ～'z' 之间才能把该字符变为大写
UPPER PROC
    CMP AL, 'a'
    JB  over
    CMP AL, 'z'
    JA  over
    SUB AL, 20H        ;用指令 AND AL, 0DFH 也可以
over:RET
UPPER ENDP
```

6.1.2　子程序的调用和返回指令

子程序的调用和返回是一对互相配合的操作，也是一种特殊的转移操作。

一方面，之所以说是转移，是因为当调用一个子程序时，程序的执行顺序被改变，CPU 将转而执行子程序中的指令序列，计算机内部也是通过修改 IP 或 CS：IP 寄存器来实现程序的转移。在这方面，调用子程序的操作含有转移指令的功能，子程序的返回指令也包含转移指令的功能。

另一方面，转移指令是一种“一去不复返”的操作，而当子程序完成后，还要求 CPU 能返回执行调用指令后面的指令，它是一种“有去有回”的操作。

1. 子程序调用用 CALL 指令完成

CALL 指令可以实现段内和段间的调用，因此 CALL 指令有两种格式：

```
CALL  NEAR PTR SUBP
```

执行操作：(1) 保存返回地址，即把 IP 压入堆栈；

(2) 转子程序，即把子程序首址送入 IP。

```
CALL  FAR PTR SUBP
```

执行操作：(1) 保存返回地址，即把 CS、IP 压入堆栈；

(2) 转子程序，即把子程序首址送入 CS、IP。

段内调用只需保存和修改 IP 寄存器，而段间调用要保存和修改 CS、IP 寄存器。NEAR PTR 可以省略，默认是段内调用，如图 6-1 所示。

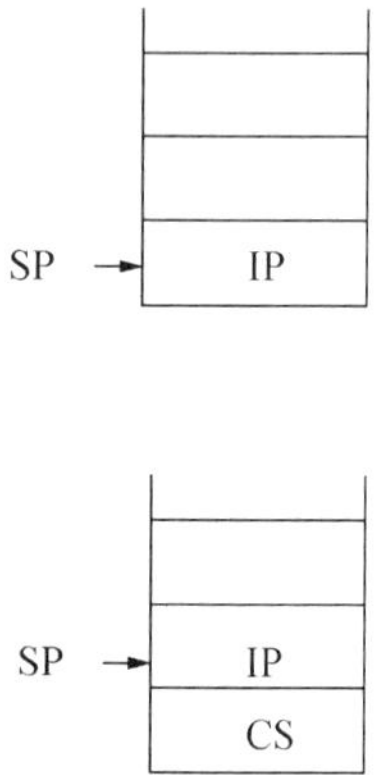

图 6-1 段内和段间调用压栈的返回地址

与 JMP 指令类似，因为子程序的首址可以直接在 CALL 指令中给出，也可以放在某个寄存器或内存单元中，因此 CALL 指令又可以实现直接调用和间接调用。

因此，具体来说，CALL 指令有以下 4 种形式。

(1) 段内直接近调用：CALL NEAR PTR 子程序名（首址）。

执行操作：SP ← SP − 2

(SP + 1, SP) ← IP

IP ← IP + 16 位位移量

(2) 段内间接近调用：CALL WORD PTR 寄存器或内存单元。

执行操作：SP ← SP − 2

(SP + 1, SP) ← IP

IP ← 寄存器或内存单元的内容

注意：WORD PTR 可省略，默认是 WORD PTR。

(3) 段间直接远调用：CALL FAR PTR 子程序名（首址）。

执行操作：SP ← SP − 2

(SP + 1, SP) ← CS

SP ← SP − 2

(SP + 1, SP) ← IP

IP ← 偏移地址

CS ← 段地址

(4) 段间间接远调用：CALL DWORD PTR 内存单元。

执行操作：SP ← SP − 2

(SP + 1, SP) ← CS

SP ← SP − 2

(SP + 1, SP) ← IP

IP ← 内存单元的内容

CS ← 内存单元 +2 的内容

例如：

```
CALL   DISPLAY                 ;DISPLAY 是子程序名,NEAR PTR 省略,为段内直接调用
CALL   FAR PTR DISPLAY         ;DISPLAY 是子程序名,为段间直接调用
CALL   BX                      ;BX 的内容是子程序首址的偏移量,将送入 IP
CALL   WORD PTR [BX]           ;BX 所指向的字单元的内容是子程序首址的偏移量,将被送入 IP
CALL   [BX]                    ;同上.WORD PTR 可省略,默认是 WORD PTR(段内)
CALL   DWORD PTR  [BX]         ;BX 所指内存双字单元的内容是子程序首址的偏移量和段地址,该逻
                               辑地址将送入 IP 和 CS
CALL   DWORD PTR DS:[0]        ;DS:[0]和 DS:[1]单元内容送 IP,DS:[2]和 DS:[3]单元内容送 CS,
                               即 DS:[0]～DS:[3]单元的内容是子程序首址的偏移量和段地址
```

2. 子程序返回用 RET 指令完成

RET 指令有如下形式。

（1）段内近返回：RET。

执行操作：IP ← (SP +1,SP)

　　　　　SP ← SP +2

（2）段间远返回：RETF。

执行操作：IP ← (SP +1,SP)

　　　　　SP ← SP +2

　　　　　CS ← (SP +1,SP)

　　　　　SP ← SP +2

此外，还有段内带立即数近返回和段间带立即数远返回，它们无非是在执行以上操作之后再对堆栈指示器 SP 加上一个立即数而已。

例 6.4　带立即数返回。

```
CODE   SEGMENT
MAIN   PROC   FAR
       …
       PUSH   AX
       PUSH   BX
       PUSH   CX
       CALL   SUB
       …
       RET
MAIN   ENDP
SUB    PROC   NEAR
       …
       RET  6
SUB    ENDP
CODE   ENDS
```

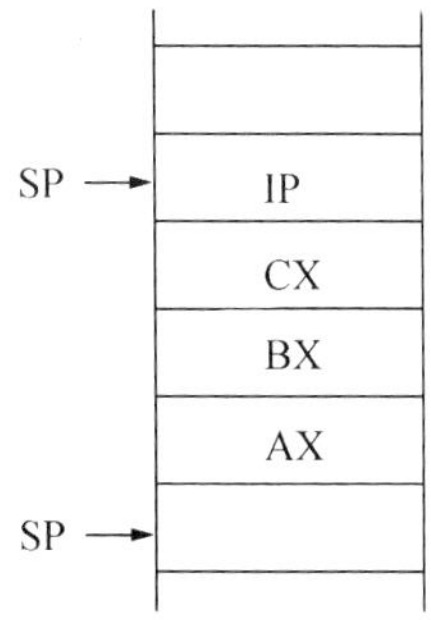

图 6-2　堆栈情况

如果子程序使用不带立即数的返回，则子程序返回后 SP 指向存放 CX 的堆栈单元，而使用 RET 6，则对刚才 SP 的值加上 6，指向存放 AX 的下面的空单元，见图 6-2。

例 6.5　从图 6-3 和图 6-4 中，可以清楚地看到执行 CALL 和 RET 指令后堆栈的变化，以及使用段内直接近调用时，子程序首址的计算方法：IP ← IP +16 位位移量。

```
ASSUME CS:CODE
CODE SEGMENT
START:MOV AX,1
      CALL S   ;①返回地址压栈,即 SP = SP - 2 = 0000 - 2 = FFFEH,将返址 0006H 压入堆栈单
               元 SS:FFFEH
               ;②转子程序,即 IP = IP +16 位位移量 = 0006 + 0005 = 000BH
      MOV AX,4C00H
      INT 21H
    S: ADD AX,AX
      RET      ;将栈顶单元内容弹到 IP,即 IP = 0006H,返回到 CALL S 指令的下一条指令执行
               ;然后 SP = SP + 2 = FFFEH + 2 = 0000H
CODE   ENDS
      END START
```

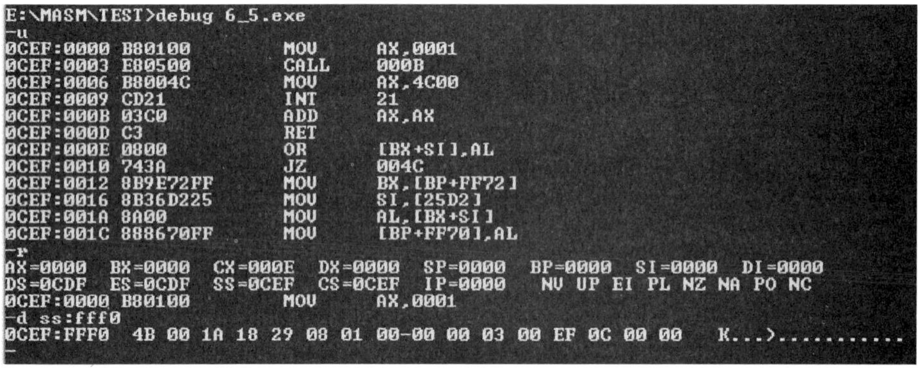

图 6-3 程序运行前的有关情况

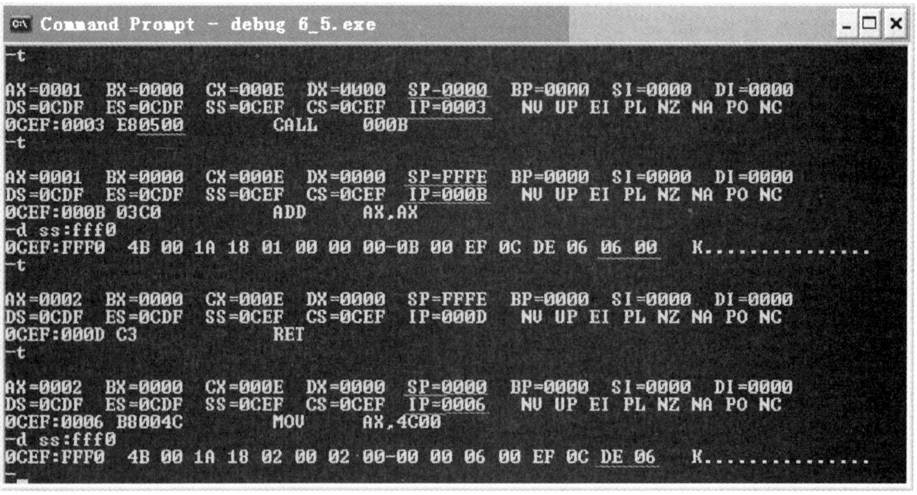

图 6-4 程序单步运行时的有关情况

上例的堆栈位于 0CEF：FFFF 开始的空间（往小地址方向），也可以在程序中设置 SS 和 SP 寄存器的值，使堆栈开辟在指定的区域。

为了更好地理解 CALL 和 RET 指令的内部工作细节，下面举两个例子，虽然 CALL 和 RET 指令一般并不这样使用。

例 6.6　下面的程序中，RET 指令执行后，IP = 0，CS：IP 指向代码段的第一条指令，即返回 DOS。

```
ASSUME CS:CODESG
STACK SEGMENT
    DB 16 DUP (0)
STACK ENDS
CODESG SEGMENT
      MOV AX,4C00H              ;代码段的第一条指令,返回 DOS
      INT 21H
START:MOV AX,STACK              ; 程序从这里开始执行
      MOV SS,AX
      MOV SP,16
      MOV AX,0
      PUSH AX                   ;0 压入堆栈
      RET                       ;RET 指令将栈顶的 0 弹出到 IP 中,也就是程序将转移到代码段的
                                 第一条指令
CODESG ENDS
      END START                 ;END 后面的标号 START 表明了执行的第一条指令的位置
```

例 6.7　下面的程序执行后，AX 中的数值为 1010H。

```
内存地址        机器码                  汇编指令
1000H:0H       B8 00 00              MOV AX,0
1000H:3H       9A 09 00 00 10        CALL FAR PTR S   ;返回地址 1000H:0008H 压入堆栈
1000H:8H       40                    INC AX
1000H:9H       58                  S:POP AX           ;(AX) =0008H
                                     ADD AX,AX        ;(AX) =0010H
                                     POP BX           ;(BX) =1000H
                                     ADD AX,BX        ;(AX) =1010H
```

6.1.3　保存与恢复寄存器

由于调用程序（主程序）和子程序经常是不同人分别编写的，所以它们所使用的寄存器往往会发生冲突。如果主程序在调用子程序之前的某个寄存器内容在从子程序返回后还有用，而子程序又恰好使用了同一寄存器，这就破坏了该寄存器的原有内容，因而会造成程序运行错误。为避免这种错误的发生，在一进入子程序后，就应该把子程序所需要使用的寄存器内容保存在堆栈中，而在退出子程序之前把寄存器内容恢复原状。例如：

```
SUBT    PROC    FAR
        PUSH    AX
        PUSH    BX
        PUSH    CX
        PUSH    DX
        …
        POP     DX
        POP     CX
        POP     BX
        POP     AX
        RET
SUBT    ENDP
```

在子程序设计时，应仔细考虑哪些寄存器是必须保存的，哪些寄存器是不必或不应该

保存的。一般来说，子程序中用到的寄存器是应该保存的。但是，如果使用寄存器在主程序和子程序之间传递参数的话，则这种寄存器就不一定需要保存，特别是用来向主程序回传结果的寄存器，就更不应该因保存和恢复寄存器而破坏了应该向主程序传送的信息。

6.1.4 子程序的参数传递

子程序一般都是完成某种特定功能的程序段。当一个程序调用一个子程序时，通常都向子程序传递若干个数据让它来处理；当子程序处理完后，一般也向调用它的程序传递处理结果，我们称这种在调用程序和子程序之间的信息传递为参数传递。

调用程序（主程序）向子程序传递的参数称为子程序的入口参数，子程序向调用它的程序传递的参数称为子程序的出口参数。对某个具体的子程序来说，要根据具体情况来确定其入口和出口参数，也可以二者都没有。

主程序和子程序之间的参数传递方法是程序员自己或和别人事先约定好的信息传递方法。这种信息传递方法可以是多种多样的，常用的参数传递方法有：寄存器传递参数、约定存储单元传递参数和堆栈传递参数等。

1. 通过寄存器传递参数

一方面，由于 CPU 中的寄存器在任何程序中都是“可见”的，一个程序对某寄存器赋值后，在另一个程序中就能直接使用，因此，用寄存器来传递参数最直接、简便，也是最常用的参数传递方式。但另一方面，CPU 中寄存器的个数和容量都是非常有限的，因此，该方法适用于传递较少的参数信息。

例 6.8 例 6.3 是用寄存器传递参数的例子，子程序处理的数据保存在寄存器 AL 中，入口和出口参数均为 AL。下面是调用子程序 UPPER 的程序段：

```
…
MOV AL, 'b'
CALL UPPER                ;子返回时,(AL) ='B'
…
MOV AL, '2'
CALL UPPER                ;子返回时,AL 的值不变,因为 '2'不是字母
…
```

例 6.9 编写子程序 DISPLAY，完成把 BX 中的带符号二进制数，按 5 位十进制的形式显示出来的工作。如果 BX 的值小于 0，则应在显示数值之前显示负号“ - ”。例如：(BX) =123，显示：00123；(BX) = -234，显示：-00234；

```
;子程序功能:把寄存器 BX 的内容按十进制带符号数显示出来
;入口参数:BX
;出口参数:无,只有显示信息
;算法描述:1. 定义 5 个字节存储单元,用来保存转换成的五位十进制数各位的 ASCII 码
         2. 先判断 BX 内容是否小于零,如果是,则显示负号'-',并求该数的绝对值
         3. 采用除 10 求余数的方法,从低位向高位求出每位十进制数
         4. 输出五位十进制数对应的字符串
SUBDATA SEGMENT
    DB  5 DUP('0'), 0AH, 0DH, '$'      ;0AH、0DH 为换行、回车
SUBDATA ENDS
DISPLAY PROC
```

```
        ASSUME DS:SUBDATA
        PUSH DS
        PUSH DX
        PUSH CX
        PUSH AX
        PUSH SI
        MOV AX, SUBDATA              ;子程序所用的数据段地址送 DS
        MOV DS, AX
        CMP BX, 0
        JGE NEXT
        MOV DL, '-'
        MOV AH, 2
        INT 21H                      ;显示负号'-'
        NEG BX                       ;求 -BX,使其值为正数,即原码的绝对值
   NEXT:MOV SI, 4
        MOV AX, BX
        MOV CX, 10
  AGAIN:XOR DX, DX
        DIV CX                       ;DX 存放余数,AX 存放商
        ADD DL, 30H                  ;转换成该数的 ASCII 码,最先求出的是个位上的数码
        MOV [SI], DL
        DEC SI
        JNZ AGAIN
        XOR DX, DX
        MOV AH, 9
        INT 21H                      ;调用中断 21H 的功能 9,显示 DS:DX 指向的字符串
        POP SI
        POP AX
        POP CX
        POP DX
        POP DS
        RET
DISPLAY ENDP
```

该程序通过寄存器 BX 传递入口参数，无须出口参数，子程序中用到的其他寄存器如 AX，CX，DX，DS 都要进行保存和恢复。

2. 通过内存单元传递参数

如果主程序和子程序在同一源文件（程序模块）中，则子程序可以直接访问模块中的变量。

例 6.10　主程序 MAIN 和子程序 PROADD 在同一源文件中，要求用子程序 PROADD 累加数组中的所有元素，并把和送到指定的存储单元。不考虑溢出。

说明：以后的程序中省略了子程序的描述说明信息。

```
DATA    SEGMENT
        ARY       DW  1,2,3,4,5,6,7,8,9,10
        COUNT     DW  10
        SUM       DW  ?
DATA    ENDS
CODE    SEGMENT
        ASSUME  CS:CODE,DS:DATA
START:MOV   AX, DATA
```

```
        MOV  DS, AX
        CALL  PROADD
        MOV  AX,4C00H
        INT  21H

PROADD  PROC  NEAR
        PUSH  AX
        PUSH  CX
        PUSH  SI
        LEA  SI, ARY
        MOV  CX, COUNT
        XOR  AX, AX
NEXT:   ADD  AX, [SI]
        ADD  SI, 2
        LOOP  NEXT
        MOV  SUM,AX
        POP  SI
        POP  CX
        POP  AX
        RET
PROADD  ENDP
CODE  ENDS
  END  START
```

如果数据段中有如下两个数组：

```
DATA  SEGMENT
      ARY      DW  100 DUP(?)
      COUNT    DW  100
      SUM      DW  ?
      NUM      DW  200 DUP(?)
      N        DW  200
      TOTAL    DW  ?
DATA  ENDS
```

主程序需要两次调用 PROADD 分别累加 ARY 和 NUM 数组中的元素。在这种情况下，如果还是采用例 6.10 的参数传递方式，因为子程序是从固定的 ARY 和 COUNT 单元处获得入口参数，那就只有在调用 PROADD 累加 NUM 数组前，先把 NUM 数组及 N 的内容全部传送到 ARY 数组和 COUNT 单元中去；PROADD 运算完后，再把 SUM 单元的结果传送到 TOTAL。这显然不是一种好方法。为了解决这类问题，下面再介绍“通过地指表传递参数地址”和“通过堆栈传递参数或参数地址”两种方法。

3. 通过地址表传递参数地址

这种方法是通过主程序在数据段中建立一个地址表，把要传递给子程序的参数或参数地址都放在地址表中，然后把地址表的首地址通过一个寄存器（如 BX）传送到子程序中。子程序通过地址表获得所需入口参数或入口参数地址，出口参数可以通过地址表传递，也可以通过指定的寄存器或其他方式传递。

例 6.11 解决上述问题的程序如下。地址表的结构见图 6-5。

```
DATA  SEGMENT
      ARY      DW  10,20,30,40,50,60,70,80,90,100
      COUNT    DW  10
```

```
        SUM       DW  ?
        NUM       DW  1,2,3,4,5,6,7,8,9,10,11,12,13,14,15
        N         DW  15
        TOTAL     DW  ?
        TABLE     DW  3  DUP (?)               ; 地址表
DATA    ENDS
CODE    SEGMENT
MAIN    PROC      FAR
    ASSUME CS:CODE, DS:DATA

START:PUSH   DS
      SUB    AX, AX
      PUSH   AX
      MOV    AX, DATA
      MOV    DS, AX
      MOV    TABLE,   OFFSET  ARY          ;数组 ARY 的首址送 TABLE 单元
      MOV    TABLE+2, OFFSET  COUNT        ;COUNT 单元地址送 TABLE+2 单元
      MOV    TABLE+4, OFFSET  SUM          ;SUM 单元地址送 TABLE+4 单元
      MOV    BX,      OFFSET  TABLE        ;地址表首地址送 BX
      CALL   PROADD
      MOV    TABLE,   OFFSET  NUM
      MOV    TABLE+2, OFFSET  N
      MOV    TABLE+4, OFFSET  TOTAL
      MOV    BX,      OFFSET  TABLE
      CALL   PROADD
      RET
MAIN  ENDP
PROADD  PROC  NEAR
      PUSH  AX                             ;子程序中用到的寄存器压栈保存
      PUSH  CX
      PUSH  SI
      PUSH  DI
      MOV   SI, [BX]                       ;BX 所指向单元的内容(数组首地址)送 SI
      MOV   DI, [BX+2]                     ;BX+2 所指向单元的内容(元素个数地址)送 DI
      MOV   CX, [DI]                       ;DI 所指向单元的内容(元素个数)送 CX
      MOV   DI, [BX+4]                     ;BX+4 所指向单元的内容(结果单元地址)送 DI
      XOR   AX, AX
NEXT:
      ADD   AX, [SI]                       ;SI 所指向单元的内容(数组元素)加到 AX
      ADD   SI, 2
      LOOP  NEXT
      MOV   [DI],AX                        ;累加结果送 DI 所指向的单元(结果单元)
      POP   DI                             ;子程序中用到的寄存器出栈恢复
      POP   SI
      POP   CX
      POP   AX
      RET
PROADD  ENDP
CODE    ENDS
END  START
```

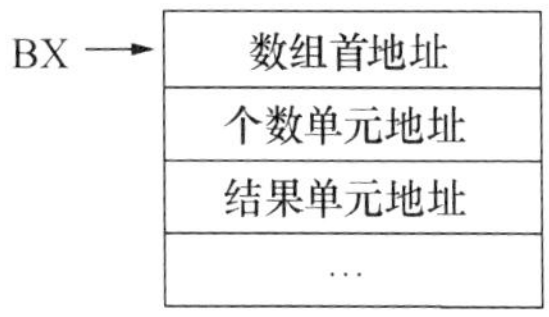

图 6-5　地址表的结构

4. 通过堆栈传递参数或参数地址

通过堆栈传递参数就是主程序把参数或参数地址保存到堆栈中，子程序从堆栈中取得

参数或参数地址以达到传递参数的目的。上面的问题也可以改用堆栈传递参数地址，堆栈最满时的状态如图 6-6 所示。应当注意的是，子程序结束时的 RET 指令应使用带常数的返回指令，以便返回主程序后，堆栈能恢复原始状态不变。

例 6.12　程序如下：

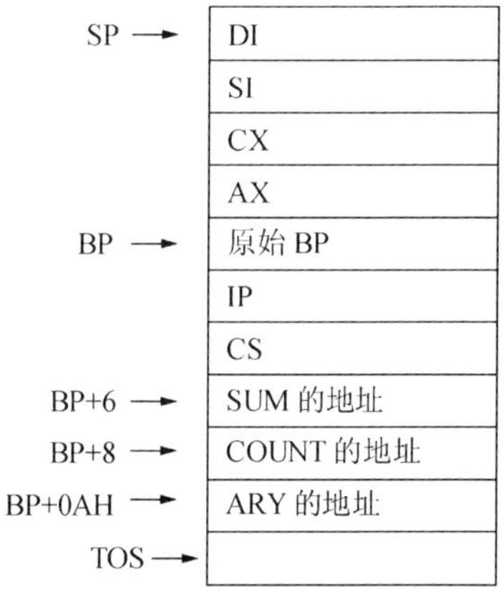

图 6-6　例 6.12 堆栈最满时的状态

```
DATA   SEGMENT
       ARY      DW 10,20,30,40,50,60,70,80,90,100
       COUNT  DW 10
       SUM      DW ?
DATA   ENDS
STACK SEGMENT
       DW    10     DUP (?)
       TOS   LABEL   WORD
STACK ENDS
CODE1 SEGMENT
MAIN   PROC     FAR
       ASSUME  CS:CODE1, DS:DATA, SS:STACK
START:
       MOV      AX,  STACK
       MOV      SS,  AX
       MOV      SP,  OFFSET  TOS
       MOV      AX,  DATA
       MOV      DS,  AX
       MOV      BX,  OFFSET  ARY
       PUSH     BX                   ;数组首地址压栈
       MOV      BX,  OFFSET  COUNT
       PUSH     BX                   ;元素个数单元地址压栈
       MOV      BX,  OFFSET  SUM
       PUSH     BX                   ;结果单元地址压栈
       CALL     FAR  PTR  PROADD
       MOV      AX,  4C00H
       INT      21H
MAIN   ENDP
CODE1 ENDS
CODE2 SEGMENT
  ASSUME CS:CODE2
PROADD  PROC   FAR
       PUSH     BP
       MOV      BP, SP               ;BP 指向存放原始 BP 内容的堆栈单元
       PUSH     AX
       PUSH     CX
       PUSH     SI
       PUSH     DI
       MOV      SI,[BP +0AH]         ; BP +0AH 单元的内容是数组的首地址
       MOV      DI,[BP +8]           ; BP +8 单元的内容是元素个数单元的地址
       MOV      CX,[DI]              ;元素个数送 CX
       MOV      DI,[BP +6]           ; BP +6 单元的内容是结果单元的地址
       XOR      AX,  AX
NEXT:
       ADD      AX,  [SI]
       ADD      SI,  2
       LOOP     NEXT
       MOV      [DI],AX
```

```
        POP     DI
        POP     SI
        POP     CX
        POP     AX
        POP     BP
        RET     6                   ;如果不加立即数,则 SP 指向存放 SUM 地址的单元,堆栈中还
                                    有 3 个数据
  PROADDENDP
 CODE2 ENDS
   END START
```

6.1.5　增强功能的子程序定义

6.1.1 节介绍了子程序的一般定义，在一些复杂的编程中，可能用到增强功能的子程序定义。

MASM 5.1 以后的版本为用户提供了如下的增强过程定义：

```
子程序名  PROC  [Distance] [Language Type] [Visibility] [Prologue] [Uses 寄存器
列表] [,参数[:数据类型]]
          …
          …        ;子程序体
          RET
子程序名 ENDP
```

Distance 即前面的介绍的 NEAR、FAR。MASM 规定在简化段定义中已指定内存模型的情况下，不必再在子程序定义中指定类型属性。汇编程序会自动把 Tiny，Small，Compact 和 Flat 程序中的子程序指定为 NEAR；而把 medium，Large 和 huge 程序中的子程序指定为 FAR。如果程序未指定内存模型，则应由用户指定类型属性；如果用户未指定，则默认值为 NEAR。

Language Type 说明当该子程序为某种高级语言程序的子程序时所用的高级语言，可以是 C，PASCAL，BASIC，FORTRAN，SYSCALL 或 STDCALL 中的任意一种，决定了该过程采用的命名规则和调用规则，它会使 . MODEL 伪指令中指定的默认语言类型失效。如果在程序的 . MODEL 中已经说明了所用的语言，则此时可以省略。

Visibility 说明该子程序的可见性。可用 Private 或 Public。如果用 Private，则该子程序的可见性只能是当前的源文件；如果用 Public，则允许其他模块调用该子程序。该项的默认值为 Public。

Prologue 是一个宏的名字，允许用户用宏来控制子程序的入口和出口的代码。

Uses 字段允许用户指定需要保存和恢复的寄存器表，MASM 将在子程序入口自动生成 PUSH 指令来保存这些寄存器，并在子程序的出口的 RET 指令前自动生成 POP 指令来恢复这些寄存器。

最后的参数字段 par1，par2，…指定该子程序所用的参数。参数之间用逗号分隔。MASM 将自动把这些参数转换成［BP+4］、［BP+6］等形式。

注意：参数排列的顺序与所指定的语言有关，PASCAL 和 FORTRAN 这 3 种语言与 C 语言在参数入栈的次序上是相反的。前 3 种语言是按参数在调用时出现的顺序入栈的，而 C 语言则正好相反，它的第 1 个参数是最后入栈的。如图 6-7 所示。

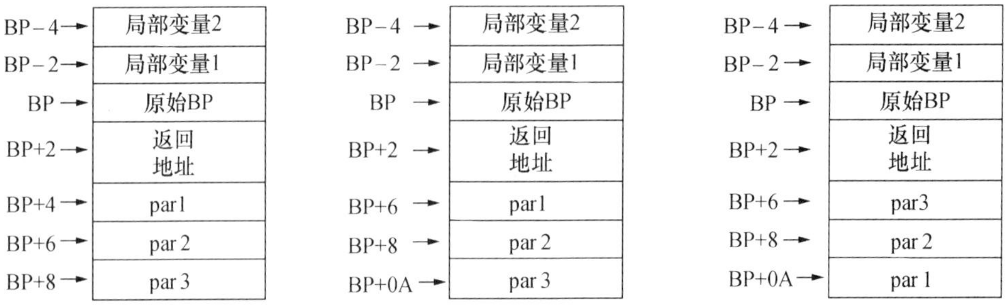

(a) C NEAR 调用　　(b) C FAR 调用　　(c) PASCAL 和 FORTRAN 调用

图 6-7　几种高级语言子程序调用时的堆栈情况

增强功能的子程序定义除具有以上的功能外，还可在子程序中定义局部变量。

局部变量是在子程序内使用的变量。它是在子程序被调用时在堆栈中建立的，在退出子程序时被释放。局部变量所建立的区域为图 6-7 所示堆栈中的局部变量区，它以［BP－2］、［BP－4］，…的形式被访问。

在子程序中可以用 LOCAL 伪指令为局部变量申请空间，其格式为：

```
LOCAL  VAR:TYPE [,VAR:TYPE]
```

其中，type 可以是任何合法的类型，如 BYTE、WORD、DWORD 等，默认为 WORD。另外，变量 var 除了可以是我们以前见过的形式外，还可以写成数组的形式，如 M［20］。

汇编程序将为定义的局部变量在堆栈中的 BP 负偏移区生成空间，并对每个局部变量名生成如［BP－2］，［BP－4］，…形式的代码。

6.2　子程序设计举例

在前面介绍子程序的参数传递时，已经举了一些例子来说明子程序的编程。下面再举两个例子。这两个例子介绍如何从键盘接收数据，又如何将运算结果显示在显示器上。这样，就不必在数据段中事先定义要处理的数据，而可以在程序运行中随时输入，增加了程序的灵活性。这是两个常用的程序，希望读者可以好好理解掌握。

例 6.13　从键盘输入一个 0～FFFFH 的十六进制正数，把它转换成十进制数并在屏幕上显示出来。

该程序主要由 3 个子程序构成，即：

HEXIBIN——从键盘接收十六进制数，并转换成二进制数保存在 BX 寄存器中；
CRLF——输出回车换行；
BINIDEC——把 BX 中的二进制数转换成十进制数，并输出到屏幕

程序如下：

```
DISPLAY  EQU  2H
KEY_IN  EQU  1H
DOSCALL  EQU  21H
HEXTODEC  SEGMENT
   ASSUME  CS:HEXTODEC
START:CALL  HEXIBIN  ;从键盘接收十六进制数,并转换成二进制数保存在 BX 寄存器中
      CALL  CRLF     ;输出回车换行
```

```
        CALL   BINIDEC    ;把 BX 中的二进制数转换成十进制数,并输出到屏幕
        CALL   CRLF
        MOV AX,4C00H
        INT 21H

HEXIBIN  PROC  NEAR
        MOV BX,0
NEWCHAR:
        MOV AH,KEY_IN
        INT  DOSCALL
        SUB  AL,30H       ;该位数字在 0 ～9 之间吗?(如果是回车键(0DH),则转 EXIT)
        JL  EXIT
        CMP  AL,10
        JL  ADD_TO        ;在 0 ～9 之间,转 ADD_TO
                          ;该程序没有判断数字是否在 A～F(大写字母)之间,若进行判断,则可写
                          在此处
        SUB  AL,27H       ;该位数字在 a～f(小写字母)之间吗?
        CMP  AL,0AH
        JL  EXIT
        CMP AL,0FH
        JG  EXIT
ADD_TO:MOV CL,4           ;BX 乘以 16
        SHL  BX,CL
        MOV  AH,0
        ADD  BX,AX        ;BX 再加上刚接收的数字
        JMP  NEWCHAR
EXIT: RET
HEXIBIN  ENDP

BINIDEC  PROC  NEAR
        MOV  CX,10000     ;除以 10000,取得万位数字,并输出
        CALL  DEC_DIV
        MOV  CX,1000      ;除以 1000,取得千位数字,并输出,下同
        CALL  DEC_DIV
        MOV  CX,100
        CALL  DEC_DIV
        MOV  CX,10
        CALL  DEC_DIV
        MOV  CX,1
        CALL  DEC_DIV
        RET

DEC_DIV  PROC NEAR
        MOV  AX,BX        ;接收的数据作为被除数,放在 DX AX 中
        MOV  DX,0
        DIV  CX
        MOV  BX,DX        ;余数(DX)送 BX
        MOV  DL,AL        ;商(在 AX 中,实际只在 AL 中,高位 AH 为 0)送 DL,进行显示
        ADD  DL,30H
        MOV  AH,DISPLAY
        INT  DOSCALL
        RET
DEC_DIV  ENDP
```

```
BINIDEC ENDP

CRLF   PROC   NEAR
       MOV   DL,0AH      ;输出换行符
       MOV   AH,DISPLAY
       INT   DOSCALL
       MOV   DL,0DH      ;输出回车符
       MOV   AH,DISPLAY
       INT   DOSCALL
       RET
CRLF   ENDP
HEXTODEC   ENDS
       END   START
```

说明：

（1）子程序 HEXIBIN 从键盘接收十六进制数，并转换成二进制数保存在 BX 寄存器。为了便于理解，举例说明子程序 HEXIBIN 的算法：

假如输入的是十六进制数 15f，即接收到 31H、35H、66H（分别为 1、5、f 的 ASCII 码），则程序把上述 ASCII 码转换为 3 个按键对应的数字 1、5、f，然后做计算（（0×16）+1）×16+5）×16+0f，就可以将其转换为二进制数。

（2）左移一位相当于乘 2，所以左移 4 位就是乘 16。

（3）输入数据后按回车键结束，因为回车键的 ASCII 码为 0DH，小于 30H，所以程序会结束输入，从子程序 HEXIBIN 返回。

（4）由于输入的是 4 位十六进制数，大小在 0～FFFFH 之间，其对应的十进制数为 0～65535，所以在求出该数的各位数字时，分别除以 10000，1000，100…，商数即为求出的万位，千位，百位……这种把二进制转换成十进制数的方法请与例 5.28 和例 6.9 的方法相对比。

（5）在本例中，子程序 HEXIBIN 和子程序 BINIDEC 采用寄存器 BX 来传递参数。

（6）请思考如果输入的是一个负数，该如何处理？

根据例 6.13，我们也很容易编写出从键盘接收十进制数，然后转换成十六进制数输出的程序。

例 6.14 从键盘接收十进制数，然后转换成十六进制数的形式输出。

主程序结构为：

```
CALL   DECIBIN        ;从键盘接收十进制数,并转换成二进制数保存在 BX 寄存器中
CALL   CRLF           ;输出回车换行
CALL   BINIHEX        ;把 BX 中的二进制数转换成十六进制数,并输出到屏幕
CALL   CRLF
……
```

子程序 CRLF 见例 6.13，下面是子程序 DECIBIN：

```
DECIBIN PROC   NEAR
         MOV   BX,0
NEWCHAR:MOV   AH,1          ;从键盘接收一位数字,存放在 AL
         INT   21H
         SUB   AL,30H       ;该数字在 0 ～9 之间吗?
         JL   EXIT
         CMP   AL,9D
```

```
        JG  EXIT
        CBW                   ;转换为字(即 AH 为 0,因为 AL 中为正数),也可换成指令 MOV AH,0
        XCHG  AX,BX           ;进行乘 10 和累加,累加和放在 BX 中,即 BX = BX × 10 + AX
        MOV  CX,10D
        MUL  CX
        XCHG  AX,BX
        ADD  BX,AX
        JMP  NEWCHAR
EXIT:RET
DECIBIN  ENDP
```

该子程序的算法与上例的子程序 HEXIBIN 类似，只不过是乘以 10，然后加上接收的数字而已。若输入的十进制数为 $a_4a_3a_2a_1a_0$，则其值为：$(((((0\times10)+a_4)\times10)+a_3)\times10+a_2)\times10+a_1)\times10+a_0$。如从键盘接收的十进制数是 125，则运算为：

$((0\times10)+1)\times10+2)\times10+5$

程序中乘 10 采用的是乘法指令，乘法指令要求其中一个乘数必须存放在 AX 中，而 AX（AL）中存放了刚接收的一位数字而不是累加和，累加和在 BX 中，因此程序用了 2 次交换指令 XCHG 来完成 AX 和 BX 的内容交换。

实际上，因为（BX）×10 =（BX）×8 +（BX）×2，所以我们也可以采用如下指令完成上述公式的计算：

```
SHL  BX,1             ;(BX)乘以 2
MOV  DX,BX
MOV  CL,2             ;(BX)乘以 8
SHL  BX,CL
ADD  BX,DX            ;(BX)乘以 10
ADD  BX,AX            ;加上刚接收的数字
```

下面是子程序 BINIHEX：

```
BINIHEX  PROC  NEAR
         MOV  CH, 4
ROTATE:  MOV  CL, 4
         ROL  BX, CL        ;要显示的位移到最低 4 位
         MOV  AL, BL
         AND  AL, 0FH       ;屏蔽掉高 4 位,保留低 4 位
         ADD  AL, 30H       ; 把'0'～'9'变成其 ASCII 码 30H～39H
         CMP  AL, 3AH
         JL   PRINTIT
         ADD  AL, 7H        ; 把'A'～'F'变成其 ASCII 码 41H～46H
PRINTIT: MOV  DL, AL        ;显示
         MOV  AH, 2
         INT  21H
         DEC  CH
         JNZ  ROTATE
         RET
BINIHEX ENDP
```

把 BX 中的二进制数以十六进制的形式显示出来，就是把 BX 的内容从左到右每 4 位为一组在屏幕上显示出来而已。采用左循环移位把要显示的 4 位二进制数依次移到最右边，然后屏蔽掉其他位，只剩下最低 4 位，然后将其转换成相应的 ASCII 码输出即可。

6.3 模块化程序设计

在开发一个功能较弱的应用程序时，其可执行文件通常可由一个目标文件连接而成，当开发一个功能较强、关系较复杂的应用程序时，我们一般采用模块化程序设计的方法。这样，就存在多个模块文件。其执行文件很难由一个目标文件连接而成，常常是由多个目标文件连接而成的。各模块之间无疑会存在着相互调用子程序、相互访问数据单元等内在联系，各模块之间的相互联系就产生了这样的问题：程序员如何在源程序中来表达这种联系？下面就说明这一问题。

6.3.1 伪指令 PUBLIC 和 EXTRN

为了解决描述各模块之间的联系，汇编语言提供了两条伪指令 PUBLIC 和 EXTRN，它们的作用有点像 C 语言中说明变量、过程和函数是“全局的”或“外部的”。

这两条伪指令的具体用法和含义如下所述。

1. 伪指令 PUBLIC

我们已经熟悉在本模块定义、又在本模块中引用的局部符号。在某一模块定义、而在另一个模块中引用的全局符号（公共标识符）可以用 PUBLIC 定义。

伪指令 PUBLIC 是用来说明：当前模块中哪些标识符是能被其他模块引用的公共标识符。其说明的一般格式如下：

```
PUBLIC  标识符 1，标识符 2，……
```

其中，“标识符”可以是变量名、过程名和程序标号，各标识符之间要用逗号分开。

上面说明语句说明了标识符 1、标识符 2 等是公共标识符，可以被其他模块引用。

在一个模块中，可用多条 PUBLIC 伪指令来说明公共标识符。

2. 伪指令 EXTRN

伪指令 EXTRN 是用来说明：在当前模块所使用的标识符中，哪些标识符是已在其他模块中被定义为指定类型的标识符。如果当前模块使用了其他模块的标识符，而对它又不加以说明的话，那么，在汇编时，汇编程序将会给出下列出错信息：

```
error nnnnn:undefined symbol:XXXXXX
```

其中，“nnnnn”是错误代号，“XXXXXX”是当前模块中没有定义的标识符名字。

伪指令 EXTRN 的一般格式如下：

```
EXTRN  标识符 1:类型 1，标识符 2:类型 2，……
```

其中，“标识符”和“类型”之间要用冒号“:”连接。

上面语句说明了标识符 1、标识符 2 等是外部标识符，它们在其他模块中已被分别定义为类型 1、类型 2 等，该类型说明符可以是：NEAR、FAR、BYTE、WORD、DWORD 等之一。如果标识符为变量，则类型应为 BYTE、WORD、DWORD 等；如果标识符为标号或过程名，则类型应为 NEAR 或 FAR。

如果在一条说明伪指令中说明了多个标识符，那么，各标识符之间要用逗号分开。

在一个模块中，可用多条 EXTRN 伪指令来说明本模块所引用的外部标识符。

注意：伪指令 EXTRN 中所说明的标识符必须在其定义的模块中用 PUBLIC 伪指令说明为公共标识符，并且 EXTRN 中说明的标识符类型要与该标识符在定义时的类型相一致，否则，要么不能生成其可执行文件，要么其执行文件不能正确运行。

6.3.2　模块间的调用

模块间的调用是指一个模块中的代码调用另一个模块中的子程序。

若两个模块的代码段在连接后不能组合成一个代码段，那么发生在这两个代码段间的转移必须是段间转移，所以模块间的调用就成为远调用；否则模块间的转移可以是近转移或近调用，当然仍采用远调用或远转移也是完全可以的。但是，分布在两个不同源程序模块中的两个代码段在连接时能被组合成一个段是有条件的，即它们的段名及类别必须是相同的，而且段组合类型也应是 PUBLIC。在实际编程时，不同的模块往往由不同的人员完成，因此很难做到段同名。为了避免考虑不同模块中的代码能否组合成一个段，一般常采用远调用。

例 6.15　下面程序由 3 个模块组成，主模块中代码段的段名是 CODE，另两个模块中代码段的段名是 PROGRAM。

```
;模块 1,文件名为 MAIN.ASM
EXTRN  SUB1:FAR
CODE   SEGMENT
       ASSUME  CS:CODE
START: CALL  FAR PTR  SUB1
       MOV  AX,4C00H
       INT  21H
CODE   ENDS
       END  START

;模块 2,文件名为 PROC1.ASM
PUBLIC SUB1
EXTRN  SUB2:NEAR
PROGNAM  SEGMENT   PUBLIC  'CODE'
      ASSUME  CS:PROGNAM
SUB1    PROC  FAR
        MOV  DL,'#'         ;显示'#'
        MOV  AH,2
        INT  21H
        CALL  SUB2
        RET
SUB1    ENDP
PROGNAM ENDS
     END                    ;END 后面不加标号

;模块 3,文件名为 PROC2.ASM
PUBLIC  SUB2
PROGNAM  SEGMENT   PUBLIC  'CODE'
      ASSUME  CS:PROGNAM
SUB2    PROC  NEAR
        MOV  DL,'+'         ;显示'+'
```

```
        MOV  AH,2
        INT  21H
        RET
SUB2  ENDP
PROGNAM  ENDS
    END                  ;END 后面不加标号
```

由于模块 PROC1. ASM 中的代码段与主模块 MAIN. ASM 中的代码段不同名，所以连接时不能组合成一个段，因此过程 SUB1 被定义成了 FAR 属性，在主模块中也相应地声明为 FAR 类型。由于模块 PROC1. ASM 中的代码段与模块 PROC2. ASM 中的代码段的段名和段类别都相同，而且组合类型为 PUBLIC，所以在连接时它们被组合成一个段，而且由于只有过程 SUB1 调用了过程 SUB2，即只有段内调用，因此过程 SUB2 才被定义成近过程，在模块 PROC1. ASM 中也相应地声明成 NEAR 类型。

分别把以上 3 个源程序模块汇编生成 . OBJ 目标文件，然后可以用下面的命令把以上 3 个模块连接成一个完整的程序：

LINK　MAIN. OBJ + PROC1. OBJ + PROC2. OBJ

然后运行产生的 . EXE 文件，会在屏幕上显示“# +”。

6. 3. 3　模块间的参数传递

模块间的信息传递主要表现为模块间过程（子程序）调用时的参数传递。前面介绍的模块内的参数原则依然有效：少量的参数传递可利用寄存器，大量的参数可放在内存单元中，然后只需要利用寄存器或堆栈传递相应的指针即可。

如果要利用约定的内存单元传递参数，情形稍微复杂些，需要把它们声明为公共标识符。

例 6. 16　方法 1：利用段覆盖来传递参数。

具体方法是：在两个模块中都定义一个同名同类别的数据段，规定段组合类型是 COMMON；把要传递的参数安排在这两个数据段的相同位置上。由于这两个在不同模块中的数据段同名同类别，且组合类型为 COMMON，所以连接时它们就发生了重叠。

```
;模块 1
EXTRN  PROADD:FAR
DATA  SEGMENT  COMMON
    ARY  DW  100 DUP(?)
    COUNT  DW  100
    SUM  DW  ?
DATA  ENDS
CODE1  SEGMENT
   ASSUME  CS:CODE1,DS:DATA
START:MOV  AX,DATA
    MOV  DS,AX
    CALL  FAR PTR PROADD
    MOV  AX,4C00H
    INT  21H
CODE1  ENDS
    END  START
;模块 2
PUBLIC  PROADD
```

```
DATA  SEGMENT  COMMON
   ARY  DW  100 DUP(?)
   COUNT  DW  100
   SUM  DW  ?
DATA  ENDS
CODE2  SEGMENT
PROADD  PROC FAR
   ASSUME  CS:CODE2,DS:DATA
START:MOV  AX,DATA
   MOV  DS,AX
   PUSH  AX
   PUSH  CX
   PUSH  SI
   LEA  SI,ARY
   MOV  CX,COUNT
   XOR  AX,AX
NEXT:ADD  AX,[SI]
   ADD  SI,2
   LOOP  NEXT
   MOV  SUM,AX
   POP SI
   POP CX
   POP AX
   RET
PROADD  ENDP
CODE2  ENDS
   END
```

在这个例子中，DATA 段用 COMMON 合并称为一个覆盖段，所以模块 2 只引用了本模块中的变量，不必做特殊处理。整个程序的外部符号只有 PROADD。

例 6.17　方法 2：使用公共数据段并不是唯一的方法，我们可以把变量也定义为外部符号，这样就允许其他模块引用在某一模块中定义的变量名。但是要注意，引用外部符号时必须把其相应的段地址放入段寄存器。

```
;模块 1
EXTRN  VAR1:WORD,OUPUT:FAR
EXTRN  VAR2:WORD
PUBLIC  EXIT
LOCAL_DATA  SEGMENT
      VAR  DW 5
LOCAL_DATA  ENDS
CODE  SEGMENT
      ASSUME  CS:CODE,DS:LOCAL_DATA
START:MOV  AX, LOCAL_DATA
      MOV  DS,AX
      MOV  BX,VAR          ;BX =5
      MOV  AX,SEG VAR1     ;把外部符号 VAR1 的段地址放入 ES
      MOV  ES,AX
      ADD  BX,ES:VAR1      ;BX =5 +10 =15
      MOV  AX,SEG VAR2     ;把外部符号 VAR2 的段地址放入 ES
      MOV  ES,AX
      ADD  ES:VAR2,5       ;VAR2 =3 +5 =8
      JMP  OUTPUT          ;跳到模块 3 的标号 OUTPUT 处
```

```
EXIT: MOV  AX,4C00H
      INT  21H
CODE  ENDS
      END START

;模块 2
PUBLIC  VAR1
EXTDATA1 SEGMENT
      VAR1  DW 10
EXTDATA1  ENDS
      END

;模块 3
PUBLIC  VAR2
PUBLIC  OUTPUT
EXTRN  EXIT:FAR
EXTDATA2 SEGMENT
      VAR2  DW 3
EXTDATA2  ENDS
PROGRAM  SEGMENT
      ASSUME CS:PROGRAM,DS:EXTDATA2
OUTPUT:JMP  EXIT              ;跳到模块 1 的标号 EXIT 处
PROGRAM ENDS
      END
```

该程序也演示了在不同模块间的程序跳转。

例 6.18 方法 3：在例 6.17 中，不断切换 ES 寄存器的值，以达到正确访问各外部变量的目的。如果模块 1 本身使用 ES 寄存器，或者外部变量较多，为避免频繁动态改变段地址而产生错误，则可以采用下面的方法。

```
;模块 1
GLOBAL  SEGMENT  PUBLIC
    EXTRN  VAR1:WORD,VAR2:WORD
GLOBAL  ENDS
LOCAL_DATA  SEGMENT
    …
LOCAL_DATA  ENDS
CODE  SEGMENT
     ASSUME  CS:CODE,DS:LOCAL_DATA,ES:GLOBAL
START:MOV  AX, LOCAL_DATA
      MOV  DS,AX
      MOV  AX, GLOBAL
      MOV  ES,AX
      …
      MOV  BX,ES:VAR1
      ADD  ES:VAR2,BX
      …
      EXIT:MOV  AX,4C00H
      INT  21H
CODE  ENDS
      END START
;模块 2
GLOBAL  SEGMENT  PUBLIC
```

```
   PUBLIC  VAR1,VAR2
        VAR1  DW  ?
        VAR2  DW  ?
GLOBAL  ENDS
…
        END
```

从上面的几个例子可以看出，只要掌握 EXTRN、PUBLIC 伪指令和 SEGMENT 伪指令的参数使用方法，就可以编写出灵活的模块间访问的程序。

6.3.4　子程序库

把频繁使用的一组子程序的源代码集中存放在某个文件中，再通过 INCLUDE 伪指令把它与完成某个任务的源程序相结合，这样就能方便地利用这些子程序，而无须重新编写它们。这种方法能提高编写程序的效率，但有以下不足：第一，当前源程序的标号或变量名可能与被结合子程序文件中的标号等发生冲突；第二，由于是源程序结合，所以每次汇编都包含对子程序文件的汇编，增加了汇编时间。

改进的办法是：把常用的子程序放在一个源文件中，单独汇编它，形成一个常用子程序目标文件。需要调用它里面子程序的主程序，只要把主程序汇编生成目标文件，与常用子程序目标文件相连接即可。这种方法的缺点是：当前未使用到的但却属于常用子程序目标文件中的子程序都会出现在最终的可执行文件 . EXE 中。

使用库能够解决这一问题。当目标文件与库相连接时，LINK 程序只把目标文件所需的子程序从库中找出来，并嵌入到可执行文件中，而不是把库内的全部子程序统统嵌入到可执行文件。

宏汇编 MASM 系统提供了建立库文件的命令文件 LIB. EXE。

假设现有目标文件 SUB1. OBJ、SUB2. OBJ 和 SUB3. OBJ，要用它们建立库文件 MYLIB. LIB。可用下列方法来建立该库文件：

方法 1：所有目标文件都准备好了，可一次性把它们加入到库文件中。

```
…>LIB  MYLIB + SUB1 + SUB2 + SUB3
```

方法 2：随着目标文件的逐个生成，而依次把它们加入到库文件中。

```
…>LIB  MYLIB + SUB1
…>LIB  MYLIB + SUB2
…>LIB  MYLIB + SUB3
```

假如源文件 SUB3. ASM 已修改，并也生成了新的目标文件 SUB3. OBJ，这时，就需要把库文件 MYLIB. LIB 中的 SUB3. OBJ 替换成新的目标文件。于是，可用下面命令来实现替换：

```
…>LIB  MYLIB  - + SUB3
```

当提示输入目标库文件名（OUTPUT LIBRARY）时，可按“回车”用默认的原库文件名。

如果想查看库文件 MYLIB. LIB 中各文件的大小和存放的先后次序，可用下列命令：

```
…>LIB  MYLIB,MYLIST          ;把库文件 MYLIB.LIB 中的文件结构生成到列表文件 MYLIST 中
…>TYPE  MYLIST               ;显示 MYLIST 的内容
```

也可以在建立库文件的同时，产生列表文件。即当提示“List File?”时，输入“MYLIST”。

这样，当我们编写的程序需要调用库中的子程序时，只需要在执行连接命令 LINK，要求输入库文件名时，输入 MYLIB 即可。

6.3.5 C/C + +和汇编语言的混合编程

C/C + +语言是一个被广泛使用的程序设计语言，它不仅具有良好的高级语言特征，而且还具有一些低级语言的特点，如：寄存器变量、位操作等。因此，C/C + +语言的程序与汇编语言程序之间能很平滑地衔接。另外，目前主要的 C/C + +语言程序开发环境，如：Turbo C/C + +、Borland C/C + +等，也都提供了很好的混合编程手段。下面做一简单介绍。

1. 汇编指令的嵌入

为了提高 C 语言程序内某特殊功能段的处理效率，我们可以在其源程序中嵌入一段汇编语言程序段。这样做能够提高程序的处理效率，但它无疑以丧失源程序的可移植性为代价。因此，当想用 C 语言和汇编语言混合编程时，程序员需要权衡采用这种方法的利与弊。

在 C 语言中，嵌入汇编指令的语法如下：

```
ASM 汇编语言指令
```

若 C 语言源程序中嵌入一条汇编指令，则可按下列方式来做：

```
ASM  MOV AX, DATA
```

若要嵌入一组汇编指令，则需要用括号“{”和“}”把它们括起来。

```
ASM {
    MOV  AX, DATA1
    XCHG  AX, DATA2
    MOV  DATA1, AX            //实现整型变量 DATA1 和 DATA2 之值的交换
    }
```

2. C 语言程序的汇编格式编译结果

除了上面介绍的在 C 程序中嵌入汇编指令，更经常采用的是 C 语言和汇编语言编写的程序保存成独立的模块。为了使 C 模块能够调用到汇编模块的子程序（函数），在编写汇编模块时，必须注意两个问题。第一，汇编模块必须能够恰当地与 C 模块连接在一起，并且其中的汇编子程序（函数）名等要符合 C 语言的约定，这就是命名规则的问题；第二，汇编子程序（函数）必须能恰当地处理 C 风格的函数调用，包括访问传递过来的参数、返回值及遵守 C 函数所要求的寄存器保护，这就是调用规则的问题。

在 Turbo C + +或 Borland C + +编程环境下，可以用 TCC 或 BCC 行命令把一个 C 语言的源程序转换成汇编语言的源程序。从汇编形式给出的编译结果中可以方便地了解这种机制，也可以很准确地知道 C 语言语句的功能是如何实现的，这样也可以为将来学习“编译原理”课程的相关知识打下良好的基础。鉴于篇幅所限，下面仅做注释，不再详细介绍，有兴趣的读者可以参阅相关资料。

C 语言源程序转换为汇编指令程序的命令如下：

```
TCC -S t1.cpp 或 BCC -S t1.cpp        ;假设其文件名为 t1.cpp,参数 -S 为产生汇编输出
```

输入 TCC（不带参数），可显示其命令语法和参数，见图 6-8。

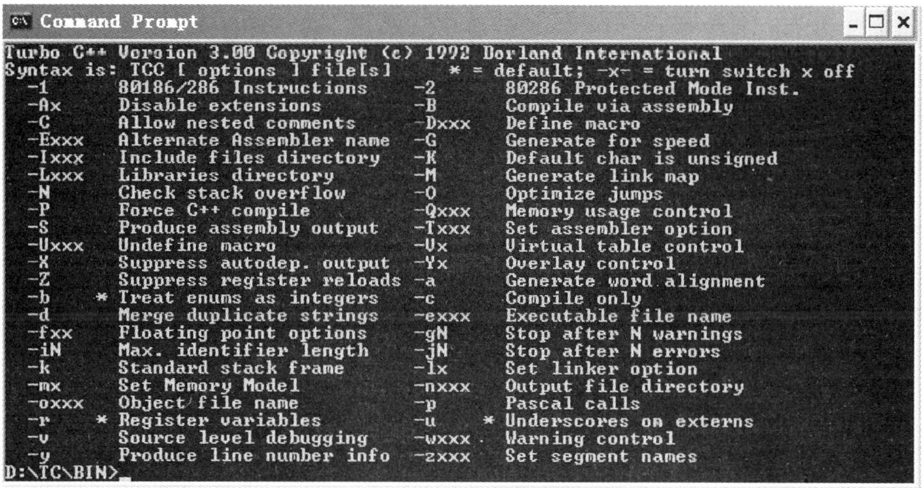

图 6-8　TCC 命令语法

例 6.19　下面是 C 语言程序及其相对应的汇编语言程序，从中可以理解语句之间的转换关系，这将会进一步理解高级语言的语句功能。

C 语言程序清单：

```
#include<stdio.h>
int sum(int a, int b, int c)
  {
  return (a+b+c);
  }
void main()
{int a, b, c;
a=12;
b=6;
c=32;
printf("% d", sum(a,b,c));
}
```

生成的汇编语言程序清单：

```
……                                          ;一系列辅助说明信息
_TEXT   segment byte public 'CODE'
_TEXT   ends
DGROUP  group  _DATA,_BSS
  assume  cs:_TEXT,ds:DGROUP
_DATA   segment word public 'DATA'
d@    label  byte
d@ w   label  word
_DATA   ends
_BSS  segment word public 'BSS'
b@    label  byte
b@ w   label  word
_BSS  ends
```

```
_TEXT  segment byte public 'CODE'        ;代码段的开始
  ;
  ;  int sum(int a, int b, int c)
  ;
 assume  cs:_TEXT
_sum  proc  near                          ;过程_sum,对应于C语言函数sum()
 push  bp                                 ;为读取堆栈中的参数作准备
 mov  bp,sp
  ;
  ;  {
  ;   return (a+b+c);
  ;
 mov  ax,word ptr [bp+4]                  ;读取参数并求和
 add  ax,word ptr [bp+6]
 add  ax,word ptr [bp+8]
 jmp  short @1@58
@1@58:
  ;
  ;  }
  ;
 pop  bp                                  ; 过程_sum结束
 ret
_sum  endp
  ;
  ;  void main()
  ;
 assume  cs:_TEXT
_main  proc  near                         ;过程_main,对应于C语言中的主函数main()
 push  bp                                 ;为堆栈中压入局部变量作准备,局部变量是用堆栈来
                                          存储的
 mov  bp,sp
 sub  sp,6
  ;
  ;  {int a, b, c;
  ;   a=12;
  ;
 mov  word ptr [bp-2],12                  ;给局部变量赋值
  ;
  ;   b=6;
  ;
 mov  word ptr [bp-4],6
  ;
  ;   c=32;
  ;
 mov  word ptr [bp-6],32
  ;
  ;   printf("%d", sum(a,b,c));
  ;
 push  word ptr [bp-6]                    ;局部变量压入堆栈
 push  word ptr [bp-4]
 push  word ptr [bp-2]
 call  near ptr _sum                      ;用汇编语言形式调用自定义函数sum
 add  sp,6                                ;把堆栈恢复到初始状态,即把参数a,b,c弹出
```

```
  push  ax
  mov  ax,offset DGROUP:s@
  push  ax
  call  near ptr _printf              ;用汇编语言调用标准函数 printf
  pop  cx
  pop  cx
   ;
   ;  }
   ;
  mov  sp,bp                          ;过程_main 结束
  pop  bp
  ret
_main  endp
  ?debug  C E9
_TEXT  ends                           ;代码段的结束
_DATA  segment word public 'DATA'     ;数据段的定义
s@   label  byte
  db  '% d'
  db  0
_DATA  ends
_TEXT  segment byte public 'CODE'
_TEXT  ends
  public  _main                       ;下面说明函数的属性
  public  _sum
  extrn  _printf:near
_s@   equ  s@
  end
```

从上面以汇编格式给出的编译结果可以看出，函数 sum 除了包含一条多余的跳转指令外，已足够精练。但为了说明如何编写供 C 调用的函数，我们仍然把上述 C 函数改写成汇编函数。相应地，例 6.19 的 C 程序改写为：

```
#include<stdio.h>
Extern int sum(int,int,int);          /*声明函数 sum 在其他模块中定义*/
void main()
{int a, b, c;
a =12;
b =6;
c =32;
printf("% d", sum(a,b,c));
}
```

上述程序保存成 CMAIN. C。

汇编形式的函数 sum 为：

```
.model small,c      ;小型存储模式和 C 语言规则(该规则使标识符前会自动加上前缀下画线_
    ;如 sum 会自动汇编成_sum,该规则还要求按 C 语言的调用规则,如参数自右向左压入堆栈等)
    ;采用简化的段定义方便汇编模块和 C 模块采用相同的存储模式,进行混合编程
.code
public  sum
sum  proc   near
       push  bp
       mov  bp, sp
       mov  ax, word ptr [bp +4]
       add  ax, word ptr [bp +6]
```

```
        add  ax, word ptr [bp + 8]
        pop  bp
        ret                   ;由累加器 ax 返回结果
sum  endp
  end
```

上述程序保存成 ASUM. ASM 文件。通过下面的命令能够完成对 CMAIN. C 的编译，对 ASUM. ASM 的汇编，最后再连接到一起：

```
TCC  -ms  CMAIN  ASUM.ASM
```

如果提示找不到包含文件“stdio. h”，可以在 TCC 命令中加上 -I 参数，指明 Include 文件夹的位置。

通过下面的 3 条命令可以分别编译、汇编和连接：

```
TCC  -ms  -c  CMAIN          ;生成目标文件 CMAIN.OBJ
MASM  /ml  ASUM              ;生成目标文件 ASUM.OBJ
LINK  …\lib\c0s  CMAIN  ASUM, CMAIN.EXE,  , …\lib\cs
```

其中，c0s 和 cs 是 TC 在小型模式下的初始化模块和函数库文件，并且初始化模块必须是第 1 个文件。连接时这两个文件的路径必须正确，如果存储模式发生改变，则相应的这两个文件也不同，比如在大模式下为 c0l 和 cl。

连接成功后，就会得到可执行文件 CMAIN. EXE，运行即可。

注意：上面的汇编模块只能与按 SMALL 模式编译的 C 模块相连。

6.4 宏

从前面的介绍可以看出，子程序有很多优点：可以节省存储空间及程序设计所花的时间，可以提供模块化的程序设计，便于程序的调试及修改等。但是，子程序也有一些缺点：转子程序和子程序返回、保存和恢复寄存器以及参数的传递等都要增加程序的开销，这些操作所消耗的时间和它们所占用的存储空间，都是使用子程序的代价。因此，有时在子程序本身较短或者是需要传递的参数较多的情况下，使用宏就更方便。

宏是源程序中一段具有独立功能的程序代码。宏也称为宏指令、宏操作。宏只要在程序中定义一次，就可以多次调用它，调用时只用一个宏指令即可。

宏的使用需要经过 3 个步骤：宏定义、宏调用和宏展开。

6.4.1 宏定义

宏定义用伪指令 MACRO 和 ENDM 来实现。格式如下：

```
宏指令名  MACRO  [形式参数表]
          …
          ENDM
```

其中，MACRO 和 ENDM 必须成对出现，表示宏定义的开始和结束。MACRO 和 ENDM 之间的内容称为宏定义体，可以是由指令、伪指令和宏指令构成的程序片段。宏指令名由用户指定，适用一般标识符的命名规则。可选的形式参数表可由若干参数组成，各形参之间用逗号分隔。

例 6.20 定义实现程序结束功能的宏 SYSEND。

```
SYSEND  MACRO
        MOV  AX,4C00H
        INT  21H
        ENDM
```

例 6.21 定义两数相加宏指令 SUM。

```
SUM  MACRO  X1,X2,RESULT
     MOV  AX,X1
     ADD  AX,X2
     MOV  RESULT,AX
     ENDM
```

6.4.2 宏调用

宏定义之后，要在程序中使用宏，只要写出宏的名字即可。使用宏的过程称为宏调用。如果宏定义中有形参，那么宏调用时在宏的名字后面要加上实参。实参的个数应该和形参一样，多余的实参不予考虑。

例 6.22 调用宏 SUM 求 25 + 35，结果放在 BX 寄存器。

```
SUM  25,35,BX
```

6.4.3 宏展开

源程序在汇编时，宏指令被汇编程序用相应的程序段（宏定义体）所取代，这个过程称为宏展开。宏展开是由汇编程序自动完成的。

要想查看宏展开的结果，可以在源程序汇编时生成 .LST 列表文件，用记事本或 DOS 提供的 TYPE 命令就可以显示其内容。

例 6.23 展开前：`SUM  25,35,BX`　　展开后：

```
1   MOV   AX,25
1   ADD   AX,35
1   MOV   BX,AX
```

展开后，原来宏指令的地方换成了若干条汇编指令。各指令前的“1”是汇编程序自动加上的，表示插入的程序是宏定义体中的。可以看到，其中的形参 X1，X2，RESULT 已经被实参 25，35 和 BX 所取代。

6.4.4 宏与子程序

从上面的例子可以看出：由于宏指令可以带形参，调用时可以直接用实参取代，这就避免了子程序因参数传递带来的麻烦，使宏指令的使用增加了灵活性；而且，实参可以是常数、寄存器、存储单元名以及寻址方式能找到的地址或表达式，甚至是指令的操作码或操作码的一部分等，使用非常方便灵活，宏指令的这一特性也是子程序所不及的。但是宏调用的方式和子程序调用的工作方式是完全不同的，如图 6-9 所示。

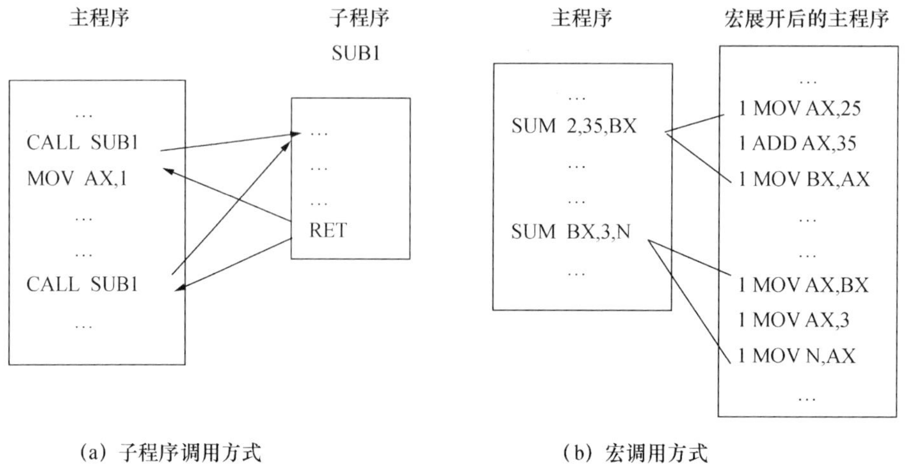

图 6-9 两种调用方式的区别

从图 6-9 可见，汇编程序对宏调用是通过宏扩展来加入宏定义体，宏调用多少次，就相应展开多少次，因此，使用宏不会缩短目标程序；而子程序代码在目标程序中只出现一次，调用子程序是执行同一程序；宏调用语句展开后，目标程序中就不再有宏调用语句，运行时，不会有额外的时间开销，而子程序的调用在目标程序中仍存在，子程序的调用和返回均需要时间（对返回地址和现场进行保存与恢复）。

因此，虽然宏和子程序都是结构化程序设计的的重要手段，两者都可以定义为一段功能程序，被其他程序调用，但两者也有不同之处，请注意它们的不同和适用场合。一般来说，当程序较短、传递参数较多或要求速度快时，采用宏比较合适；但当程序较长，或对存储空间有要求时，采用子程序比较好。

6.4.5 宏定义中的参数

在宏定义形参表中的参数有多种形式，灵活使用这些参数可以实现不同功能。

(1) 宏定义可以无变元。如例 6.20 所示。

(2) 变元可以是操作码。

例 6.24

宏定义：

```
OPER  MACRO P1,P2,P3
      MOV  AX,P1
      P2  P3
      ENDM
```

宏调用：

```
OPER  WORD_VAR,INC,AX
```

宏展开：

```
1  MOV  AX,WORD_VAR
1  INC  AX
```

(3) 变元可以是操作码的一部分，但在宏定义体中必须用 & 作为分隔符。

例 6.25

宏定义：

```
LEAP  MACRO  COND,LAB
      J&COND  LAB
      ENDM
```

宏调用：

```
LEAP  Z,THERE
……
LEAP  NZ,HERE
```

宏展开：

```
1   JZ  THERE
……
1   JNZ  HERE
```

（4）变元是操作数。这时实参可以是立即数、寄存器、存储单元名，也可以是寻址方式能找到的地址或表达式。

例 6.26

宏定义：

```
SUM   MACRO  X1,X2,RESULT
      MOV  AX,X1
      ADD  AX,X2
      MOV  RESULT,AX
      ENDM
```

宏调用：

```
SUM  NUM1,[BX],DX
```

宏展开：

```
1  MOV  AX,NUM1
1  ADD  AX,[BX]
1  MOV  DX,AX
```

（5）变元是字符串。

例 6.27

宏定义：

```
MESSAGE  MACRO  LAB,NUM,XYZ
         LAB&NUM  DB  'HELLO MR.&XYZ'
         ENDM
```

宏调用：

```
MESSAGE  MESS,1,JOHN
```

宏展开：

```
1   MESS1  DB 'HELLO MR.JOHN'
```

在宏调用时，有时还使用%运算符。使用该运算符能把其后表达式的结果作为实参替换，而不是表达式自身。如宏调用：

```
MESSAGE  MESS,%4+3,JOHN
```

则宏展开为：

```
1   MESS7  DB 'HELLO MR.JOHN'
```

6.4.6 局部标号伪指令 LOCAL

在宏定义体中，如果存在标号，则该标号要用伪指令 LOCAL 说明为局部标号，否则，当在源程序中，有多于一次调用该宏时，汇编程序在进行宏展开后将会给出标号重复定义的错误。

伪指令 LOCAL 的格式如下：

LOCAL 标号 1，标号 2，……

注意：伪指令 LOCAL 必须是伪指令 MACRO 后的第一条语句，并且在 MACRO 和 LOCAL 之间也不允许有注释和分号标志。伪指令 LOCAL 在子程序中也可起作用，但它的作用与宏定义中的作用是不同的。前者说明局部变量，后者说明局部标号。

汇编程序在每次进行宏展开时，总是把由 LOCAL 说明的标号用一个唯一的符号（从??0000 到??FFFF）来代替，从而避免标号重定义的错误。

例 6.28 编写求一个求绝对值的宏。

方法 1：

```
ABS MACRO  WORD1
    CMP  WORD1, 0
    JGE  NEXT
    NEG  WORD1
NEXT:
    ENDM
```

假设对宏 ABS 有以下两次调用，汇编程序对它们进行宏展开后所得到的程序片段如下：

```
        ABS  BX
   1         CMP  BX, 0
   1         JGE  NEXT
   1         NEG  BX
   1  NEXT:
          ……
        ABS  AL
   1         CMP  AL, 0
   1         JGE  NEXT
   1         NEG  AL
   1  NEXT:
```

在上述程序片段中，显然标号 NEXT 定义了两次，因此，汇编程序将显示“标号重复定义”的错误信息。为了避免这种情况的发生，我们需要用下面的方法来定义该宏。

方法 2：

```
ABS  MACRO  WORD1
     LOCAL  NEXT
     CMP  WORD1, 0
     JGE  NEXT
     NEG  WORD1
NEXT:
     ENDM
```

假设对宏 ABS 有以下两次引用，汇编程序对它们进行宏展开后得到的程序片段如下：

```
       ABS      BX
   1            CMP  BX, 0
   1            JGE  ??0000
   1            NEG  BX
```

```
1  ??0000:
      ……
   ABS  AL
1           CMP  AL,0
1           JGE  ??0001
1           NEG  AL
1  ??0001:
```

在上述程序片段中，宏体内部的局部标号 NEXT 分别用符号??0000 和??0001 来对应它的二次引用。因此，汇编程序不会再显示“标号重复定义”的错误信息。

6.4.7　取消宏定义伪指令 PURGE

取消宏定义用 PURGE 伪指令，其格式如下：

```
PURGE  宏名1,宏名2,……
```

该伪指令通知汇编程序取消“宏名 1，宏名 2，……”宏名表中的宏定义。在此语句后，如果还有这些宏的调用语句，则汇编程序不会把它们当做宏引用来进行展开，并且还将显示出错信息。伪指令 PURGE 的使用频率较低。

6.4.8　宏嵌套

宏的嵌套定义有两种方式：宏定义体内调用其他的宏和宏定义体内定义其他的宏。

1. 宏定义体内调用其他的宏

在宏的定义体中又调用了其他已定义好的宏，这种宏定义方式在实际的编程过程中常会用到。其限制条件是必须先定义后调用。如果被引用的宏还没有定义的话，汇编程序将会显示出错信息。

例如：

```
ABS  MACRO  OPRD1,OPRD2
     ……
     MOPM  SUB,OPRD1,OPRD2      ;调用前面已定义的宏 MOPM
     ENDM
```

2. 宏定义体内定义其他的宏

宏的定义体内又定义了其他宏，只有在先引用了外层的宏定义，才能引用内层的宏，这是因为当外层宏展开后，内层宏的定义才变得有效。

这种定义方式虽然有其好的一面，但它使宏的定义更加隐蔽，削弱了程序的可读性，降低了程序的可维护性，因此，这种宏定义方式在实际的编程中很少使用。

6.4.9　宏库的建立和调用

如果程序中定义了多个宏，可以把这些宏一起或分类放在独立的文件中保存，通常文件的扩展名用 .INC 或 .MAC 表示。这种文件与 C 语言中的库文件类似，称为宏库。在需要这些宏的程序中用 INCLUDE 伪指令把宏库调入，就可以使用这些宏了。

例如，把前面定义的宏保存在文件 EXAMPLE. INC 中，在程序中用伪指令：

```
INCLUDE  EXAMPLE.INC
```

就可以调用其中的宏了。

MASM 6.11 系统定义了大量的标准宏，程序员可以很方便地使用它们。主要的系统宏库文件有 DOS. INC 和 BIOS. INC，它们存放在系统的 INCLUDE 子目录中。

例 6.29 使用系统宏定义，编写从键盘上读取一个字符。

```
include dos.inc         ;把系统宏定义文件包含在源程序之中
…
@ getchar 1,1           ;调用系统宏,接收一个字符,其 ASCII 码放在 AL 中
…
```

系统宏的有关信息请参阅相关的宏定义文件。

6.5 习　　题

6.5.1 选择题

1. 子程序是用过程定义语句（　　）定义的。
   A. PROC～ENDP　B. PROC～ENDS　C. CALL～RET　D. PROC～RET
2. 下面表示过程定义结束的命令是（　　）。
   A. ENDP　B. ENDS　C. ENDM　D. END
3. 执行 RET 指令后，CPU 自动将断点弹到相应的寄存器中。如果是段间返回，则返回的操作是（　　）。
   A. 先弹出送 IP，后弹出送 CS　B. 先弹出送 CS，后弹出送 IP
   C. 弹出送 IP　D. 弹出送 CS
4. 在子程序的过程定义时，在（　　）情况下，属性为 NEAR，并可省略 NEAR 属性。
   A. 调用指令和所定义的过程位于同一代码段
   B. 调用指令和所定义的过程位于不同代码段
   C. 调用指令和所定义的过程位于同一数据段
   D. 调用指令和所定义的过程位于不同数据段
5. 主程序将它的参数带给子程序，这个参数被称为（　　）。
   A. 入口参数　B. 出口参数　C. 寄存器参数　D. 存储器参数
6. 如果要使模块 MODULAR1 引用 MODULAR2 中的字节变量 VAR 和远过程 SUB，那么在 MODULAR1 中应使用（　　）指令。
   A. `PUBLIC VAR:BYTE, SUB:FAR`　B. `EXTRN VAR:BYTE, SUB:FAR`
   C. `PUBLIC VAR:WORD, SUB:FAR`　D. `EXTRN VAR:WORD, SUB:FAR`
7. 假设 SP=24H，执行段内返回指令 RET 6 后，寄存器 SP 的内容是（　　）。
   A. 2CH　B. 2AH　C. 30H　D. 32H
8. 假定 SUBR 是某子程序的名，下述程序段（　　）不能实现调用此子程序。

A. CALL SUBR
B. MOV AX,OFFSET SUBR
CALL AX
C. LEA SI,SUBR
CALL [SI]
D. LEA SI,SUBR
CALL SI

9. 执行一条 8086CPU 段内 RET 指令后，应完成的操作是（　　）。
A. 堆栈指针 SP 减 2，然后从堆栈中弹出两个字节内容送 IP
B. 堆栈指针 SP 加 2，然后从堆栈中弹出两个字节内容送 IP
C. 从 SP 指向的栈顶弹出两个字节内容送 IP. 然后 SP 加 2 送 SP
D. 从 SP 指向的栈顶弹出两个字节内容送 IP，然后 SP 减 2 送 SP

10. 执行 CALL FAR PTR SUBl 指令时，在堆栈区域中应（　　）。
A. 弹出两个字节的内容　B. 压入两个字节的内容
C. 压入 4 个字节的内容　D. 弹出 4 个字节的内容

11. 执行 CALL 子程序调用指令时，CPU 会自动地将返回地址压入堆栈保护。返回地址指的是（　　）。
A. CALL 指令所在的地址　B. CALL 指令的下一条指令的首地址
C. 子程序入口地址　D. CALL 指令所在的段地址

12. 主程序和所调用的子程序在同一代码段中，子程序的属性应定义为（　　）。
A. TYPE　B. WORD　C. NEAR　D. FAR

13. 对应主程序 CALL 指令调用子程序，子程序结束通常采用（　　）指令返回主程序。
A. JMP　B. IRET　C. HLT　D. RET

14. 在汇编语言程序设计中，若希望本模块中的某个过程被其他模块中的过程调用，则需要在本模块中对此过程用伪操作命令（　　）说明。
A. FAR　B. EXTRN　C. COMMON　D. PUBLIC

15. 在汇编语言程序设计中，若调用不在本模块中的过程，则对该过程必须用伪操作命令（　　）说明。
A. ASSUME　B. EXTRN　C. COMMON　D. PUBLIC

16. 下面关于保护现场和恢复现场的描述，正确的是（　　）。
A. 保护现场和恢复现场工作在主程序中完成
B. 保护现场和恢复现场工作只能在子程序中完成
C. 保护现场和恢复现场可在主程序中完成，也可在子程序中完成
D. 以上都不正确

17. 只在汇编语言书写的源程序中存在，而在机器语言的目标程序中不存在的指令是（　　）。
A. 宏指令　B. 无条件传送指令
C. 子程序调用指令　D. NOP 指令

18. 下列语句中格式有错误的是（　　）。
A. ABC　DW 76,0　B. SW7:EQU SW7
C. STO:MOV BH,AL　D. DEF　MACRO X,4

19. 关于宏指令中形参个数与宏展开时实参个数，下列说法错误的有（　　）。
   A. 宏指令中和宏展开时可以同时没有形参和实参
   B. 宏展开时实参的个数应该和形参的个数相等，但汇编程序并不要求它们一定相等
   C. 宏指令中必须有形参
   D. 若实参个数大于形参个数，则多余的实参不予考虑
20. 宏指令与子程序相比，在多次调用时，宏指令调用的目标程序长度比子程序调用的（　　）。
   A. 相同　　B. 长　　C. 短　　D. 不定
21. 下列语句中，称为宏指令名的是（　　）。
   A. MOVRM：SHL AX，CL　　B. MOVRM MACRO
   C. MOVRM　DB 'ABCD'　　D. MOVRM EQU LPO +3
22. 在一段汇编程序中多次调用另一段程序，用宏指令比用子程序实现（　　）。
   A. 占用内存空间小，但速度慢　　B. 占用内存空间大，但速度快
   C. 占用内存空间相同，速度快　　D. 占用内存空间相同，速度慢
23. 宏指令与子程序相比，子程序调用的执行速度比宏指令的（　　）。
   A. 相同　　B. 快　　C. 慢　　D. 不定
24. 在汇编语言程序的开发过程中使用宏功能的顺序是（　　）。
   A. 宏定义、宏调用　　B. 宏定义、宏展开
   C. 宏定义、宏调用、宏展开　　D. 宏定义、宏展开、宏调用
25. 用伪指令 MACRO 定义宏指令时，（　　）定义。
   A. 可在程序的任何地方　　B. 必须在代码段头部
   C. 必须在引用前　　D. 必须在所有段定义前

6.5.2 问答及编程题

1. 在本书编写的程序里，有时把主程序写成下面的形式，即把主程序定义成过程，在程序的开始将 DS 和 0 压栈，程序的结尾用 RET，如：

```
CODE  SEGMENT
MAIN  PROC   FAR
      ASSUME CS:CODE
START:PUSH   DS
      SUB    AX,AX
      PUSH   AX
      …
      RET
MAIN  ENDP
CODE  ENDS
      END   START
```

请说明为什么程序结尾用 RET 就可以返回 DOS？

提示：在 DEBUG 下查看 RET 指令的执行，查看程序转移到哪里？那里放的是什么指令（也就是将执行的指令）？请参阅第 2 章有关 DOS 的 PSP（程序段前缀）的介绍。

用 DEBUG 装入一个可执行程序时，DEBUG 为它建立 PSP（程序段前缀），这时 DS 和 ES 都等于 PSP 的段值，CS 等于代码段的段值，IP 等于代码段的偏移地址，SS 等于堆栈段的段值，SP 等于堆栈栈顶的偏移地址，BX：CX 为实际加载的程序长度。

2. 子程序和分支有什么不同？

3. CALL 指令和 JMP 指令有什么区别？

4. CALL 和 RET 指令内部执行了什么操作？堆栈对于子程序有什么重要意义？

5. 怎样才能正确地从子程序返回到主程序？先决条件是什么？

6. 子程序的属性是如何确定的？

7. 为什么要进行现场保护？怎样进行现场保护？

8. 有哪几种常用的子程序参数传递方法？各适用什么情况？

9. 如何在 C 语言程序中嵌入汇编指令？

10. 根据 6.3.3 一节的 C 语言程序编译成的汇编语言程序清单，C 语言函数参数入栈的顺序是什么？返回地址在堆栈的什么地方？

11. 下面程序执行后，AX 中的数值是多少？

内存地址	机器码	汇编指令
1000:0	B8 06 00	MOV AX,6
1000:3	FF D0	CALL AX
1000:5	40	INC AX
1000:6		MOV BP,SP
		ADD AX,[BP]

12. 下面程序执行后，返回 DOS 前，AX 中的数值是多少？

```
ASSUME CS:CODE,SS:DATA,DS:DATA
DATA SEGMENT
       DW 8 DUP(0)
DATA   ENDS
CODE   SEGMENT
START:MOV AX,DATA
       MOV SS,AX
       MOV SP,16
       MOV DS,AX
       MOV AX,0
       CALL   WORD PTR DS:[0EH]
       INC AX
       INC AX
       INC AX
       MOV AX,4C00H
       INT 21H
CODE   ENDS
       END START
```

13. 下面程序执行后，返回 DOS 前，AX 和 BX 中的数值是多少？

```
ASSUME CS:CODE,SS:DATA
DATA SEGMENT
       DW 8 DUP(0)
DATA   ENDS
CODE   SEGMENT
START:MOV AX,DATA
       MOV SS,AX
```

```
        MOV SP,16
        MOV WORD PTR SS:[0],OFFSET S
        MOV SS:[2],CS
        CALL  DWORD PTR SS:[0]
        NOP
S:      MOV AX,OFFSET S
        SUB AX,SS:[0CH]
        MOV BX,CS
        SUB BX,SS:[0EH]
        MOV AX,4C00H
        INT 21H
CODE    ENDS
        END START
```

14. 下面的程序段有错吗？若有，指出错误所在。

```
CRAY    PROC
        PUSH AX
        ADD AX,AX
        RET
ENDP    CRAY
```

15. 分析下面的程序，画出堆栈最满是各单元的地址及内容。

```
STACK   SEGMENT
        DW  200 DUP(?)
TOS     LABEL WORD
STACK   ENDS
CODE    SEGMENT
MAIN    PROC  FAR
        ASSUME  CS:CODE,SS:STACK
START:  MOV AX,STACK
        MOV  SS,AX
        MOV  SP,OFFSET  TOS
        PUSH  DS
        SUB   AX,AX
        PUSH  AX
        ……
        PUSH  ADDR
        PUSH  AX
        CALL  SUB1
        ……
        POP  AX
        POP  ADDR
        RET
MAIN    ENDP
CODE    ENDS
        END  START
```

16. 说明下面子程序的功能。

```
SUBR  PROC  NEAR
      MOV SI,0
NEXT: MOV AH,1
      INT 21H
      CMP  AL,0DH
      JZ  EXIT
```

```
        MOV   KEY[SI],AL
        INC SI
        JMP   NEXT
EXIT: RET
SUBR  ENDP
```

17. 编写求数组中最大数、最小数的子程序。

18. 设有 10 个学生的成绩分别为 56、69、84、82、73、88、99、63、100、80。试编写一个子程序分别统计 60～69 分、70～79 分、80～89 分、90～99 分及 100 分的人数，并存放到 S5、S6、S7、S8、S9、S10 单元中。

19. 编写一个有主程序和子程序结构的程序模块。子程序的参数是一个 N 字节数组的首地址 TABLE，数 N 及字符 CHAR。要求在 N 字节数组中查找字符 CHAR，并记录该字符的出现次数。主程序则要求从键盘接收一串字符以建立字节数组 TABLE，并逐个显示从键盘输入的每个字符 CHAR 以及它在 TABLE 数组中出现的次数。(为简单起见，假设出现次数≤15，可以用十六进制形式把它显示出来)

20. 假设程序 MAIN 和 SUBR 不在同一个模块中，MAIN 中定义了字节变量 QTY 和字变量 VALUE 和 PRICE。SUBR 中要把 VALUE 除以 QTY，并把商存在 PRICE 中。试问：

(1) MAIN 怎么告诉汇编程序外部程序要调用这 3 个变量?

(2) SUBR 怎么告诉汇编程序这 3 个变量是在另一个汇编语言程序模块中定义的?

21. 宏与子程序的相同之处和不同之处是什么? 在什么情况下使用宏比较好?

22. 汇编指令、伪指令、宏指令三者有什么不同?

23. 什么是宏定义? 宏调用? 宏展开?

24. 宏是怎样传递参数的? 与子程序传递参数有什么不同?

25. LOCAL 伪指令的作用是什么?

26. 指出下面宏的功能。

```
DBB   MACRO   P1,P2
          NUM   DB   P1 DUP(P2)
          ENDM
```

27. 给定宏定义如下：

```
DIF   MACRO   X,Y
      MOV AX,X
      SUB AX,Y
      ENDM
ABSDIF   MACRO   V1,V2,V3
         LAOCAL   CONT
         PUSH AX
         DIF V1,V2
         CMP AX,0
         JGE CONT
         NEG AX
CONT:    MOV V3,AX
         POP AX
         ENDM
```

试展开以下调用，并判断调用是否有效。

(1) `ABSDIF   P1,P2,DISTANCE`

(2) `ABSDIF   [BX],[SI],X[DI],CX`

(3) ABSDIF [BX][SI],X[BX][SI],240H

(4) ABSDIF AX,AX,AX

28. 下面的宏指令 CNT 和 INC1 完成相继字存储。

```
CNT  MACRO  A,B
     A&B  DW  ?
     ENDM
INC1 MACRO  A,B
     CNT  A,% B
     B = B + 1
     ENDM
```

请展开下列宏调用：

```
C = 0
INC1  DATA,C
INC1  DATA,C
```

29. 请用宏指令定义一个可显示字符串 GOOD:' GOOD STUDENTS: CLASSX NAME', 其中 X 和 NAME 在宏调用时给出。

30. 定义宏指令 IN_STR，实现从键盘输入一串字符。

31. 定义宏指令 OUT_STR，实现在屏幕上显示一串字符。

32. 编写宏指令 CLRB，完成用空格符将一字符区中的字符取代的工作。字符区首地址及其长度为变元。

33. 把6.2节的例6.13（从键盘输入一个0～FFFFH的十六进制正数，把它转换成十进制数并在屏幕上显示出来）改写成多个程序模块，并定义一些宏，建立宏库，在程序中用伪指令 INCLUDE 包含后就可调用其中的宏。分别用命令 MASM 汇编各个模块，然后用命令：

```
LINK 模块1.OBJ + 模块2.OBJ + ……
```

就可以将各个模块连接成一个.EXE 文件，最后运行.EXE 文件即可。

6.6 上机实验

6.6.1 实验目的

掌握模块化程序设计的思想，掌握子程序设计和宏的使用。

6.6.2 实验内容

1. 编写程序，从键盘输入学生姓名和成绩，按成绩降序排列，并显示出排序的结果。
2. 完成本章问答及编程题的第 33 题。

第 7 章　I/O 与中断

本章教学目标

- 了解 I/O 的基本概念和工作过程；
- 掌握中断的基本概念，中断响应过程，以及中断处理程序的编写方法；
- 掌握 BIOS 和 DOS 提供的常用中断调用。

I/O（输入/输出）功能是计算机的重要组成部分，是人 - 机交互功能的主要承担者。计算机系统通过硬件接口和 I/O 控制程序对外部设备进行控制，使其能协调、有效地完成 I/O 工作。因为汇编语言可以直接对硬件进行控制，所以汇编语言广泛应用在 I/O 程序设计中。本章首先介绍 I/O 和中断的基本概念及其工作过程，然后举例说明中断处理程序的设计，最后介绍常用的 BIOS 和 DOS 中断调用。

7.1　I/O

在用高级语言编程时，程序员可直接用 I/O 语句来完成键盘输入、屏幕显示或打印输出等需求，而无需关心这些 I/O 语句是如何实现的，因为编译程序会自动把这些语句转换成相应的 I/O 指令。但如果用汇编语言编写程序的话，情况就不同了，因为汇编语言是与机器有关的程序设计语言，要编写出具有 I/O 功能的代码段就必须清楚一些与硬件和 I/O 指令相关的知识。

7.1.1　I/O 端口地址

每个 I/O 设备都必须通过一个硬件接口或控制器和 CPU 相连。例如，软盘通过软盘控制器和 CPU 连接起来；显示器通过显示接口卡和 CPU 连接起来。这些接口或控制器起一个“桥梁”的作用，通过它们，CPU 和 I/O 设备才可以进行数据传送。CPU 对 I/O 设备的控制，实际上就是通过对这些接口或控制器的控制完成的。

每个接口的硬件电路中，都包含一组寄存器，它们分别是数据寄存器（又称为数据端口）、控制寄存器（控制端口）和状态寄存器（状态端口）。数据寄存器用做数据缓冲；控制寄存器用来保存 CPU 发出的控制命令；状态寄存器用来保存设备和接口的状态信息，供 CPU 查询。这些寄存器都分配有各自的端口号，CPU 就是通过不同的端口号来选择各种外部设备的。端口号也称为端口地址。例如，键盘的数据寄存器的端口地址为 60H，控制寄存器的端口地址为 61H，我们对键盘的访问就是通过对这些端口的读写完成的。

每次可交换一个字节数据的端口称为字节端口，每次可交换一个字数据的端口称为字端口。在 8086 CPU 中，I/O 端口的地址可以最多为 16 位，因此端口的地址空间可达 64 KB，即可有 65536 个字节端口或 32768 个字端口。这些地址不是内存单元地址的一部分，不能用 MOV 指令来读取其信息，而要用专门的 I/O 指令才能访问它们。虽然 CPU 提供了很大的 I/O 地址空间，但目前大多数微机所用的端口地址都在 0～3FFH 范围之内，其所用的 I/O 地址空间只占整个 I/O 地址空间的很小部分。

7.1.2 I/O 指令

由于 I/O 端口地址和内存单元地址是相互独立的，这些端口地址不能用普通的访问内存指令来访问其信息，因此，在 CPU 的指令系统中就专门设置了 I/O 指令来存取 I/O 端口的信息。按功能分类来看，I/O 指令应属于数据传送指令。

1. 输入指令 IN

输入指令 IN 有 4 种形式：

```
IN  AL, PORT
IN  AX, PORT
IN  AL, DX
IN  AX, DX
```

该指令的作用是从端口中读入一个字节或字，并保存在寄存器 AL 或 AX 中。如果某输入设备的端口地址在 0～255 范围之内（即端口地址为 8 位），那么，可在指令 IN 中直接给出；否则，要把该端口地址先存入寄存器 DX 中，然后在指令中由 DX 来给出其端口地址。

例如：

```
IN AL, 60H          ;从端口 60H 读入一个字节到 AL 中
IN AX, 20H          ;从端口 20H、21H 读入一个字到 AX 中
MOV DX, 2F8H
IN AL, DX           ;从端口 2F8H 读入一个字节到 AL 中
IN AX, DX           ;从端口 2F8H、2F9H 读入一个字到 AX 中
```

2. 输出指令 OUT

输出指令 OUT 也有 4 种形式：

```
OUT  PORT, AL
OUT  PORT, AX
OUT  DX, AL
OUT  DX, AX
```

该指令的作用是把寄存器 AL 或 AX 的内容输出到指定端口。如果某输出设备的端口地址在 0～255 范围之内（即端口地址为 8 位），那么，可在指令 OUT 中直接给出；否则，要把该端口地址先存入寄存器 DX 中，然后在指令中由 DX 来给出其端口地址。

例如：

```
OUT 61H, AL         ;把 AL 的内容输出到端口 61H 中
OUT 20H, AX         ;把 AX 的内容输出到端口 20H、21H 中
MOV DX, 3C0H
OUT DX, AL          ;把 AL 的内容输出到端口 3C0H 中
OUT DX, AX          ;把 AX 的内容输出到端口 3C0H、3C1H 中
```

7.1.3　I/O 控制方式

主机和外设之间的信息交换方式经历了由简单到复杂，由低级到高级，由集中管理到分散管理的发展过程。按其发展的先后，以及外设与主机并行工作的程度，通常把 I/O 控制方式分为 4 种工作方式：程序直接控制方式、中断控制方式、直接存储器存取（DMA）方式和通道控制方式。下面简单介绍程序直接控制方式、DMA 方式和通道控制方式的工作原理及特点，中断将在 7.2 节作详细介绍。

1. 程序直接控制方式

这种方式又称为程序查询方式，它是完全通过 CPU 执行程序来完成 I/O 的，其工作原理如图 7-1 所示。

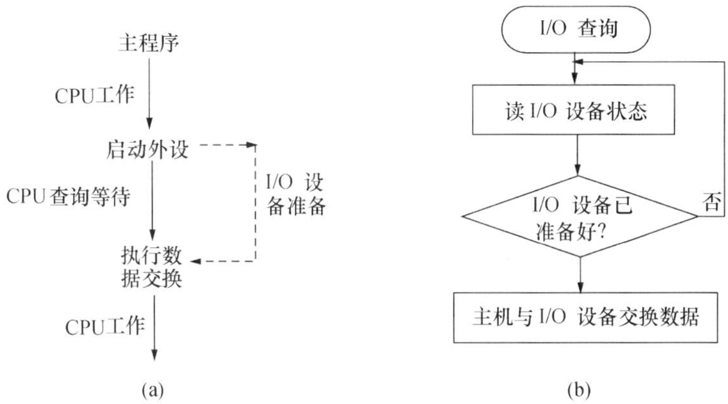

图 7-1　程序直接控制方式

在 CPU 执行主程序的过程中，需要进行输入或输出时，就启动外设工作（如图 7-1（a）所示）。然后，CPU 执行查询程序，不断查询外设的状态（如图 7-1（b）所示），判断外设是否准备就绪，一旦外设准备完毕，主机与外设之间就可以进行数据交换。I/O 完成后，CPU 继续执行原来的主程序。

程序直接控制方式的优点是接口简单，所用硬件很少，基本只需一个表示外设工作状态的触发器即可。但这种方式的缺点是：

（1）主机和外设只能串行工作。外设在准备数据的过程中，主机一直处于循环等待的状态，直到外设数据准备就绪为止。由于外设速度比主机慢得多，因此主机将浪费大量宝贵的时间，使得系统效率大大降低。

（2）在一段时间内，主机只能和一台外设交换数据，其他外设不能并行工作。

（3）对随机出现的异常情况不能进行及时处理。

因此，程序直接控制方式仅适于 CPU 速度不高，外设数量不多的场合。

例 7.1　测试某状态寄存器的第 2 位是否为 1，该位为 1 表示外设准备好，可以进行数据输出。

```
AGAIN:  IN    AL,STATUS_PORT       ;读状态口
        TEST  AL,00000100B
```

```
JZ    AGAIN
MOV   AL,DATA
OUT   DATA_PORT,AL      ;数据输出
```

例 7.2 发声子程序 SOUND。

这是一个基本的直接控制扬声器发出声音的子程序。程序通过 I/O 指令使设备控制寄存器（端口地址为 61H）的第 1 位交替变为 0 和 1，而端口 61H 的第 1 位和扬声器的脉冲门相连，当第 1 位由 0 变为 1，延迟一会又由 1 变为 0 时，脉冲门就先打开后关闭，产生一个脉冲电流。这个脉冲电流被放大后送到扬声器使之发出了声音。61H 端口的第 0 位和一个振荡器（2 号定时器）相连，现在不用振荡器产生声音，所以把第 0 位清 0。如图 7-2 所示。

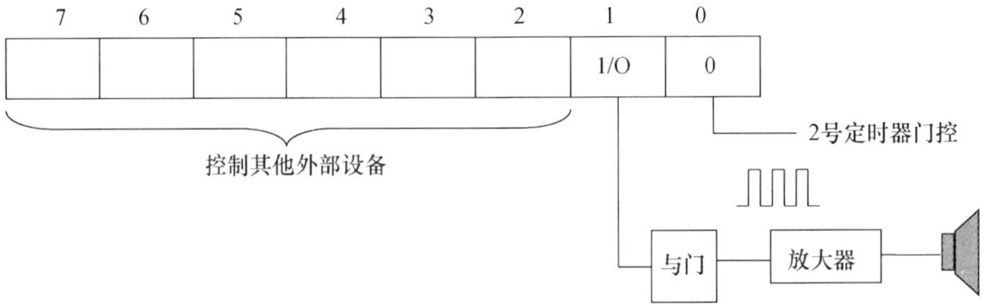

图 7-2 设备控制寄存器

程序如下：

```
;入口参数:BX   声音频率(例如为 6000)
          CX   声音持续时间(例如为 1000)
SOUND   PROC  NEAR
        PUSH AX
        PUSH DX
        MOV   DX,  CX            ;声音的持续时间
        IN    AL,  61H           ;读 61H 端口
        AND   AL,  11111100B     ;设置第 0、1 位为 0
TRIG:   XOR   AL,  2             ;将第 1 位取反,即 0 变 1,1 变 0
        OUT   61H,AL             ;输出到 61H 端口
        MOV   CX,  BX
WAIT:   LOOP  WAIT               ;延时,控制脉冲门开关的时间.主频越快的机器,这个时间值
                                 应该越大些
        DEC   DX
        JNZ   TRIG               ;不为 0,继续发声
        POP  DX
        POP  AX
        RET
SOUND   ENDP
```

2. 直接存储器存取（DMA）方式

无论程序查询还是程序中断方式，CPU 都需要执行程序完成数据的输入和输出，而执行指令需要耗费时间，当高速外设的数据传输速度相当高，以至于传输相邻数据的间隔时间与执行一条指令的时间接近时，如果仍然采用中断方式实现高速外设（如磁盘）与主机

之间的数据交换，将引起数据的丢失。DMA 方式就是为适应这种需要而引进的，如图 7-3 所示。DMA 方式在外设和主存之间建立了一条直接数据通路，可以直接进行数据存取，而不必经过 CPU（而前两种控制方式都要通过 CPU）。这种方式需要增加 DMA 控制器，并由它控制主机和外设之间的数据交换。

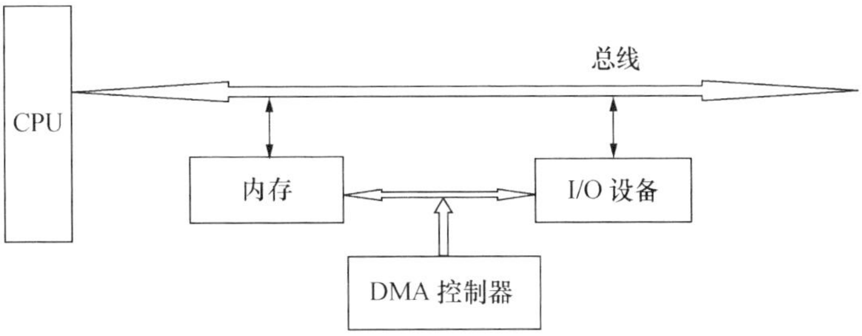

图 7-3 DMA 方式示意图

与中断方式相比，DMA 方式的优点如下。

(1) 加快了内存与外设之间的数据传送速度。因为在 DMA 方式下，数据传送是在硬件（DMA 控制器）的控制下直接完成的，它比 CPU 执行中断服务程序快得多。

(2) 提高了 CPU 的工作效率。因为在 DMA 方式下，CPU 不仅可以省去执行中断服务程序所需要的时间，而且在外设与内存交换数据的同时可以进行 CPU 的内部操作。

当然，采用 DMA 方式，将增加硬件成本，因为它是用 DMA 控制器来取代 CPU 来实现内存和外设之间的数据交换的控制。

3. 通道控制方式

在大型计算机系统中，外设种类多、数量大，外设与内存之间的数据交换频繁，这时采用通道控制方式。通道相当于一台功能简单的处理机，它具有处理机所需的主要部件。通道受主机的委托来管理外设与主机之间的信息交换，一个通道能管理若干台外设。通道一旦启动后，就独立于主机工作，并在它完成主机交给的任务后，通过中断向主机报告。

通道的工作过程是：CPU 通过执行专门的指令来启动通道，并向通道指出需要执行的 I/O 操作和要访问的外设；通道接收到该指令后，调用相应的通道程序，通过执行该程序来完成 I/O 操作；任务完成后，通过中断向 CPU 发出中断请求。

通道控制方式可进一步解放 CPU，I/O 的绝大部分控制工作交给通道去完成，CPU 和外设在更大程度上并行工作。但这种方式的硬件也更复杂。

7.2 中　断

在计算机系统中，引入中断的最初目的是为了提高系统的 I/O 性能。然而随着计算机应用的发展，中断技术广泛应用到计算机系统的许多领域，如：多道程序、分时系统、实时处理和实时控制等。

在计算机中，CPU 是以“中断方式”工作的。CPU 专心执行一个主要的程序，对外部设备不闻不问。当键盘有键被按下时，键盘会通过电路向 CPU 发一个信号，CPU 收到信号后就会记下当前程序被中断的指令的地址，而后去执行一小段“中断服务程序”来保存键盘输入的数据。处理完毕后，CPU 又会回到刚才被中断的地方继续完成其原来的工作；当打印机需要数据时，它也会向 CPU 发出信号，CPU 收到信号后，同样会中断正在干的活，转去执行另一小段服务程序给打印机提供打印数据。

这个过程也可以描述为：在 CPU 执行主程序的过程中，需要进行 I/O 操作时，就启动外设工作。外设启动过程中，CPU 可以继续执行原来的主程序。当外设准备就绪后，向 CPU 发出中断请求信号，请求与 CPU 进行 I/O。CPU 接收到该请求信号后，如果能响应该中断，就向外设发出中断响应信号，并暂时停止正在运行的主程序，转去执行中断服务程序，实现主机与外设之间的数据交换。I/O 完成后，CPU 由中断服务程序返回到原来的主程序继续执行。

不难看出，以这种方式工作时 CPU 的效率比较高。当外设没有要求 CPU 提供服务时，CPU 会全力执行其主要的任务。中断方式的另一个优点是可以进行实时处理。所谓实时处理，就是在某个事件出现时给予及时处理，而不是到一定时刻集中起来处理。例如，在计算机过程控制系统中，对随机出现的压力过大、温度过高等情况，计算机必须马上处理。这些事件是随机出现的，并且要求计算机立即响应而不允许延迟，这就要使用中断技术，程序查询是做不到这一点的，因为程序查询方式对外设来说是“被动”的，如果 CPU 不去查询外设，外设就无法告诉 CPU 它的请求，当然 CPU 也不会知道，更不会对它进行处理；而中断方式使外设具有了“主动”性，外设可以在需要的时候，随时向 CPU 发中断请求，告诉 CPU 它的愿望，使 CPU 能及时知道、及时处理。没有中断技术，计算机就无法进行实时处理，将计算机应用到工业控制中。

乍看起来，计算机响应中断的过程和子程序调用很相似，但实际上它们之间有本质的区别。子程序的执行是程序员事先安排好的，仅当执行到“子程序调用“指令时，才去执行相应的子程序；而中断请求是由设备随机提出的（除中断指令 INT 引起的中断外），不可能事先安排好，因此，程序中没有一条“转中断处理程序”的指令，而是必须由计算机随时自动地处理。

这里有两个名词需要先说明一下：

中断源——中断的来源（产生中断信号的设备或指令）；

中断服务程序——CPU 在收到中断信号后所执行的为中断源提供服务的一小段程序。又称为中断处理程序。

7.2.1 中断指令

（1）INT 中断指令。

可以使用 INT 指令调用相应的中断处理程序。该指令把标志寄存器（FLAGS）内容和返回地址（CS：IP）入栈，并把 CS：IP 置为中断处理程序的入口地址。

```
指令格式：  INT  N
执行操作：  SP ← SP - 2               ;标志寄存器(FLAGS)内容入栈
            (SP+1,SP) ← FLAGS
            SP ← SP - 2               ;CS 内容入栈
```

```
(SP+1,SP) ← CS
SP ← SP - 2              ;IP 内容入栈
(SP+1,SP) ← IP
IP ← (N*4)               ;中断处理程序首址送 CS:IP
CS ←(N*4+2)
```

（2）溢出中断指令 INTO。

溢出中断的中断类型号为 3。执行的操作与 INT 指令类似。

执行操作：若OF=1，则：

```
SP ← SP-2
(SP+1,SP) ← FLAGS
SP ← SP-2
(SP+1,SP) ← CS
SP ← SP-2
(SP+1,SP) ← IP
IP ← (10H)
CS ← (12H)
```

（3）中断返回指令 IRET。

当中断处理程序执行完，CPU 将恢复被中断的现场，返回到被中断的程序继续执行。为了实现此项功能，指令系统提供了中断返回指令。

指令格式：IRET

该指令执行的过程基本上是 INT 指令的逆过程，具体如下：

执行操作：

```
IP ← (SP+1,SP)           ;从栈顶弹出数据送入 IP
SP ← SP+2
CS ← (SP+1,SP)           ;再从新栈顶弹出数据送入 CS
SP ← SP+2
FLAGS ← (SP+1,SP)        ;再从新栈顶弹出数据送入标志寄存器
SP ← SP+2
```

7.2.2　8086 CPU 的中断分类

依据中断源的不同，一般把中断分成两类：硬件中断、软件中断。硬件设备产生的中断就是硬件中断或外中断，如键盘、打印机产生的中断；由中断指令 INT 或 CPU 的某些错误结果产生的中断称为软件中断或内中断。

1. 软件中断

软件中断又称为内中断，它通常由 3 种情况引起：

（1）由中断指令 INT 引起。CPU 执行 INT N 指令时，会立即产生中断，转去调用相应的中断服务程序，N 指出中断类型号。这种形式的中断跟子程序相似。

（2）由于 CPU 的某些错误引起。CPU 在执行程序时，还会发现一些运算中的错误。为了及时处理这些错误，CPU 就以中断的方式中止正在执行的程序，待程序员改正错误

后，重新运行程序。

这些中断有除法错中断、溢出中断。

（3）为调试程序（DEBUG）设置的中断。这些中断有单步中断、断点中断。

2. 硬件中断

硬件中断来自 CPU 的外部，中断请求信号都是随机产生的，程序员是无法预见的。系统以完全随机的方式中断现行程序而转向另一处理程序。

硬件中断主要有两种：

（1）非屏蔽中断。由电源掉电、奇偶校验错等引起的中断是不能被屏蔽的，CPU 必须马上响应。

（2）可屏蔽中断。由外部设备引起的中断也称为可屏蔽中断，这类中断可以被屏蔽掉。

CPU 是否响应可屏蔽中断取决于以下 4 个条件能否同时满足：

① 外设有中断请求并且未被屏蔽。外设有中断请求并且未被屏蔽，这样外设的中断请求才能送到 CPU。

外设的中断请求是否被屏蔽，由中断屏蔽寄存器决定。中断屏蔽寄存器的 I/O 端口地址是 21H，它的 8 位对应控制 8 个外部设备，见图 7-4。

7	6	5	4	3	2	1	0
打印机	软盘	硬盘	串行通信口 1	串行通信口 2	保留	键盘	定时器

图 7-4　中断屏蔽寄存器

通过设置这个寄存器的某位为 0 或 1，就可以允许或禁止外设发出中断请求。某位为 0，表示允许对应的外设发出中断请求；某位为 1，表示禁止对应的外设发出中断请求，即该外设的中断请求被屏蔽。

例如，只允许键盘中断，可设置如下的中断屏蔽字：

```
MOV  AL,11111101B
OUT  21H,AL
```

如果只是再增加键盘中断，则：

```
IN   AL,21H
AND AL,11111101B
OUT  21H,AL
```

② CPU 允许中断。送到 CPU 的中断请求能否被 CPU 响应，还与标志寄存器 FLAGS 中的中断允许位 IF 有关。如果 IF =0，CPU 就禁止响应任何外设的中断，也就是说，CPU 不理会外设的中断请求。如果 IF =1，则允许 CPU 响应外设的中断请求。可以用下面两条指令来设置和清除 IF 位。

STI——设置中断允许位，即 IF =1

CLI——清除中断允许位，即 IF =0

③ 当前指令执行完。在一条指令的执行过程中，CPU 不会响应中断。

注意：一般情况下，CPU 在执行完当前指令后，如果检测到中断请求，就可能响应中断，引发中断过程。但是，在执行完 STI 指令、IRET 指令和 MOV SS，AX 指令后，CPU 要再多执行一条指令才会响应中断。也就是说，在执行完向 SS 寄存器传送数据的指令后，即便是发生中断，CPU 也不会响应。这样做的主要原因是，SS：SP 联合指向栈顶，而对它们的设置应该连续完成。如果 SS 改变了，而 SP 并未改变，SS：SP 指向的不是正确的栈顶，将引起错误。所以 CPU 在执行完设置 SS 的指令后，不会马上响应中断，而是再多执行一条指令后响应中断。

因此，如果要将栈顶设为 1000H：0，应该：

```
MOV AX,1000H
MOV SS,AX
MOV SP,0
```

而不是：

```
MOV AX,1000H
MOV SS,AX
MOV AX,0
MOV SP,0
```

④ 该中断的优先级最高。在 80X86 系统中，中断的优先级是不同的，CPU 按照优先级的高低来响应同时到来的中断，优先级高的中断先被响应。中断的优先级顺序是：

优先级最高：	内部中断
↓	非屏蔽中断
	可屏蔽中断
优先级最低：	单步中断

7.2.3　中断向量表

无论是对硬件中断还是软件中断，CPU 的处理方式都是一样的。

（1）当 CPU 收到中断信号或执行 INT 指令后，CPU 首先会把标志寄存器 FLAGS 的内容压入堆栈，而后再把指令指针寄存器 IP 和代码段寄存器 CS 的内容压入堆栈，也就是把断点地址压入堆栈。这样做的目的是为了在执行完中断服务程序后能正确地返回被中断处继续执行程序。

（2）保存完断点地址后，CPU 就转去执行相应的中断服务程序。

这里就有这样一个问题，CPU 如何知道中断服务程序在内存中的位置呢?

如果计算机只有一个中断及其服务程序，那么这个问题就简单了。不过我们使用的计算机所接的外部设备不止一个，如键盘、硬盘驱动器、打印机等。每种设备基本上都用中断方式与 CPU 联系。况且中断不一定都来自外设，还可能来自 CPU 或软件。这就要求 CPU 可以区分不同的中断源，处理多个中断。

8086 CPU 可以处理 256 个中断，而且这些中断都被编了号，从 0 到 0FFH。不同中断源产生的中断的编号不一样，例如，除法错中断的类型号为 0，键盘中断的类型号为 9，非屏蔽中断的类型号为 2 等。表 7-1 是部分中断的中断类型号。

表 7-1 部分中断的中断类型号

中断类型号	含 义	中断类型号	含 义
0	除法出错	0A	保留
1	单步	0B	串行通信口 2（COM2）
2	非屏蔽中断	0C	串行通信口 1（COM1）
3	断点	0D	硬盘（并行口）
4	溢出	0E	软盘
5	打印屏幕	0F	打印机
6	保留	19	系统自举
7	保留	1A	时钟管理
8	定时器	20 ~ 3F	DOS 使用或保留
9	键盘	60 ~ 67	用户使用

每个中断都有自己对应的中断服务程序，所有这些中断服务程序在内存中的起始（入口）逻辑地址被组织在一起，保存于内存中的一段特定的区域内。这段区域从逻辑地址0000：0000 开始，到 0000：03FFH 为止，共 1 KB。

每 4 个字节保存一个中断服务程序的入口，从 0000：00000 开始，0 ～3 字节保存 0 号中断服务程序的入口地址，4 ～7 字节保存 1 号中断服务程序的入口地址，依次类推。保存所有 256 个中断服务程序的入口地址恰好需要 1 KB 内存。

由于每个入口地址都指向内存中的一段程序，所以我们引用数学中向量的概念，把这些入口地址称为中断向量，这 256 个中断向量组织在一起形成一个表，我们把这个表称为中断向量表。这个表就是 CPU 取得中断服务程序入口地址的依据。中断向量表如图 7-5 所示。

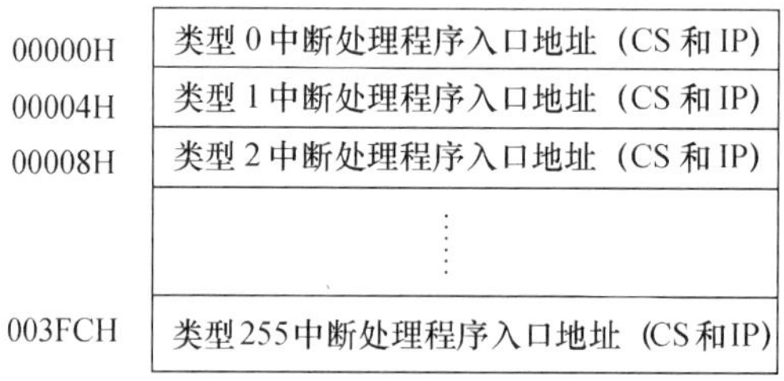

图 7-5 中断向量表

给定一个中断类型号 N，即可根据下式计算其对应服务程序入口地址在中断向量表中的偏移量：

$$偏移量 = N \times 4$$

利用 DEBUG 程序可以观察到中断向量表。进入 DEBUG，在横线" －"后打入 D 0：0，屏幕上就会显示出中断向量表中的部分入口地址。连续输入不带参数的 D 命令，可连续显示内存中的数据。再连续 7 次输入不带参数的 D 命令，就可以看到整个中断向量表（1 KB）。图 7-6 是在 DEBUG 中看到的中断向量表。

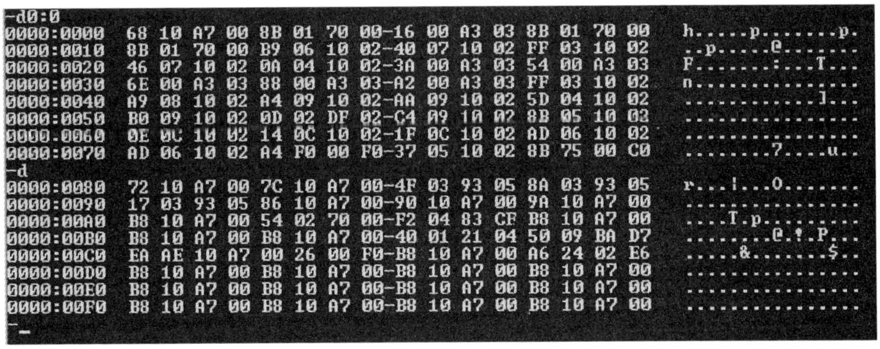

图 7-6　DEBUG 下的中断向量表

从图 7-6 中可以看出，0 号中断（除法错）的中断向量为 00A7：1068，2 号中断（非屏蔽中断）的中断向量为 03A3：0016。在中断向量表中，一般从 0000：0200 至 0000：02FF 的 256 个字节的空间所对应的中断向量表项都是空的（均为 0），操作系统和其他应用程序都不占用。后面的例子中我们将使用这段空间。

有了中断向量表，CPU 就可以根据中断类型号找到对应服务程序的入口地址，即中断向量。把这个地址装入 CS 和 IP，CPU 就开始执行中断服务程序。

为中断类型 N 设置中断向量可以用以下两种方法。

方法 1：直接把中断向量写入对应单元

```
…
MOV   AX, 0
MOV   ES, AX
MOV   BX, N * 4
MOV   AX, OFFSET  INTHAND
MOV   ES:WORD PTR[BX],  AX          ;中断处理程序偏移地址送 N×4 单元
MOV   AX, SEG  INTHAND
MOV   ES:WORD PTR[BX+2],AX          ; 中断处理程序段地址送 N×4+2 单元
…
INTHAND:                            ;中断处理程序
…
IRET
```

方法 2：使用 DOS 功能调用（21H）存取中断向量，见表 7-2。

表 7-2　DOS 设置中断向量操作（INT 21H）

AH	功　能	调用参数	返回参数
25	设置中断向量	AL = 中断类型号 DS：DX = 中断向量	
35	取中断向量	AL = 中断类型号	ES：BX = 中断向量

指令如下：

```
MOV   AX, SEG   INTHAND
MOV   DS, AX
MOV   DX, OFFSET INTHAND
MOV   AL, N
MOV   AH, 25H
```

```
INT   21H                   ;设置中断向量
…
INTHAND:                    ;中断处理程序
…
IRET
```

7.2.4 中断过程

从上面的讲解中，我们知道，可以用中断类型码，在中断向量表中找到中断处理程序的入口。找到这个入口地址的最终目的是用它设置 CS 和 IP，使 CPU 执行中断处理程序。用中断类型号找到中断向量，并用它设置 CS 和 IP，这个工作是由计算机的硬件自动完成的。这一过程，称为中断过程。

具体来说，当中断发生时，由计算机自动完成下列动作：

(1)（从中断信息中）取中断类型号 N；

(2) 标志寄存器（FLAGS）内容入栈（因为在中断过程中要改变标志寄存器的值，所以要先将其保存在堆栈中)；

(3) 当前代码段寄存器（CS）内容入栈（返回地址入栈)；

(4) 当前指令计数器（IP）内容入栈（返回地址入栈)；

(5) 使 FLAGS 的 IF = 0，TF = 0（即禁止可屏蔽中断和单步中断)；

(6) 从中断向量表中取出 $4 \times N$ 单元的字内容送 IP，$4 \times N + 2$ 单元的字内容送 CS；

(7) 转中断处理程序。

上述中断过程跟我们熟悉的 CALL 指令调用子程序很相似，不同的是在保护中断现场时，除了保存返回地址 CS：IP 外，还保存了 FLAGS 寄存器，并把其中的 IF = 0，TF = 0。

以上过程也可以简写为：

(1) 取中断类型号：N→ CPU；

(2) 保护现场：FLAGS、CS、IP 入栈；

(3) IF = 0，　TF = 0；

(4) 取中断向量：$(4 \times N) \rightarrow IP$

　　　　　　　　$(4 \times N + 2) \rightarrow CS$；

(5) 转中断处理程序。

7.2.5 中断处理程序

在中断系统中，除了上述计算机硬件自动完成的工作外，其他就需要用户自己编写中断处理程序了。

编写中断处理程序和编写子程序一样，只是中断处理程序返回时使用 IRET 指令，而不是使用 RET 指令。IRET 指令所做的工作和上述中断发生时的步骤正好相反，即依次把 IP、CS 和 FLAGS 的内容出栈，这样就可以返回到中断发生时的断点去继续执行程序了。

中断处理程序的编写方法和子程序的相似，一般也是如下步骤：

(1) 保存用到的寄存器；

(2) 处理中断；

（3）恢复用到的寄存器；

（4）用 IRET 指令返回。

和子程序一样，中断也允许嵌套，但是中断的嵌套是有条件的。如果新到来的中断的优先级高于现在正在处理的中断，那么 CPU 就中止现行的中断处理程序，转去执行较高级别的中断处理程序。另外，如果新来的中断请求是可屏蔽中断的话，还要看标志寄存器中的中断允许位 IF 是否为 1，因为计算机响应中断时把 IF 清 0，只有在中断处理程序用 STI 指令将 IF 置 1，CPU 才可响应新的中断，否则即使是高优先级中断也不会响应。

7.2.6　中断程序设计举例

下面举例说明前面所讲的内容。

例 7.3　除法错误中断（0 号中断）的处理。

当 CPU 执行 DIV 等除法指令的时候，如果发生了除法溢出错误，将产生中断类型码为 0 的中断信息，CPU 将检测到这个信息，然后引发中断过程，转去执行 0 号中断所对应的中断处理程序。例如，执行下面的程序，将显示如图 7-7 所示的结果（直接在 DEBUG 中输入 INT 0 也可以引发 0 号中断）：

```
MOV AX,1000H
MOV BH,1
DIV BH
```

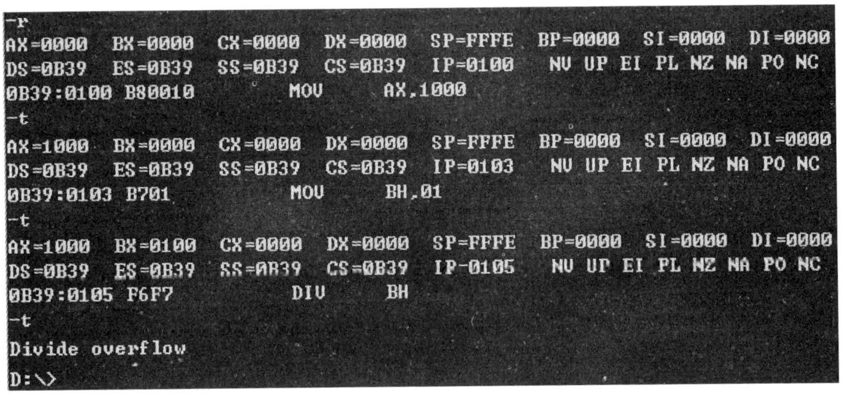

```
-r
AX=0000  BX=0000  CX=0000  DX=0000  SP=FFFE  BP=0000  SI=0000  DI=0000
DS=0B39  ES=0B39  SS=0B39  CS=0B39  IP=0100   NV UP EI PL NZ NA PO NC
0B39:0100 B80010        MOV     AX,1000
-t
AX=1000  BX=0000  CX=0000  DX=0000  SP=FFFE  BP=0000  SI=0000  DI=0000
DS=0B39  ES=0B39  SS=0B39  CS=0B39  IP=0103   NV UP EI PL NZ NA PO NC
0B39:0103 B701          MOV     BH,01
-t
AX=1000  BX=0100  CX=0000  DX=0000  SP=FFFE  BP=0000  SI=0000  DI=0000
DS=0B39  ES=0B39  SS=0B39  CS=0B39  IP=0105   NV UP EI PL NZ NA PO NC
0B39:0105 F6F7          DIV     BH
-t
Divide overflow
D:\>
```

图 7-7　系统对 0 号中断的处理

可见，当 CPU 执行 DIV BH 指令时，由于指令要求商保存在 AL 中，为 8 位，而现在的商等于 1000H，超出了表示范围，因此发生了除法溢出错误，产生 0 号中断，从而引发中断过程，CPU 执行 0 号中断处理程序。从图 7-7 中可以看出，系统的 0 号中断处理程序的功能是：显示提示信息“Divide overflow”后，返回操作系统。

现在我们想改变一下 0 号中断处理程序的功能，即重新编写一个 0 号中断处理程序，它的功能是在屏幕中间显示“overflow!”后，然后返回到操作系统。

设计思路如下：

（1）当发生除法溢出时，产生 0 号中断，CPU 自动完成前面所述的工作，即：

① 取中断类型号：0→ CPU；

② 保护现场：FLAGS、CS、IP 入栈；

③ IF =0，TF =0；

④ 取中断向量：（4 ×0）→ IP

（4 ×0 +2）→ CS；

⑤ 转中断处理程序。

我们要做的工作就是编写中断处理程序，使中断 0 发生时，在屏幕中间显示“overflow!”。

（2）中断 0 的中断处理程序放在哪里呢？不能放在外存，必须放在内存中。因为外存中的程序无法直接执行，而且除法溢出随时可能发生，CPU 随时都可能使 CS：IP 指向该程序，执行该中断处理程序。

放在内存的哪里呢？由于现在计算机系统很复杂，用户无法亲自管理内存，知道哪里有空闲空间可供使用。我们都是在操作系统之上使用计算机，都是使用操作系统来管理计算机的软、硬件资源。因此一般情况下，我们应向操作系统申请一块内存区域，例如，使用 DOS 系统调用（INT 21H）的 48H 号功能，可以分配一个内存块；使用 49H 号功能可以释放一个内存块等。因为我们想尝试一下对计算机的底层直接进行编程，所以现在不理会操作系统，直接面向硬件资源。

前面讲过，8086 支持 256 个中断，但实际上，系统中要处理的中断事件远没有达到 256 个。所以在中断向量表中，有许多单元是空的。在中断向量表中，一般从 0000H：0200H 至 0000H：02FFH 的 256 个字节空间所对应的中断向量表项都是空的，操作系统和其他应用程序都不占用。我们可以使用这段空间存放中断 0 的中断处理程序，只要该中断处理程序的大小不超过 256 个字节。从后面的代码可以看出，该中断处理程序的大小确实不超过 256 个字节，只有 46 个字节。图 7-8 显示了中断处理程序对应的列表文件 . LST，可以看出中断处理程序的大小为 005BH －002DH ＝2EH ＝46D。也可以按照附录 2 给出的每条指令的字节数，计算出这段程序的长度。

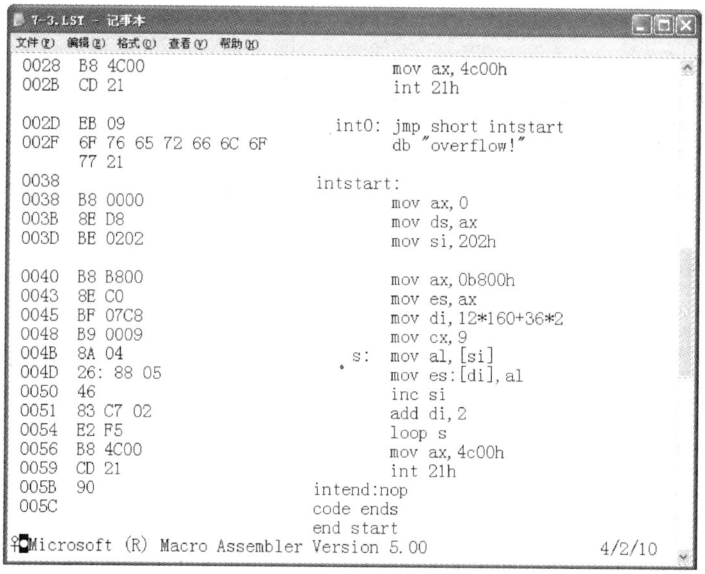

```
7-3.LST - 记事本
文件(F) 编辑(E) 格式(O) 查看(V) 帮助(H)
0028  B8 4C00                          mov ax,4c00h
002B  CD 21                            int 21h

002D  EB 09                     int0: jmp short intstart
002F  6F 76 65 72 66 6C 6F             db "overflow!"
      77 21
0038                          intstart:
0038  B8 0000                          mov ax,0
003B  8E D8                            mov ds,ax
003D  BE 0202                          mov si,202h

0040  B8 B800                          mov ax,0b800h
0043  8E C0                            mov es,ax
0045  BF 07C8                          mov di,12*160+36*2
0048  B9 0009                          mov cx,9
004B  8A 04                        s:  mov al,[si]
004D  26: 88 05                        mov es:[di],al
0050  46                               inc si
0051  83 C7 02                         add di,2
0054  E2 F5                            loop s
0056  B8 4C00                          mov ax,4c00h
0059  CD 21                            int 21h
005B  90                      intend:nop
005C                          code ends
                              end start
Microsoft (R) Macro Assembler Version 5.00                4/2/10
```

图 7-8　中断处理程序对应的列表文件 . LST

因此，我们可以将中断处理程序放在 0000H：0200H 开始的空间中。

(3) 因为当发生除法溢出中断时，计算机自动到 0×4 和 0×4+2 号单元取中断处理程序的入口地址（首地址），所以若要使除法溢出发生的时候，CPU 转去执行我们编写的中断处理程序，就必须将该中断处理程序的入口地址，即 0000：0200 登记在中断向量表的对应表项中。也就是要将段地址 0 存放在 0000：0002 字单元中，将偏移地址 0200H 存放在 0000：0000 字单元中。

总结上面的分析，程序的框架为：

```
ASSUME CS:CODE
CODE SEGMENT
START:复制 INT0 到内存 0000:0200 处
      设置中断向量表
      MOV AX,4C00H
      INT 21H
INT0: 显示字符串"overflow!"          ;中断处理程序
      MOV AX,4C00H
      INT 21H
CODE ENDS
END START
```

前面说过，中断处理程序的最后一条指令是 IRET，为什么我们这里不是 IRET，而是直接返回 DOS 呢？因为一旦发生除法溢出，运算结果就不正确，程序继续往下运行已无意义，所以没有使用 IRET 指令，而是直接退出，返回 DOS。

完整程序如下：

```
ASSUME CS:CODE
CODE SEGMENT
START:
    MOV AX,CS
    MOV DS,AX
    MOV SI,OFFSET INT0                   ;设置 DS:SI 指向源地址
    MOV AX,0
    MOV ES,AX
    MOV DI,200H                          ;设置 ES:DI 指向目的地址
    MOV CX,OFFSET INTEND - OFFSET INT0   ;设置 CX 为传输长度
    CLD                                  ;设置传输方向为正
    REP MOVSB                            ;用串传送指令把中断处理程序 INT0 复制到 0:200H 处
    MOV AX,0                             ;设置中断向量表
    MOV ES,AX
    MOV WORD PTR ES:[0*4],200H
    MOV WORD PTR ES:[0*4+2],0            ;把入口地址 0:200H 写入到中断向量表的 0～3 号单元
    MOV AX,4C00H
    INT 21H

INT0:JMP SHORT INTSTART                  ;该指令为 2 个字节
    DB "overflow!"
INTSTART:
    MOV AX,0
    MOV DS,AX
    MOV SI,202H                          ;设置 DS:SI 指向字符串"overflow!"
    MOV AX,0B800H
    MOV ES,AX
```

```
        MOV DI,12 *160 +36 *2            ;设置 ES:DI 指向显存空间的中间位置(12 行,36 列)
        MOV CX,9                         ;设置 CX 为字符串"overflow!"的长度
    S:  MOV AL,[SI]
        MOV ES:[DI],AL
        INC SI                           ;指向下一个要显示的字符
        ADD DI,2                         ;指向下一个要写入的显存单元
        LOOP S                           ;循环 9 次,把"overflow!"显示在显示器中间
        MOV AX,4C00H
        INT 21H
    INTEND:  NOP
    CODE ENDS
    END START
```

下面对程序做两点说明。

首先是如何在屏幕上显示字符串“overflow!”。可以利用前面讲过的 DOS 提供的 INT 21H 的 9 号功能。即设置 AH = 9，DS：DX = 要显示的字符串地址，然后使用 INT 21H 指令。如下所示：

```
MOV AX,0
MOV DS,AX
MOV DX,202H
MOV AH,9
INT 21H
```

这里我们使用另一种方法：采用直接写显示缓存的方法。第 1 章讲过，如果把想显示的数据写入显存，那么数据就会显示在显示器上。对所有的显示适配器，显示字符的原理都是相同的，不同的只是显存的起始地址不同。对 MDA，显存的起始地址为 B000：0000；对 CGA、EGA、VGA 是 B800：0000。每个字符的 ASCII 码和属性字节存放在显存的连续两个单元中，低位字节存放字符的 ASCII 码，高位字节存放字符的显示属性，详细内容在 7.3.2 节介绍。

在 25 × 80 的文本显示方式下，屏幕可有 2000 个字符位置，因为每个字符需要用 2 个字节表示，所以显存容量需要 4 KB。屏幕上某一字符位置在显存中的地址可由下列公式算出：

偏移地址 = （（行 × 80） + 列） × 2

段地址 = B800H

例如，如果想把字符显示在 12 行，36 列，则应把该字符写入偏移地址为 12 × 160 + 36 × 2 显存单元中。

在中断处理程序中，用以下 3 条指令使 ES：DI 指向屏幕的中间位置（12 行，36 列）：

```
MOV AX,0B800H
MOV ES,AX
MOV DI,12 *160 +36 *2
```

用以下 3 条指令使 DS：SI 指向存放在 0：202 处的字符串“overflow!”：

```
MOV AX,0
MOV DS,AX
MOV SI,202H
```

然后用一个循环，把存放在 0：202 处的字符串“overflow!”传送到从 12 行，36 列所对应的显存单元中：

```
S:  MOV AL,[SI]
```

```
    MOV ES:[DI],AL
    INC SI
    ADD DI,2
    LOOP S
```

其次是设置中断向量。

程序采用直接把中断处理程序 INT0 的入口地址（中断向量）0：200H 写入中断向量表的方法。也可以使用 DOS 提供系统调用（21H）设置中断向量：

```
MOV AX,0            ;DS:DX = 中断向量
MOV DS,AX
MOV DX,200H
MOV AL,0            ;AL = 中断类型号
MOV AH,25H
INT 21H
```

下面提出 3 个问题，请思考：

（1）INT0 什么时候执行？是例 7.3 的程序运行时它就运行了吗？

（2）为什么把字符串"overflow"放在中断处理程序的开始，即 0：202H 开始的单元（前两个字节是指令 JMP SHORT INTSTART，以便跳到中断处理程序的第一条指令）？如果在程序中定义一个数据段，那么把字符串"overflow!"放到该数据段如何？即：

```
DATA SEGMENT
   DB "overflow!"
DATA ENDS
```

（3）中断 0 的原中断向量并未保存，以后发生除法溢出时，是不是无法恢复成原来的显示信息？

对于问题（1）：INT0 的代码虽然在例 7.3 程序中，却不在例 7.3 程序执行的时候执行。它是在除法溢出发生的时候才得以执行的中断处理程序。在例 7.3 程序中，INT0 开始的程序只是被当做一块数据复制到了内存的 0：200 开始的空间。当中断 0 发生时，CPU 到 0～3单元取出中断 0 的中断处理程序的入口地址 0：200，并送入 CS：IP 时，INT0 才被当做程序执行。

对于问题（2）：如果这样做，字符串"overflow!"被放在了例 7.3 程序的数据段中。例 7.3 程序执行完成后返回，它所占用的内存空间被系统释放，而在其中存放的"overflow!"的数据段也将很可能被别的信息覆盖，很难保证程序从原来例 7.3 程序所处的空间中取得的是要显示的字符串"overflow!"。因此，该字符串也应该存放在一段不会被覆盖的空间中，比如 0：200～0：2FF。

我们把字符串放在 0：202 开始的 9 个单元中。因为在 INT0 程序开始处的"overflow!"不是可以执行的代码，所以在"overflow!"之前加上一条 JMP 指令，转移到真正的中断处理程序。当除法溢出发生时，CPU 执行 0：200 处的 JMP 指令，跳过后面的字符串，转到 INTSTART 开始的中断处理程序执行。

对于问题（3）：如果计算机不断电，以后发生的除法溢出中断的提示信息将都是"overflow!"。而如果关机后再重新启动，则除法溢出的提示信息将又恢复成"Divide overflow"。原因是计算机在开机时，系统初始化程序将建立 BIOS 所支持的中断向量，即将 BIOS 提供的中断处理程序的入口地址会登记在中断向量表中。而除法溢出中断 0 是 BIOS 提供的中断。这样，当开机后再发生除法溢出时，从中断向量表中取出的是原来的中断向

量，因此会转到原来的中断处理程序（固化在ROM中，一直在内存），提示信息就恢复成了原来的形式。

一般来说，如果我们自己编写一个中断处理程序取代某一中断的中断处理程序时，应该在程序的开始将原中断向量保存起来，然后在程序的结尾恢复原中断向量。这样可以防止原中断向量丢失，给系统带来破坏。例如，一个程序把键盘中断向量修改了，那么所有程序就都不能再用原来的键盘中断处理程序获得键盘输入的数据，直到原键盘中断向量恢复为止。

例7.4 编写一个中断处理程序，要求在主程序运行期间，每隔10秒在屏幕上显示信息“TIME OUT!”，并响铃一次。

在系统定时器（中断类型为8）的中断处理程序中，有一条中断指令INT 1CH，时钟中断每发生一次（约每秒中断18.2次）都要调用一次中断类型1CH的处理程序。1CH中断处理程序由ROM BIOS提供。在ROM BIOS例程中，1CH的处理程序只有一条指令IRET，实际上它并没有做任何工作，只是为用户提供了中断类型号。如果用户有某种定时周期性的工作需要完成，就可以利用系统定时器的中断间隔，用自己设计的处理程序来代替原有的1CH中断程序。

程序设计思路：

（1）1CH作为用户可以使用的中断类型，可能已经被其他功能的程序所使用，所以在主程序的初始化部分，要先保存当前的1CH的中断向量，再设置新的中断向量。在主程序的结束部分，要恢复被保存的1CH中断向量。

（2）因为时钟中断每发生一次（约每秒中断18.2次）都要调用一次1CH的处理程序，所以要定时10秒，需要时钟中断182次。可以设置一个变量（计数器），使其初值为182，在新1CH中断处理程序中给变量减1，当其减为0时，就是10秒钟到了。程序设计思路见图7-9。

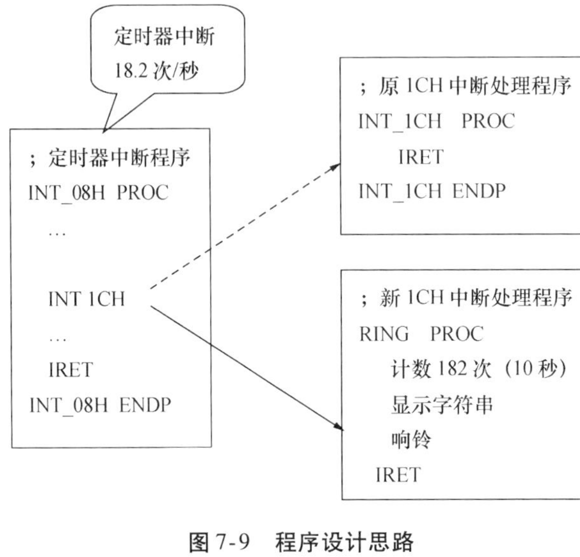

图7-9 程序设计思路

程序如下，采用简化的段定义格式。也可以采用完整的段定义格式。

```
.MODEL SMALL
```

```
.STACK
.DATA
CNT  DW 182
MESS  DB 'TIME OUT!', 0DH,0AH,'MYM'
.CODE
MAIN  PROC  FAR
START:
     MOV   AX, @ DATA          ;设置数据段的段地址
     MOV   DS, AX
     MOV   AL,  1CH            ;取 1CH 的中断向量,返回时 ES:BX = 中断向量
     MOV   AH,  35H
     INT   21H
     PUSH  ES                  ;把取得的老中断向量保存到堆栈中
     PUSH  BX
     PUSH  DS                  ;保存 DS
     MOV   DX,  OFFSET RING    ;设置新的中断向量,DS:DX = 新中断向量
     MOV   AX,  SEG RING
     MOV   DS,  AX
     MOV   AL,  1CH
     MOV   AH,  25H
     INT   21H
     POP   DS                  ;恢复 DS
     IN    AL,  21H            ;设置定时器的中断屏蔽位为 0,即允许定时器中断
     AND   AL,  11111110B
     OUT   21H, AL
     STI                       ;开中断
     MOV   DI, 30000           ;延时,在此期间将每隔 10 秒在屏幕上显示信息,并响铃一次
DLY: MOV   SI, 60000
DLY1:DEC   SI
     JNZ   DLY1
     DEC   DI
     JNZ   DLY
     POP   DX                  ;把保存在堆栈中的老中断向量弹出
     POP   DS
     MOV   AL, 1CH             ;恢复原来的中断向量,DS:DX = 老中断向量
     MOV   AH, 25H
     INT   21H
     MOV   AX, 4C00H
     INT   21H
MAIN  ENDP
RING PROC NEAR
     PUSH DS                   ;保存相关寄存器
     PUSH AX
     PUSH CX
     PUSH DX
     MOV  AX, @ DATA           ;把数据段段地址赋给 DS
     MOV  DS, AX
     STI                       ;开中断
     DEC  CNT                  ;给计数器减 1
     JNZ  EXIT                 ;不为 0,表示不到 10 秒,中断返回
     MOV  DX, OFFSET MESS      ;为 0,表示 10 秒到,显示信息"TIME OUT!"
     MOV  AH, 09
     INT  21H
```

```
        MOV AH,2
        MOV DL,07H              ;07H是响铃符的ASCII码
        INT 21H
        MOV  CNT,182            ;给计数器再赋初值182
EXIT:CLI                        ;关中断
        POP DX                  ;恢复寄存器,中断返回
        POP CX
        POP AX
        POP DS
        IRET
RING ENDP
        END  START
```

程序中已经加了详细的注释，不再多加说明。注意例7.4与例7.3程序的不同。在例7.3中，只要计算机没有关机，遇到除法溢出中断，就会显示程序中设定的字符串，因为中断处理程序已存放在不会被覆盖的内存的0：200～0：2FF，可随时调用。而在该例中，只是在主程序延时的期间，才会每隔10秒响铃一次并在屏幕上显示信息，当在主程序的末尾，退出程序返回DOS后，整个程序（包括中断处理程序）已不在内存驻留，所以就不可能每隔10秒响铃并在屏幕上显示信息了。

7.3 DOS与BIOS的中断调用

在内存中，从地址0FE000H开始的8 KB ROM中装有基本I/O系统（BIOS）程序。驻留在ROM中的BIOS给PC系列的不同微处理器提供了兼容的系统加电自检、引导装入、主要I/O设备的处理程序以及接口控制等功能模块来处理所有的系统中断。使用BIOS功能调用，使程序员编程时可以不必了解硬件的具体细节，给程序员带来了很大方便。

DOS是PC上的操作系统，它建立在BIOS的基础上，通过BIOS操纵控制硬件。由于DOS提供了更多更必要的测试，使DOS操作比使用相应的BIOS操作更简单，而且DOS对硬件的依赖性也更少些。

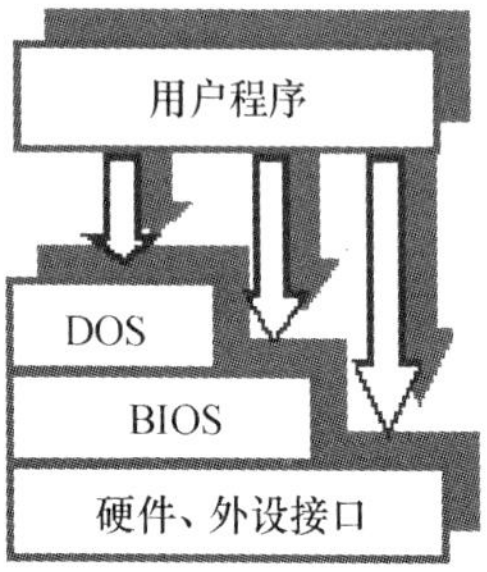

图7-10 应用程序、DOS、BIOS和外设硬件之间的关系

应用程序、DOS、BIOS和外设硬件之间的关系如图7-10所示。

在用户程序中，若直接通过端口来操作硬件或外设，那么，处理速度显然是最快的，但这样做，无疑使用户程序具有了很大的局限性。硬件环境的改变将直接影响程序的正常运行。

若用户程序通过调用DOS功能来实现其所需功能，那么，应用程序与低层硬件相距较远，操作最终的对象需要经过中间环节，处理速度要受到一定的损失，但这种应用程序适应性强，应用范围广，对硬件的依赖性最小。

BIOS则介于DOS和具体硬件之间，因此，调用BIOS的功能是一个折中的方案。可在以下3种情况下考虑使用BIOS的功能：

（1）BIOS提供的功能，而DOS没有提供该功能的情况；

（2）不能利用DOS功能调用的情况（可能因为某些具体应用的限制）；

（3）基于处理速度的考虑，需要绕过 DOS 层的情况。

综上所述，可以归纳出如下结论：使用中断的层次越高，它与硬件设备相关程度就越低，处理速度也就越低，但用户程序的适用范围较广，易于移植。反之亦然。

因此，程序员可根据应用程序的要求、对硬件环境的熟悉程度等因素来选用不同层次的中断。对某些操作，如果既能使用 DOS 中断又能使用 BIOS 中断，一般情况下尽可能使用 DOS 中断。

不管使用 DOS 还是 BIOS 的中断，它们的调用方法都相同，都经过以下步骤：

（1）将调用参数装入指定的寄存器中；

（2）将 BIOS 或 DOS 功能号装入 AH；

（3）如需子功能号，把它装入 AL；

（4）按中断号调用 DOS 或 BIOS 中断（INT）；

（5）获得返回参数。

例如，我们前面使用下面的指令使程序返回 DOS：

```
MOV AX, 4C00H
INT 21H
```

就是使用 DOS 提供的 21H 中断的 4CH 号功能来返回 DOS，也可以写成：

```
MOV AH, 4CH
INT 21H
```

在例 7.3 中，为了使用户可以随时调用编写的中断处理程序，我们把程序驻留在 0：200H 开始的内存，目的是不被覆盖，可随时调用。同样，BIOS 和 DOS 提供的这些中断调用所对应的程序，也要常驻内存中。它们是如何安装到内存中的呢？

下面是它们的装载过程。

（1）开机后，CPU 一加电，CS 初始化为 0FFFFH，IP 为 0，CPU 自动从 FFFF：0 单元开始执行程序。FFFF：0 处是一条转跳指令，CPU 执行该指令后，转去执行 BIOS 中的硬件系统检测和初始化程序。

（2）初始化程序将建立 BIOS 所支持的中断向量，即将 BIOS 提供的中断例程的入口地址登记在中断向量表中。而 BIOS 提供的中断例程已经在内存的 ROM 里，所以不需装入了。

（3）硬件系统检测和初始化完成后，调用 INT 19H 进行操作系统的引导。从此将计算机交由操作系统控制。

（4）DOS 启动后，除完成其他工作外，还将它所提供的中断例程装入内存，并建立相应的中断向量。

下面就分别介绍 DOS 和 BIOS 提供的键盘中断、显示中断和其他一些常用的中断。至于其他没有介绍的中断，使用时可以查阅相关手册。

7.3.1 键盘 I/O

键盘输入是绝大多数程序的主要输入方式，学习和掌握有关键盘输入中断的使用方法对编写交互式程序是非常重要的，也能更进一步理解计算机是如何接受键盘输入的。

1. 字符码与扫描码

当在键盘上按下或松开一个键时，如果键盘中断是允许的（21H 端口第 1 位 =0），就会产生一个类型 9 的中断。如果这时 CPU 处于开中断状态（IF = 1），CPU 就会响应该中断请求，并转入 BIOS 的键盘中断处理程序。该处理程序从键盘接口中的端口 60H 读取一个字节，该字节的低 7 位是键的扫描码。最高位为 0 或 1，分别表示键是按下还是松开的状态。按下时，取得的字节称为通码，放开时取得的字节称为断码。如按下 Esc 键时产生的通码是 01H，松开 Esc 键时产生的断码是 81H。

键的扫描码是根据键在键盘矩阵中的行列位置确定的。键盘上的每一个键都对应一个扫描码，根据扫描码就能唯一地确定哪一个键改变了状态。表 7-3 是键盘上每个键对应的扫描码。

表 7-3 IBM 键盘的扫描码表（通码）

键	扫描码	键	扫描码	键	扫描码	键	扫描码
Esc	01	U and u	16	| and \	2B	F6	40
! and 1	02	I and i	17	Z and z	2C	F7	41
@ and 2	03	O and o	18	X and x	2D	F8	42
# and 3	04	P and p	19	C and c	2E	F9	43
MYM and 4	05	{ and [	1A	V and v	2F	F10	44
% and 5	06	} and]	1B	B and b	30	NumLock	45
^ and 6	07	Enter	1C	N and n	31	ScrollLock	46
& and 7	08	Ctrl	1D	M and m	32	7 and Home	47
* and 8	09	A and a	1E	< and,	33	8 and ↑	48
and 9	0A	S and s	1F	> and .	34	9 and PgUp	49
and 0	0B	D and d	20	? and /	35	–（灰色）	4A
and –	0C	F and f	21	Shift（右）	36	4 and ←	4B
+ and =	0D	G and g	22	PrtSc	37	5（小键盘）	4C
Backspace	0E	H and h	23	Alt	38	6 and →	4D
Tab	0F	J and j	24	Space	39	+（灰色）	4E
Q and q	10	K and k	25	CapsLock	3A	1 and End	4F
W and w	11	L and l	26	F1	3B	2 and ↓	50
E and e	12	: and;	27	F2	3C	3 and PgDn	51
R and r	13	" and ´	28	F3	3D	0 and Ins	52
T and t	14	~ and`	29	F4	3E	. and Del	53
Y and y	15	Shift（左）	2A	F5	3F		

注：断码 = 通码 + 80H

BIOS 的键盘处理程序将取得的扫描码转换为相应的字符码，大部分的字符码是一个标准的 ASCII 码，没有相应 ASCII 码的键，如 Alt 和功能键（F1 ～F10），字符码是 0。转换成的字符码和扫描码存储在键盘缓冲区中。

2. 键盘缓冲区

键盘缓冲区是一个先进先出的环形队列，其所占内存区域如下：

```
0040:001A  KBHead  DW  ?            ;缓冲区头指针
0040:001C  KBTail  DW  ?            ;缓冲区尾指针
0040:001E  KBBuff  DW  16 DUP(?)    ;16 个字的键盘缓冲区
```

键盘缓冲区是一个环形队列，其性质与“数据结构”课程中对“环形队列”所描述的性质完全一致。当缓冲区的头指针和尾指针相等时，说明缓冲区空。虽然缓冲区的长度为 16 个字，但它可以适应最快的打字员。当缓冲区满时，系统将不再接受按键信息，而会发出“嘟”的声音，以示要暂缓按键。

3. 键盘状态字节

在计算机键盘上除了可输入各种字符（字母、数字和符号等）的按键之外，还有一些功能键（如：F1、F2 等）、控制键（如：Ctrl、Alt、Shift 等）、双态键（如：Num Lock、Caps Lock 等）和特殊请求键（如：Print Screen、Scroll Lock 等）。

键盘中的控制键和双态键是非打印按键，它们是起控制或转换作用的。当使用者按下控制键或双态键时，系统要记住其所按下的按键。为此，在计算机系统中，特意安排的一个字节来标志这些按键的状态，我们称该字为键盘状态字节。

键盘状态字节的各位含义如图 7-11 所示。

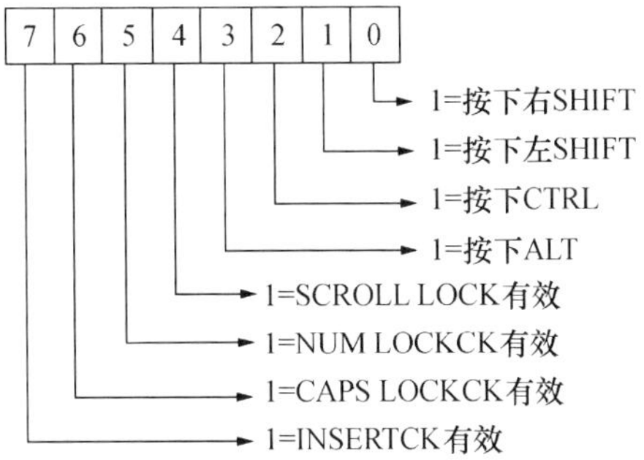

图 7-11 键盘状态字节的各位含义

4. BIOS 键盘中断

类型 16 的中断提供了基本的键盘操作，它的中断处理程序包括 3 个不同的功能，分别根据 AH 寄存器的内容来选择，如表 7-4 所示。

表 7-4 BIOS 键盘中断（INT 16H）

AH	功 能	返回参数
0	从键盘读一个字符	AL = 字符码 AH = 扫描码
1	读键盘缓冲区中的字符	如果 ZF = 0 AL = 字符码 AH = 扫描码 如果 ZF = 1，缓冲区空
2	读键盘状态字节	AL = 键盘状态字节

例 7.5 从键盘读取一个字符，并把它存入 CHAR 单元。

```
MOV AH,0
INT 16H
MOV CHAR,AL
```

例 7.6 判断 Caps 大写键是否有效，若有效，转 YES。

```
MOV AH,2
INT 16H
TEST AL,40H
JNZ YES              ;是大写状态,转 YES
```

5. DOS 键盘功能调用

键盘输入是一种最常用的输入方式，因此，在 DOS 操作系统中，提供了能实现各种键盘输入的功能。因为 DOS 系统的绝大部分功能均由 INT 21H 中断处理程序提供，所以 INT 21H 也称之为系统功能调用。

表 7-5 是 DOS 系统功能调用（INT 21H）提供的有关键盘的操作。

表 7-5 DOS 键盘操作（INT 21H）

AH	功 能	调用参数	返回参数
1	从键盘输入一个字符并回显在屏幕上		AL = 字符
6	读键盘字符	DL = 0FFH	若有字符可读，则 AL = 字符 ZF = 0 若无字符可读，则 AL = 0 ZF = 1
7	从键盘输入一个字符，不回显		AL = 字符
A	从键盘输入一串字符到缓冲区	DS：DX = 缓冲区首址	
B	读键盘状态		AL = 0FFH 有键入 AL = 0 无键入
C	清除键盘缓冲区，并调用一种键盘输入功能	AL = 键盘功能号 （1，6，7，8 或 A）	

下面举例说明这些调用。

例 7.7 从键盘读入一个字符，如果为“Y”，则程序转标号 YES 处；如果为“N”，则程序转标号 NO 处；否则一直读键盘，直到接收到“Y”或“N”字母为止。

```
GET:  MOV AH,1
      INT 21H
      CMP AL,'Y'
      JE YES
      CMP AL,'N'
      JE NO
      JNE GET
YES:  …
NO:   …
```

如果要检测输入字符是否为回车键，则可用 CMP AL，0DH。

例 7.8 检测程序在执行过程中是否有按键动作。

```
START:…
        MOV AH,0BH
        INT 21H
        INC AL
        JNZ START            ;没有键按下,就继续循环
        RET                  ;否则程序返回
```

例 7.9 从键盘读入一串字符。

在实际应用中，经常要求从键盘读入一串字符，这就要求使用功能号为 0AH 的系统功能调用。该调用使用前要求先定义一个输入缓冲区，缓冲区的第一个字节保存允许接收最大字符数，由用户设定。如果输入的字符数比允许接收的字符数大，PC 就会发出“嘟嘟”声，而且光标不再向右移动。由于缓冲区的最大字符数仅用一个字节表示，所以缓冲区最大为 256 个字节。第二个字节是实际输入的字符数（不包括回车键），由功能 A 填入，而不是由用户填入。这两个字节后，就开始存放接收的字符串，最后的回车键 0DH 也要占用一个单元。

例如，在数据段定义的缓冲区如下：

```
MAXLEN  DB 100            ;第 1 个字节指出缓冲区能容纳的字符个数,即缓冲区长度
ACTLEN  DB ?              ;第 2 个字节保留,以存放实际输入的字符个数(调用后由系统填入)
STRING  DB 100 DUP(?)     ;第 3 个字节开始存放从键盘输入的字符串
```

则输入字符串的指令为：

```
LEA DX,MAXLEN             ;缓冲区首偏移地址
MOV AH,0AH
INT 21H
```

注意：调用时，要求 DS：DX 指向输入缓冲区。

完整一些的程序如下：

```
DATA    SEGMENT
        MAXLEN DB 100
        ACTLEN DB ?
        STRING DB 100 DUP(?)
DATA    ENDS
CODE    SEGMENT
        …
        MOV AX,DATA
        MOV DS,AX
        …
        LEA DX,MAXLEN             ;从键盘输入一串字符
        MOV AH,0AH
        INT 21H

        MOX  CH,0
        MOV  CL,ACTLEN            ;将字符串长度放在 CX 中
        LEA  BX,STRING            ;将字符串首址放在 BX 中
        MOV   AL,[BX]             ;读输入字符
        …
CODE ENDS
```

运行程序时，若从键盘输入“YOU ARE SUCCESSFUL!”（共计 19 个字符），则输入缓冲区 MAXLEN 各单元内容如图 7-12 所示。

64	13	Y	O	U	␣	A	R	E	␣	S	U	C	C	E	S	S	F	U	L	!	0D	␣	…	↵

图 7-12　字符缓冲区

可见，第 2 个单元存放的实际字符长度不包括回车键；当定义允许接收的最大字符数为 100 时，实际从 STRING 开始的缓冲区只能存放 99 个字符，回车键要占用一个单元。

7.3.2　显示 I/O

显示器通过显示适配卡与主机相连，显示适配卡是显示器与主机之间的接口。目前常用的显示适配卡有 VGA、EGA 等，它们都可以设置为文本方式和图形方式，可以驱动单色显示器和彩色显示器。有关图形显示功能不再介绍，本节只介绍与文本显示相关的 BIOS 和 DOS 功能调用。

1. 文本显示方式

所谓文本显示方式是指以字符为单位显示的方式。字符通常是指字母、数字、普通符号（如运算符号）和一些特殊符号（如菱形块和矩形块）。在 DOS 操作系统环境下，其默认的显示方式为文本显示方式，而在 Windows 操作系统环境下，其显示方式是图形显示方式。图形显示的最小单位是像素，对每个像素可用不同的颜色来显示。因此，在显示缓冲区内记录的信息是屏幕各像素的显示颜色。

在文本显示模式下，显示器的屏幕被划分成 25 行 80 列，所以每一屏最多可显示 2000（即 25×80）个字符。我们用行号和列号组成的坐标来定位屏幕上的每个可显示位置，左上角的坐标规定为（0,0），向右增加列号，向下增加行号，这样右下角的坐标便是（24,79）。

2. 显示属性

在显示字符时，用一个字节存储该字符的 ASCII 码，用另一个字节存储的显示属性，即显示的颜色。在单色显示时，属性定义了闪烁、反相和高亮度等显示特性。在彩色显示时，属性还定义了前景色和背景色。图 7-13 给出了彩色显示时属性字节各位的定义。

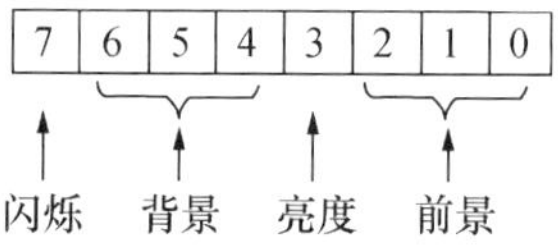

图 7-13　属性字节各位的定义

在属性字节中，分别用 3 位表示前景色和背景色，即第 2、1、0 和 6、5、4 位分别表示 R（红）、G（绿）、B（蓝）。第 3 位表示亮度（I），第 7 位表示闪烁（BL）。当第 3 位 =1 时，表示高亮度；当第 7 位 =1 时，表示闪烁。亮度和闪烁只能用于前景。位 0～位 3 组合出 16 种前景色，位 4～位 6 组合出 8 种背景色。表 7-6 列出了 16 种颜色组合。

表7-6 彩色文本模式下的颜色组合

颜色	IRGB	颜色	IRGB	颜色	IRGB	颜色	IRGB
黑	0000	灰	1000	红	0100	浅红	1100
蓝	0001	浅蓝	1001	品红	0101	浅品红	1101
绿	0010	浅绿	1010	棕	0110	黄	1110
青	0011	浅青	1011	灰白	0111	白	1111

显示屏幕的背景色只能是表7-6中I为0的8种颜色。如果当前景色和背景色相同，显示的字符就看不出来了。

例如，要显示黑底黄字，属性字节就设置成00001110（0EH）；要显示白底红闪烁字，属性字节就设置成11110100（F4H）。

图7-14是存储内容与显示位置的对应关系。

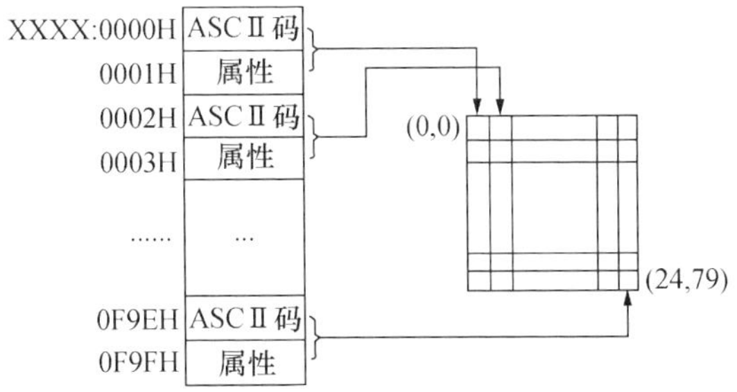

图7-14 存储内容与显示位置的对应关系

3. 显示存储区

显示适配卡带有显示存储器，用来存放屏幕上显示文本的ASCII码及属性。显示存储器是系统存储器的一部分，可以用访问普通内存的方法访问显存。前面讲过，对所有的显示适配器，文本方式下显示字符的原理都是相同的，不同的只是显存的起始地址不同。对MDA，显存的起始地址为B000：0000；对CGA、EGA、VGA是B800：0000。每个字符的ASCII码和属性字节存放在显存的连续两个单元中。

在25×80的文本显示方式下，屏幕可有2000个字符位置，因每个字符需要用两个字节表示，所以显存容量需要4 KB。如果显存有16 KB，则可以保存4屏（页）的字符数据。对CGA、EGA、VGA的25×80的文本显示方式，0页在显存中的起始地址是B800：0000，1页在显存中的起始地址是B800：1000，2页在显存中的起始地址是B800：2000，3页在显存中的起始地址是B800：3000。一般可使用0页进行显示输出。

屏幕上某一字符位置在显存中的偏移地址可由下列公式算出：

偏移地址=页偏移地址+（（行×80）+列）×2

段地址=B800。

例如，如果想把字符显示在12行，36列，则应把该字符写入偏移地址=12×160+36×2，段地址=B800的显存单元中。

前面讲过，要在屏幕上显示内容，可以采用直接写显存的方法。

4. BIOS显示中断

表7-7列出了中断10H的部分显示操作及参数设置。

表 7-7 BIOS 显示中断（INT 10H）

AH	功　能	调用参数	返回参数
0	设置显示器模式	AL = 显示器模式（AL = 2 或 3，为 25 × 80，16 色文本模式）	
1	置光标类型	CH 低四位 = 光标的起始行 CL 低四位 = 光标的终止行	
2	置光标位置	BH = 页号 DH = 行（Y 坐标） DL = 列（X 坐标）	
3	读光标位置	BH = 页号	CH = 光标的起始行 CL = 光标的终止行 DH = 行（Y 坐标） DL = 列（X 坐标）
5	置当前显示页	AL = 页号	
6	屏幕初始化或上卷	AL = 上卷行数（AL = 0，清屏） BH = 空白区域（卷入行）属性 （CH、CL）= 窗口的左上角位置（行，列） （DH、DL）= 窗口的右下角位置（行，列）	
7	屏幕初始化或下卷	AL = 下卷行数（AL = 0，清屏） BH = 空白区域（卷入行）属性 （CH、CL）= 窗口的左上角位置（行，列） （DH、DL）= 窗口的右下角位置（行，列）	
8	读光标处的字符及其属性	BH = 显示页码	AH = 属性 AL = 字符
9	在当前光标处按指定属性显示字符	AL = 字符 BH = 页号 BL = 属性（文本模式） 或颜色（图形模式） CX = 字符重复次数	
A	在光标位置按原有属性显示字符	AL = 字符 CX = 字符重复次数	
13	显示字符串	BH = 页号 BL = 属性（若 AL = 0 或 1） CX = 显示字符串长度 （DH、DL）= 起始坐标（行，列） ES：BP = 显示字符串的地址 AL = 显示输出方式 0——字符串中只含显示字符，其显示属性在 BL 中。显示后，光标位置不变 1——字符串中只含显示字符，其显示属性在 BL 中。显示后，光标跟随移动 2——字符串中含显示字符和显示属性。显示后，光标位置不变 3——字符串中含显示字符和显示属性。显示后，光标跟随移动	

下面举例说明其使用。

（1）清屏和卷屏。

INT 10H 功能 6 能使屏幕内容上卷指定的行。如果屏幕的起始行列不为（0,0），结束行列不为（24,79），则屏幕只有指定的一部分区域具有上卷的功能，这个区域叫做窗口。这样的窗口在屏幕上可以设置多个，这些窗口都可以独立使用。如果上卷超过指定窗口的顶部，这些行的内容就消失，窗口的底部新行用空格填充，其属性由 BH 寄存器决定。如果 AL = 0，则起清屏作用。

例 7.10　编写宏 CLS，清除全屏，并把光标定位在 0 行，0 列（左上角）。

```
CLS  MACRO
     MOV  AH, 6          ;屏幕初始化
     MOV  AL, 0          ;全屏空白
     MOV  BH, 7          ;卷入行属性(黑底白字,正常显示)
     MOV  CH, 0          ;左上角行号
     MOV  CL, 0          ;左上角列号
     MOV  DH, 24         ;右下角行号
     MOV  DL, 79         ;右下角列号
     INT  10H            ;BIOS 调用
     MOV DX,0            ;把光标定位在 0 行,0 列
     MOV AH,2
     INT 10H
     ENDM
```

INT 10H 功能 7 能使屏幕内容下卷指定的行。

例 7.11　清除左上角为（0,0），右下角为（24,39）的窗口，初始化为反相显示，该窗口为整个屏幕的左半部。

```
MOV  AH, 7          ;屏幕初始化
MOV  AL, 0          ;全屏空白
MOV  BH, 70         ;卷入行属性(白底黑字,反相显示)
MOV  CH, 0          ;左上角行号
MOV  CL, 0          ;左上角列号
MOV  DH, 24         ;右下角行号
MOV  DL, 39         ;右下角列号
INT  10H            ;BIOS 调用
```

例 7.12　在屏幕中心的小窗口显示字符。

在屏幕中间建立一个 20 列宽、9 行高的窗口，然后把键盘输入的内容在这个小窗口中显示出来。键入的字符将被显示在窗口的最下面一行，每当输入 20 个字符，该行就向上卷动，9 行字符输入完后，最上面行的内容消失。

```
.MODEL SMALL
.STACK
.CODE
MAIN PROC FAR
       CLS                  ;调用宏 CLS 清屏
LOCATE:MOV AH,2             ;光标定位在 16 行,30 列
       MOV DH,16
       MOV DL,30
       MOV BH,0
       INT 10H
       MOV CX,20            ;窗口宽度(20 个字符)
```

```
GET:    MOV AH,1
        INT 21H
        CMP  AL,1BH        ;是 ESC 键吗?
        JZ EXIT
        LOOP  GET
        MOV AH,6           ;屏幕上卷 1 行
        MOV AL,1
        MOV CH,8           ;左上角(第 8 行,30 列)
        MOV CL,30
        MOV DH,16          ;右下角(第 16 行,50 列)
        MOV DL,50
        MOV BH,7
        INT 10H
        JMP  LOCATE
EXIT:   MOV AX,4C00H
        INT 21H
MAIN    ENDP
        END  MAIN
```

（2）字符和字符串显示。

INT 10H 功能 9 和功能 0AH 都能把一个或多个相同的字符（个数在 CX 中）送到显示屏幕上，然后光标返回到它的初始位置，所以在显示完一个字符或多个相同的字符后，要用 INT 10H 的功能 2 移动光标到下一个字符位置。

例 7.13 置光标到 0 页的（20,25）位置，并在品红背景下，显示 5 个浅绿色闪烁的星号。

```
MOV AH,2          ;移动光标到第 20 行,25 列
MOV BH,0
MOV DH,20
MOV DL,25
INT 10H
MOV AH,09         ;光标位置下显示
MOV  AL,'*'       ;显示字符
MOV BH,0          ;0 页
MOV BL,0DAH       ;1 101 1010B(品红色背景,浅绿色前景)
MOV  CX,5         ;显示次数
INT  10H          ;BIOS 调用
```

例 7.14 在屏幕上以红底蓝字显示字符串“HELLO WORLD”。

```
STRING    DB    'HELLO WORLD'    ;定义在 ES 段
LEN_TR    DW    MYM - STRING
    …
MOV    AL,3                      ;25 ×80, 16 色文本方式
MOV    AH,0
INT    10H
MOV    BP,SEG  STRING
MOV    ES,BP                     ;串地址 ES:BP
MOV    BP,OFFSET  STRING
MOV    CX,LEN_STR                ;串长度
MOV    DX,0                      ;显示的起始行列为 0 行,0 列
MOV    BH,0
MOV    BL,41H                    ;0100 0001(属性)
MOV    AL,1                      ;子功能,光标跟随移动
```

```
MOV     AH,13H                    ;显示字符串
INT     10H
```

5. DOS显示功能调用

表7-8为DOS的INT 21H提供的显示功能。这些功能都自动向前移动光标，使光标跟随字符移动。

表7-8 DOS显示操作（INT 21H）

AH	功　能	返回参数
2	显示一个字符（检查Ctrl-Break）	DL=字符
6	显示一个字符（不检查Ctrl-Break）	DL=字符
9	显示字符串	DS：DX=串地址 串必须以$结束

功能2可显示一个字符，它要求把被输出的字符的ASCII码先放入DL寄存器中。如：

```
MOV AH,2
MOV DL,'Y'        ;显示大写字母Y
INT 21H
```

功能9可以显示一串字符，它要求被显示的字符串必须以$字符作为结束符号。显示字符串时，如果希望光标能自动换行，可以在$字符之前加上回车和换行的ASCII码。如在数据段中定义的字符串为：

MESSAGE　DB ‘Please input your choice’, 13, 10,’ $’

要显示输出该信息，可用指令：

```
MOV AH,9
MOV DX,SEG MESSAGE
MOV DS,DX
MOV DX,OFFSET MESSAGE
INT 21H
```

例7.15 按下列显示形式编程。

屏幕显示：What’s your name?　　（使用DOS系统功能调用的9号功能）

用户输入：LiNing↙　　（使用DOS系统功能调用的10号功能）

屏幕再显示：Hello, LiNing!　　（使用DOS系统功能调用的9号功能）

程序为：

```
DATA SEGMENT
     BUF DB 30
     ACTL DB ?
     STR DB 32 DUP(?)
     MESS DB 'What's your name?',0DH,0AH,'$'
     DISPLAY DB   0DH,0AH,'Hello,$'
DATA ENDS
CODE SEGMENT
     ASSUME CS:CODE,DS:DATA
MAIN PROC FAR
     PUSH DS
     MOV AX,0
     PUSH AX
```

```
        MOV AX,DATA
        MOV DS,AX
        LEA DX,MESS
        MOV AH,9
        INT 21H                            ;显示'What's your name?'
        LEA DX,BUF
        MOV AH,10
        INT 21H                            ;从键盘接收用户输入的信息
        MOV AL,ACTL                        ;取得输入字符串的实际长度
        MOV AH,0
        MOV SI,AX
        LEA BX,STR
        MOV [BX+SI],BYTE PTR '!'           ;在输入的字符串后加'!'
        MOV [BX+SI+1],BYTE PTR '$'         ;在'!'后加'$',以便显示
        LEA DX,DISPLAY                     ;显示'Hello!'
        MOV AH,9
        INT 21H
        LEA DX,STR                         ;显示输入的字符串
        MOV AH,9
        INT 21H
        RET
MAIN ENDP
CODE ENDS
END
```

7.3.3 时间和日期中断

DOS 提供了读取/设置时间和日期的中断调用，如表 7-9 所示。

表 7-9 DOS 时间和日期操作（INT 21H）

AH	功　能	调用参数	返回参数
2A	取系统日期		CX = 年（1980～2099） DH = 月（1～12） DL = 日（1～31） AL = 星期几（0 = Sunday，1 = Monday,...） （注：日期值为二进制）
2B	设置系统日期	CX = 年（1980～2099） DH = 月（1～12） DL = 日（1～31） AL = 星期几	AL = 00H　设置成功 AL = FFH　设置失败
2C	取系统时间		CH = 时（0～23） CL = 分（0～59） DH = 秒（0～59） DL = 百分秒（0～99） （注：时间值为二进制）
2D	设置系统时间	CH = 时（0～23） CL = 分（0～59） DH = 秒（0～59） DL = 百分秒（0～99）	AL = 00H　设置成功 AL = FFH　设置失败

例 7.16　在屏幕的右上角显示系统当前的日期和时间。

程序如下：

```
;宏 CLS(清屏)
CLS     MACRO
        MOV  AH, 6          ;屏幕初始化
        MOV  AL, 0          ;全屏空白
        MOV  BH, 7          ;卷入行属性(黑底白字,正常显示)
        MOV  CH, 0          ;左上角行号
        MOV  CL, 0          ;左上角列号
        MOV  DH, 24         ;右下角行号
        MOV  DL, 79         ;右下角列号
        INT  10H            ;BIOS 调用
        MOV DX,0            ;把光标定位在 0 行,0 列
        MOV AH,2
        INT 10H
        ENDM
;宏 CURSOR(置光标位置)
CURSOR MACRO  ROW,COL
        MOV AH,2
        MOV DH,ROW
        MOV DL,COL
        MOV BH,0
        INT 10H
        ENDM
.MODEL SAMALL
.DATA
        MESS1 DB 'DATE AND WEEK =','$'
        MESS2 DB 'TIME =','$'
        MESS3 DB  0DH,0AH,'$'
        TABLE DB 'SUN','MON','TUE','WED','THU','FRI','SAT'
        YEAR DW ?
        MONTH DB ?
        DAY DB ?
        WEEK DB ?
        HOUR DB ?
        MINUTE DB ?
        SECOND DB ?
        PERSEC DB ?
.CODE
START:
        MOV AX,@ DATA
        MOV DS,AX
        CLS                 ;调用宏 CLS 清屏
        CURSOR 2,50         ;置光标位置(第 2 行,第 50 列)
        MOV AH,9            ;显示字符串'DATE AND WEEK ='
        LEA DX,MESS1
        INT 21H
        MOV AH,2AH          ;读日期
        INT 21H
        MOV YEAR,CX
        MOV MONTH,DH
        MOV DAY,DL
```

```
        MOV WEEK,AL
        MOV BX,YEAR         ;显示年
        CALL DISP
        MOV AH,2            ;显示 /
        MOV DL,'/'
        INT 21H
        MOV BL,MONTH        ;显示月
        MOV BH,0
        CALL  DISP
        MOV AH,2            ;显示 /
        MOV DL,'/'
        INT 21H
        MOV BL,DAY          ;显示日
        MOV BH,0
        CALL  DISP
        MOV BX,0            ;显示星期几
        MOV BL,WEEK
        SHL BL,1
        ADD BL,WEEK
        MOV CX,3
NEXT1:  MOV DL,TABLE[BX]
        MOV AH,2
        INT 21H
        INC BX
        LOOP NEXT1
        MOV AH,9            ;回车换行
        LEA DX,MESS3
        INT 21H
        CURSOR  3,50        ;置光标位置(第3行,第50列)
        MOV AH,9            ;显示字符串'TIME ='
        LEA DX,MESS2
        INT 21H
        MOV AH,2CH          ;读时间
        INT 21H
        MOV HOUR,CH
        MOV MINUTE,CL
        MOV SECOND,DH
        MOV PERSEC,DL
        MOV CX,3
        LEA SI,HOUR         ;显示小时、分、秒
NEXT2:  MOV BL,[SI]
        MOV BH,0
        CALL  DISP
        MOV AH,2            ;显示:
        MOV DL,':'
        INT 21H
        INC SI
        LOOP NEXT2
        MOV BL,PERSEC       ;显示百分秒
        MOV BH,0
        CALL  DISP
        MOV AX,4C00H
        INT 21H
```

```
;子程序 DISP(把 BX 中的二进制数转换成十进制数输出)
DISP    PROC
        PUSH AX
        PUSH BX
        PUSH CX
        PUSH DX
        MOV AX,BX
        MOV CX,0
        MOV BX,10
CONT1 : MOV DX,0
        INC CX              ;统计余数个数,这样如果高位为 0,就不再显示高位的 0
        DIV BX              ;DX:AX 除以 10,商在 AX,余数在 DX
        PUSH DX             ;保存余数,即个位、十位 …
        CMP AX,0
        JNZ CONT1
CONT2 : POP AX
        ADD AX,0030H        ;将某一位的值转换成 ASCII 码
        MOV DL,AL           ;输出
        MOV AH,2
        INT 21H
        LOOP CONT2
        POP DX
        POP CX
        POP BX
        POP AX
        RET
DISP    ENDP
END START
```

注意：把 BX 中的二进制数转换成十进制数进行显示的程序，本书一共出现了 3 次，分别是第 5 章例 5.28、第 6 章例 6.13 和本例中的 DISP，请注意它们编写思路和输出形式的不同。

7.3.4　时钟中断

微机系统经常遇到定时和计数问题。有两种方法可以实现定时：软件定时和硬件定时。

软件定时是指利用指令的执行时间来设计循环程序，使该循环程序的执行时间和所需的定时时间相同来实现的。但这种方法的缺点是在延时时，CPU 一直被占用，降低了 CPU 的效率。

硬件定时是指用硬件的定时器/计数器芯片进行定时。这种方法的优点是不占用 CPU 时间，定时精确。

PC 的 8253 定时器/计数器芯片每秒产生 18.2 次中断，即每隔 1/18.2 秒（约 55 毫秒）产生一次中断。每产生一次中断，计数器都要加 1。在例 7.4 中介绍过，8 号中断就是定时器中断，对定时器进行计数可作为系统时钟。在 8 号中断的中断处理程序中，有一条 INT 1CH 指令，每当定时器发生中断时，该指令就被执行。

BIOS 的时钟中断 INT 1AH 也可以对计数器读写，读取和设置时钟。可以利用此功能编写计时软件。两次读取的计数值相减后乘以 55 毫秒，就是计时的时间。反过来，比如

想定时 5 秒钟，只需判断两次读取的计数值差为 91 即可。BIOS 时钟中断（INT 1AH）如表 7-10 所示。

表 7-10　BIOS 时钟中断（INT 1AH）

AH	功　能	调用参数	返回参数
00	读取时钟计数器当前值		CX = 计数值高字 DX = 计数值低字
01	设置时钟计数器 （注意：此项操作会修改系统时钟）	CX = 计数值高字 DX = 计数值低字	

例 7.17　在屏幕的右上角开设窗口，显示相隔 5 秒钟读取的两次时钟计数器的值。程序如下：

```
;宏 CLS(清屏),略
;宏 CURSOR(置光标位置),略
.MODEL SAMALL
.DATA
     MESS1 DB 'COUNT1 =','$'
     MESS2 DB 'COUNT2 =','$'
     MESS3 DB  0DH,0AH,'$'
     HIGH1 DW ?
     LOW1 DW ?
     HIGH2 DW ?
     LOW2 DW ?
.CODE
START:
     MOV AX,@ DATA
     MOV DS,AX
     CLS                      ;调用宏 CLS 清屏
     MOV AH,6                 ;开窗口,左上角(第 2 行,第 50 列),右上角(第 4 行,第 78 列)
     MOV AL,0
     MOV CH,2
     MOV CL,50
     MOV DH,4
     MOV DL,78
     MOV BH,01110001B         ;白底蓝字
     INT 10H
     CURSOR 2,50              ;置光标位置(第 2 行,第 50 列)
     MOV AH,9                 ;显示字符串'COUNT1 ='
     LEA DX,MESS1
     INT 21H
     MOV AH,0                 ;读时钟计数器值
     INT 1AH
     MOV HIGH1,CX
     MOV LOW1,DX
NEXT:MOV AH,0                 ;读时钟计数器值
     INT 1AH
     MOV HIGH2,CX
     MOV LOW2,DX
     MOV AX,LOW2
     SUB AX,LOW1
```

```
        CMP AL,91
        JB NEXT
        MOV BX,HIGH1            ;显示 COUNT1 高位
        CALL DISP
        MOV AH,2                ;显示:
        MOV DL,':'
        INT 21H
        MOV BX,LOW1             ;显示 COUNT1 低位
        CALL DISP
        MOV AH,9                ;回车换行
        LEA DX,MESS3
        INT 21H
        MOV BX,HIGH2            ;显示 COUNT2 高位
        CALL DISP
        MOV AH,2                ;显示:
        MOV DL,':'
        INT 21H
        MOV BX,LOW2             ;显示 COUNT2 低位
        CALL DISP
        MOV AH,4CH
        INT 21H
END     START
```

7.4 习　　题

7.4.1 选择题

1. 下列设备中，哪种适于通过 DMA 方式与主机进行信息交换（　　）。
   A. 键盘　　B. 鼠标　　C. 针式打印机　　D. 磁盘
2. 在 IN AL，N 指令中，N 称为（　　）。
   A. 立即数　　B. 有效地址　　C. 端口地址　　D. 寄存器名
3. 在采用 DMA 方式的 I/O 系统中，其基本思想是在以下部件或设备之间建立直接的数据通路，这指的是（　　）。
   A. CPU 与外围设备　B. 主存与外围设备　C. 外设与外设　　D. CPU 与主存
4. 在数据传送方式中，DMA 方式与中断方式相比，主要优点是（　　）。
   A. 传送速度快　　B. CPU 可以分时工作
   C. 传送程序简单　　D. CPU 不必查询 I/O 端口状态
5. 某输入设备的端口地址为 25H，输入一个数至 AL 中的输入指令为（　　）。
   A. IN AL，25H　　B. MOV DX，25H　　C. IN 25H，AL　　D. MOV DX，25H
   　　IN AL，DL　　IN DX，AL
6. 在每个接口电路中都有一组寄存器，一般说来这些寄存器有 3 种不同类型，它们是（　　）。
   A. 缓冲寄存器、数据寄存器、锁存器
   B. 状态寄存器、数据寄存器、控制寄存器

C. 状态寄存器、计数寄存器、控制寄存器
D. 数据寄存器、锁存器、控制寄存器

7. 8086 访问 I/O 端口的指令，常以寄存器间接寻址方式在 DX 中存放（　　）。
A. I/O 端口状态　　B. I/O 端口数据
C. I/O 端口地址　　D. I/O 端口控制字

8. 主机与设备传送数据时，采用（　　），CPU 的效率最高。
A. 程序查询方式　　B. 中断方式　　C. DMA 方式　　D. 效率一样

9. 在 8086CPU 中，端口地址范围是（　　）。
A. 00000H～FFFFFH　　B. 0000H～FFFFH
C. 00H～FFH　　D. 0～128

10. 8086CPU 访问 I/O 端口可用地址线有（　　）条。
A. 64 K　　B. 16　　C. 8　　D. 20

11. 在查询方式下 I/O 时，在 I/O 接口中设有（　　），通过它来确定 I/O 设备是否准备好。
A. 状态寄存器　　B. 数据寄存器　　C. 控制寄存器　　D. 地址寄存器

12. 假设外部设备的状态字已经读入 AL 寄存器，其中最低位为“0”，表示外设“忙”。为了判断外部设备是否“忙”而又不破坏其他状态位，应选用下面（　　）指令组。

A.
```
RCR AL,01H
JZ L1
```
B.
```
CMP AL,00H
JZ L1
```
C.
```
AND AL,01H
JZ L1
```
D.
```
TEST AL,01H
JZ L1
```

13. 一般查询 I/O 时总是按（　　）次序完成一个字符的传输。
A. 写数据端口，读/写控制端口　　B. 读状态端口，读/写数据端口
C. 写控制端口，读/写状态端口　　D. 读控制端口，读/写数据端口

14. 执行 IN AL，DX 指令后，进入 AL 寄存器的数据来自（　　）。
A. 寄存器　　B. 存储器　　C. 立即数　　D. 外设端口

15. 下面不属于内部中断（　　）。
A. 非法除法　　B. INT 中断　　C. 溢出中断　　D. NMI 中断

16. 保护断点就是保存（　　）。
A. 中断类型码　　B. 中断服务程序入口地址
C. 现场　　D. 当前 CS、IP 的值

17. 通常情况下，一个外中断服务程序的第一条指令是 STI，其目的是（　　）。
A. 开放所有屏蔽中断　　B. 允许低一级中断产生
C. 允许高一级中断产生　　D. 允许同一级中断产生

18. 中断向量可以提供（　　）。
A. 被选中设备的起始地址　　B. 传送数据的起始地址
C. 中断服务程序入口地址　　D. 主程序的断点地址

19. NMI 中断的中断矢量在中断矢量表中的位置（　　）。

A. 是由程序指定的　　B. 是由 DOS 自动分配的

C. 固定在 00008H 开始的 4 个字节中　　D. 固定在中断矢量表的表首

20. 根据下面提供的内存中的数据，INT 11H 中断服务程序的入口地址是（　　）。

0000：0040 B3 18 8A CC 4D F8 00 F0 -41 F8 00 F0 C5 18 8A CC

0000：0050 39 E7 00 F0 A0 19 8A CC -2E E8 00 F0 D2 EF 00 F0

A. 4DF8：00F0　　B. F000：F84D

C. A019：8ACC　　D. CC8A：19A0

21. 执行中断返回指令，退出中断服务程序，这时返回地址来自（　　）。

A. ROM 区　　B. 程序计数器

C. 堆栈区　　D. CPU 的暂存寄存器

22. 某一中断程序入口地址值填写在中断向量表的 0080H ~0083H 存储单元中，则该中断对应的中断类型号一定是（　　）。

A. 1FH　　B. 20H　　C. 21H　　D. 22H

23. 计算机从键盘上接收到的数字是该数字的（　　）码。

A. 二进制　　B. 十六进制　　C. ASCII　　D. BCD

24. 从键盘输入数据 1，则在存储单元中存放的形式为（　　）。

A. 31H　　B. 01H　　C. '01'　　D. '31H'

25. 已知宏定义如下所示，其宏调用“FCUR 12，10”的功能为（　　）。

```
FCUR MACRO ROW,COL
MOV AH,2
MOV BH,0
MOV DH,ROW
MOV CL,COL
INT 10H
ENDM
```

A. 将光标定位在 12 行 10 列位置　　B. 将光标定位在 10 行 12 列位置

C. 在 12 行 10 列位置显示一个字符　　D. 在 10 行 12 列位置显示一个字符

26. DOS 系统功能调用的屏幕显示单个字符是（　　）号调用。

A. 1　　B. 4　　C. 5　　D. 2

27. 在进行 DOS 功能子程序的调用中，功能号应送往寄存器（　　）中。

A. DL　　B. DH　　C. AL　　D. AH

28. 当一个程序使用 DOS 系统功能调用退出用户程序时，在编写 INT 21H 指令前，应选的指令是（　　）。

A. MOV AH,01H　　B. MOV AX,4CH

C. MOV AH,4CH　　D. RET

29. 在微机系统中，基本 I/O 模块 BIOS 存放在（　　）中。

A. RAM　　B. 寄存器　　C. ROM　　D. 硬盘

30. 在 DOS 的 9 号功能调用中，需要显示的字符串的首地址应放在（　　）中。

A. DS：DX　　B. SS：DX　　C. DS：SI　　D. DS：DI

7.4.2 问答及编程题

1. 什么是I/O端口地址？8086/8088的I/O端口地址空间有多大？
2. 什么是数据端口、控制端口和状态端口？
3. 主机和外设之间的数据传送方式有哪些？
4. 简述程序查询传输方式的优缺点。请画出一般程序查询方式的实现流程图。
5. 简述中断传输方式及其优缺点。
6. 什么是中断？什么是中断源？
7. 说明中断的分类。
8. CPU响应可屏蔽中断的条件是什么？
9. 硬件中断发生时，CPU怎样获知？CPU如何处理硬件中断？
10. 中断的重要性是什么？如果没有中断系统，计算机能够工作吗？计算机能用于控制领域吗？
11. 什么是中断向量？什么是中断向量表？80X86系统的中断向量表在什么地方？
12. 给出一个中断类型号，如何知道其对应的中断服务程序在什么地方？执行指令INT 12H时，CPU从哪里得到12H中断的中断向量？
13. 中断过程和子程序调用一样吗？有何异同？
14. 中断响应时，CPU会自动完成哪些动作？
15. 假设某接口中，数据端口的地址为50H，状态端口的地址为51H，状态寄存器各位为1时的含义如下：

7	6	5	4	3	2	1	0
		格式错	溢出错	奇偶校验错		输入数据准备好	输出寄存器空

采用查询方式进行工作，请编写程序，输入一串字符并存入缓冲区BUFFER，同时检查输入的准确性，如有错，则转出错处理程序ERR。

16. 假设中断类型9的中断处理程序的首地址为INTT9，试写出主程序中为设置这一中断向量而编制的程序段。
17. 编写程序，在屏幕的7行13列显示蓝底黄字的字符串“Windows”。
18. 编写程序，清屏后显示一串字符。
19. 编写程序，显示系统的当前时间。
20. 编写完成下列要求的程序：

(1) 读当前光标位置；

(2) 将光标移至屏底一行的开始；

(3) 在屏幕的左上角一正常属性显示一个字符M。

21. 从键盘接收一串字符，如果这行字符比前一行输入的字符长，则保留该行字符，然后继续输入另一行字符；如果它比前一行输入的字符短，则不保存这行字符。按下“MYM”输入结束，最后将最长的一行字符显示出来。
22. 编写67H号中断（用户中断）的中断处理程序，当执行指令INT 67H时中断发生，显示彩色的 0 ～9 十个数字。

23. 编写读取时钟计数器的值，经过变换产生百位以内随机数的程序。

7.5 上 机 实 验

7.5.1 实验目的

掌握中断处理程序的编写，掌握常用的 DOS 和 BIOS 中断。

7.5.2 实验内容

1. 参考例 7.3，编写程序，用软件中断 INT 60H 实现把一串以 $ 结尾、包含任意字符的字符串中的小写字母转换为大写字母的功能。

应用举例：

```
DATA SEGMENT
     STR   DB 'ABC123 +_(&abc','$'
DATA ENDS
CODE SEGMENT
   ASSUME CS:CODE,DS:DSTA
START:MOV AX,DATA
        MOV DS,AX
        LEA SI,STR             ;把字符串的首地址送给 SI
        INT 60H                ;调用 60H 中断把其中的小写字母变成大写字母
        LEA DX,STR
        MOV AH,9
        INT 21H                ;将转换好的字符串显示出来
        MOV AX,4C00H
        INT 21H
CODE ENS
```

2. 设计一个闹钟，每隔 1 分钟响铃一次，并在屏幕的右上角以红底绿字显示当前的时间。

3. 利用 INT 1AH 读取时钟计数器的值，产生一个随机数，并显示出来。

第 8 章　磁盘文件操作

本章教学目标

- 了解磁盘文件在磁盘中的逻辑存储方式，掌握文件代号法存取文件内容的方法；
- 了解磁盘文件在磁盘中的物理存储方式，掌握 INT 13H 读写磁盘文件的方法。

文件与目录分别用文件名、目录名称存放在文件目录表中，DOS 利用文件代号完成文件即目录的管理，并自动维护文件目录表的内容。在建立或打开文件时，系统将一个 16 位数作为文件代号赋予该文件，并利用该文件代号完成读写操作。系统还为每个打开的文件设置一个读写指针，它可以被移动到文件的任何位置，从而满足随机存取的需要。它可以方便地完成对文件数据的插入、修改等功能。程序员可以使用系统提供的 DOS 功能调用完成文件管理，通过返回参数值的 CF 值来判断操作是否成功，从 AX 中的错误代码判断错误原因。

文件被存放在磁盘的扇区中，可以使用 BIOS 中的 INT 13H 功能调用来完成文件的读写等操作，但是文件目录表的内容必须由用户自己维护。因此 INT 13H 一般用于对特殊扇区的读写操作。

8.1　磁盘文件概述

微型计算机的存储系统由内存和外存组成，内存用于存储当前运行的程序和数据，而外存用于存储暂时用不上的程序和数据。外存中存储的程序和数据是以文件的形式存放的，它们由操作系统来管理和实现存取。汇编语言源程序中用到的数据往往也被存放在独立的文件中，供不同的程序来使用它们。因此，操作系统提供了一系列的文件操作功能调用，用户只要掌握了这些文件操作的功能调用就可以方便地建立和使用文件。

早期的 DOS 提供了 3 种读写磁盘文件的方式：顺序存取方式，随机存取方式和随机分块存取方式。DOS 2.0 以上的版本除了兼容这三种存取方式之外，还提供了一个更加方便的方法：文件代号式磁盘存取。

文件代号式磁盘存取技术主要用 DOS 系统功能调用 INT 21H 中的一些子功能完成。DOS 系统功能调用 INT 21H 实现磁盘文件操作只需提供文件名，就可以实现对文件的操作，相对比较简单方便。

DOS 系统功能调用 INT 25H 和 26H 提供了按磁盘扇区号来访问磁盘的方法，而 BIOS 的中断服务 INT 13H 则用于实现对放在磁盘上文件的操作，必须给出磁盘符、磁头号、磁道号、扇区号等磁盘网络参数，才能实现对文件的操作。然而 DOS 系统中对文件的操作最后还是必须由 BIOS 的中断服务 INT 13H 来实现文件及其内容的写入与读出的。

8.1.1　路径名和 ASCIZ 串

文件被存放在磁盘上，DOS 系统利用磁盘目录来描述文件存放位置的逻辑结构。每个磁盘有一个根目录，根目录下可以包含有下属的子目录和文件，每个子目录下又可以有其下属的子目录和文件，这样就形成了一个分层的树形结构。如图 8-1 所示。

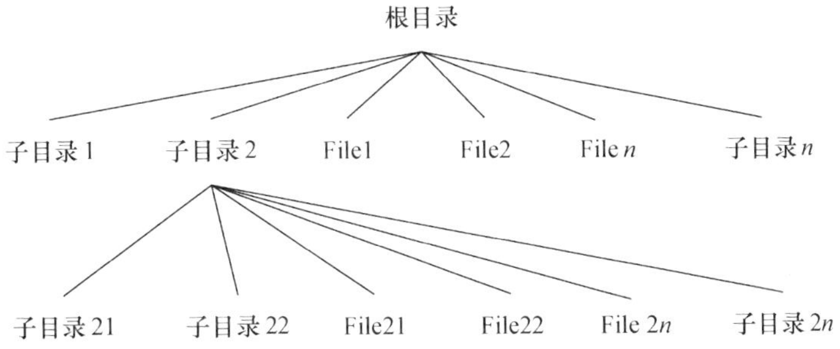

图 8-1　树形结构的目录

DOS 把描述文件所在的目录称为路径。例如 C 盘上子目录 2 中的文件 File 22 的路径为：C:\ 子目录 2\File 22；其中："\" 为路径的分隔符。

为了管理目录和文件，DOS 建立了文件目录表（FDT），用来记录了目录和文件的相关属性。每一个目录或文件在 FDT 表中占用 32 个字节，称为目录项，其格式如表 8-1 所示。

表 8-1　目录项的格式

字　节	域　名	格　式
00～07	文件名	ASCII
08～0A	扩展名	ASCII
0B	文件属性	8 位二进制
0C～13	DOS 保留	
14～15	起始簇号的高 16 位	16 位二进制
16～17	文件最新修改时间	16 位二进制
18～19	文件最新修改日期	16 位二进制
1A～1B	起始簇号的低 16 位	16 位二进制
1C～1F	文件大小	32 位二进制

目录项中的文件属性是一个说明文件特性的字节，它保存在文件目录项中的第 0BH 字节，只有低 6 位有定义。其中：

$D_5=1$，表示是已经归档的文件（若写入并关闭了文件，则归档位置 1）。

$D_4=1$，表示文件是子目录（文件夹）。

$D_3=1$，表示文件作为磁盘的卷标号。

$D_2=1$，表示系统文件。

$D_1=1$，表示隐藏文件，使用 DOS 的 DIR 命令不能显示出来。

$D_0=1$，表示表示只读文件，打开只读文件只能用于读取记录，不能改写记录。

用户文件一般使用一种属性，如属性代码为 00H 表示普通文件，属性代码为 01H 表示只读文件（此时文件不能被修改），属性代码为 02H 表示隐藏文件。重要的系统文件通常有多种属性，如属性代码为 07H 表示具有只读、隐藏、系统三种属性。

对于一般的文件，最有用的是只读位和隐藏位，如果希望文件不被别人改动也不能被他人看到，可以将这两位设置为 1，即属性字节为 03H。

采用文件代号对文件进行操作之前，必须指定文件存放在磁盘的某个目录（文件夹）中，以及文件的名称和属性，即是否允许读出、是否隐藏等属性来对所要操作的文件进行说明。

对文件进行操作时首先要打开文件，若文件不存在，则需建立文件（建立文件后即自动打开），必须提供文件说明将所要打开或建立的文件传送给 DOS 功能调用。磁盘文件说明的格式如下：

```
[d:] [path] filename[.ext]
```

其中：

[d:] 表示文件存放在哪个盘，如 a:、b:、c:、d: 等。省略时表示当前盘。

[path] 表示文件存放在指定盘的哪个路径（目录或文件夹）下，省略时表示当前目录（文件夹）。

filename 表示新建文件的文件名或打开文件时需要打开的文件名。

[.ext] 表示文件的扩展名，其作用是方便对文件的分类。如 .TXT 表示文本文件、.EXE 表示可执行文件、.ASM 表示汇编语言源程序等。如果原有的文件有扩展名，则打开时一定要使用扩展名；若原有文件没有扩展名，则打开时一定不能有扩展名，否则系统会找不到文件。建立文件时建议使用扩展名以方便实现文件的分类。

例如在 e: 盘的 \ masm 目录下有一个文件 exe1. ASM，其文件在磁盘上存放位置的描述为：e: \ masm \ exe1. ASM。这个信息必须通过 ASCIZ 串传送给 DOS 功能调用，让其进行相应的文件操作。

ASCIZ 串包含文件说明和一个全 0 的字节，例如上述的文件说明其 ASCIZ 串如下：

```
fname db 'e:\masm\exe1.ASM',0
```

DOS 打开文件或建立文件的功能调用通过 LEA DX，fname 指令来获得该文件的存放位置，具体实现如下：

```
fname db 'e:\masm\exe1.asm',0      ;定义 ASCIZ 串
…
MOV DX,SEG fname                   ;传送 ASCIZ 串到 DOS 功能调用
MOV DS,DX
MOV DX,OFFSET fname
```

例 8.1 编写一个程序，列出当前目录中所有文件的文件名。

设计思路：首先用 INT 21H 的 4EH 子功能检索目录项，它将搜索第 1 个匹配文件。然后不断使用 INT 21H 的 4FH 子功能，搜索下一个匹配文件。这样就可以实现 DOS 命令 DIR 的功能。这两个子功能均能识别文件名中的通配符“?”和“*”这两个字符。其调用和返回参数如表 8-2 所示。

表 8-2　查找匹配文件

AH	功　能	调用参数	返回参数
4E	查找第一个匹配文件	DS = ASCIZ 串的段地址 DX = ASCIZ 串的偏移地址 CX = 文件属性	AX = 错误代码 CF = 0 成功 CF = 1 没查找到
4F	查找下一个匹配文件	DAT 保留 4EH 的原始信息	AX = 错误代码 CF = 0 成功 CF = 1 没查找到

DOS 功能调用使用返回参数值中的 CF 标志位来判断操作是否成功（CF = 0 表示操作成功；CF = 1 表示操作失败），从 AX 寄存器中的错误代码判断错误原因。

DOS 为了避免频繁地读写磁盘，设置了数据传输区（Data Transfer Area，DTA），当所需读取的数据不在数据传输区中时，DOS 才再次启动磁盘读取程序读取磁盘上的数据，并把其放在数据传输区中。设置 DTA 的 DOS 系统功能调用的功能号为 1AH，调用参数为 DS：DX = DTA 地址。

本程序中把检索到的文件名存放在 DTA 中，格式如下：

字节 0～9　保留

21　匹配文件属性　　22～23 文件建立时间

24～25 文件建立日期　　26～27 文件长度（低 16 位）

28～29 文件长度（高 16 位）　　30～41 文件及扩展名

程序如下：

```
DATA   SEGMENT
DTA    DB 1024 DUP(?)
FILE   DB '*. *',0
DATA   ENDS
CODE   SEGMENT
       ASSUME CS:CODE,DS:DATA
START:MOV AX,DATA
       MOV DS,AX
       LEA DX,DTA            ;设置数据传输区
       MOV AH,1AH
       INT 21H
       LEA DX,FILE           ;查找第一个匹配文件
       MOV CX,0
       MOV AH,4EH
       INT 21H
       OR AX,AX
       JNZ L1
L:     LEA BX,DTA+1EH        ;显示文件名称
       MOV CX,12
L0:    MOV DL,[BX]
       INC BX
       MOV AH,2
       INT 21H
       LOOP L0
       MOV DL,13             ;输出回车换行
       MOV AH,2
```

```
        INT 21H
        MOV DL,10
        MOV AH,2
        INT 21H
L1:     MOV AH,4FH          ;查找下一个匹配文件
        INT 21H
        JC L2
        OR AX,AX
        JZ L
L2:     MOV AH,4CH
        INT 21H
CODE    ENDS
        END START
```

8.1.2 文件代号式磁盘文件存取

在处理指定文件时，使用 ASCIZ 串描述文件名及其完整的路径名（见 8.1.1 节的描述），一旦操作系统对其进行处理（即打开或建立）后，就被赋予一个 16 位二进制数的文件代号（File Handle）。以后对该文件进行读写操作时，不必再用 ASCIZ 串而改用这个文件代号去查找相应的文件，即只需用文件代号去指明对该文件进行操作。

对于每一个打开的文件，DOS 还为其提供一个读写指针（Read/Write Pointer），这个指针可以指向文件中的任意位置，并且它总是指向下一次要存取的文件的字节位置。当使用 DOS 系统功能调用 INT 21H 建立或打开文件成功后，文件指针的初值为 0，也就是指向文件的开始位置。以后每次对文件进行读或写操作，系统自动修改文件指针的值，使文件指针指向下一次要读写的位置，每次文件指针移动的位移量就等于该次读写文件的字节数，即新的文件指针的值等于原来文件指针的值加上本次读写文件字节数。

对于常用的标准设备，DOS 规定了它们的文件代号，如表 8-3 所示。为了方便程序员的使用，DOS 系统规定程序中不必用命令打开标准设备，可以直接使用文件代号对其进行相应操作。

表 8-3 标准设备文件的代号

文件代号	标准字符设备	设备名称
0	标准输入设备	键盘
1	标准输出设备	显示器
2	标准错误输出设备	显示器（不允许改向）
3	标准辅助设备	串口
4	标准打印设备	打印机

DOS 系统在任一时刻最多只能同时打开 5 个文件，对于建立或打开的文件，其代号从 5 开始顺序计算。这是因为标准设备文件占用了 0～4 的文件代号。

常用的代号式磁盘文件功能调用如表 8-4 所示。

关于文件操作系统功能调用的说明如下。

（1）存取方式。

存取方式是指打开文件后的操作方式。AL = 0，表示读文件；AL = 1，表示写文件；AL = 2，表示可读可写文件。

（2）移动方式。

移动方式是指移动文件指针时选择参考点的位置。AL = 0，表示取文件开始位置作为文件的参考点；AL = 1，表示取文件当前位置作为文件的参考点；AL = 2，表示取文件尾作为文件的参考点。

（3）错误代码。

对文件进行操作时，如果 CF = 1，表示调用失败，错误代码作为出口参数由 AX 寄存器返回。错误代码的含义如表 8-5 所示。

表 8-4　代号式文件功能调用

AH	功　能	调用参数	返回参数
3C	建立文件	DS = ASCIZ 串的段地址 DX = ASCIZ 串的偏移地址 CX = 文件属性	CF = 0 操作成功 AX = 文件代号 CF = 1 操作失败 AX = 错误代码
3D	打开文件	DS = ASCIZ 串的段地址 DX = ASCIZ 串的偏移地址 AL = 存取代码	CF = 0 操作成功 AX = 文件代号 CF = 1 操作失败 AX = 错误代码
3E	关闭文件	BX = 文件代号	CF = 0 操作成功 CF = 1 操作失败 AX = 错误代码
3F	读文件或设备	DS = 数据缓冲区的段地址 DX = 数据存储器的偏移地址 BX = 文件代号 CX = 读取的字节数	CF = 0 读成功 AX = 实际读入的字节数（为 0，则表示文件结束） CF = 1 读出错误 AX = 错误代码
40	写文件或设备	DS = 数据缓冲区的段地址 DX = 数据存储器的偏移地址 BX = 文件代号 CX = 写入的字节数	CF = 0 写成功 AX = 实际写入的字节数 CF = 1 写错误 AX = 错误代码
42	移到文件指针	CX = 所需字节的偏移地址（高位） DX = 所需字节的偏移地址（低位） AL = 移动方式 BX = 文件代号	CF = 0 操作成功 DX：AX = 新指针位置 CF = 1 操作错误 AX = 错误代码
43	校验或改变文件属性	DS = ASCIZ 串的段地址 DX = ASCIZ 串的偏移地址 AL = 0 取文件属性 AL = 1 置文件属性 CX = 新文件属性	CF = 0 操作成功 AL = 0 CX = 属性 CF = 1 操作失败 AX = 错误代码

表 8-5 错误返回代码

01	非法功能号	19	磁盘写保护
02	文件未找到	20	未知单元
03	路径未找到	21	驱动器没准备好
04	同时打开的文件太多	22	未知命令
05	拒绝存取	23	CRC 数据错
06	非法文件代号	24	请求指令长度错
07	内存控制块被破坏	25	搜索错
08	内存不足	26	未知的介质类型
09	非法存储块地址	27	扇区未发现
10	非法环境	28	打印机纸出界
11	非法格式	29	写故障
12	非法存取代码	30	读故障
13	非法数据	31	一般性失败
14	(未用)	32	共享违例
15	非法指定设备	33	锁违例
16	试图删除目录	34	非法更换磁盘
17	设备不一致	35	FCB 无效
18	已没有文件	36	共享缓冲区溢出

8.2 文件操作程序设计

8.2.1 利用文件代号存取文件的流程

利用文件代号存取文件一般需要以下动作，动作的流程如图 8-2 所示。

(1) 打开或创建文件，打开或创建文件成功转到第 (2) 步执行；否则进行出错处理并退出程序的运行。

(2) 保存文件代号（后续操作只需使用文件代号而不是用文件说明，所以必须保存）。

(3) 通过文件代号把文件指针移到所需的位置（若顺序存取，则由操作系统自动调整）。若成功，则转到第 (4) 步执行，否则进行出错处理并转至第 (7) 步。

(4) 置 CX 为需读/写的字节数。

(5) 进行读/写操作。若成功，则转到第 (6) 步执行，否则进行出错处理并转至第 (7) 步。

(6) 若一次读/写操作不能完成读/写全部数据，则转至第 (3) 步继续。

(7) 关闭文件（由于 DOS 限制打开文件的总数，所以在读写文件之后必须关闭文件）。若成功，则转到第 (8) 步执行，否则进行出错处理并转至第 (7) 步。

(8) 退出程序（程序结束）。

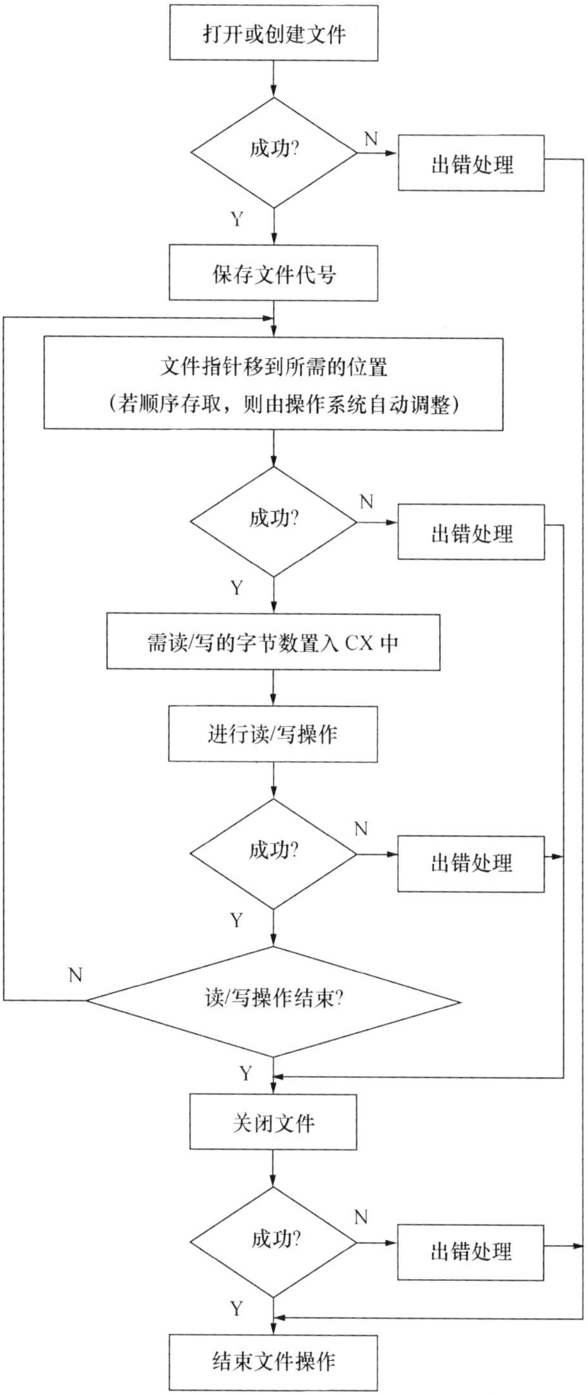

图 8-2　利用文件代号存取文件过程

8.2.2　建立新文件

建立一个新文件必须指明文件需要建立在哪个盘什么目录下，以及文件名称，然后再进行后续的操作。当然在后续的操作中，要根据当前操作是否成功来决定下一个步骤能否继续。

例 8.2 把表 8-6 所示的成绩单存放到当前目录文件名为 STU. TXT 的文件中，其中学生的学号、名字的长度各为 10 个字符，高数、英语、物理、高级语言课程成绩各为 3 个字符，即一条记录含有 33 个有效字符。为了方便显示每条记录后面再加上回车与换行字符共 35 个字符。

表 8-6 成绩单

学 号	姓 名	高 数	英 语	物 理	高级语言
2007810001	lidongxing	98	89	92	100
2007810002	chenwei	78	91	89	90
2007810003	kangming	82	79	82	81
2007810005	shenbing	88	89	75	75
2007810006	fanming	68	78	62	65

设计思路：首先在指定的目录下创建一个新文件，若操作成功，则保存文件代号，再利用写文件的功能调用写入记录（数据），最后关闭文件。若操作不成功，则显示提示信息并退出程序的运行。

程序如下所示：

```
DATA     SEGMENT
TABLE    DB '2007810001lidongxing 98 89 92100',13,10
         DB '2007810002chenwei    78 91 89 90',13,10
         DB '2007810003kangming   82 79 82 81',13,10
         DB '2007810005shenbing   88 89 75 75',13,10
         DB '2007810006fanming    68 78 62 65',13,10
COUNT    EQU $ -TABLE
FNAME    DB 'STU.TXT',0                     ;定义 ASCIZ 串
FCODE    DW ?                               ;保存文件代号
ERR_CR   DB 'CREATE ERROR!',13,10,'$'       ;出错信息
ERR_OP   DB 'OPEN ERROR!',13,10,'$'
ERR_CL   DB 'CLOSE ERROR!',13,10,'$'
ERR_RD   DB 'READ ERROR!',13,10,'$'
ERR_WR   DB 'WRITE ERROR!',13,10,'$'
ERR_PO   DB 'POINTER ERROR!',13,10,'$'
DATA     ENDS
CODE     SEGMENT
         ASSUME CS:CODE,DS:DATA
START:   MOV AX,DATA
         MOV DS,AX
         LEA DX,FNAME                       ;设置 ASCIZ 串指针
         MOV AH,3CH                         ;建立文件
         XOR CX,CX                          ;文件属性为 0,即普通文件
         INT 21H
         JNC CR_WJ                          ;建立文件成功,转移到 CR_WJ
         LEA DX,ERR_CR                      ;建立文件失败,显示出错信息
         MOV AH,9
         INT 21H
```

```
          JMP QUIT                          ;退出
CR_WJ:    MOV FCODE,AX                      ;保存文件代号
          MOV AH,40H                        ;写文件
          LEA DX,TABLE                      ;数据缓冲区的首地址送 DX
          MOV BX,FCODE                      ;取文件代号
          MOV CX,COUNT                      ;写入文件的字节数
          INT 21H
          JNC CLOSE                         ;写入成功,则转移到关闭文件
          LEA DX,ERR_WR                     ;写文件失败,则显示出错信息
          MOV AH,9
          INT 21H
CLOSE:    MOV AH,3EH                        ;关闭文件
          MOV BX,FCODE
          INT 21H
          JNC QUIT                          ;关闭文件成功,则转移到退出程序
          LEA DX,ERR_CL                     ;关闭文件失败,则显示出错信息
          MOV AH,9
          INT 21H
QUIT:     MOV AH,4CH
          INT 21H
CODE      ENDS
          END START
```

程序首先利用建立文件（3CH）的系统功能调用创建一个新文件 STU. TXT，并由 AX 寄存器获得文件代号；然后运用写文件（40H）的系统功能调用把相关的信息写入文件中，最后再用关闭文件（3EH）的系统功能调用实现关闭文件，完成文件的创建。

在获得文件代号后，往往该把文件代号存放在特定的字存储单元中，以释放 AX 寄存器；当需要再次使用该文件代号时，再从该字存储单元中取出文件代号。

注意到程序中为保证对文件进行各种操作时的正确性，每当对文件进行相关的操作后都检查该操作是否出错，没出错再进行后续的操作；出错后，则提示相关的出错信息。

程序运行后在当前目录下将产生 STU. TXT 文件，打开 STU. TXT 文件，其结果如图 8-3所示。

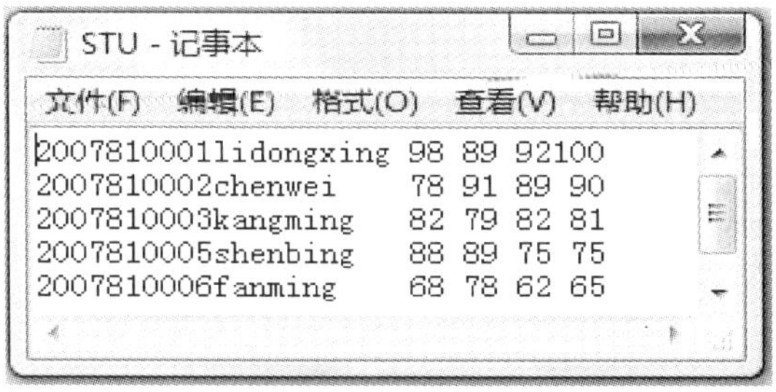

图 8-3　建立文件的执行结果

8. 2. 3　打开文件

例 8. 3　把 8. 2. 2 节建立的 STU. TXT 文件打开，读出所有记录并把它们显示在屏幕上。

设计思路：首先打开文件，保存文件代号。再读取一条记录，判断是否读到文件尾，若读到文件尾，则关闭文件，否则把记录显示在屏幕上，继续读取下一条记录。程序流程

图如图 8-4 所示。

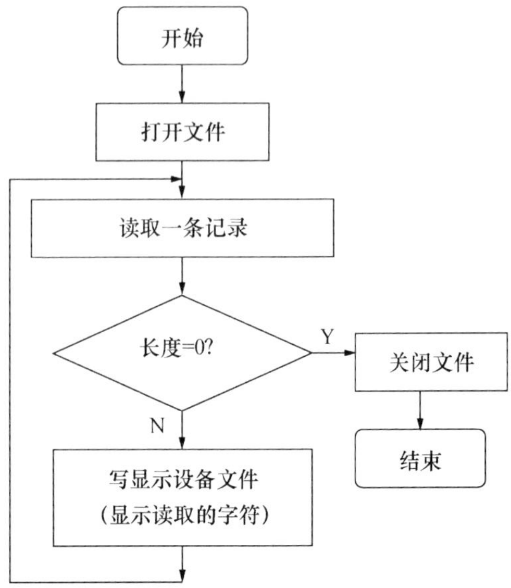

图 8-4 打开文件操作流程图

程序如下所示：

```
DATA     SEGMENT
BUF      DB 35 DUP(?)                      ;设置数据缓冲区
FNAME    DB 'STU.TXT',0                    ;定义 ASCIZ 串
FCODE    DW ?                              ;保存文件代号
ERR_CR   DB 'CREATE ERROR!',13,10,'$'      ;出错信息
ERR_OP   DB 'OPEN ERROR!',13,10,'$'
ERR_CL   DB 'CLOSE ERROR!',13,10,'$'
ERR_RD   DB 'READ ERROR!',13,10,'$'
ERR_WR   DB 'WRITE ERROR!',13,10,'$'
ERR_PO   DB 'POINTER ERROR!',13,10,'$'
DATA     ENDS
CODE     SEGMENT
         ASSUME CS:CODE,DS:DATA
START:   MOV AX,DATA
         MOV DS,AX
         LEA DX,FNAME                      ;设置 ASCIZ 串指针
         MOV AH,3DH                        ;打开文件
         MOV AL,0                          ;只读方式打开
         INT 21H
         JNC OP_WJ                         ;打开文件成功转移到 OP_WJ
         LEA DX,ERR_OP                     ;打开文件失败显示出错信息
         MOV AH,9
         INT 21H
         JMP QUIT                          ;退出
OP_WJ:   MOV FCODE,AX                      ;保存文件代号
RD_WJ:   MOV AH,3FH                        ;读文件
         LEA DX,BUF                        ;数据缓冲区的首地址送 DX
         MOV BX,FCODE                      ;取文件代号
         MOV CX,35                         ;读取文件的字节数(1 条记录)
```

```
        INT 21H
        JNC DISP                    ;读取成功,则转移到显示文件内容
        LEA DX,ERR_WR               ;读取失败,则显示出错信息
        MOV AH,9
        INT 21H
        JMP CLOSE
DISP:   MOV CX,AX                   ;读取的实际字节数送 CX
        JCXZ CLOSE                  ;若 CX=0 即读取完所有记录,则关闭文件
        MOV AH,40H                  ;写文件(显示在屏幕上)
        MOV BX,1                    ;指定标准输出设备
        LEA DX,BUF
        INT 21H
        JNC RD_WJ                   ;显示成功,则继续读取
        LEA DX,ERR_WR               ;写文件失败,则显示出错信息
        MOV AH,9
        INT 21H
CLOSE:  MOV AH,3EH                  ;关闭文件
        MOV BX,FCODE
        INT 21H
        JNC QUIT                    ;关闭文件成功,则转移到退出程序
        LEA DX,ERR_CL               ;关闭文件失败,则显示出错信息
        MOV AH,9
        INT 21H
QUIT:   MOV AH,4CH
        INT 21H
CODE    ENDS
        END START
```

注意到程序在读取一条记录后，自动维护记录指针的位置，即访问下一条记录的位置；所以用户在这种顺序读取记录的情况下不需要维护记录指针。

程序中还使用了设备文件（显示器）来显示记录，注意到设备文件是系统固有的，使用时不需要用命令先行打开，可以立即使用。

8.2.4 移动文件指针

为了存取文件中某个位置上的记录，必须先把文件指针移到到该记录位置上，然后再进行相关的读写操作。

移动文件指针有 3 种方式，如图 8-5 所示。一是绝对移动方式，如图 8-5（a）所示；二是相对移动方式，如图 8-5（b）所示；三是绝对倒移方式，如图 8-5（a）所示。

文件指针的绝对移动方式的偏移值从文件首的位置开始计算，把目标位置（即偏移值）放入 CX：DX 中。执行功能调用后指针移到相应的目标记录位置上。

文件指针的绝对倒移方式的偏移值从文件尾的位置开始计算，把目标位置到文件尾的差（即偏移值）放入 CX：DX 中，此时偏移值为负数，用补码表示。执行功能调用后指针移到相应的目标记录位置上。如果调用之前 CX：DX 寄存器的内容均为 0，则执行该调用后 DX：AX 寄存器保存着文件的长度。

文件指针的相对移动方式以从前文件指针的位置作为参考点，位移值即从当前文件指针位置到目标位置的移动字节数。因此位移值有正负，可以从当前指针位置向文件尾方向移动，即位移值为正数；也可以从当前指针位置向文件首方向移动，即位移值为负数（用

补码表示)。把位移值放在 CX：DX 寄存器中，执行功能调用后指针移到相应的目标记录位置上。

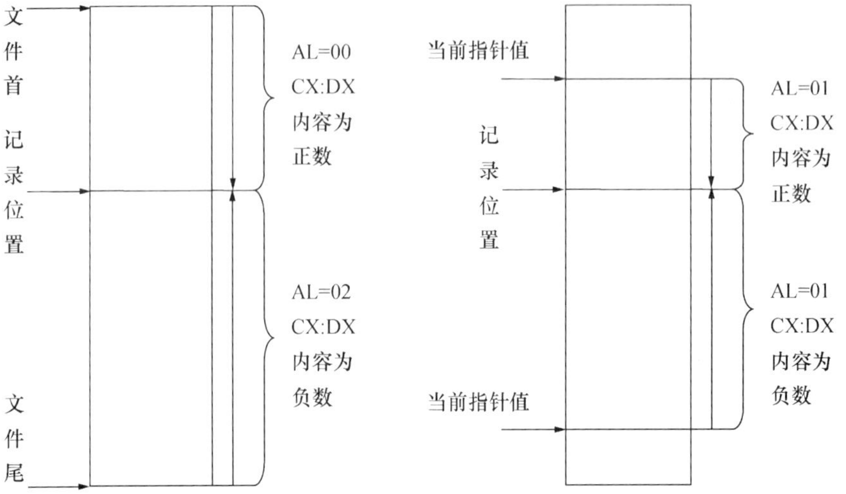

(a) 绝对移动方式　　(b) 相对移动方式

图 8-5　文件指针操作示意图

例 8.4　把先前建立的 STU. TXT 文件打开，添加一条新记录（定长字符串的学生信息）。

设计思路：首先打开文件，保存文件代号。通过使用绝对倒移方式把文件指针移动到文件尾（此时可以通过 DX：AX 获得文件的长度），写入新记录后关闭文件。程序流程图如图 8-6 所示，源程序如下：

```
DATA    SEGMENT
NEW_JL  DB '2007810007chenming   78 78 72 85',13,10
FNAME   DB 'STU.TXT',0
FCODE   DW ?                                ;保存文件代号
ERR_CR  DB 'CREATE ERROR!',13,10,'$'        ;出错信息
ERR_OP  DB 'OPEN ERROR!',13,10,'$'
ERR_CL  DB 'CLOSE ERROR!',13,10,'$'
ERR_RD  DB 'READ ERROR!',13,10,'$'
ERR_WR  DB 'WRITE ERROR!',13,10,'$'
ERR_PO  DB 'POINTER ERROR!',13,10,'$'
DATA    ENDS
CODE    SEGMENT
        ASSUME CS:CODE,DS:DATA
START:  MOV AX,DATA
        MOV DS,AX
        LEA DX,FNAME                        ;设置 ASCIZ 串
        MOV AH,3DH                          ;打开文件
        MOV AL,2                            ;可读写
        INT 21H
        JNC YDZZ                            ;打开文件成功转移到 YDZZ
        LEA DX,ERR_OP                       ;打开文件失败,则显示出错信息
        MOV AH,9
        INT 21H
        JMP QUIT                            ;退出
```

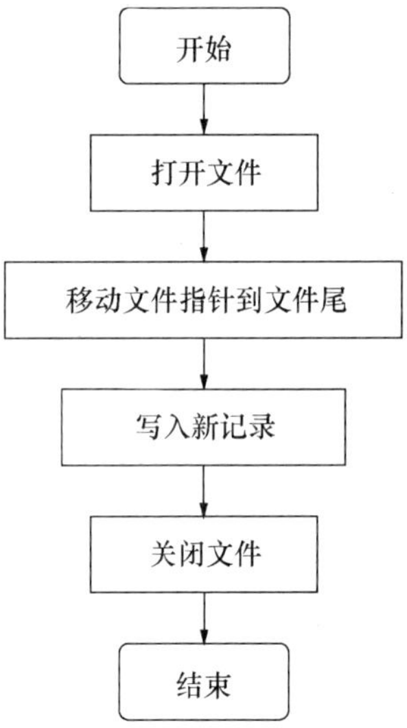

图 8-6　添加记录示意图

```
YDZZ:   MOV FCODE,AX              ;保存文件代号
        MOV AH,42H                ;移到记录指针到文件尾
        MOV AL,2                  ;绝对倒移
        XOR CX,CX
        XOR DX,DX
        MOV BX,FCODE
        INT 21H
        JNC TJJL
        LEA DX,ERR_PO
        MOV AH,9
        INT 21H
        JMP CLOSE
TJJL:   MOV AH,40H                ;往文件尾写新记录
        LEA DX,NEW_JL             ;数据缓冲区的首地址送 DX
        MOV BX,FCODE              ;取文件代号
        MOV CX,33                 ;写入文件的字节数
        INT 21H
        JNC CLOSE                 ;写入成功,则转移到关闭文件
        LEA DX,ERR_WR             ;写文件失败,则显示出错信息
        MOV AH,9
        INT 21H
CLOSE:  MOV AH,3EH                ;关闭文件
        MOV BX,FCODE
        INT 21H
        JNC QUIT                  ;关闭文件成功,则转移到退出程序
        LEA DX,ERR_CL             ;关闭文件失败,则显示出错信息
        MOV AH,9
        INT 21H
QUIT:   MOV AH,4CH
        INT 21H
CODE    ENDS
        END START
```

程序运行后在 STU. TXT 文件中添加了新记录，其结果如图 8-7 所示。

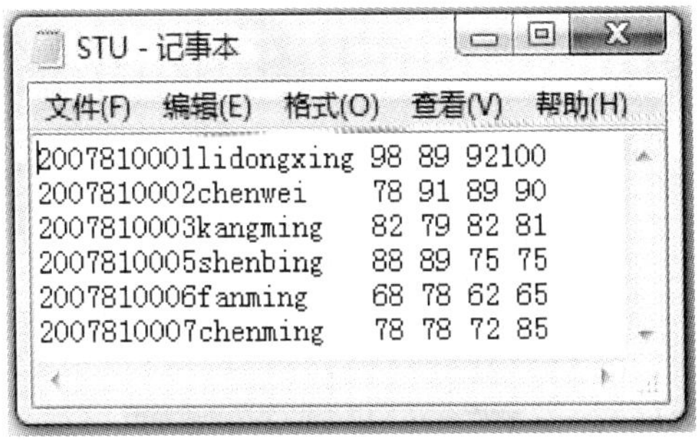

图 8-7　添加记录的执行结果

例 8.5　从键盘输入一个文本文件名，然后打开该文件，并显示文件内容。

设计思路：利用 DOS 功能 0AH 子调用从键盘输入文本文件的文件名，在文件名的后面添加上“0”形成 ASCIZ 串；再通过 ASCIZ 串打开文件，打开文件后就可以读取文件的内容；显示操作结束后关闭文件。

一个文件到底分几次读取取决于文件的大小和所设置的 I/O 缓冲区空间的大小。文件

若比较小，I/O 缓冲区又足够大，则一次就能把这个文件内容读入 I/O 缓冲区。如果文件很大，即长度超过程序中所设置的缓冲区的大小，则必须分几次重复调用读取操作，直到这个文件读取结束。

本程序中假定该文本文件较大，而 I/O 缓冲区设置为 1024 个字节。因此通过循环来完成所有数据的读取，在每次读取时判断读取的实际长度，若实际读取的数据长度为 0，即读取完该文件的所有数据，结束读取过程，转到关闭文件的操作并结束程序的执行；若读取的长度不为 0，则按照该长度显示所读取的字符，然后转到继续读取文件剩余数据的操作。程序流程图如图 8-8 所示，程序如下：

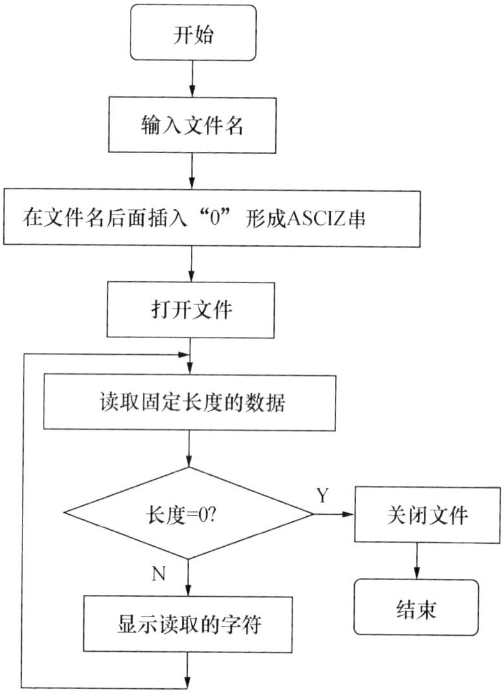

图 8-8　显示文件内容操作流程图

```
DATA     SEGMENT
HANDLE   DW ?
NAMEBUF  DB 50,?,51 DUP(?)
DATBUF   DB 1024 DUP(?)
INTMESS  DB 10,13,'ENTER PATHNAME:$'
EMESS    DB 'ERROR!$'
DATA     ENDS
CODE     SEGMENT
         ASSUME CS:CODE,DS:DATA
START:   MOV AX,DATA
         MOV DS,AX
         MOV AH,9
         LEA DX,INTMESS
         ;显示提示信息
         INT 21H
         MOV AH,0AH
         LEA DX,NAMEBUF
         INT 21H
         MOV AH,2
         ;输出回车换行
         MOV DL,0DH
         INT 21H
         MOV AH,2
         MOV DL,0AH
         INT 21H
         LEA SI,NAMEBUF
         ;计算键盘输入的文件名的长度
         MOV BL,[SI+1]
         XOR BH,BH
         MOV BYTE PTR [SI+BX+2],0          ;形成 ASCIZ 串
         MOV AH,3DH                        ;以只读方式打开文件
         MOV AL,0
         LEA DX,NAMEBUF+2
         INT 21H
         MOV BX,AX
         JC ERROR
         MOV HANDLE,AX                     ;打开文件成功,存文件代号
L1:      MOV AH,3FH                        ;读取文件内容
         MOV BX,HANDLE
         MOV CX,1024                       ;读取 1024 个字节
         LEA DX,DATBUF                     ;到 DATBUF 为首址的缓冲区
         INT 21H
```

```
        MOV BX,AX
        JC ERROR
        CMP AX,0                    ;若读取的实际长度为 0
        JE EXIT                     ;结束读取文件的操作
        MOV CX,AX                   ;读取的实际长度送 CX 寄存器
        LEA BX,DATBUF
L2:     MOV AH,2                    ;以单字符方式显示字符
        MOV DL,[BX]
        CMP DL,1AH                  ;检测是否为文件尾(文件结束符为 1AH)
        JE EXIT
        INT 21H
        INC BX
        LOOP L2
        JMP SHORT L1
EXIT:   MOV AH,3EH                  ;关闭文件
        MOV BX,HANDLE
        INT 21H
        MOV BX,AX
        JC ERROR
        MOV AH,4CH                  ;返回 DOS
        INT 21H
ERROR:  MOV AH,9
        LEA DX,EMESS
        INT 21H
        CALL BINHEX                 ;调用显示十六进制字符子程序
        JMP EXIT
BINHEX  PROC                        ;显示十六进制字符的子程序
        MOV CH,4
ROT:    MOV CL,4
        ROL BX,CL
        MOV AL,BL
        AND AL,0FH
        ADD AL,30H
        CMP AL,3AH
        JB PRINT
        ADD AL,7
PRINT:  MOV DL,AL
        MOV AH,2
        INT 21H
        DEC CH
        JNE ROT
        RET
BINHEX  ENDP
CODE    ENDS
        END START
```

8.3　磁盘记录结构简介

8.3.1　磁盘的记录方式

从硬件角度来看，磁盘有磁头、盘片、盘面、磁道、柱面和扇区，这些描述了磁盘的

物理结构；可使用系统 BIOS 和磁盘系统功能调用对它们进行操作。从软件角度来看，磁盘有簇和文件，MS-DOS 使用簇和文件来定位数据；可以使用文件系统功能调用对它们进行操作。

所谓磁道是磁盘盘面上的一些同心圆，数据以磁记录的形式存储在磁道上，如图 8-9 所示。最外圈的磁道成为 0 磁道，依次向内命名为 1 磁道，2 磁道……。柱面是指读/写磁头在半径的某位置时可访问的所有磁道；当读/写磁头位在盘面上不同的半径时，可获取不同的柱面上的数据。扇区是在磁道上划分出来的块（一段弧），一般按 512 个字节划分为一个扇区。所以磁盘的存储容量可以由下式得到：

磁盘的存储容量 = 磁头数 × 磁道（柱面）数 × 每道扇区数 × 每扇区字节数

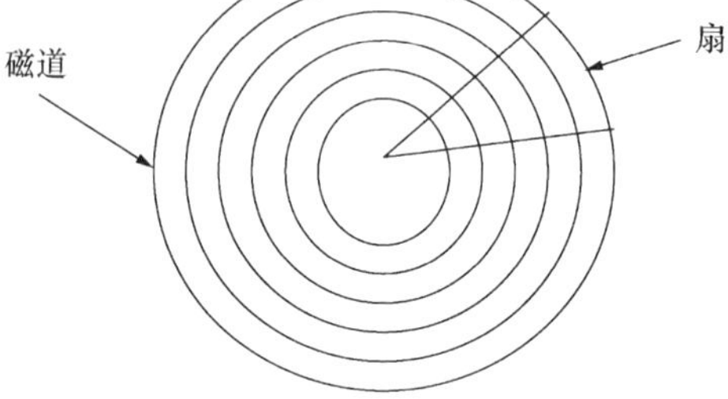

图 8-9 盘面上的磁道和扇区

磁盘上所有扇区按一定规则排列为一个线性序列（逻辑扇区），从 0 开始编号。排列规则是先排列扇区，再排列面，最后排列道；这样安排是为了减少磁头的移动，能够最大限度地获取磁盘上的数据。以双面双密度的 5 吋盘为例，其排列如表 8-7 所示。

表 8-7 磁盘扇区位置与逻辑扇区号对应关系

物理扇区位置	逻辑扇区号	物理扇区位置	逻辑扇区号
0 道 0 面 1 扇区	0	1 道 0 面 1 扇区	18
0 道 0 面 2 扇区	1	……	
0 道 0 面 3 扇区	2	2 道 0 面 1 扇区	36
……		……	
0 道 0 面 9 扇区	8	3 道 0 面 1 扇区	
0 道 1 面 1 扇区	9	……	
……		39 道 0 面 9 扇区	719
0 道 1 面 1 扇区	17		

对扇区读写时，为了减低用户使用的复杂程度，一般用户使用逻辑扇区号对数据进行读写操作，即用逻辑扇区进行 DOS 系统功能调用。而由 DOS 系统解释成具有磁头数（Heads）、柱面数（Cylinders）、扇区数（Sectors）等物理参数，并完成相应的物理扇区（也称为绝对扇区）的操作。其物理扇区与逻辑扇区的对于关系如下：

DH——第一个 DOS 扇区的磁头号；　　DC——第一个 DOS 扇区的柱面号；

DS——第一个 DOS 扇区的扇区号；　　NS——每磁道扇区数；
NH——磁盘总的磁头数。

则某磁盘上扇区（柱面 C，磁头 H，扇区 S）的逻辑扇区号 RS 为：

$$RS = NH \times NS \times (C - DC) + NS \times (H - DH) + (S - DS)$$

若已知 RS、DC、DH、DS、NS 和 NH，则

$$S = (RS \ MOD \ NS) + DS$$

$$H = ((RS \ DIV \ NS) \ MOD \ NH) + DH$$

$$C = ((RS \ DIV \ NS) \ DIV \ NH) + DC$$

注意： *在 CHS 寻址方式中，S 的最大值是 63，如果超过 63，就要向 H 进位。*

8.3.2　主引导记录 MBR

硬盘主引导记录（Master Boot Record，MBR）位于 0 柱 0 磁道 1 扇区上，它是一个隐藏扇区。该扇区由三部分内容组成：主引导记录（Main Boot Record，MBR）、硬盘分区表（Disk Partition Table，DPT）和引导区标记（Boot Record ID）55AAH。

MBR 占用自举扇区的前 446 个字节（0～01 BDH），存放系统主引导程序（它负责从活动分区装载并运行系统引导程序）。计算机加电并完成自检后，就将该扇区读入内存，然后在分区表中查找活动分区，找到活动分区后将分区引导记录读入内存，执行分区引导记录中的启动程序，将控制权交给操作系统，完成系统的加载。

DPT 即主分区表占用 64 个字节（01 BEH～01 FDH），记录了磁盘的基本分区信息；主分区表分为 4 个分区项，每项 16 个字节，分别记录每个分区的信息（因此最多可以有 4 个分区）。第一个分区表的格式如表 8-8 所示。

表 8-8　分区表的格式

偏移量	偏移字节	字节数	说　　明
1BEH	0	1	BOOT ID：80H 表示可启动活动分区，否则为 00H
1BFH	1	1	分区起始磁头号
1C0H	2、3	2	分区起始扇区值和柱面值，低字节的低 6 位为扇区号（共 6 位），高 2 位为柱面号的高 2 位，高字节为柱面号的低 8 位（共 10 位）。
1C2H	4	1	操作系统和文件系统的 ID 值，常用的字节标志有： 05H 或 0FH　表示扩展 MS-DOS 分区 06H 或 0EH　表示 FAT16 0BH 或 0CH　表示 FAT32 83H 表示 Linux
1C3H	5	1	分区结束磁头号
1C4H	6、7	2	分区结束扇区值和柱面值
1C6H	8、9、10、11	4	下一逻辑起始扇区号。表示分区起点之前已用了的扇区数
1CAH	12、13、14、15	4	该分区所占用的扇区数

引导区标记占用两个字节（01 FEH～01 FFH），对于合法引导区，它等于 55AAH，这是判断引导区是否合法的标志。

由于主分区表中只能分为 4 个分区，无法满足实际需要，因此设计了扩展分区格式。

扩展分区的信息以链表形式存放，但也有一些特别的地方。首先，主分区表中要有一个基本扩展分区项，所有扩展分区都隶属于它，也就是说，其他所有扩展分区的空间都必须包括在这个基本扩展分区中。对于 DOS/Windows 来说，扩展分区的类型 05H（如表 8-8 所示）。除基本扩展分区以外的其他所有扩展分区则以链表的形式级联存放，后一个扩展分区的数据项记录在前一个扩展分区的分区表中，但两个扩展分区的空间并不重叠。扩展分区类似于一个完整的硬盘，必须进一步分区才能使用。但每个扩展分区中只能存在一个其他分区，此分区在 DOS/Windows 环境中即为逻辑盘。因此每一个扩展分区的分区表（同样存储在扩展分区的第一个扇区中）中最多只能有两个分区数据项（包括下一个扩展分区的数据项）。

分区表链实际上是一个单向链表结构。第一个分区表，也即主分区表，它除了用 16 个字节描述自身的信息之外，还用紧跟在后的 16 个字节描述扩展分区。而描述扩展分区的 16 个字节中的后 4 个字节相当于指针，指向扩展分区。我们可以根据该指针来到扩展分区起始柱面的 0 头 1 扇区，找到第二个分区表。对于该分区表，通常情况下：第一项（16 个字节）描述了扩展分区中第一个分区的信息，第二项（16 个字节）描述下一个分区，而这第二项就相当于指向第二个分区的指针，第三项，第四项一般均为 0。我们再根据该指针来到扩展分区中第二个分区起始柱面的 0 头 1 扇区，找到第三个分区表。依次类推，直到最后一个分区表。而最后一个分区表只有第一项有信息，余下三项均为 0，相当于其指针为空。所以只要找到了一个分区表就可以推导找出其后面所有分区表。不过该分区表前面的分区表就不好推导出来了。但令人高兴的是这个链表的头节点，也即主分区表的位置是固定的位于（0 柱面，0 磁头，1 扇区）处，我们可以很轻易地找到它，然后把剩下的所有分区表一一找到。

某硬盘有一个主分区（C 盘），一个扩展分区，扩展分区中有两个逻辑分区（D 盘，E 盘）其分区表链如图 8-10 所示。

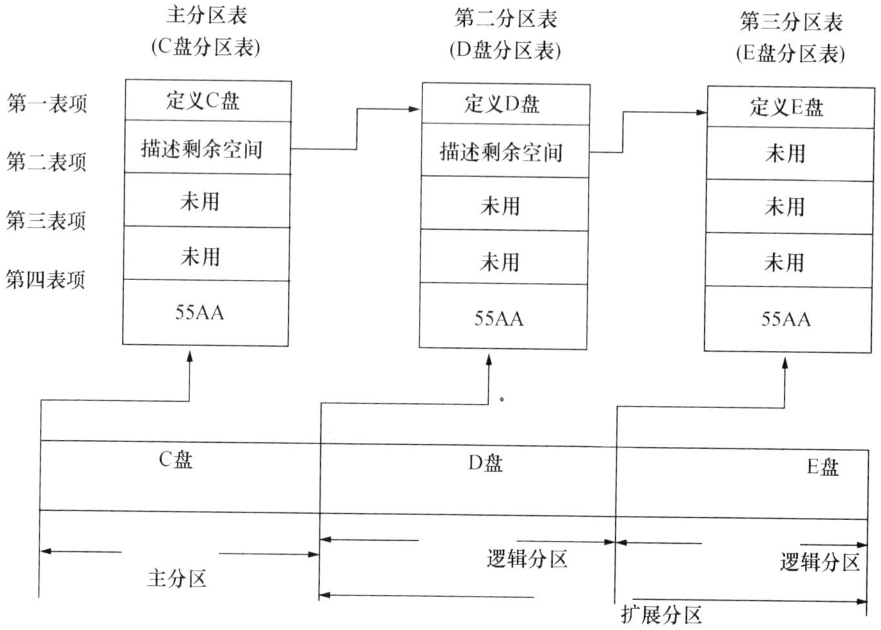

图 8-10 分区表链示意图

8.3.3　分区引导记录

每个硬盘的分区即逻辑盘都有一个分区引导记录。分区引导记录由 BIOS 参数记录块（BIOS Parameter Block，BPB）、磁盘标志记录表、分区引导记录代码区和结束标志 55AA 这 4 个部分组成，如表 8-9 所示。

表 8-9　MD－DOS 引导记录的布局

偏　移	长　度	描　述
00	3	跳转到引导代码程序的指令
03	8	制造商名称，版本号
0B	2	每扇区字节数
0D	1	每簇扇区数（2 的幂）
0E	2	保留扇区数
10	1	FAT 的数目
11	2	最多根目录项的数目
13	2	小于 32 MB 盘的扇区数
15	1	介质描述字节
16	2	以扇区数为单位的 FAT 的大小
18	2	每道扇区数
1A	2	磁头数
1C	4	隐藏扇区数
20	4	大于 32 MB 盘的扇区数
24	1	驱动器号（MS－DOS 修改）
25	1	保留
26	1	扩展引导标志
27	4	卷的 ID 号
2B	11	卷标号
36	8	文件系统类型
3E	－	引导程序和数据开始

引导记录是一个几百个字节的短程序，可以完成加载 DOS 到计算机内存的初始化工作。当有一张 DOS 系统盘时，引导记录的任务是通过将 DOS 程序中的第一部分读至内存，并启动 DOS。

BIOS 参数记录块 BPB 所记录了磁盘容量、文件分配表 FAT 的位置和大小、文件目录表 FDT 的位置和大小等信息。但是其结构与使用的分区格式有关，例如使用 FAT16 分区格式的 BPB 表结构如表 8-10 所示；而使用 FAT32 分区格式的 BPB 表结构如表 8-11 所示。

表 8-10 FAT16 分区格式的 BPB 表结构

位移量	字节数	说明
0BH	2	每扇区字节数
0DH	1	每簇扇区数
0EH	2	保留扇区数（文件分配表占用扇区数）
10H	1	FAT 表的数目
11H	2	根目录登记项
13H	2	总扇区数
15H	1	磁盘介质描述符
16H	2	每个 FAT 的扇区数
18H	2	每磁道的扇区数
1AH	2	磁头数
1CH	4	隐藏扇区数
20H	4	逻辑驱动器总扇区数

表 8-11 FAT32 分区格式的 BPB 表结构

位移量	字节数	说明
0BH	2	每扇区字节数
0DH	1	每簇扇区数
0EH	2	保留扇区数（文件分配表占用扇区数）
10H	1	FAT 表的数目
11H	2	闲置
13H	2	闲置
15H	1	磁盘介质描述符
16H	2	闲置
18H	2	每磁道的扇区数
1AH	2	磁头数
1CH	4	隐藏扇区数
20H	4	逻辑驱动器总扇区数
24H	4	每个 FAT 表的扇区数
28H	4	保留
2CH	4	根目录起始簇号
30H	2	系统标记
32H	1	每个引导记录的扇区数
33H	13	保留

8.3.4 文件分配表 FAT

文件分配表（File Allocation Table，FAT）用来保存磁盘中每部分的状态，以便了解哪些部分可以写入新的数据，哪些部分正在被使用。当一个文件被记录到磁盘数据区时，磁盘空间以（Cluster）簇为单位分配文件的使用空间。一个簇由 2^n 个扇区组成，一般由 2，4，8，…扇区数组成。对于不同的磁盘，每簇扇区数是不同的，这个参数在 BPB 表的 0DH 字节中可查到。同一个文件的数据并不一定完整地存放在磁盘上的一个连续的区域中，而往往会被分成若干段，像一条链子一样存放，这种存储方式称为文件的链式存储。

而这些链接信息被保存在文件分配表中，操作系统在读取文件时，根据 FAT 的内容就能准确地找到文件各段的位置并准确地读出。

文件分配表目前有 3 种表结构，一种是每个表项为 1.5 个字节的 12 位 FAT，一种是每个表项为 2 个字节的 16 位 FAT，还有一种是每个表项为 4 个字节的 32 位 FAT。各类软盘使用 12 位 FAT；硬盘分区或逻辑盘是采用 12 位或 16 位还是 32 位 FAT，由主分区表或逻辑分区表中的一个称为“系统标志”字节（即 04H 字节）指出。

FAT 表是这样一种特殊的表，除了表的最初两项（0 号和 1 号表项）之外，表项的序号就是簇号，表项的内容是对该簇使用的描述，12 位和 16 位 FAT 表项内容如表 8-12 所示。

表 8-12　FAT 表项内容

FAT 表项内容	描　　述	FAT 表项内容	描　　述
(0) 000	未占用	(F) FF8～(F) FFF	最后一簇
(F) FF0～(0) FF6	保留	(0) 001～(0) 002	不使用
(F) FF7	坏簇	其他	已占用，并为下一簇的簇号

由此可见，FAT 表项的内容除少数用作特殊标志或保留外，大多数是表示下一簇的簇号。于是由目录项中偏移 1AH 字域给出的文件第一簇的簇号，查找 FAT 表，取此序号的表项内容，得到第二簇的簇号，再以它为 FAT 表项序号，取其表项内容，得到第三簇的簇号。如此进行下去，直到读到表项内容大于等于（F）FF8 为止，从而得到此文件的全部簇号。DOS 的每个文件（包括子目录文件）是由一系列的簇号组成的一个簇链，除首簇号之外，它们全部登记在 FAT 表中并被勾连起来。

图 8-11 给出一个文件簇链的具体组成情况。file. TXT 文件是在 360 KB 软盘上，它由 5、7、8、9 号簇组成。12 位 FAT，每簇 2 个扇区。图中假定 file. TXT 处在根目录下，若是在某级子目录下也有类似的情况。只不过根目录（表）区由此子目录文件替代罢了。

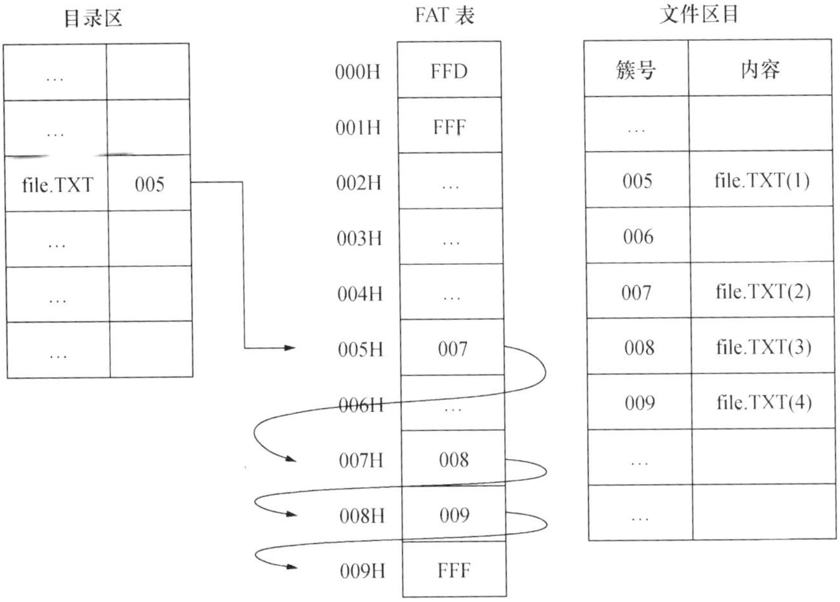

图 8-11　12 位 FAT 表示意图

注意，FAT 的头两个表项内容为 FFD 和 FFF，其中 FD 是 360 KB 软盘的介质标记。这有普遍的意义，任何一个 DOS 盘卷，由于其 FAT 的第一个表项（第 0 个字节）总保存有介质标记；而第二个表项（第 1 个字节）总是保留不参加簇链的分配。这也是文件区的簇号总是从 2 开始编号的原因。

8.4 直接磁盘服务

8.4.1 基本磁盘服务 INT 13H

基本磁盘服务（Direct Disk Service）INT 13H 可以用于对磁盘的格式化、读写扇区等操作，只能访问 8 GB 以内的硬盘空间。其中软盘的驱动器号为 00H ～7FH；硬盘的驱动器号为 80H ～0FFH。其功能调用参数如表 8-13 所示，基本磁盘服务的状态码如表 8-14 所示。

表 8-13 基本磁盘服务

AH	功 能	调用参数	返回参数
00	磁盘系统复位	DL = 驱动器号	CF = 0 操作成功，AH = 00H，否则，AH = 状态代码
01	读取磁盘系统状态	DL = 驱动器号	AH = 00H，AL = 状态代码
02	读扇区	AL = 扇区数；CH = 柱面；CL = 扇区；DH = 磁头；DL = 驱动器 ES：BX = 缓冲区的地址	CF = 0 操作成功，AH = 00H，AL = 传输的扇区数，否则，AH = 状态代码，
03	写扇区	AL = 扇区数；CH = 柱面；CL = 扇区；DH = 磁头；DL = 驱动器 ES：BX = 缓冲区的地址	CF = 0 操作成功，AH = 00H，AL = 传输的扇区数，否则，AH = 状态代码
04	检验扇区	AL = 扇区数；CH = 柱面；CL = 扇区；DH = 磁头；DL = 驱动器 ES：BX = 缓冲区的地址	CF = 0 操作成功，AH = 00H，AL = 被检验的扇区数，否则，AH = 状态代码
05	格式化磁道	AL = 交替（Interleave）；CH = 柱面；DH = 磁头；DL = 驱动器 ES：BX = 缓冲区的地址	CF = 0 操作成功，AH = 00H，否则，AH = 状态代码
06	格式化坏磁道	AL = 交替（Interleave）；CH = 柱面；DH = 磁头；DL = 驱动器 ES：BX = 缓冲区的地址	CF = 0 操作成功，AH = 00H，否则，AH = 状态代码
07	格式化驱动器	AH = 07H AL = 交替 CH = 柱面 DL = 驱动器	CF = 0 操作成功，AH = 00H，否则，AH = 状态代码
08	读取驱动器参数	DL = 驱动器	CF = 1 操作失败，AH = 状态代码，否则， BL = 01H – 360 KB = 02H – 1.2 MB = 03H – 720 KB = 04H – 1.44 MB CH = 柱面数的低 8 位 CL 的位 7 – 6 = 柱面数的高 2 位 CL 的位 5 – 0 = 扇区数 DH = 磁头 DL = 驱动器数 ES：DI = 磁盘驱动器参数表地址

（续表）

AH	功　能	调用参数	返回参数
09	初始化硬盘参数	DL = 驱动器 （还有有关参数表问题，在此从略）	CF = 0 操作成功，AH = 00H；否则，AH = 状态代码
0A	读长扇区，每个扇区随带 4 个字节的 ECC 编码	AL = 扇区数；CH = 柱面；CL = 扇区；DH = 磁头；DL = 驱动器 ES：BX = 缓冲区的地址	CF = 0 操作成功，AH = 00H，AL = 传输的扇区数；否则，AH = 状态代码
0B	写长扇区，每个扇区随带 4 个字节的 ECC 编码	AL = 扇区数；CH = 柱面；CL = 扇区；DH = 磁头；DL = 驱动器 ES：BX = 缓冲区的地址	CF = 0 操作成功，AH = 00H，AL = 传输的扇区数；否则，AH = 状态代码
0C	查寻	CH = 柱面的低 8 位；CL（7 − 6 位）= 柱面的高 2 位；DH = 磁头；DL = 驱动器	CF = 0 操作成功，AH = 00H；否则，AH = 状态代码
0D	硬盘系统复位	DL = 驱动器	CF = 0 操作成功，AH = 00H；否则，AH = 状态代码
0E	读扇区缓冲区	ES：BX = 缓冲区的地址	CF = 0 操作成功；否则，AH = 状态代码
0F	写扇区缓冲区	ES：BX = 缓冲区的地址	CF = 0 操作成功；否则，AH = 状态代码
10	读取驱动器状态	DL = 驱动器	CF = 0 操作成功，AH = 00H；否则，AH = 状态代码
11	校准驱动器	DL = 驱动器	CF = 0 操作成功，AH = 00H；否则，AH = 状态代码
12	控制器 RAM 诊断	AL = 扇区数；CH = 柱面；CL = 扇区；DH = 磁头；DL = 驱动器号	CF = 0 操作成功，AH = 00H；否则，AH = 状态代码
13	控制器驱动诊断	AL = 扇区数；CH = 柱面；CL = 扇区；DH = 磁头；DL = 驱动器号	CF = 0 操作成功，AH = 00H；否则，AH = 状态代码
14	控制器内部诊断	AL = 扇区数；CH = 柱面；CL = 扇区；DH = 磁头；DL = 驱动器号	CF = 0 操作成功，AH = 00H；否则，AH = 状态代码
15	读取磁盘类型	DL = 驱动器	CF = 1，操作失败，AH = 状态代码，否则，AH = 00H—未安装驱动器 = 01H—无改变线支持的软盘驱动器 = 02H—带有改变线支持的软盘驱动器 = 03H—硬盘，CX：DX = 512 字节的扇区数
16	读取磁盘变化状态	DL = 驱动器	CF = 0，磁盘未改变，AH = 00H；否则，AH = 06H
17	设置磁盘类型	DL = 00H ～ 7FH——软盘 AL = 00H——未用 = 01H——360 K 在 360 K 驱动器中 = 02H——360 K 在 1.2 M 驱动器中 = 03H——1.2 M 在 1.2 M 驱动器中 = 04H——720 K 在 720 K 驱动器中	CF = 0，操作成功，AH = 00H；否则，AH = 状态编码
18	设置格式化媒体类型	CH = 柱面数；CL = 每磁道的扇区数 DL = 驱动器	CF = 0，操作成功，AH = 00H，ES：DI = 介质类型参数表地址；否则，AH = 状态编码

表 8-14 直接磁盘服务的状态码

状态码	说 明	状态码	说 明
00	无错	0D	格式化时非法扇区号（硬盘）
01	非法命令	0E	控制数据地址目标被发现（硬盘）
02	地址目标未发现	0F	DMA 仲裁越界（硬盘）
03	磁盘写保护（软盘）	10	不正确的 CRC 或 ECC 编码 CRC：Cyclic Redundancy Check code ECC：Error Checking & Correcting code
04	扇区未发现	11	ECC 校正数据错（硬盘）
05	复位失败（硬盘）	20	控制器失败
06	软盘取出（软盘）	40	查找失败
07	错误的参数表（硬盘）	80	磁盘超时（未响应）
08	DMA 越界（软盘）	AA	驱动器未准备好（硬盘）
09	DMA 超过 64 KB 界限	BB	未定义的错误（硬盘）
0A	错误的扇区标志（硬盘）	CC	写错误（硬盘）
0B	错误的磁道标志（硬盘）	E0	状态寄存器错（硬盘）
0C	介质类型未发现（软盘）	FF	检测操作失败（硬盘）

下面给出了利用基本磁盘服务 INT 13H 读取硬盘分区表和引导记录的例子。

1. 硬盘分区表

例 8.6 读取某硬盘的主引导记录，并对其分区表进行分析。下列的程序段用于读取主引导记录，该程序段使用基本磁盘服务 INT 13H。

```
E:»debug
-a 100
1f40:0100 mov ax,201        ;读一个扇区
1f40:0103 mov bx,200        ;读入到缓冲区地址为 200H 处
1f40:0106 mov cx,0001       ;柱面号为 0,扇区号为 1
1f40:0109 mov dx,0080       ;磁头号为 0,第一个硬盘即 C 盘
1f40:010c int 13            ;调用中断
1f40:010e int 20            ;返回
1f40:0110
-g                          ;运行
```

假定读到的部分数据如下：

```
…
1f40:03c0 80 01 01 00 0B FE 7F FD-3F 00 00 00 3F 04 7D 00
1f40:03d0 00 00 41 FE 0F FE FF FF-7E 04 7D 00 1F 2C B4 00
…
```

参见表 8-8 的分区表的格式，并由读取到的第 1 个 16 字节的数据 80 01 01 00 0B FE 7F FD-3F 00 00 00 3F 04 7D 00 可以得到 C 盘的信息，解释如下。

- 第 0 个字节 80H 表示 C 盘为活动分区，即系统会从 C 盘启动。
- 第 1 个字节 01H 表示磁头号为 01H。
- 第 2～3 个字节 01 00 表示是 C 盘的起始扇区号和柱面号。01H =0000 0001B，00H =0000 0000B；则扇区号为 00 0000B =0，而柱面号为 00 0000 0000B =0。
- 第 4 个字节为 0B 表示 C 盘的文件系统为 FAT32。
- 第 5 个字节 FE 表示磁头号为 254。
- 第 6～7 个字节为 7F FD 表示结束扇区号和柱面号，7FH =0111 1111B，FDH =

1111 1101B；则扇区号为 11 1111B = 63，而柱面号为 01 1111 1101B = 509。

- 第 8～11 个字节为 3F 00 00 00，这个双字表示 C 盘起始逻辑扇区号与逻辑 0 扇区号之差，其值为 0000003FH，即 63。说明 C 盘前面已有 63 个扇区，这 63 个扇区为系统隐藏扇区。
- 第 12～15 个字节为 3F 04 7D 00，这个双字表示 C 盘的扇区总数。其值为 3F047D00H，即 C 盘拥有 8193087 个扇区，其范围从 0 柱面、1 磁头、0 扇区至 509 柱面、254 磁头、63 扇区。

第 2 个 16 字节的数据 00 00 41 FE 0F FE FF FF - 7E 04 7D 00 1F 2C B4 00 用于描述下一个分区（即 D 盘）的有关参数，解释如下。

- 第 0 个字节为 00H 表示该分区不是活动分区。
- 第 1 个字节为 00H 表示扩展分区的起始磁头号。
- 第 2～3 个字节为 41 FE 表示扩展分区的起始扇区号和柱面号。41H = 0100 0001B，FEH = 1111 1110B，则扇区号为 00 0001B = 1，而柱面号为 01 1111 1110B = 510。所以扩展分区的起始扇区位于 510 柱面 0 磁头 1 扇区。
- 第 4 个字节为 0F 表示该分区为扩展分区。
- 第 5 个字节为 FEH 表示磁头号为 254。
- 第 6～7 个字节为 FF FF 表示分区的结束扇区号和柱面号，FFH = 1111 1111B，FFH = 1111 1111B；则扇区号为 11 1111B = 63，而柱面号为 11 1111 1111B = 1023。
- 第 8～11 个字节为 7E 04 7D 00，这个双字表示分区之前已用的扇区数。即分区之前已使用了 8193150 个扇区。
- 第 12～15 个字节为 1F 2C B4 00，这个双字表示扩展分区的扇区总数。其值为 00B42C1FH，即扩展分区拥有 11807775 个扇区，其范围从 510 柱面、0 磁头、1 扇区至 1023 柱面、254 磁头、63 扇区。

根据分区的信息，可读取 D 盘位于 510 柱面、0 磁头、1 扇区处的分区表。假定读取的信息如下：

00 01 41 FE 0B FE FF 7B - 3F 00 00 00 BF A3 5D 00

00 00 C1 7C 05 FE FF FF - FF A3 5D 00 21 88 56 00

第 1 个 16 字节 00 01 41 FE 0B FE FF 7B - 3F 00 00 00 BF A3 5D 00 的数据有关参数解释如下。

- 第 0 个字节为 00 表示 D 盘不是活动分区。
- 第 1 个字节为 01 表示磁头号为 1。
- 第 2～3 个字节 41 FE 表示是 D 盘的起始扇区号和柱面号。41H = 0100 0001B，FEH = 1111 1110B，则扇区号为 00 0001B = 1，而柱面号为 01 1111 1110B = 510。因此 D 盘开始扇区为（510 柱面，1 磁头，1 扇区）。
- 第 4 个字节为 0B 表示 D 盘的文件系统为 FAT32。
- 第 5 个字节 FE 表示磁头号为 254。
- 第 6～7 个字节为 FF 7B 表示结束扇区号和柱面号，FFH = 1111 1111B，7BH = 0111 1011B，则扇区号为 11 1111B = 63，而柱面号为 11 0111 1011B = 891。因此 D 盘的结束扇区为 891 柱面、254 磁头、63 扇区。

• 第8～11个字节为3F 00 00 00，这个双字表示D盘起始逻辑扇区号与逻辑0扇区号之差。其值为0000003FH，即63。说明D盘前面已有63个扇区，这63个扇区为系统隐藏扇区。

• 第12～15个字节为BF A3 5D 00，这个双字表示D盘的扇区总数。其值为005DA3BFH，即D盘拥有6136767个扇区，其范围从510柱面、1磁头、1扇区至891柱面、254磁头、63扇区。

通过上面分析得到的起点和分区的大小，可以推导出D盘的结束位置为：8193150（C盘的扇区总数）+63（隐藏扇区数）+6136767（D盘的扇区总数）=14329980号扇区。

第2个16字节的数据00 00 C1 7C 05 FE FF FF－FE A3 5D 00 21 88 56 00用于描述下一个分区（即E盘）的有关分区参数。根据该分区信息，可以读出E盘的分区表信息如下：

00 01 C1 7C 0B FE FF FF 3F 00 00 00 E2 87 56 00

00 00 00 00 00 00 00 00 00 00 00 00 00 00 00 00

由第2个16位字节全为0可以知道E盘后面没有后续分区。

2. 引导记录的读取与分析

假定某D盘的分区数据如下：

1f40：03d0 41 05 0F FE FF FE C5 FA－3F 00 A0 7F DE 01 00 00

由表8-8分区表的格式结合这些数据可以得到D盘的分区链表所在扇区的CSH地址。字节位移为3CEH到3DDH是第二个分区表项，它记录了下一个分区的有关参数。

位于3CFH字节记录的是磁头号，此处为0。位于3D0H和3D1H两个字节记录的是扇区号和柱面号，此处的值为41H和05H即二进制的值是0100 0001 0000 0101。所以二进制的扇区号为00 0001，其值为1；而二进制的柱面号为01 0000 0101，其值为261。所以D盘的分区链表位于261柱面0磁头1扇区处。

把上述计算出来的CHS地址数据基础上，磁头数加1而柱面数和扇区数不变，就得到D盘分区引导记录的扇区地址，即261柱面1磁头1扇区。

在分区引导记录扇区之后是文件分配表FAT的第一个扇区，即261柱面1磁头2扇区。而位于FAT之后是目录区，但是由于FAT表所占用的扇区数不是固定的，而是由分区大小所决定的，因此若要取得目录区的扇区地址必须先取得PBP表中的有关数据以确定每个FAT表占用的扇区数。

由于PBP表在引导记录中，因此必须先获取磁盘的引导记录。

例8.7 读取D盘的引导记录。

```
E:»debug
-a 100
1f40:0100 mov ax,201        ;读一个扇区
1f40:0103 mov bx,200        ;读入到缓冲区地址为200H处
1f40:0106 mov cx,0541       ;柱面号为261,扇区号为1
1f40:0109 mov dx,0180       ;磁头号为1
1f40:010c int 13            ;调用中断
1f40:010e int 20            ;返回
1f40:0110
-g                          ;运行
```

假定读到的部分数据如下：

```
…
1f40:0210 02 00 02 00 00 F8 00 01 -3F 00 FF 00 3F 00 00 00
…
```

由表 8-9 引导记录的格式（或表 8-10 PBP 表结构）中的表项，结合执行后得到的数据可以获得每个 FAT 占用的扇区数。

在 PBP 表中位于 16H 和 17H 两个字节记录了每个 FAT 占用的扇区数（即位于这些读出数据的 216H 和 217H 处），其值为 00 01，即十六进制 0100H，也就是说每个 FAT 表占用 256 个扇区。因为 FAT 表有两份相同的拷贝，所以第 2 个 FAT 表的起始扇区地址就是第 1 个 FAT 表的起始扇区地址加上 256。

在 CHS 寻址方式中，因为每个磁道的扇区最大值为 63，所以 S 值逢 63 要向 H 值进 1。以第 1 个 FAT 起始扇区的 CHS 值作为基数，把第 2 个 FAT 起始扇区与第 1 个 FAT 起始扇区的差 256 除以 63 得到商 4（H 值）及余数 4（S 值），因此第 2 个 FAT 起始扇区的 CHS 值为 H = 1 + 4 = 5，S = 2 + 4 = 6。即第 2 个 FAT 起始扇区位于 261 柱面 5 磁头 6 扇区。

在第 2 个 FAT 表之后的是 FDT 表（文件目录表）。把第 2 个 FAT 表首扇区的 CHS 值作为基数，加上每个 FAT 表占用的扇区数 256，就可得到 FDT 表的起始扇区地址为 261 柱面 9 磁头 10 扇区（计算方法同上）。

在 FDT 表之后是数据区 DATA。因为 FDT 表占用固定的 32 个扇区，所以 DATA 数据区的首扇区地址可以用 FDT 表首扇区的 CHS 值加上 32，即 DATA 首扇区的地址是 261 柱面 9 磁头 42 扇区。

例 8.8　读取硬盘 0 柱面 0 头 1 扇区的数据并把数据存放在文件中。

程序如下：

```
DATA   SEGMENT
STR    DB 'Enter file name: $'      ;屏幕提示
FNAME  DB 15,?,15 DUP(?)            ;输入文件名的保存地址
BUF    DB 512 DUP(?)                ;保存扇区数据的缓冲区
DATA   ENDS
CODE   SEGMENT
       ASSUME CS:CODE,DS:DATA
START: MOV AX,DATA
       MOV DS,AX
       LEA BX,BUF                   ;取缓冲区首址
       MOV AX,0201H                 ;读取一个扇区(0 面 0 头 1 扇区)
       MOV CX,0001H
       MOV DX,0080H
       INT 13H
       LEA DX,STR
       MOV AH,9
       INT 21H                      ;显示提示信息
       LEA DX,OFFSET FNAME          ;输入文件名
       MOV AH,0AH
       INT 21H
       LEA BX,FNAME + 1
       MOV DL,[BX]                  ;取文件名的长度
       XOR DH,DH
       ADD BX,DX
       MOV BYTE PTR [BX + 1],0      ;形成 ASCIZ 串
       LEA DX,FNAME + 2             ;建立文件
       MOV CX,0
```

```
        MOV AH,3CH
        INT 21H
        LEA DX,BUF              ;取缓冲区首址
        MOV CX,512
        MOV BX,AX               ;取文件代号
        MOV AH,40H
        INT 21H                 ;写文件
        MOV AH,3EH
        INT 21H                 ;关闭文件
        MOV AH,4CH
        INT 21H
CODE    ENDS
        END START
```

8.4.2 扩展磁盘服务 INT 13H

扩展 INT 13H 接口的目的是为了扩展 BIOS 的功能，使其支持多于 1024 柱面的硬盘，以及可移动介质的锁定，解锁及弹出等功能。扩展磁盘服务 INT 13H 采用线性寻址方式存取硬盘，所以突破了 8 GB 的限制。扩展磁盘服务 INT 13H 如表 8-15 所示。

表 8-15 扩展磁盘服务 INT 13H 的功能调用

中断	功能	调用参数	返回参数
41H	检测是否支持扩展功能	BX =55AAH; DL = 驱动器号	AH = 扩展功能的主版本号 =01 无效命令 =XXH 错误 AL = 内部使用 BX =55AAH CX = API 子集支持位图 CF =0 无错误；CF =1 发生错误
42H	扩展读扇区	DL = 驱动器号； DS：SI = 数据结构地址指针	AH =0 读成功；AH = XXH 错误 CF =0 无错误；CF =1 发生错误
43H	扩展写扇区	AL =0 不校验，AL =1 校验 DL = 驱动器号 DS：SI = 数据结构地址指针	AH =0 写成功；AH = XXH 错误 CF =0 无错误；CF =1 发生错误
44H	校验扇区	DL = 驱动器号 DS：SI = 数据结构地址指针	AH =0 写成功；AH = XXH 错误 CF =0 无错误；CF =1 发生错误
45H	锁定/解锁驱动器	AL =0 锁定驱动器；AL =1 解锁驱动器；AL =2 返回锁定/解锁状态 DL = 驱动器号	AH =0 写成功；AH = XXH 错误 CF =0 无错误；CF =1 发生错误
46H	弹出驱动器中的介质	DL = 驱动器号	AH =0 写成功；AH = XXH 错误 CF =0 无错误；CF =1 发生错误
47H	扩展扇区定位	DL = 驱动器号 DS：SI = 数据结构地址指针	AH =0 写成功；AH = XXH 错误 CF =0 无错误；CF =1 发生错误

（续表）

中断	功能	调用参数	返回参数
48H	读取驱动器的参数	DL = 驱动器号 DS：SI = 数据结构地址指针	AH = 0 写成功；AH = XXH 错误 CF = 0 无错误；CF = 1 发生错误 若读取成功，则参数返回到 DS：SI 的数据结构中
49H	取得扩展驱动器介质更换检测线状态	DL = 驱动器号	CF = 0，AH = 0 介质未更换 CF = 1，AH = 06H 介质可能已更换

扩展的 INT 13H 中断的参数传送方法是在内存中设置一个参数包，共 16 个字节。参数包的格式如表 8-16 所示。这种寻址方式称为线性寻址，其特点是整个磁盘的扇区号从 0 开始，依次向后编号直到结束。从用户的角度来看，扇区号为确定要访问磁盘位置的唯一参数。参数包的起始地址通过寄存器 DS：SI 传送给 INT 13H。

表 8-16 参数包的数据结构

磁盘地址数据包 DiskAddressPacket（DAP）			驱动器参数数据包 DriveParametersPacket		
偏移	数据类型	说明	偏移	数据类型	说明
0	BYTE	数据包大小（10H）	0	WORD	数据包大小（1AH）
1	BYTE	保留（0）	2	WORD	信息位（如表 8-17 所示）
2	WORD	要传送的扇区数	4	DWORD	磁盘柱面数
4	DWORD	数据缓冲区指针（段地址：偏移地址）	8	DWORD	磁盘磁头数
8	QWORD	磁盘起始绝对扇区号	0C	DWORD	每磁道扇区数
			10	QWORD	磁盘总扇区数
			18	WORD	扇区尺寸（以字节为单位）

说明：DAP 是基于绝对扇区地址的，因此利用 DAP，INT 13H 可以轻松地逾越 1024 柱面的限制，因为它根本就不需要 CHS 的概念。

数据包大小保存了 DAP 结构的尺寸，以便将来对其进行扩充。在目前使用的扩展 INT 13H 版本中 PacketSize 恒等于 16。如果它小于 16，扩展 Int 13H 将返回错误码（AH = 01，CF = 1）。

要传送的扇区数对于输入来说是需要传输的数据块总数，对于输出来说是实际传输的数据块个数。如果其为 0，则表示不传输任何数据块。

数据缓冲区指针是传输数据缓冲区的 32 位地址（段地址：偏移量）。数据缓冲区必须位于常规内存以内（1 MB）。

磁盘起始绝对扇区号表示的是从磁盘开始算起的绝对块地址（以扇区为单位），与分区无关，第一个块地址为 0。一般来说，磁盘起始绝对扇区号与 CHS 地址的关系是：

磁盘起始绝对扇区号 =（柱面号 × 磁头数 + 磁头号）× 磁盘每磁道的扇区数 + 扇区号 − 1

也就是说磁盘起始绝对扇区号是沿着“扇区→磁道→柱面”的顺序记数的。这一顺序是由磁盘控制器虚拟的，磁盘表面数据块的实际排列顺序可能与此不同（如为了提高磁盘速度而设置的间隔因子将会打乱扇区的排列顺序）。信息位代码表如表 8-17 所示。

表 8-17 信息位代码表

状态位	说明
D0	0 = 可能发生 DMA 边界错误；1 = DMA 边界将被透明处理，BIOS 将自动处理 DMA 边界错误
D1	0 = 未提供 CHS 信息；1 = CHS 信息合法
D2	0 = 驱动器不可移动；1 = 驱动器可移动
D3	表示驱动器是否支持写入时校验
D4	0 = 驱动器不具备接着更换检测线；1 = 驱动器具备接着更换检测线
D5	0 = 驱动器不可锁定；1 = 驱动器可以设定
D6	0 = CHS 值是当前介质的值（仅对可移动介质），如果驱动器中有存储介质，CHS 值将被返回；1 = CHS 值是驱动器支持的最大值（此时驱动器中没有介质）
D7 ~ D15	保留位，均为 0

例 8.9 采用扩展 INT 13H 读取某硬盘的主引导记录。

程序如下：

```
DATA    SEGMENT
DAP     DB 16,0
        DW 1                    ;传输的扇区数为 1
BUFADDR DW ?,?                  ;存放数据的缓冲区段与偏移地址
SH      DQ 0                    ;读取的起始扇区号为 0
        ORG 200H
BUF     DB 512 DUP(?)           ;设置数据缓冲区
DATA    ENDS
CODE    SEGMENT
        ASSUME CS:CODE,DS:DATA
START:  MOV AX,DATA
        MOV DS,AX
        MOV BUFADDR +2,AX       ;存放数据缓冲区的段地址
        LEA AX,BUF
        MOV BUFADDR,AX          ;存放数据缓冲区的偏移地址
        LEA SI,DAP              ;建立磁盘读取数据结构地址指针
        MOV DL,80H              ;读取第一个硬盘
        MOV AH,42H              ;设置扩展 INT 13H 读取磁盘的功能
        INT 13H
        MOV AH,4CH              ;返回 DOS
        INT 21H
CODE    ENDS
        END START
```

在 DEBUG 状态下运行程序，并在指令 MOV AH，4CH 处设置断点，用 D 命令可以查阅到如下的数据：

```
            00 01 02 03 04 05 06 07 08 09 0A 0B 0C 0D 0E 0F
1F40:03B0   00 00 00 00 00 00 00 00 39 25 3A 25 00 00 80 01
1F40:03C0   01 00 06 FE 7F 04 3F 00 00 00 86 FA 3F 00 00 00
1F40:03D0   41 05 0F FE FF FE C5 FA 3F 00 A0 7F DE 01 00 00
```

根据分区表的格式，可以得到 C 盘的分区前扇区总数为 0000003FH（即 C 盘分区引导

记录的扇区地址），分区内扇区总数为 003FFA86H。而 D 盘分区前扇区总数为 003FFAC5H（即 0000003FH + 003FFA86H）；分区内扇区总数为 003FFA86H。因此 D 盘从第 003FFAC5H 扇区开始存放分区内容。

例 8.10　采用扩展 INT 13H 读取磁盘的参数。

程序如下：

```
DATA   SEGMENT
DPP    DW 1AH              ;数据包长度
PARA   DW 12 DUP(?)        ;定义参数保存的空间
DATA   ENDS
CODE   SEGMENT
       ASSUME CS:CODE,DS:DATA
START: MOV AX,DATA
       MOV DS,AX
       LEA SI,DPP          ;SI 指向参数包地址
       MOV AX,4800H
       MOV DX,80H          ;获取第一个硬盘的参数
       INT 13H
       MOV AH,4CH
       INT 21H
CODE   ENDS
       ENS START
```

8.5 习　　题

8.5.1 选择题

1. 利用文件代号存取文件是以（　　）为存取单位的。
   A. 字节　B. 记录　C. 字长　D. 缓冲区大小
2. 文件代号式磁盘存取方式中，判断操作是否成功的是使用（　　）。
   A. TF　B. AX　C. CX　D. CF
3. 利用文件代号式存取方式中，返回错误代码的寄存器是（　　）。
   A. TF　B. AX　C. CX　D. CF
4. DOS 子功能调用 28H 的功能是（　　）。
   A. 顺序读　B. 随机读　C. 顺序写　D. 随机写
5. 文件属性是一个说明文件特性的字节，属性字节取值为 02 表示该文件为（　　）。
   A. 只读文件　B. 隐含文件　C. 系统文件　D. 子目录
6. 利用文件控制块的磁盘存取方式中，文件控制块一般定义在程序的（　　）中。
   A. 代码段　B. 附加段　C. 数据段　D. 堆栈段
7. 文件代号式磁盘存取方式中，关闭文件操作时在 AX 中返回的错误代码只能是（　　）。
   A. 05　B. 08　C. 06　D. 01

8.5.2 分析编程题

1. 在数据段中有一字符串，首地址为 STR，该字符串以 1AH 字节结尾，编写程序把

该缓冲区的内容存入文件‘A1. TXT’中。

2. 利用文件代号方式编写一程序，从键盘输入一字符串，并存入 A2. TXT 文件中。

3. 编写一程序，把 A2. TXT 文件中的内容追加到 A1. TXT 文件的后面。

4. 打开一个文件并读取该文件的内容，把其内容在屏幕上以十六进制显示出来。编写时使输入缓冲区小于文件的大小，并使用循环重复调用功能 3FH 直到整个文件处理完毕。

8.6 上机实验

8.6.1 实验题一

1. 实验目的

(1) 学习 DOS 功能调用中文件代号的操作方法。
(2) 掌握文件操作的设计思路和设计方法。

2. 实验内容

设计一个程序完成拷贝文件的功能。

8.6.2 实验题二

1. 实验目的

(1) 学习 DOS 功能调用中文件代号的操作方法。
(2) 掌握建立文件的操作步骤。
(3) 掌握文件操作的设计思路和设计方法，了解文件简单加密的操作。

2. 实验内容

编写一个程序完成文件内容的加密（加密码为用户从键盘输入的一个整数 0 ～255）。

8.6.3 实验题三

1. 实验目的

(1) 学习 DOS 功能调用中文件代号的操作方法。
(2) 掌握检索特定字符的技术。
(3) 掌握文件操作的设计思路和设计方法，了解文件简单加密的操作。

2. 实验内容

编写一个程序统计英文文本文件中的单词数。

附录 1 ASCII 码表

列		0	1	2	3	4	5	6	7
行	高 低	000	001	010	011	100	101	110	111
0	0000	NUL	DLE	SP	0	@	P	、	p
1	0001	SOH	DC1	!	1	A	Q	a	q
2	0010	STX	DC2	"	2	B	R	b	r
3	0011	ETX	DC3	#	3	C	S	c	s
4	0100	EOT	DC4	$	4	D	T	d	t
5	0101	ENQ	NAK	%	5	E	U	e	u
6	0110	ACK	SYN	&	6	F	V	f	v
7	0111	BEL	ETB	’	7	G	W	g	w
8	1000	BS	CAN	(	8	H	X	h	x
9	1001	HT	EM	)	9	I	Y	i	y
A	1010	LF	SUB	*	:	J	Z	j	z
B	1011	VT	ESC	+	;	K	[	k	{
C	1100	FF	FS	,	<	L	\	l	
D	1101	CR	GS	-	=	M	]	m	
E	1110	SO	RS	.	>	N	Ω	n	~
F	1111	SI	US	/	?	O	–	o	DEL

附录 2　8086 指令系统表

汇编指令格式	功　　能	操作数说明	时钟周期数	字节数	标志位 O	S	Z	A	P	C	T	I	D
AAA	(AL) ← AL 中的和调整为非组合 BCD		4	1	U	U	U	T	U	M			
	(AH) ← (AH) + 调整产生的进位值							M					
AAD	(AL) ← (AH) * 10 + (AL)		60	2	U	M	M	U	M	U			
	(AH) ← 0												
	(注意是除法进行前调整被除数)												
AAM	(AX) ← AX 中的积调整为非组合 BCD		83	2	U	M	M	U	M	U			
AAS	(AL) ← AL 中的差调整为非组合 BCD		4	1	U	U	U	T	U	M			
	(AH) ← (AH) - 调整产生的进位值							M					
ADC dst, src	(dst) ← (src) + (dst) + CF	mem, reg	16 + EA	2～4	M	M	M	M	M	T			
		reg, mem	9 + EA	2～4						M			
		reg, reg	3	2									
		reg, imm	4	3～4									
		mem, imm	17 + EA	3～6									
		acc, imm	4	2～3									
ADD dst, src	(dst) ← (src) + (dst)	mem, reg	16 + EA	2～4	M	M	M	M	M	M			
		reg, mem	9 + EA	2～4									
		reg, reg	3	2									
		reg, imm	4	3～4									
		mem, imm	17 + EA	3～6									
		acc, imm	4	2～3									

（续表）

汇编指令格式	功　能	操作数说明	时钟周期数	字节数	标志位 O	S	Z	A	P	C	T	I	D
AND dst, src	(dst) ← (dst) ∧ (src)	mem, reg	16 + EA	2～4	0	M	M	U	M	0			
		reg, mem	9 + EA	2～4									
		reg, reg	3	2									
		reg, imm	4	3～4									
		mem, imm	17 + EA	3～6									
		acc, imm	4	2～3									
CALL dst	段内直接：(SP) ← (SP) − 2 ((SP) + 1, (SP)) ← (IP) (IP) ← (IP) + D16		19	3									
	段内间接：(SP) ← (SP) − 2 ((SP) + 1, (SP)) ← (IP) (IP) ← EA	reg mem	16 21 + EA	2 2～4									
	段间直接：(SP) ← (SP) − 2 ((SP) + 1, (SP)) ← (CS) (SP) ← (SP) − 2 ((SP) + 1, (SP)) ← (IP) (IP) ← 目的偏移地址 (CS) ← 目的段基址		28	5									
	段间间接：(SP) ← (SP) − 2 ((SP) + 1, (SP)) ← (CS) (SP) ← (SP) − 2 ((SP) + 1, (SP)) ← (IP) (IP) ← (EA) (CS) ← (EA + 2)		37 + EA	2～4									
CBD	(AX) 符号扩展到 (DX)		5	1									
CBW	(AL) 符号扩展到 (AH)		2	1									
CLC	CF 清 0		2	1						0			

（续表）

汇编指令格式	功　　能	操作数说明	时钟周期数	字节数	标志位 O	S	Z	A	P	C	T	I	D
CLD	DF 清 0		2	1									0
CLI	IF 清 0		2	1								0	
CMC	CF 取反		2	1						M			
CMP op1, op2	(op1) − (op2)	mem, reg	9 + EA	2～4	M	M	M	M	M	M			
		reg, mem	9 + EA	2～4									
		reg, reg	3	2									
		reg, imm	4	3～4									
		mem, imm	10 + EA	3～6									
		acc, imm	4	2～3									
CMPSB	((SI)) − ((DI)) (SI) ← (SI) ±1, (DI) ← (DI) ±1		不重复: 22 重复: 9 + 22/rep	1	M	M	M	M	M	M			
CMPSW	((SI)) − ((DI)) (SI) ← (SI) ±2, (DI) ← (DI) ±2		不重复: 22 重复: 9 + 22/rep	1									
DAA	(AL) ← AL 中的和调整为组合 BCD		4	1	U	M	M	T M	M	T M			
DAS	(AL) ← AL 中的差调整为组合 BCD		4	1	U	M	M	T M	M	T M			
DEC op1	(op1) ← (op1) − 1	reg	2～3	1～2	M	M	M	M	M				
		mem	15 + EA	2～4									
DIV src	(AL) ← (AX) / (src) 的商	8 位 reg	80～90	2	U	U	U	U	U	U			
	(AH) ← (AX) / (src) 的余数	8 位 mem	(86～96) + EA	2～4									
	(AX) ← (DX, AX) / (src) 的商	16 位 reg	144～162	2									
	(DX) ← (DX, AX) / (src) 的余数	16 位 mem	(150～168) + EA	2～4									
ESC mem	换码		8 + EA	2～4									

（续表）

汇编指令格式	功　　能	操作数说明	时钟周期数	字节数	标志位 O	S	Z	A	P	C	T	I	D
HLT	停机		2	1									
IDIV src	(AL) ← (AX) / (src) 的商	8 位 reg	101 ~112	2	U	U	U	U	U	U			
	(AH) ← (AX) / (src) 的余数	8 位 mem	(107 ~118) + EA	2 ~4									
	(AX) ← (DX, AX) / (src) 的商	16 位 reg	165 ~184	2									
	(DX) ← (DX, AX) / (src) 的余数	16 位 mem	(171 ~190) + EA	2 ~4									
IMUL src	(AX) ← (AL) * (src)	8 位 reg	80 ~98	2	M	U	U	U	U	M			
		8 位 mem	(86 ~104) + EA	2 ~4									
	(DX, AX) ← (AX) * (src)	16 位 reg	128 ~154	2									
		16 位 mem	(134 ~160) + EA	2 ~4									
IN acc, port	(acc) ← (port)		10	2									
IN acc, DX	(acc) ← ((DX))		8	1									
INC op1	(op1) ← (op1) +1	reg	2 ~3	1 ~2	M	M	M	M	M				
		mem	15 + EA	2 ~4									
INT N	(SP) ← (SP) -2	N≠3	51	2							0		
INT	((SP) +1, (SP)) ← (FR)	(N =3)	52	1									
	(SP) ← (SP) -2												
	((SP) +1, (SP)) ← (CS)												
	(SP) ← (SP) -2												
	((SP) +1, (SP)) ← (IP)												
	(IP) ← (type * 4)												
	(CS) ← (type * 4 +2)												

（续表）

汇编指令格式	功　　能	操作数说明	时钟周期数	字节数	标志位 O	S	Z	A	P	C	T	I	D
INTO	若 OF＝1，则 （SP）←（SP）－2 （（SP）＋1，（SP））←（FR） （SP）←（SP）－2 （（SP）＋1，（SP））←（CS） （SP）←（SP）－2 （（SP）＋1，（SP））←（IP） （IP）←（10H） （CS）←（12H）		53（OF＝1） 4（OF＝0）	1							0		
IRET	（IP）←（（SP）＋1，（SP）） （SP）←（SP）＋2 （CS）←（（SP）＋1，（SP）） （SP）←（SP）＋2 （FR）←（（SP）＋1，（SP）） （SP）←（SP）＋2		24	1	R	R	R	R	R	R	R	R	R
JB/JNAE op1	CF＝1 且 ZF＝0，则转移		16/4	2	T	T	T		T	T			
JBE/JNA op1	CF＝1 或 ZF＝1，则转移		16/4	2	T	T	T		T	T			
JC op1	CF＝1，则转移		16/4	2						T			
JCXZ op1	（CX）＝0，则转移		18/6	2									
JL/JNGE op1	SF ⊕ OF＝1，则转移		16/4	2	T	T							
JLE/JNG op1	SF ⊕ OF＝1 或 ZF＝1，则转移		16/4	2	T	T	T						

（续表）

汇编指令格式	功　　能	操作数说明	时钟周期数	字节数	标志位 O	S	Z	A	P	C	T	I	D
JMP SHORT op1	无条件转移		15	2									
JMP NEAR PTR			15	3									
op1			15	5									
JMP FAR PTR		reg	11	2									
op1		mem	18 + EA	2～4									
JMP WORD PTR			24 + EA	2～4									
op1													
JMP DWORD PTR													
op1													
JNB/JAE op1	CF = 0 或 ZF = 1，则转移		16/4	2			T			T			
JNBE/JA op1	CF = 0 且 ZF = 0，则转移		16/4	2			T			T			
JNC op1	CF = 0，则转移		16/4	2						T			
JNL/JGE op1	SF ⊕ OF = 0，则转移		16/4	2	T	T							
JNLE/JG op1	SF ⊕ OF = 0 且 ZF = 0，则转移		16/4	2	T	T	T						
JNO op1	OF = 0，则转移		16/4	2	T								
JNP/JPO op1	PF = 0，则转移		16/4	2					T				
JNS op1	SF = 0，则转移		16/4	2		T							
JNZ/JNE op1	ZF = 0，则转移		16/4	2			T						
JO op1	OF = 1，则转移		16/4	2	T								

（续表）

汇编指令格式	功　能	操作数说明	时钟周期数	字节数	O	S	Z	A	P	C	T	I	D
					标志位								
JP/JPE op1	PF = 1，则转移		16/4	2					T				
JS op1	SF = 1，则转移		16/4	2		T							
JZ/JE op1	ZF = 1，则转移		16/4	2			T						
LAHF	（AH）←（FR 低字节）		4	1									
LDS reg，src	（reg）← src （DS）←（src + 2）	reg，mem	16 + EA	2～4									
LEA reg，src	（reg）← src	reg，mem	2 + EA	2～4									
LES reg，src	（reg）← src （ES）←（src + 2）	reg，mem	16 + EA	2～4									
LOCK	总线封锁前缀		2	1									
LODSB	（AL）←（（SI）） （SI）←（SI）±1		不重复：12 重复：9 + 13/rep	1									T
LODSW	（AX）←（（SI）） （SI）←（SI）±2		不重复：12 重复：9 + 13/rep	1									
LOOP op1	（CX）≠ 0，则循环		17/5	2									
LOOPNZ/ LOOPNE op1	（CX）≠ 0 且 ZF = 0，则循环		19/5	2			T M						
LOOPZ/ LOOPE op1	（CX）≠ 0 且 ZF = 1，则循环		18/6	2			T M						

（续表）

汇编指令格式	功　能	操作数说明	时钟周期数	字节数	标志位 O	S	Z	A	P	C	T	I	D
MOV dst, src	(dst) ← (src)	mem, reg	9 + EA	2～4									
		reg, mem	8 + EA	2～4									
		reg, reg	2	2									
		reg, imm	4	2～3									
		mem, imm	10 + EA	3～6									
		seg, reg	2	2									
		seg, mem	8 + EA	2～4									
		mem, seg	9 + EA	2～4									
		reg, seg	2	2									
		mem, acc	10	3									
		acc, mem	10	3									
MOVSB	((DI)) ← ((SI)) (SI) ← (SI) ±1, (DI) ← (DI) ±1		不重复: 18 重复: 9 + 17/rep	1	M	U	U	U	U	M			
MOVSW	((DI)) ← ((SI)) (SI) ← (SI) ±2, (DI) ← (DI) ±2		不重复: 18 重复: 9 + 17/rep	1									
MUL src	(AX) ← (AL) * (src)	8 位 reg	70～77	2	M	U	U	U	U	M			
		8 位 mem	(76～83) + EA	2～4									
	(DX, AX) ← (AX) * (src)	16 位 reg	118～133	2									
		16 位 mem	(124～139) + EA	2～4									
NEG op1	(op1) ← 0 - (op1)	reg	3	2	M	M	M	M	M	M			
		mem	16 + EA	2～4									
NOP	空操作		3	1									
NOT op1	(op1) ← $(\overline{op1})$	reg	3	2									
		mem	16 + EA	2～4									

（续表）

汇编指令格式	功　能	操作数说明	时钟周期数	字节数	标志位 O	S	Z	A	P	C	T	I	D
OR dst, src	(dst) ← (dst) ∨ (src)	mem, reg	16 + EA	2～4	0	M	M	U	M	0			
		reg, mem	9 + EA	2～4									
		reg, reg	3	2									
		reg, imm	4	3～4									
		mem, imm	17 + EA	3～6									
		acc, imm	4	2～3									
OUT port, acc	(port) ← (acc)		10	2									
OUT DX, acc	((DX)) ← (acc)		8	1									
POP dst	(dst) ← ((SP) +1, (SP))	reg	8	1	R	R	R	R	R	R	R	R	R
	(SP) ← (SP) +2	seg	8	1									
		mem	17 + EA	2～4									
POPF	(FR 低字节) ← ((SP) +1, (SP))		8	1	R	R	R	R	R	R	R	R	R
	(SP) ← (SP) +2												
PUSH src	(SP) ← (SP) -2	reg	11	1	M					T			
	((SP) +1, (SP)) ← (src)	seg	10	1						M			
		mem	16 + EA	2～4									
PUSHF	(SP) ← (SP) -2		10	1	M					T			
	((SP) +1, (SP)) ← (FR 低字节)									M			
RCL op1, 1	带进位的循环左移	reg	2	2	U					T			
		mem	15 + EA	2～4						M			
RCL op1, CL		reg	8 +4/bit	2									
		mem	20 + EA +4/bit	2～4									

（续表）

汇编指令格式	功　能	操作数说明	时钟周期数	字节数	标志位 O	S	Z	A	P	C	T	I	D
RCR op1, 1	带进位的循环右移	reg	2	2	U					T			
		mem	15 + EA	2～4						M			
RCR op1, CL		reg	8 + 4/bit	2									
		mem	20 + EA + 4/bit	2～4									
REP string_instruc	(CX) = 0，则退出重复，否则(CX) ←(CX) − 1 并执行其后的串指令		2	1									
REPE/REPZ string_instruc	(CX) = 0 或(ZF) = 0，则退出重复，否则(CX)←(CX) − 1 并执行其后的串指令		2	1									
REPNE/REPNZ string_instruc	(CX) = 0 或(ZF) = 1，则退出重复，否则(CX)←(CX) − 1 并执行其后的串指令		2	1									
RET	段内：(IP) ← ((SP) + 1, (SP)) (SP) ← (SP) + 2		16	1									
	段间：(IP) ← ((SP) + 1, (SP)) (SP) ← (SP) + 2 (CS) ← ((SP) + 1, (SP)) (SP) ← (SP) + 2		24	1									
RET exp	段内：(IP) ← ((SP) + 1, (SP)) (SP) ← (SP) + 2 (SP) ← (SP) + D16		20	3									
	段间：(IP) ← ((SP) + 1, (SP)) (SP) ← (SP) + 2 (CS) ← ((SP) + 1, (SP)) (SP) ← (SP) + 2 (SP) ← (SP) + D16		23	3									

（续表）

汇编指令格式	功　　能	操作数说明	时钟周期数	字节数	标志位 O	S	Z	A	P	C	T	I	D
ROL op1，1	循环左移	reg	2	2	M	M	M	M	M	M			
		mem	15 + EA	2～4									
ROL op1，CL		reg	8 +4/bit	2									
		mem	20 + EA +4/bit	2～4									
ROR op1，1	循环右移	reg	2	2	M	M	M	M	M	M			
		mem	15 + EA	2～4									
ROR op1，CL		reg	8 +4/bit	2									
		mem	20 + EA +4/bit	2～4									
SAHF	（FR 低字节）←（AH）		4	1		R	R	R	R	R			
SAL op1，1	算术右移	reg	2	2	M	M	M	U	M	M			
		mem	15 + EA	2～4									
SAL op1，CL		reg	8 +4/bit	2	U	M	M	U	M	M			
		mem	20 + EA +4/bit	2～4									
SAR op1，1	算术右移	reg	2	2	M	M	M	U	M	M			
		mem	15 + EA	2～4									
SAR op1，CL		reg	8 +4/bit	2	U	M	M	U	M	M			
		mem	20 + EA +4/bit	2～4									
SBB dst，src	（dst）←（src）－（dst）－CF	mem，reg	16 + EA	2～4	M	M	M	M	M	T			
		reg，mem	9 + EA	2～4						M			
		reg，reg	3	2									
		reg，imm	4	3～4									
		mem，imm	17 + EA	3～6									
		acc，imm	4	2～3									

（续表）

汇编指令格式	功　能	操作数说明	时钟周期数	字节数	标志位 O	S	Z	A	P	C	T	I	D
SCASB	(AL) − ((DI)) (DI) ← (DI) ±1		不重复：15 重复：9 +15/rep	1	M	M	M	M	M	M			T
SCASW	(AX) ← ((DI)) (DI) ← (DI) ±2		不重复：15 重复：9 +15/rep	1									
SHL op1，1	逻辑左移	reg	2	2	U	M	M	U	M	M			
		mem	15 + EA	2～4									
SHL op1，CL		reg	8 +4/bit	2									
		mem	20 + EA +4/bit	2～4									
SHR op1，1	逻辑右移	reg	2	2	U	M	M	U	M	M			
		mem	15 + EA	2～4									
SHR op1，CL		reg	8 +4/bit	2									
		mem	20 + EA +4/bit	2～4									
STC	CF 置 1		2	1						1			
STD	DF 置 1		2	1									1
STI	IF 置 1		2	1								1	
STOSB	((DI)) ← (AL) (DI) ← (DI) ±1		不重复：11 重复：9 +10/rep	1									T
STOSW	((DI)) ← (AX) (DI) ← (DI) ±2		不重复：11 重复：9 +10/rep	1									
SUB dst，src	(dst) ← (src) − (dst)	mem，reg	16 + EA	2～4	M	M	M	M	M	M			
		reg，mem	9 + EA	2～4									
		reg，reg	3	2									
		reg，imm	4	3～4									
		mem，imm	17 + EA	3～6									
		acc，imm	4	2～3									

（续表）

汇编指令格式	功　能	操作数说明	时钟周期数	字节数	标志位 O	S	Z	A	P	C	T	I	D
TEST op1，op2	（op1）∧（op2）	reg，mem	9 + EA	2～4	0	M	M	U	M	0			
		reg，reg	3	2									
		reg，imm	5	3～4									
		mem，imm	11 + EA	3～6									
		acc，imm	4	2～3									
WAIT	等待		≥3	1									
XCHG op1，op2	（op1）←→（op1）	reg，mem	17 + EA	2～4									
		reg，reg	4	2									
		reg，acc	3	1									
XLAT			11	1									
XOR dst，src	（dst）←（dst）⊕（src）	mem，reg	16 + EA	2～4	0	M	M	U	M	0			
		reg，mem	9 + EA	2～4									
		reg，reg	3	2									
		reg，imm	4	3～4									
		mem，imm	17 + EA	3～6									
		acc，imm	4	2～3									

符号说明：

① 操作类型中 ac—累加器，reg—通用寄存器，mem—存储单元，imm—立即数。

② 标志位 0—清零，1—置 1，T—测试位，M—根据指令结果设置，R—恢复原先保存的值，U—无定义，为空表示不影响该标志位。

③ 时钟周期数一栏中 EA 为不同寻址方式时的时钟周期：

直接寻址　6　寄存器间接寻址　5　寄存器相对寻址　9　基址变址寻址　8　相对基址变址寻址　12

附录3　汇编出错提示信息

汇编程序在对源程序的汇编过程中，若检查出某语句有语法错误，将在屏幕上给出出错信息。MASM5.0 出错信息格式如下：

源程序文件行：WARNING/ERROR 错误信息码：错误描述信息

其中，错误描述信息码由5个字符组成。第1个是字母A，表示汇编语言程序出错；接着有一个数字指明出错类别：'2'为严重错误，'4'为严肃警告，'5'为建议性警告，最后3位为错误编号。

编　码	说　明
0	Block nesting error 嵌套出错。嵌套的过程、段、结构、宏指令或重复块等非正常结束。例如在嵌套语句中有外层的结束语句，而无内层的结束语句
1	Extra characters on line 一语句行有多余字符，可能是语句中给出的参数太多
2	Internal error - Register already defined 这是一个内部错误。如出现该错误，请记下发生错误的条件，并使用 Product Assistance Request 表与 Microsoft 公司联系
3	Unkown type specifer 未知的类型说明符。例如类型字符拼错，把 BYTE 写成 BIT，NEAR 写成 NAER 等
4	Redefinition of symbol 符号重定义。同一标识符在两个位置上定义。在汇编第一遍扫描时，在这个标识符的第二个定义位置上给出这个错误
5	Symbol is multidefined 符号多重定义。同一标识符在两个位置上定义。在汇编第二遍扫描时，每当遇到这个标识符都给出这个错误
6	Phase error between passes 两次扫描间的遍错。一个标号在两次扫描时得到不同的地址值，就会给出这种错误。若在启动 MASM 时使用/D 任选项，产生第一遍扫描的列表文件，它可帮助你查找这种错误
7	Already had ELSE clause 已有 ELSE 语句。在一个条件块里使用多于一个的 ELSE 语句
8	Must be in conditional block 没有在条件块里。通常是有 ENDIF 或 ELSE 语句，而无 IF 语句
9	Symbol not defined 符号未定义，在程序中引用了未定义的标识符
10	Syntax error 语法错误。不是汇编程序所能识别的一个语句

（续表）

编　码	说　明
11	Type illegal in context 指定非法类型。例如对一个过程指定 BYTE 类型，而不是 NEAR 或 FAR
12	Group name must be unique 组名应是唯一的。作为组名的符号作为其他符号使用
13	Must be declared during pass 1 必须在第一遍扫描期间定义。在第一遍扫描期间，如果一个符号在未定义前就引用，就会出现这种错误
14	Illegal public declaration 一个标识符被非法的指定为 PUBLIC 类型
15	Symbol already defferent kind 重新定义一个符号为不同种类符号。例如一个段名重新被当作变量名定义使用
16	Reserved word used as symbol 把汇编语言规定的保留字作标识符使用
17	Forward reference illegal 非法的向前引用。在第一遍扫描期间，引用一个未定义符号。
18	Operand must be register 操作数位置上应是寄存器，但出现了标识符
19	Wrong type of register 使用寄存器出错
20	Operand must be segment or group 应该给出一个段名或组名。例如 ASSUME 语句中应为某段寄存器和指定一个段名或组名，而不应是别的标号或变量名等
21	Symbol has no segment 不知道标识符的段属性
22	Operand must be type specifier 操作数应给出类型说明，如 NEAR、FAR、BYTE 等
23	Symbol alread defined locally 以被指定为内部的标识符，企图在 EXTRN 语句中又定义外部标识
24	Segment paraneters are changed 段参数被改变。如同一标识符定义在不同段内
25	Improper align/combin type 段定义时的定位类型/组合类型使用出错
26	Reference to multidefined symbol 指令引用了多重定义的标识符
27	Operand expected 需要一个操作数，但只有操作符
28	Operator expected 需要一个操作符，但只有操作数
29	Divdsion by 0 or overflow 除以 0 或溢出
30	Negative shift count \ 运算符 SHL 或 SHR 的移位表达式值为负数

（续表）

编　码	说　明
31	Operand type must match 操作数类型不匹配。双操作数指令的两个操作数长度不一致，一个是字节，一个是字
32	Illegal use of external 外部符号使用出错
33	Must be record field name 应为记录字段名。在记录字段名位置上出现另外的符号
34	Must be record name or field name 应为记录名或记录字段名。在记录名或记录字段名位置上出现另外的符号
35	Operand must be size 应指明操作数的长度（如 BYTE、WORD 等）。通常使用 PTR 运算即可改正
36	Must be variable，label，or constant 应该是变量名、标号、或常数的位置上出现了其他信息
37	Must be stucture field name 应该为结构字段名。在结构字段名位置上出现了另外的符号
38	Lefe operand must segment 操作数的左边应该是段的信息。如设 DA1、DA2 均是变量名，下列语句就是错误的："MOV AX，DA1：DA2"。DA1 位置上应使用某段寄存器名
39	One operand must constant 操作数必须是常数
40	Operand must be in same segment or one constant "—"运算符用错。例如"MOV AL，—VAR"，其中 VAR 是变量名，应有一常数参加运算。又如两个不同段的变量名相减出错
41	Normal type operand expected 要求给出一个正常的操作数
42	Constant expected 要求给出一个常数
43	Operand must have segment 运算符 SEG 用错
44	Must be associated with data 在必须与数据段有关的位置上出现了代码段有关的项
45	Must be associated with code 在必须与代码段有关的位置上出现了数据段有关的项
46	Multiple base registers 同时使用了多个基址寄存器。如"MOV AX，[SI][BP]"
47	Multiple index registers 同时使用了多个变址寄存器。如"MOV AX，[SI][DI]"
48	Must be index or base register 指令仅要求使用基址寄存器或变址寄存器，而不能使用其他寄存器
49	Illegal use of register 非法使用寄存器出错
50	Value is out of range 数值太大，超过允许值。例如："MOV AL，100H"

（续表）

编　码	说　明
51	Operand not in current CS ASSUME segment 操作数不在当前代码段内。通常指转移指令的目标地址不在当前 CS 段内
52	Improper operand type 操作数类型使用不当。例如：“MOV VAR1，VAR2”。两个操作数均为存储器操作数，不能汇编出目标代码
53	Jump out of range by %ld byte 条件转移指令跳转范围超过 -128 ~ +127 个字节。出错厂、信息同时给出超过的字节数
54	Index displacement must be constant 变址寻址的位移量必须是常数
55	Illegal register value 非法的寄存器值。目标代码中表达寄存器的值超过 7
56	Immediate mode illegal 不允许使用立即数寻址。例如“MOV DS，CODE”其中 CODE 是段名，不能把段名作为立即数传送给段寄存器 DS
57	Illegal size for operand 使用操作数大小（字节数）出错。例如：使用双字的存储器操作数
58	Byte register illegal 要求用字寄存器的指令使用了字节寄存器。如 PUSH，POP 指令的操作数寄存器必须是字寄存器
59	Illegal uer of CS register 指令中错误使用了段寄存器 CS。如：“MOV CS，AX”CS 不能做目的操作数
60	Must be accumulator register 要求用 AX 或 AL 的位置上使用可其他寄存器。如 IN，OUT 指令必须使用累加器 AX 或 AL
61	Improper uer of segment register 不允许使用段寄存器的位置上使用了段寄存器。如“SHL DS，1”
62	Missing or unreachable CS 试图跳转去执行一个 CS 达不到的标号。通常是指缺少 ASSUME 语句中 CS 与代码段相关联
63	Operand combination illegal 双操作数指令中两个操作数组合出错
64	Near JMP/CALL to different CS 试图用 NEAR 属性的转移指令跳转到不在当前段的一个地址
65	Label cannot have segment override 段前缀使用出错
66	Must have instuction agter prefix 在重复前缀 REP，REPE，REPNE 后面必须有指令
67	Cannot override ES for destination 串操作指令中目的操作数不能用其他段寄存器替代 ES
68	Cannot address with srgment register 指令中寻找一个操作数，但 ASSUME 语句中未指明哪个段寄存器与该操作数所在段有关联
69	Must be in segment block 指令语句没有在段内
70	Cannot use EVEN or ALIGN with byte alignment 在段定义伪指令的定位类型中选用 BYTE，这时不能使用 EVEN 或 ALIGN 伪指令

（续表）

编　码	说　明	
71	Forward needs override or FAR 转移指令的目标没有在源程序中说明为 FAR 属性，可用 PTR 指定	
72	Illegal value for DUP count 操作符 DUP 前的重复次数是非法的或未定义	
73	Symbol id already external 在模块内试图定义的符号，它已在外部符号伪指令中说明	
74	DUP nesting too deep 操作数 DUP 的嵌套太深	
75	Illegak use of undefinde operand（?） 不定操作符“?”使用不当。例如“DB 10H DUP（? +2）”	
76	Too many valer for struc or record initialization 在定义结构变量或记录变量时，初始值太多	
77	Angle brackets requored around initialized list 定义结构体变量时，初始值未用尖括号（ < > ）括起来	
78	Directive illegal structure 在结构体定义中的伪指令使用不当。结构定义中的伪指令语句仅两种：分号（;）开始的注释语句和用 DB、DW 等数据定义伪指令语句	
79	Override with DUP illegal 在结构变量初始值表中使用 DUP 操作符出错	
80	Field cannot be overridden 在定义结构变量语句中试图对一个不允许修改的字段设置初值	
81	Override id of wrong type 在定义结构变量语句中设置初值时类型出错	
82	Circular chain of EQU aliases 用等值语句定义的符号名，最后又返回指向它自己。如： A　EQU　B B　EQU　A	
83	Cannot emulate cooprocessor opcode	仿真器不能支持的 8087 协处理器操作码
84	End of file，not END directive	源程序文件无 END 文件
85	Data emitted with no segment	语句数据没有在段内

参考文献

[1] Intel Architecture Software Developer's Manual. http://www. intel. com.

[2] 沈美明，温冬禅. IBM-PC 汇编语言程序设计（第 2 版）[M]. 北京：清华大学出版社，2001.

[3] 王爽. 汇编语言（第 2 版）[M]. 北京：清华大学出版社，2008.

[4] 杨季文等. 80X86 汇编语言程序设计 [M]. 北京：清华大学出版社，1998.

[5] 郑晓薇. 汇编语言 [M]. 北京：机械工业出版社，2009.

[6] 王成耀. 80X86 汇编语言程序设计 [M]. 北京：人民邮电出版社，2002.

[7] 罗云彬. Windows 环境下 32 位汇编语言程序设计（第 2 版）[M]. 北京：电子工业出版社，2006.

[8] 钱晓捷. 新版汇编语言程序设计 [M]. 北京：电子工业出版社，2006.

[9] 张昆苍. 操作系统原理 DOS 篇（第 2 版）[M]. 北京：清华大学出版社，1999.